2012년도 대한민국학술원 선정
우수학술도서

건축디자인 & 프로세스

주진형 저

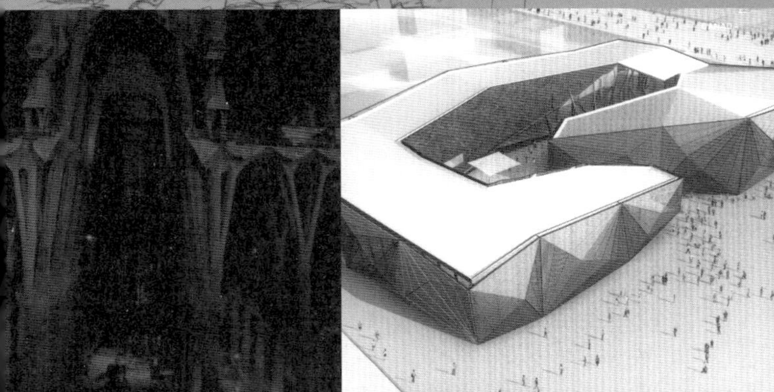

Architectural Design & Process

도서출판
구미서관

■■■■ 머리말

건축가의 건축행위에 있어, 자신의 건축적 사상을 전달하기 위한 의사전달 수단이 요구된다. 이를 위해 폭넓은 지식 과 경험을 통한 표현능력을 갖추어야 한다.

건축가의 목표는 다양한 여러 가지 요소가 일관성을 지닌, 구조적 합일체를 이루도록 합성시키는 것이다. 건축가는 추상적 관념과 상징을 취하여 그것들이 실체화되도록 돕는 역할을 한다. 건축가는 문제를 해결하는 사람이라 할 수 있다.

설계를 진행함에 있어 디자인 프로세스는 건축가가 어떤 방식으로 디자인에 접근하든, 의식적이나 잠재의식적으로 똑같은 단계를 거치는 경우가 많을 것이다. 그 단계들은 프로세스와 모든 과정, 개념파악에서 완공에 이르기까지 진행된다.

따라서 디자인 프로세스의 각 단계별 개념과 내용의 체계적 연구가 중요하리라 생각된다. 본서는 건축의 입문자나, 실무자를 위한 지침서다.

설계자 스스로가 문제 해결능력을 갖추게 하여, 건축 개념을 충분히 이해하고 스스로가 분석, 평가 과정을 체험하여 창의적이며, 효율적인 설계능력을 배양할 수 있도록 주안점을 두었다.

또한, 디자인프로세스의 실무사례인 주거 실무프로젝트를 중심으로 단계별 내용과 결과물을 제시하여, 보다 현실적인 실무부분의 해결 능력을 경험하며, 이해와 응용력을 배가 할 수 있도록 하였다.

건축설계가 요구하는 다양한 학습노력 중에서, 설계 방법론을 통한 설계행위의 논리적 이해가 설계 감각의 개발을 위한 필수적인 과제임을 인식해야 한다.

설계행위의 이론적이면서 실무활동 교재로 또는 설계방법론 연구에 기초 자료로서 사용이 기대된다. 본 서는 일반이론 체계에 근거하며, 실제 설계행위의 경험적 자료를 근거로 설계이론 확충에 보다 큰 노력의 결실을 얻고자 하였다.

마지막으로 본 서를 집필하기 위해 많은 도움을 주신 임해진 사장님께 고마움과 감사를 드립니다. 또한 집필 자료에 도움주신 이명래, 최형순 교수님, 안산의 건축사님들과 출판을 위해 노력해 준 제자 제성균, 다시 한번 깊은 감사의 마음을 전합니다.

2011년 1월 안산 연구실에서 저자

목차

제1편 _ 건축디자인과 프로세스 이해

제1장 건축과 건축디자인 읽기

제2장 건축디자인과 프로세스의 이해

제2편 _ 건축디자인 프로세스 단계별 사례(주거건축)

제1장 건축 프로그래밍 사례연구 및 연습

제2장 건축디자인 프로세스 단계별 사례

제3장 실무 작품 및 사례 연구

PART 1

제1장 건축디자인과 프로세스 이해

제1장 건축과 건축디자인 읽기

제2장 건축디자인과 프로세스의 이해

The First Chapter

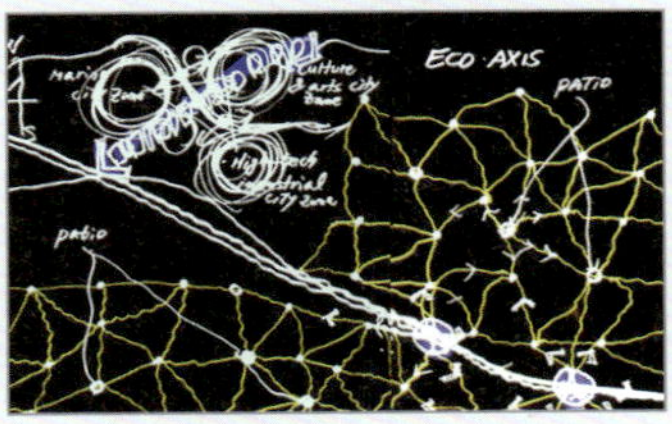

01_ 건축과 건축디자인 읽기

1. 건축(Architecture)이란

1. 건축의 정의

모든 인간이 편안하고 안전하며 행복하게 살 수 있는 기능적, 미적, 구조적 공간을 만들어 인간과 그 활동을 만족시켜 주는 것

2. 건축의 특성

1) 종합학문

- 예술(Arts)+기술(Technology) = 종합학문
- 기능+구조+미 = 종합학문
- 인간요구+환경+인문+사회+과학+예술= 종합학문

2) 창의력(Creativity)과 종합능력(Synthetic ability)을 요구하는 학문이다.

- 작품의독창성(Individuality)+건축가의 양심(Conscience)+건축가의 철학(Philosophy)= 종합능력

3. 건축 목적에 따른 요구조건

① 편리하고 쾌적한 건축-기능 고려는 건물 내부의 공간적 요구를 변화시키고, 기술의 발전은

공간의 쾌적성을 준다.

② 내구성의 튼튼함과 안전성을 갖춘 건축

③ 인간에게 즐거움과 감동을 주는 예술성을 갖춘 건축 – 건축가의 창작의도

④ 경제성을 갖춘 건축 – 기획, 설계, 시공프로세스의 건축물 완성까지 비용절감

⑤ 그 시대문화로서의 건축 – 인간의 삶을 담는 건축공간, 문화와 예술 상징의 미로서, 인간 사유에 근거한 인간 욕구를 충족시켜 주는 건축

⑥ 환경으로서의 건축–자연, 도시, 건축, 인간이 서로 상생

⑦ 시간을 초월하는 감동과 역사성을 주는 건축 – 위대한 건축적 자산

⑧ 그 시대의 사회적 책임을 지는 건축 – 개인으로서의 건축, 단체로서의 건축, 지역환경으로서의 건축

⑨ 기술통합으로서 건축 – 건축은 디자인속에서 건축, 구조, 설비, 시공 등 다양한 기술적 문제들을 통합하여 문제를 해결

그림 1 시대적 흐름에 따른 건축디자인의 변화(고대~현대)

2. 건축 디자인 (Architectural Design)이란

- 사전적 정의로, 실용적인 목적을 가진 조형작품의 설계나 도안 또는 어떤 구상이나 작업계획을 구체적으로 나타내는 과정이다.
- 건축디자인은 추상적 단계에서 구체적 단계로, 개념에서 가시화 과정을 통해 현실화시키는 것으로 실용성과 미적조형의 실현이 이루어져야 한다.

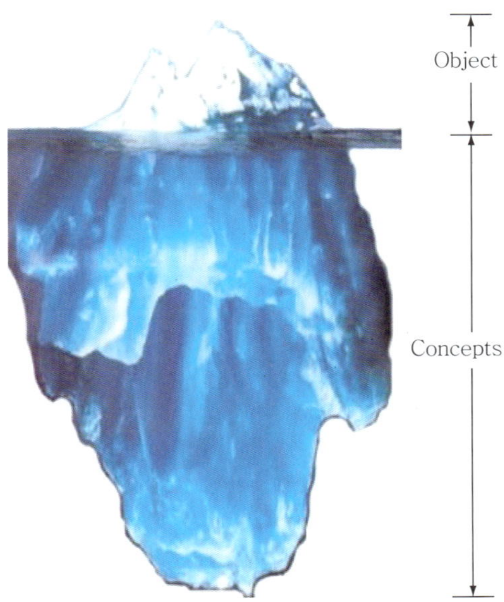

그림 2 디자인 현상

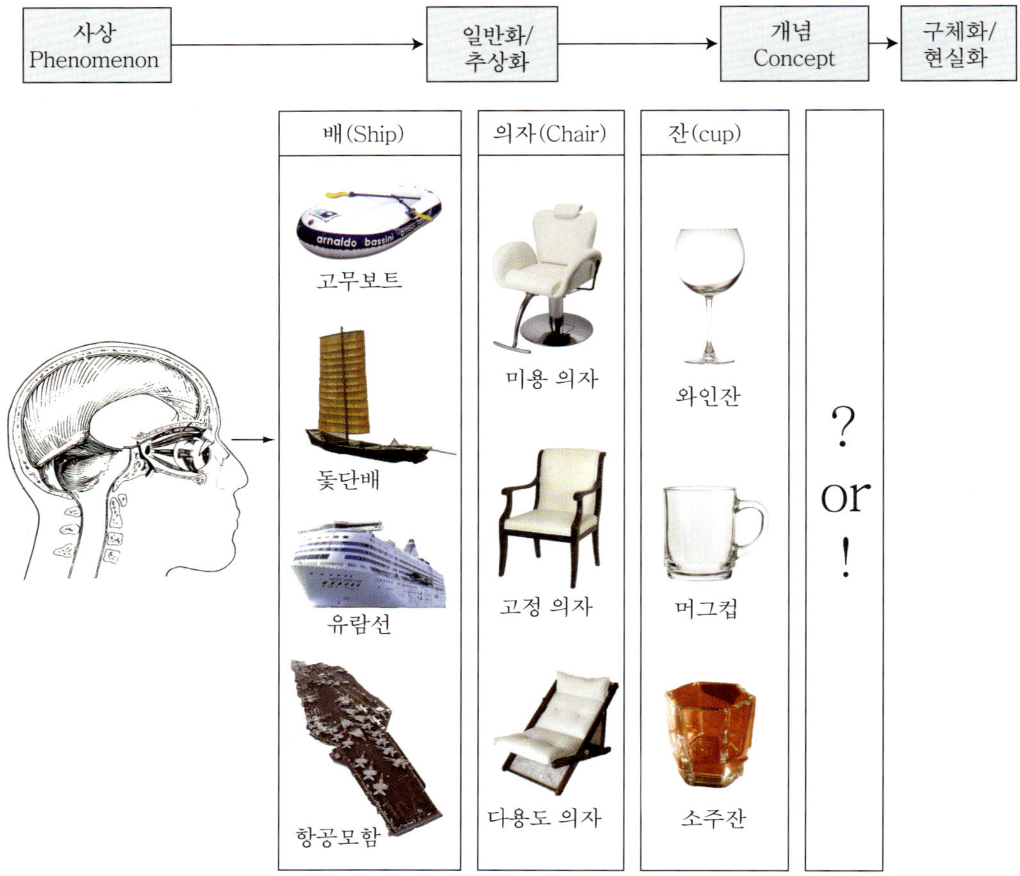

그림 3 개념화의 원리

디자인(Design) : Y(독립변수) = AX(종속변수) + b

디자인(Design) – 어떤 창작품을 만들기 위한 원형이 되는 구상이나 계획으로, 일관성이 있고 효과적인 하나의 전체를 만들기 위한 하나의 사물 안에 존재하는 각 부분 요소들의 상호관계의 틀이다.

(디자인 대상에 대해 그것을 둘러싸고 있는 변수간의 관계를 분명히 하여 문제를 성립시키는 것이 디자인 연구의 근본적인 일이며, 그러한 문제에 관련된 변수간의 관계가 얼마나 적절하고 그 문제의 초점을 얼마나 적절하게 잡느냐에 따라 디자인 연구의 성공여부가 좌우된다고 볼 수 있다)

1. 디자인(Design)의 어원?

1) '데시그나레' (Designare: 라틴어) : '지시하다', '표현하다', '성취하다' 의 의미이다.
2) '데생' (Dessin:불어) : '계획을 명시하다', '설계하다', '고안하다' 의 의미이다.
3) 디자인(Design:영어) : 인간생활 목적에 부응하는 실용적이고 미적인 조형을 계획하고 이를 실현하는 '설계', '입안', '기획' 을 의미한다.

2. 디자인의 목적

- 디자인은 관념이 아닌 실체다.
- 디자인은 주어진 어떤 목적을 달성하기 위해 여러 조형요소 가운데서 의도적으로 선택하여 그것을 합리적으로 구성, 유기적인 통일을 얻기 위한 창조활동이며, 그 결과의 실체다.
- 디자인한다는 것은 사람이 어떤 일정한 목적을, 사고 속에서 계획하여 실현함으로서 인간이 아름답고, 기능적으로 사용하기 편리해야 한다.

3. 디자인의 역사와 종류

1) 산업혁명 직후의 디자인 : 순수미술을 기반, 미술적 요소를 산업에 응용
2) 19세기이후 : 기계 · 기술의 발달의 대량생산과 기능주의 철학에 입각한 새로운 개념의 디자인으로서 이해(산업기술+예술의 합일(合一) = 새로운 예술을 성취)
3) 현대 디자인 : 인간이 영위하는 생활환경과의 관계가 대단히 긴밀하고 복잡하게 진화
   (현대 사회 생활에 필요한 정보를 전달하여 주는 수많은 미디어 및 관련 제품)
   ex) 그릇, 패션, 차, 시계, 텔레비전, 아름답고 편리한 산업제품, 도시의 고층 건물, 인테리어, 공원 등 도시환경부분
4) 디자인의 종류는 대체로 다음과 같이 3종류로 크게 나눌 수 있다.
   ① 시각디자인(Visual Design) : 인간생활에 필요한 정보와 지식을 넓히고 보다 신속 · 정확하게 전달
   ② 제품디자인(Product Design) : 인간생활의 발전에 필요한 제품 및 도구를 대량 생산목적
   ③ 환경디자인(Environment Design) : 인간생활에 적합한 환경 및 공간을 구축하는 것에 목적
   - 순수미술에서 디자인 : 흔히 그 자체가 창작의 한 과정

- 공학에서의 디자인 : 적절한 개념과 경험을 구체화하여 명확하게 나타낸 기록을 의미
- 건축 디자인 : 디자인의 예술적 측면과 공학적 측면의 하나로 융합
- 화가나 시인이나 음악가의 디자인 : 자유롭게 창의력 발휘
- 응용미술에서의 디자인 : 창작품을 만들기 위한 견본의 의미

3. 건축프로그래밍과 건축디자인

1. 건축프로그래밍의 정의

사전적인 의미로는 프로그램의 명사에서 프로그램[1]을 하다라는 동사를 거쳐서 생성되었다. 이는 건축디자인의 필요조건과 상황을 제공할 목적으로 정리된 일반적이고 특수한 정보다. 주 사용 용도는 시설에 대한 건축주의 요구 및 프로젝트에 대한 디자인요구 자료에 있다.

즉, 프로젝트의 요구 사항들을 확인, 정의하고 건축주의 요구를 디자이너에게 전달하는 과정으로 정의한다.

2. 건축디자인과 건축프로그래밍의 상관관계

건축프로그래밍은 **분석**이라 할 수 있으며, 디자인은 **종합**이라 할 수 있다.

표 1 프로그래밍과 디자인 비교

프 로 그 래 밍(Programming)	디 자 인(Design)
1) 문제의 발견 2) 분석의 단계 3) 본질을 추구하는 과정 4) 현재와 미래의 요구를 결정하는 것이다 (미래상황은 어떻게 될 것인가?에 대한 기본적인 가치와 가정이 설정되어야 함)	1) 문제의 해결 2) 종합의 단계

1) 프로그램의 정의 : 설계자가 사용할 수 있는 정보로서, 특정시설의 설계를 위해 건축가가 필요로 하는 건축주의 요구사항에 관한 정보의 구성을 말함

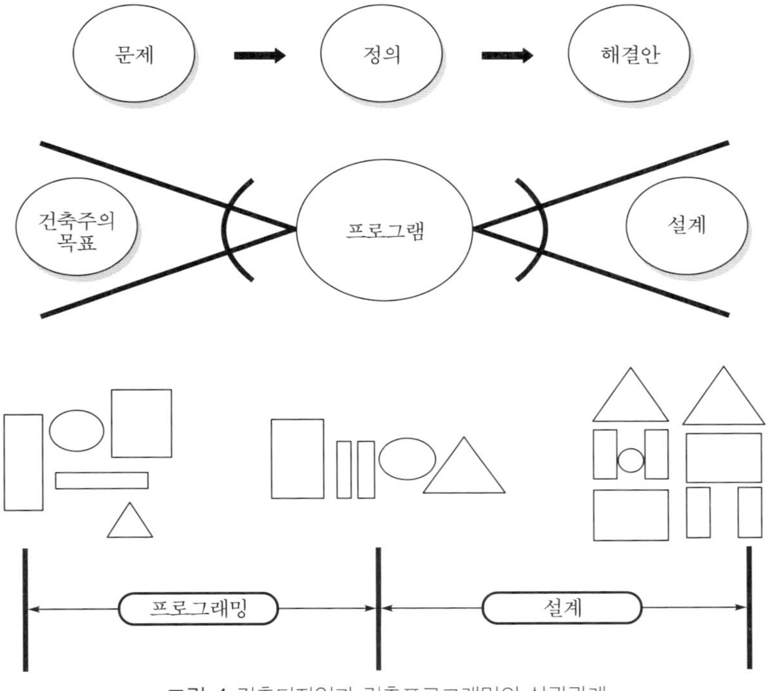

그림 4 건축디자인과 건축프로그래밍의 상관관계

3. 프로그래밍과 디자인의 평가요소

1) 현재의 조건(EXISTING STATE)

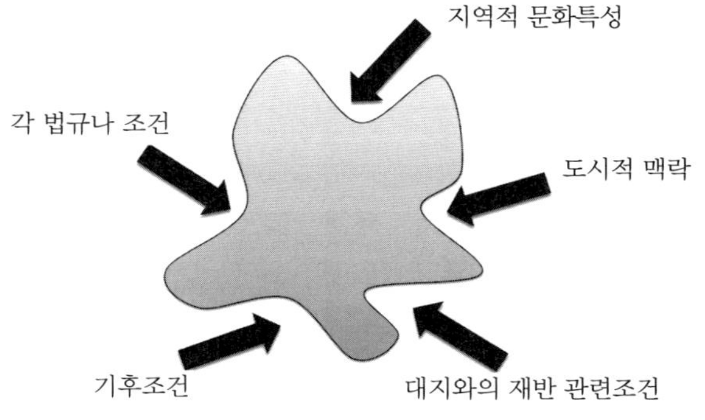

그림 5 현재조건

2) 미래의상황(FUTURE STATE)

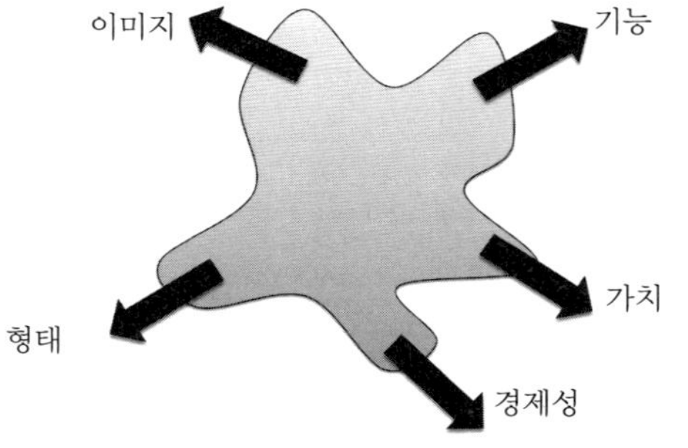

그림 6 미래상황

TIP 1 건축디자인과 사상

1. 건축디자인에 대해서

1) 디자인(Design)은 실용예술로서 순수한 예술형태와는 다른 기능성이 요구된다.

- Design = Art + Tech.
- Architectural design = Art + Tech.+ Function

2) 디자인을 이해함에 있어 정답을 찾는 과정이라기보다는 주어진 여건(Context)안에서 만족스러운 해법을 찾는 과정이다.

- Context(컨텍스트)의 정의 : 인간은 자신의 기억체계로 환경에 대한 이미지를 축적해 나간다.
- Context(컨텍스트)의 구성
  ① 무형의 Context = 문화 + 역사 + 사회 + 정치
  ② 유형의 Context = Natural System + Man-made System

3) 디자인의 주체는 반드시 인간이다.

4) 동 · 서양의 문화적 관점에서의 사고 특성을 이해한다.

표 2. 서양과 동양의 사고 특성

서양적 사고	동양적 사고
• 공간을 채우는 디자인(구축)	• 공간을 비우려 하는 디자인(비움)
• 자연을 정복, 극복	• 자연과 어우러짐
• 분석적 체계(이성적)	• 직관적 체계(감성적)
• 공간이 열린 시각적 공간(직선적)	• 공간체험에의 체험적공간(곡선적)

5) 최근 국제적 흐름은 공존과, 소통, 상생의 패러다임으로 디자인의 큰 흐름이 진화되고 있는데 동양사상의 기본적인 근간이 되는 노자사상을 통해 디자인을 음미해 본다.

2. 노자사상을 통한 건축읽기

노자 사상을 통해, 건축공간에 대한 예지 및 통찰력을 깨닭아 본다.

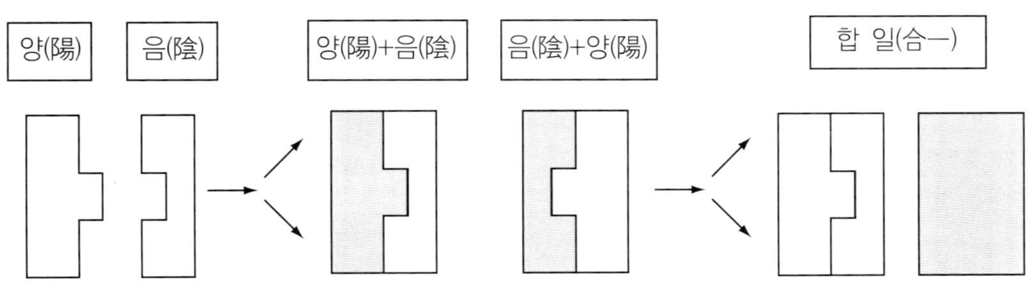

- **有生於無(유생어무)** : 있음은 없음에서 생긴다.

  - 무(無)와 유(有)
  - 음(陰)과 양(陽)
  - 허(虛)와 실(實)
  - 비움과 채움
  - Void & Soild

  → 보이지 않는 것 ⇒ 의미(意味)이다.

  보이는 것 ⇒ 실체(實體)이다.

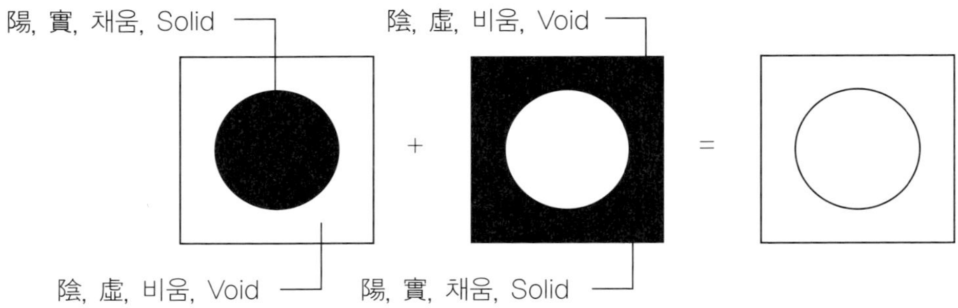

存在(존재) 1: 음+양	存在(존재) 2 : 양+음	무(無) = 여백+상호일치=상승=무색=상호보완=자연의이치

세상의 모든 만물은 음(陰)을 업고, 양(陽)을 안아서 비어있는 기운이 서로 화(和)한다.

사물의 존재는 유익성이 있고 무(無)의 존재는 실용성(實用性)에 있다(도경11장).

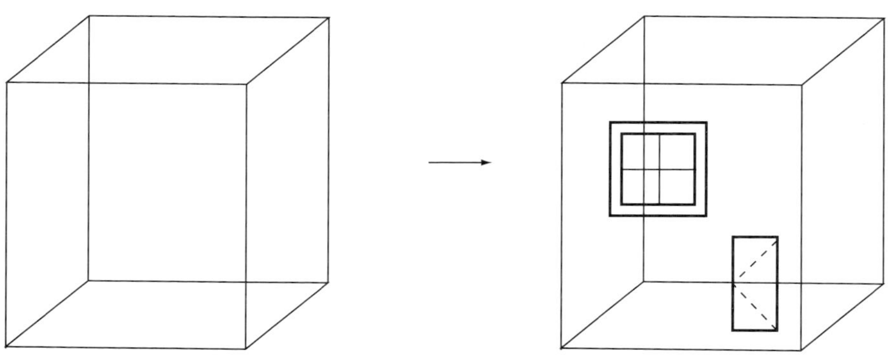

그림 7. 사물의 존재와 유용성

꽉 차 보이는 사물의 대상에 창과 문을 부여 하면, 유용성을 갖게 되어 어떤 비어있는 공간과 실의 본질적 기능을 인식할 수 있게 된다.

- 사물의 존재는 유익성에 있고 무(無)의 존재는 실용성(實用性)에 있다.
- 건축적 구성은 사람의 사고가 의식적이든 무의식적이든 물리적인 기능과 심리적 경험에 있어, 시간적 요소에 근간을 두고 있다. 시간(時間)을 공간구성의 주요한요소로 생각할 때, 건축은 시간차원에서 공간의 삶과 경험을 공간적으로 표현한 것으로 정의할 수 있다.

상대적 존재의 인식

여성성 ⇔ 남성성

부드러움 ⇔ 강함

여성호르몬(에스트로겐) ⇔ 남성호르몬(테스 토스톤)

그림 8. 상대적 존재의 관계성

사물에 있어 생명력의 의미는 한 쌍의 상대적 존재 관계에 있다. 이는 서로가 각각의 상대 속성을 갖지 않음에서 상대방의 필요성이 요구되기 때문이다.

- 모든 개체적 사물은 불충분성인 음(陰)과 무형적(無形的) 내용을 갖고 있으며, 사물속에 있는 무형적내용은 비록 물질적으로 시현되지 않을지 라도 '실체' 인 것으로 간주되어야 한다고 노자(老子)[1]는 도덕경에서 주장하고 있다.

1) B.C 6세기경 동양의 철학자, 현실생활을 위한 지혜와 난세를 살아나가는 방법을 제시,처세에 뛰어난 원리를 제시함. 동양철학의 경전인 도덕경(道德經)의 저자

● 노자사상의 주요핵심 내용을 다음과 같이 정리할 수 있다.

1) 도(道)와 덕(德)을 통한 합일(合一)로 자연의 이치를 깨달음

2) 도와 덕의 상관성과 의미 : 도(道)를 인식하고, 체득함으로 속성인 덕(德)을 얻을 수 있다.

– 도(道) :

① 전체를 위한 것으로, 모든 것을 동등하게 여기며(전일성) 인간의 불완전한 이성(理性)한계의 각성 추구. 일반적, 무형적, 창조적 존재로서 물리적, 생물적, 심리적인 구체화로 그 자체를 나타냄

② 도는 그자체가 아니며, 비어 있는 것과 촉감(觸感)으로 느끼지 못하는 것에 도의 본질이 있다.

③ 건축공간(建築空間)에 있어 도를 통한 시각 : 건축공간을 디자인 해 나가는데 있어, 형태, 외관, 물질과 같이 사람의 시각으로 느끼는 외형적인 것에만 집착하지 말고, 무형적(無形的)인 것과 비어있는 것, 쓰임새있는 것, 의미 있게 구성하는 것이 중요함을 의미 함

④ 노자의 도 사상을 통해 도를 체득 · 조화(造化)의 변화에 순응 · 스스로 존재함(自存精神)은 건축공간 창조에 큰 도움이 될 것임

"말로 설명될 수 있는 도는 영원한 도가 아니다, 이름 붙여진 명칭은 영원한 이름이 아니다."(도경 1장)

– 덕(德) :

① 개체를 위한 것으로, 모든 것을 차이가 나게 여기며(개별적 시현 강조)각각의 구체화속에서 개별적인 특이성을 나타내는 무형적 존재
무위자연(無爲自然), 유연(柔軟), 겸허, 무욕–자연은 "스스로 그러한 것"으로 사람들이 인위적이고, 의식적인 것 부정하며, 여기서 완전히 벗어나 는 것
"채워지기 위한 여유공간이 없다면 계곡은 말라 버릴것이며, 성장하기 위한 여유가 없다면, 창조는 기능을 정지할 것이다."(덕경 39장)

3) 노자의 관심내용으로 양(陽)에 못지 않게, 음(陰)을 중시해 음이 우선, 대조적으로 양이 있게 되고, 이 두요소가 서로 보완 작용하여 합일(合一)이 되며, 자연의 이치라 해석

4) 건축디자인 적용에 있어 비물질적인 것이 가장 유용하다. 음적(陰的)인 것은 실제로 더 중요한데, 이는 허공(Void)이 고형체(Solid)보다 언제나 채워 질 수 있는 가능성이 있는 존재인 까닭이다.

5) 물리적인 허공 자체는 항상 변화하는 인간에게 무의미하다. 물리적인 허공의 장소에 살아도, 심리적으로 시간차원에 인간이 살고 있기 때문이다. 시간은 인간의 삶의 연속성을 가지

며, 더욱 친밀하기 때문이다.

6) 어느 것도 영속적으로 존재할 수 없고 완벽하게 알 수도 없다는 근본적인 노자의 철학은 모두를 포용하는 원리이며, 무형적인 요소가 건축의 형태에 생기와 자연스러움, 감각능력을 통해 건축을 경험하게 해준다. 오늘날 건축가에게 절대적인 기준이나 틀에 얽매여서는 않된다는 메시지를 주고 있다.

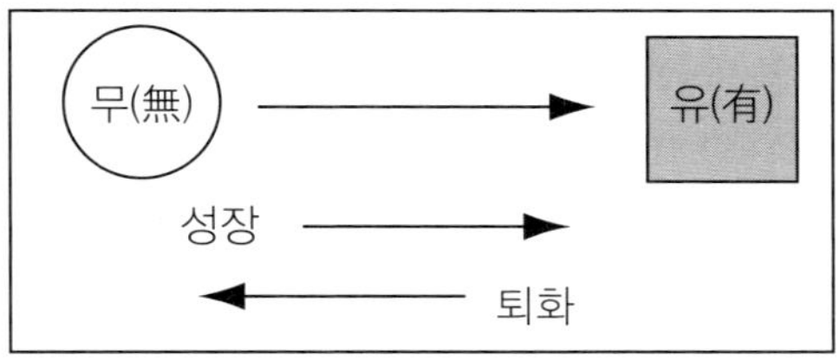

그림 9 무(無)와 유(有)

3. 건축 디자인 접근 방법

① 건축 역사를 통한 건축 이론 의미 파악

→ 건축 역사는 오랜된 미래다. 과거의 흔적을 진단해보며, 건축기능의 유용성, 미적 조형 원 리의 아이디어를 얻기 위한 변천의 보고다.

→ 고대에서 현대까지 미적이론(사례중심)

② 실무해결을 위한 체계적인 디자인과정을 단계적 상황에 맞게 대응 방법 모색(이론 + 실무사례) 건축디자인 프로세스 과정 탐색을 통한 체계적인 설계 능력 구축

③ 건축프로그램을 통한 유용성과 기능관련 요소들의 개념을 정리하여 활용 방법을 정리한다. 건축 프로그램을 통한 디자인 해결 방법 실마리 찾기

4. 건축 디자인 과제

- 기능 : 유용성 /효율성
- 기술 : 쾌적성/ 안전성 → 종합적인 균형 및 조화
- 미 : 심미성/ 표현성

5. 건축 디자인 수행 과정

1) 인간 목적활동 위한 기능 공간 마련

2) 조형적인 골격과 형태 구성
3) 개성과 특성을 반영한 재료와 색상으로 화장을 하고
4) 보다 생동감이 있는 표현을 위한 세부적 디테일 정리
5) 시각적 아름다움, 체험적인 공간 교감으로 예술적인 가치를 완성해 나간다.

6. 건축 디자인 이론과 실무 상관성

① 이론 : 목적하는 바를 이루기 위해 어떤 일을 체계화하여 이해하면, 해결을 위한 방법론을 연구한 것이 이론이다.

② 실무 : 이론적 배경을 통한 개념을 알고, 건축 조직원리를 이해하여 실무에 응용 및 적용하기 위한 습득 과정을 갖는다.

7. 건축 디자인 이론(Architectural Design Theory)과 건축사상

– 건축 디자인 이론 (Architectural Design Theory)

① 건축디자인 구성요소(Architectural Design Factor)

가. 점(Spot · point)　나. 선(line)　다. 면(Surface)
라. 방향(Direction)　마. 형태(Shape · form)　바. 명암(Value)
사. 질감(Texture)　아. 크기(Size)

② 건축디자인 구성원칙(Architectural Design Principle)

가. 조화와 파조(Harmony and discord)　나. 대비(Contrast)
다. 통일(unity)　라. 반복(Repetition)
마. 리듬과 점이(Rhythm and gradation)　바. 균형과 대칭(Balance and symmetry)
사. 비례(Proportion)

③ 건축디자인표현요소(Architectural Design Element)

가. 지붕(Roof)　나. 천장(Ceiling)　다. 벽(Wall)
라. 창(Window)　마. 문(Door)　바. 기둥(Column · post · piller · stud · strut)
사. 계단(Stairs · staircase · stairway · steps)
아. 난간(Railing · balustrade · hand rail)　자. 바닥(Floor)

1) 건축 디자인 이론

구분	내 용	사례
■ 디자인 이론		
1. 건축디자인 구성요소(Architectural Design Factor) : 모든 형태를 분석하여 보면 그 형성체는 몇 가지 기본적인 패턴으로 구성된다. 형성체를 구성하고 있는 패턴이 더 이상 분해할 수 없는 요소로 될 때 이것을 일반적으로 디자인 구성요소라 한다.		
점 (Spot · point)	 점과 공간 – 1  점과 공간 – 2	① 미적 구성요소의 기본 ② 가장간단한단위, 장소지정, 주위영역에 활동성을 주는 팽창과 수축잠재 에너지
선 (line)	 선과 면	① 힘과 방향을 갖는 벡터, 시작과 끝이 있다. ② 점이 방향성을 갖고 이동하는 궤적은 선이 되며, 점의 크기에 따라 선의 굵기 좌우
면 (Surface)	 	① 선이 방향성을 갖고 이동 궤적은 면이 된다. ② 선이 수평, 수직, 사선, 회전방향의 궤적 이동〉정사각형면, 직사각형면, 마름모형의 면, 원형의 면 형성
방향 (Direction)		① 움직이는 것은 방향을 갖고, 시간과 위치가 변한다. ② 방향의 기본유형은 수평, 수직, 사선방향으로 각각의 감각적 느낌이 다름
형태 (Form)	 	① 점, 선, 면이 조합, 입체적인 3차원요소를 형태라하며, 공간을 갖는다. ② 평면적인 형(Shape)은 2차원적인 형(形)으로 평면윤곽. 형태는 3차원적인 형태(Form)다. ③ 형태유형은 크게 자연적형태(구상적, 추상적)와 인위적인(기하학적, 이념적) 형태, 인지심리학적인 형태지각(Gestalt)으로 구분된다.
명암 (Value)	 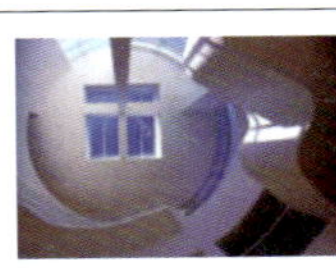	① 빛이 존재하는 모든 곳에 명암 존재(명암은 빛과 그림자에 의해 인식) 명암의 차이가 클수록 시선을 끌 수 있다. ② 명암은 미적, 감정적, 심리적 변화를 준다. ex) 밝고, 어둡고, 가볍고, 무겁고, 고상, 검소, 풍부, 단조, 무미
질감 (Texture)	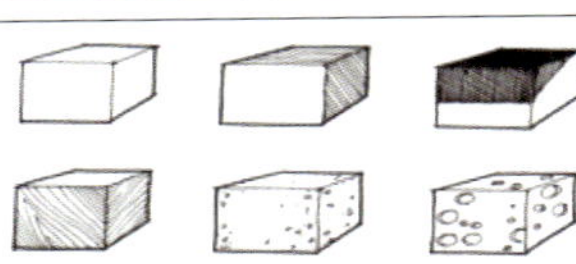 질감 (같은 형태라도 질감에 따른 시지각 정도가 다르다. – 목재, 콘크리트, 돌, 금속 등)	① 인간의 오감중 촉각은 시각보다 몸으로 직접 느낀다. 촉각과 달리 물체 표면상의 특징을 시각으로 지각하는 것을 질감(Texture) 이라 함 ② 시각만으로지각하는 것을 표질감 이라 하고, 촉감 혹은 재질감과는 차이가 있다. ③ 같은 재료라도 사용방법에 따라 다른 질감을 나타낼 수 있다. ⑤ 질감은빛(흡수 및 반사)과 색채, 심리적 반응과도 연관성이 있다. ex) 빛의 반응(투명, 반투명, 불투명), 무게(무겁고, 가볍다. 강하거나 약함) 구조(불규칙함, 꼭맞음), 촉감(부드러움, 차가움, 거친, 매끈함)
크기 (Size)	 	① 크기는다른 사물과 비교되는 상대적 개념 ② 통일성의 기초가 됨 ③ 크기결정에 따른 사용목적에 따라 적절하게 적용한다. ex) 휴먼스케일, 건축스케일, 도시적스케일

■ 디자인 이론

2. 건축디자인 구성원칙(Architectural Design Principle) : 디자인 구성요소를 조합하여 반복, 조화, 파조, 대조, 통일, 균형, 점이, 대칭, 비례 등을 통해 규정 됨

구분	내 용	사례
가. 조화와 파조 (Harmonyand discord)	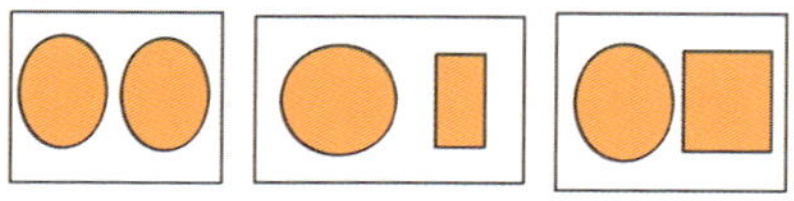 반복 파조 조화	① 조화가 반복에 의해 단조로워지면, 통일감이 생기고 대비가 너무 강하면 파조가 생긴다. ② 조화와 달리 파조는 변화가 있어 강하고 통일과 질서가 없다.
나. 대비(Contrast)	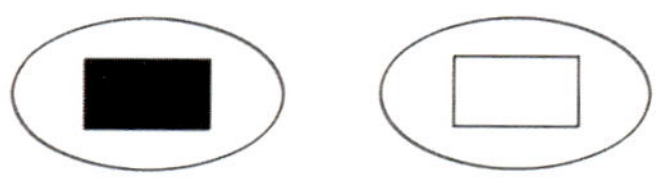 같은 면적에 의한 정사각형의 대비	① 반복이나 조화가 정적인 상태의 원리라면, 대비는 동적인 상태를 의미한다. ② 반대 · 대립 · 변화를 통해 흥미유발, 다이나믹(Dynamic) 한 율동감과 생명감을 줄 수 있는 구성
다. 통일(unity)	 통일, 델프트공대 도서관(네델란드)	① 구성체 각 요소들간에 이질감이 느껴지지 않고 전체로서 하나와 같은 이미지를 주는 것
라. 반복 (Repetition)	 보조코 주택(네델란드)	① 동일한 패턴으로 연속 되어 지는 것(점과점, 선과선, 형태와 형태, 공간과 공간)
마. 리듬과 점이 (Rhythmand gradation)	  점이, 카페드유니(네델란드)	① 어떤 질서에 의해 통일된 운동감의 표현 ② 공통요소가 연속적으로 반복 상태여하에 생기는시각적 동세(Dynamic force)의 한 형식 ③ 리듬에는 시간적 리듬(음악), 생리적 리듬(호흡), 성장의 리듬(동 · 식물) 있으며, 건축에 있어서는 공간과 시간의 리듬을 갖는다.
바. 균형과 대칭 (Balanceand symmetry)	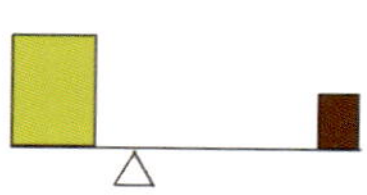 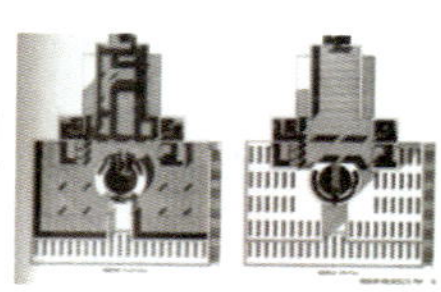	① 상대되는 양자의 힘이 평형 상태를 이루는 것을 말함 ② 대칭 균형과 비대칭 균형이 있다. ③ 축을 중심으로 완전한 균형 상태를 대칭이라 한다.
사. 비례 (Proportion)	 피에트 몬드리안의 '컴포지션' 1921	① 상호간의 양적인 관계 ② 디자인의 여러 요소나 원리 중에서도 가장 계량적으로 다룰 수 있음

■ 디자인 이론

3. 건축디자인표현요소(Architectural Design Element)

구분	내 용	사례
가. 지붕(Roof)	 	① 자연력에 대한 대안으로 표현, 요구됨. 시대에 따라 권위나 상징 표현, 기후나 역사적 배경 등 중요한 디자인 요소
나. 천장 (Ceiling)	 	① 외계 차단은 지붕이, 내부공간의 2중 차단 위해 천장이 요구됨 ② 현대에 천장의 존재가치는 방화, 차음, 흡음, 단열 등 인간의 주거성과 쾌적한 내부공간 구성을 충족시키기 위함 ③ 내부공간 요소 중 조형적으로는 가장 자유롭고 중요한 구성요소다.
다. 벽(Wall)	 	① 인간은 벽에 의해 처음으로 인간적 척도로 공간을 만들어 내는 데 성공하였다. ② 벽의 기능은 측방향(側方向) 에 차단이며, 건축 내부공간을 한정하는 가장 기본적 요소다.
라. 창(Window)	  	① 창이 있어 건축이 실현된다(공간을 부여해 주는 요소다). ② 창은 건축에 생기를 부어 넣는 역할(빛, 채광, 통풍, 환기 등) ③ 창은 역사적으로 벽과 구조와 많은 관계를 맺으며 성장, 건물의 표정을 좌우하는 중요한 디자인 요소다.
마. 문(Door)	 	① 문이 있어 건축이 실현됨(공간을 부여해 주는 요소며, 인간의 스케일과 가장 밀접)
바. 기둥 (Column · post · piller · stud · strut)	  	① 기둥이내부공간을 자유롭게 해줌 ② 과거의 구축방법이 압축력 지지라 한다면 현재와 미래는 인장재 구법방식이 이루어짐 ③ 재료의 가벼움을 주는데 기여한 디자인 요소다.
사. 계단 (Stairs · staircase · stairway · steps)	 	① 계단은 2차원 공간과 2차원 공간을 맺어주는 수직공간 ② 공간과 공간, 내부와 외부 안과 밖을 연결, 완화시키는 동선의 주요 요소다. ③ 시간과 공간의 연속성을 표현할 수 있는 디자인의 주요 요소다.
아. 난간 (Railing · balustrade · hand rail)	 	① 난간은 인간의 안전을 위한 기능적 역할과 아름다운 요소를부가하는 디자인요소다. ② 다양한 재료물성으로 표정의 액센트적 요소와 주 · 부요소로 활용된다.
자. 바닥(Floor)	 	① 건축을 구성하는 지붕, 벽, 창 등은 외계와의 차단이 주목적인 데 '바닥'은 우리들 생활에 장소를 직접 지탱하고 추위와 습기를 차단하는 데 있다. ② 바닥의 높낮이 변화를 주어 내부공간의 볼륨디자인을 할 수 있다.

2) 건축디자인은 시대정신을 반영한다.

- 시대정신이라는 것은 한 시대 사람들의 여론의 방향, 지적경향, 일반적인 분위기 등 문학, 종교, 과학, 미술, 건축 등으로 정의할 수 있다. 명확하게 구분 짓기는 어려우나 서양의 역사를 통해 조명해본다.

구분	시대	주요내용	건축경향	기타관련
고대	선사시대/서방아시아/고대이집트	- 신화에 기반한 사실을 수용	- 이집트/서아시아	원시미술
고전	그리스/로마	- 시대질서, 이성중시, 민주주의	- 그리스/로마	헬레니즘미술
중세	초기기독교/비잔틴/사라센/로마네스크/고딕	- 종교를 위한 사실중시	- 로마/이슬람/프랑스 배경	로마네스크/비잔틴/고딕
근세	르네상스/바로크	- 예술과 과학의 폭넓은 수용	- 이탈리아 배경/프랑스	르네상스/매너리즘/바로크
과도기	로코코/신고전주의/낭만주의/모더니즘	- 과학적으로 밝혀진 사실만 선호	- 프랑스/영국의 신고전주의	로코코/신고전주의/낭만주의/사실주의
근대	20세기이후	- 과거역사의 거부	- 19세기 20세기의 미국건축 *모더니즘 : 고전적아방가르드/엘리트주의(고급문화) /순수예술/절대주의/산업사회 *포스트모더니즘 : 네오아방가르드/대중주의(저급문화) /대중예술/다원주의/소비사회	인상주의/신인상주의/후기인상주의 * 모던아트(1860~1940) : 테크놀러지와 과학/과학적사고모델형식추구/물질세계가 아닌 정신세계 탐구/문명을 떠난 낭만적 동경과 미지 세계에 대한 이국취향/화면의 순수성
현대	1960년대이후	- 진리는 상대적이며 진리를 아는 것은 불가능으로 여김	- 1차세계대전 전/1차세계대전 들사이/2차세계대전 후 시기로 나뉨	미래주의/야수파/입체주의/표현주의/추상주의/다다/초현실주의/팝아트/포스트모더니즘
			- 러시아건축/일본건축 - 토착건축/건축이론의 역사/테크놀로지 건축/조경건축/도시 디자인역사와 이론	미니멀아트(19050-70)/개념미술(1960말-1980)/페니미즘미술(1980-1990)/해프닝/비디오아트/신표현주의

3) 동 · 서양의 건축미론(美論)과 건축디자인과의 관계성

· 건축물에 있어 아름다움의 기준은 무엇일까? 건축의 미적 질서체계에 대해서 이해해 보자.

미(美)란 하나의 대상이나 현상이 인간의 감성을 자극하여 쾌감이나 즐겁게 하는 것, 감동을 주는 것 이라 할 수 있으나, 각 시대마다 추구하는 관점이나 가치관에 기초하여 최고의 가치를 미(美)라 정의하였다.

① 역사적 관점에서 본 미의 정의에 대해서 인간의 관념과 감성의 세계로 구체적 정의를 내리기는 어렵다.
② 건축미론은 시대에 따라 접근해보면, 시대에 일반적인 미, 아름다움 개념과 건축미의 개념을 구분 할 필요가 있다.
③ 시대에 따른 일반적 경향과 시대에서 추구하는 미적 관점은 건축형성에 영향과 변화를 주었다.

구분	내용	특성	디자인관점
서양의 미적가치	논리적/합리적/기하학적 비례 법칙성이 있는 아름다움	파르테논적사고	분석적으로 정리하여 질서체계로 구성하는 과정
동양의 미적가치	자연적/감성적 사고	동양화적 사고	고도로 체득 후 행하는 직관의 세계
미적가치 적용사례	– 유용성/실용성/신/진리/합목적성/기능성/선(미적가치관점) – 섬세/우아/소박/유연/고귀/숭고/장엄(관념적측면)		
건축디자인에서의 활용	1) 미의 주관적인사고를 객관의 판단체계로 일반화 하기에는 어려움이 있으나, 아름다움을 판단하고 표현하려는 공통적 기준들은 과거에서부터 이어져 왔다. 2) 이를 구체화하여 사용할 수있는 방법론이 다양하지 않을 뿐이다. 3) 디자인은 건축물을 평가하는 과정이 아니고, 건축적구성을 만드는과정이므로 미적정리 방법과 수단을 규정하는 것이 적절하다. 4) 건축디자인의 목적인 인간의 삶을 담아내는 그릇으로, 미적질서체계로 정리하는 과정, 즉 건축형태구성을 시각적으로 아름답게 하는데 있으며, 궁극적으로 감동을 줄 수 있는데 있다.		

4) 서양건축사 흐름과 건축디자인의 특성

구분	서양건축사 흐름	건축적 특성					
		지배요소	신앙과 권력	평면 형태	구조 구법	건축재료	기 타
고대	원시시대	자연	자연숭배신	마스터바	적층법	나무/흙/돌	–
	이집트	절대권력(왕)	왕권강화신격화	피라밋	적층법	진흙	–
	서아시아건축	절대권력(왕)	왕권강화	지구랏	적층법	진흙	–
	그리스건축	인간과 이성	자유민주주의/ 도시국가	그리스신전	린텔가구식	대리석/돌	비례법칙/오더/ 논리적/합리적건축
	로마건축	종교	정복국가현실화	바실리카	교차보울트	콘크리트	비례법칙/오더/ 논리적/합리적건축
	초기기독교건축	종교	그리스도교	바실리카	린텔가구식	조적/돌	수직적
	비잔틴건축	종교	그리스도교	그릭크로스	펜덴티브	조적/돌	순환, 원의 의미
	로마네스크건축	종교	그리스도교	바실리카/ 라틴크로스	반원아치/ 립브시스템	조적/돌	라틴 : 직선적 의미
중세	고딕건축	종교	그리스도교	라틴크로스	첨두아치/ 플라잉 버트레스	조적/돌	논리적/비례 법칙과의 단절/기술의 최대발달/ 구조의 발전/성경외의 것 이단으로 간주
	르네상스건축	인간과 이성	종교퇴색/ 신흥부자/ 봉건주의타파	순수기하학적 비례형태	붙임기둥 (필라스터)	조적/돌/ 대리석	고전주의 로마이용/ 팔라쪼건축(건축10서 이용 ; 비투르비우스)/ 합리주의 ; 법칙성을 가지고 건축/고귀함
	매너리즘건축	종교	상동	–	–	조적/돌	–
	바로크건축	귀족	상동	–	–	조적/돌	–
	로코코 건축	귀족	상동	–	–	조적/돌	–
	신고전주건축	귀족	기학학미로 돌아가자/순순기하학추구/블레, 르두/쉥켈(고전양식 다시 사용)/스플로(로마적판테온)				
	낭만주의건축	귀족	고딕재발견 적용/고딕찬양(존러스킨의 베니스의돌)/고딕의 구조적 솔직성, 중세건축의대가(비올레둑)				
	절충주의건축	귀족	고전+낭만	–	–	콘크리트/철골	–

구분	서양건축사 흐름	건축적 특성					
		지배요소	신앙과 권력	평면 형태	구조 구법	건축재료	기 타
근대	산업혁명(1860)	자본가	계몽주의/과학적태도	기하학/원추형	철근 콘크리트구조	철근콘크리트/유리/철골/시멘트	영국의산업혁명(대량생산)
근대	미술공예운동	자본가	대량생산으로 질저하)수공예로돌아가자				
근대	아르누보운동	자본가	건축의질 높이자(옛양식베끼지말자) 곡선사용/장식요소가미/빅터오르타				
근대	시카고파	자본가	초고층	1871년시카고지진/도시발전/재건축/철골, 엘리베이터발명고층화			
근대	비인분리파운동	자본가	아방가르드	–	철근콘크리트구조	철근콘크리트/유리	–
근대	독일공작연맹	자본가	예술아카데미	–	철근콘크리트구조	철근콘크리트/유리	–
근대	미래파건축	자본가	기계미학	–	철근콘크리트구조	철근콘크리트/유리	–
근대	입체파	자본가	기능주의/합리주의	–	철근콘크리트구조	철근콘크리트/유리	–
근대	데스틸	자본가	기능주의	–	철근콘크리트구조	철근콘크리트/유리/철골/	–
근대	구성주의 건축	자본가	구조주의	추상	철근콘크리트구조	철근콘크리트/유리/철골/	–
근대	표현주의 건축	자본가	초현실주의	감성	철근콘크리트구조	철근콘크리트/유리/철골/	–
근대	바우하우스	브루조와	기능주의	독일(늦게 자본주의 발달/비스마르크는 산업화 위해 정부지원)			
근대	유기적건축	브루조와	자연조화	라이트(낙수장)/알바알토			
근대	국제회의 CIAM	브루조와	기능주의	거장의 시대(그로피우스/꼬르뷔제/미스/라이트/알토)			
근대	모더니즘	자본가	기능주의	철근콘크리트/유리/철골철근콘크리트 완성/도미노이론/근대 5원칙(꼬르뷔제) 비내력벽(자유로운 평면)			
현대	post 모더니즘	대중	이중구조	팀10(단순박스의 기능주의 비판)대중적의미)/로버트벤튜리(상업성결부 대중적언어를 찾자)/라스베가스의 교훈(건축의 복합성과 대립성이 있는 건축이 좋은 건물)/마이클그레이브 포트랜드빌딩(엘리트코드 : 순수기하학)과 대중코드(대중이 원하는 고전건축언어) 취합설계반영			
현대	맥락주의	대중	주변조화	주변의전통적 고전건물과 어울리게 하자			
현대	late모더니즘	대중	고도	기술건축언어의 미적측면 강조/근대건축 이념계승/구조기술 이미지 과장(로저스/피아노/포스터 등 고도기술, 구조주의 기술 극대화)			
현대	현대건축(해체주의)	대중	대중적 친밀감/기술적 통합	추상형	건식공법/조립식공법/주문식	플라스틱/건식공법/커튼월/금속/판넬	자신들의 건축사고와 언어에 따라 다양함

5) 한국건축사 흐름과 건축디자인의 특성

<table>
<tr><th rowspan="2">한국
건축사
흐 름</th><th colspan="11">건축 특성</th></tr>
<tr><th>신앙
영향</th><th>불교건축</th><th>공포재</th><th>건축구성
구분</th><th>자연과
순응</th><th>진입
방식</th><th>배치</th><th>주거
건축</th><th>건축재료/
색채</th><th>현존유적</th></tr>
<tr><td>원시시대</td><td>자연
숭배</td><td rowspan="9">불사건축〉
인도스투
파〉석굴〉
탑〉오성좌
〉3당식〉
탑+당〉
불상중심〉
1탑식
(백제)
2탑식(통일
신라)〉무탑
자유(신라)</td><td rowspan="9">주심포식〉
다포식(고
려)〉익공과
절충식(조
선초)〉조
선, 근대
(철근콘크
리트</td><td rowspan="9">지붕/공포
부분/벽/기
둥/문/초석
/기단부분</td><td rowspan="9">인차원리/
위계적접
근/외부폐
쇄적, 내부
개방적</td><td rowspan="9">점승/심
공형/문
루형/우
각모서리
진입/도
교금천교</td><td rowspan="9">1) 배치성격 :
승화공간/
매체공간/
주, 부공간
/과정적공
간

2) 배치축 :
직선배치/
곡선/단선
축/직교배
치/병렬축
형배치</td><td rowspan="9">신분에따라
건축규제
받음

– 4계절에
따라남
부(일자,
마루) /
중부(ㄱ
자)/북부
(밭전자
겹집형
태)</td><td rowspan="9">1) 주요재
료 : 목
재/돌/전
을 사용

2) 색채 :
화려(단
청) /가
칠/긋기
/모로/
금단청</td><td rowspan="9">궁궐/도성
/가람과
사지/서원
/향교/정
원주택 등
이 있다.</td></tr>
<tr><td>삼국시대</td><td>불교</td></tr>
<tr><td>통일
신라건축</td><td>불교</td></tr>
<tr><td>고려시대
건축</td><td>불교</td></tr>
<tr><td>조선
시대
건축</td><td>유교
(향교/
서원)</td></tr>
<tr><td>일제
시대
건축</td><td>유교,
불교,
기독교</td></tr>
<tr><td>해방후
건축</td><td>기독교</td></tr>
<tr><td>근대건축</td><td>기독교</td></tr>
<tr><td>현대
건축</td><td>여러
종교</td></tr>
<tr><td>건축
적용
특성</td><td colspan="11">1) 각 위치와 조건에서 자연재료의 사용과 자연의 조직체계를 읽어 건축에 적용
2) 전통건축의 전체, 부분을 새로운 철근콘크리재료로 그대로 복제하여 나열, 재조합 함으로서 외부형태를 만들고 내부를 요구기능으로 사용(직설적 복고수용)
3) 전통 건축수법에 의한 원용과 변용 수용
– 원용 : 건물몸체는 근대적인 건축형식을 유지하면서 전통건축요소를 그대로 중첩, 병치시키는 방법
– 변용 : 전통건축의 구성체계나 형태는 어느정도 고수하나, 건물 각각의 부분, 요소를 변형시키는 방법
4) 근대 건축수법에 의한 수용
– 전통요소의 변용 : 전통건물의 구성요소들을 단순화 또는 변형하여 하나의 장식적요소나 디테일로 사용
– 전통 건축 이미지의 추상화 : 전통건축의 처마선유추/전통사찰문루의 추상적표현
– 은유나 중첩 : 전통평면 사용/배치형태에서 전통건축수법수용/마당요소 중첩
– 채의 분리/정원마당사이 공간사용/창문틀과 조망/공간의 연속성/진입/자연환기사용 등을 근대건축수법에 다양한수용 가능
5) 전통 건축요소 장식적 사용법
– 벽에 고유의 장식이나 문양/고유한 색채로 이미지형성
– 슈퍼스케일, 슈퍼그래픽이용 : 전통요소일부를 지나친 과장이나 변형해 시선집중
– 장식기둥 헛벽치기/일주문 진입구 파빌리온사용
6) 디자인 활용요소 : 배치 및 평면/기단/초석/기둥/목구조법/벽체와 창호/공포대/지붕/바닥/천정/난간/대문/굴뚝/도랑과 연못/다리/돌길/돌계단/정원(가장 이상적인 정원은 원하나가 자연스럽게 들어갈 수 있는 모양)/마당/담장/색채
7) 풍수적배치 수용
– 양택 : 인간이거주하는 공간/– 음택 : 묘지풍수
– 풍수원리인 자연의 법칙에 맞는 터잡기/건축설계/건물의 모양과 번창을 위한 간신앙 수용
– 천지인 합일사상 : 주택을 지을때에 적용/천(하늘을 뜻함=지붕의미)/지(땅을 뜻하니 건물이 앉혀지는 대지와 기단부)/인(하늘과 땅을 이어주는 매개채인 건물 몸채 의미)
– 음향오행론원리 : 건강하고 번성한 생거지 만들기
– 배산임수/전저고후(도로보다 높은 곳에 정원과 부속건물, 더 높은 곳에 더 큰 건물을 배치)</td></tr>
</table>

02_ 건축디자인과 프로세스의 이해

1. 건축디자인 프로세스 읽기

1) 건축디자인의 최종목적

고객의 요구사항을 최대한 반영하여 최고의 결과물(디자인, 설계도서)을 도출함으로써 고객을 만족시켜야 한다.

2) 건축주인 고객의 요구와 고객만족

- 건축주요구 -

① 프로젝트의 사업성 및 수익성은 최대

② 설계비와 공사비는 적정한 수준에서 최소한의 비용

③ 최고의 디지인과 품질의 건축물 요구

- 고객만족을 위한 방법

① 설계프로세스에 따른 디자인 단계별 시스템화–단계별 승인, 협의를 통한 에러(Error)최소화 및 최적안 설정

② 시스템화하여, 비용 · 시간 · 기능이라는 3가지 요소의 효율성 제고

③ 효율을 높이면서 건축디자인 작품의 가치 창출

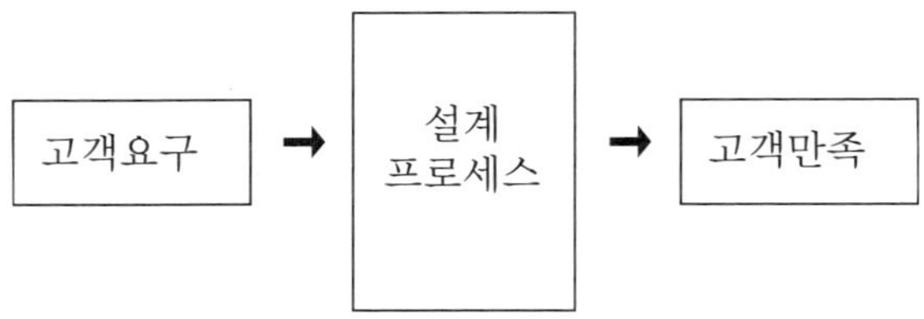

그림 1 고객과 디자인 프로세스

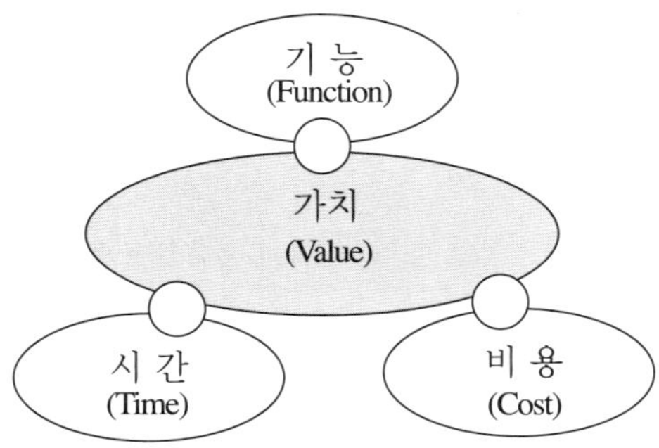

그림 2 가치의 요소

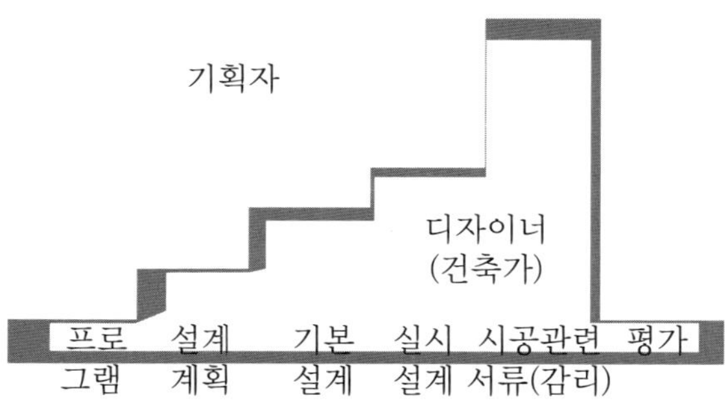

그림 3 디자인 프로세스에 있어 단계별 상관관계

설계를 진행함에 있어 설계 프로세스는 다음과 같이 이루어진다.
1) 프로그래밍단계 2) 설계단계(계획/기본/실시) 3) 감리 4) 거주 후 평가

2. 건축디자인 프로세스

1. 건축디자인프로세스의 배경 및 목적

1) 건축디자인은 디자인을 구성하는 여러 행위들간의 상호작용 요소가 매우 다양하고, 복잡하다. 따라서 디자인을 하나의 통일된 계획안에서 일관성 있게 수행, 포함시키기 위해 디자인을 구성하는 조직적 체계안에서 정리 할 필요성이 대두된다.

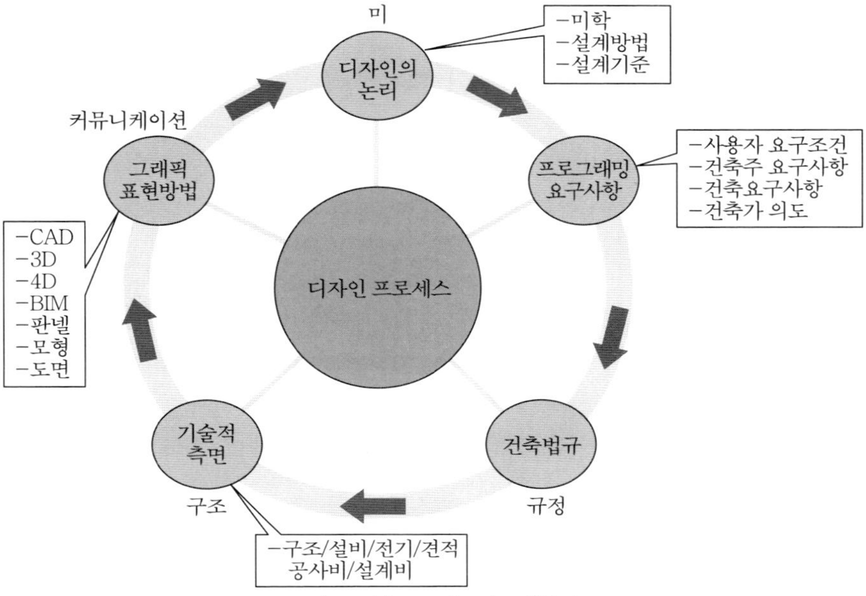

그림 4 건축프로세스의 구성요소

2) 특히, 건축디자인의 공동작업 수행시 통일된 작업과 일관성 관리 운영이 체계적 의사 소통이 요구된다.

3) 건축을 공부하는 학생들은 자기관심 분야에 따라 디자인행위를 묘사하고, 서로 상이한 방법들을 개발하고 있다. 각자의 사고 방법에 따라 디자인 행위의 다양한 면들을 서술하기 위해 여러 가지 개념들을 의사 교환과 교육에 사용하기 위해 정리되고, 구체화되는 과정을 통해 하나의 논리적 전개가 필요하다.

4) 20세기의 건축이론 개발 노력에는 대부분의 거장들이 독자적인 이상들의 연구 사실로 기인한다.

5) 그 결과 객관화된 설계이론보다 건축가들에 대한 교육에 치중되었으며, 즉 그들의 철학적인 규정이나 작품들의 장점들에 치중할 때, 좀더 합리적이며 일반화된 교육이 효과적이지 못했다.

6) 건축디자인프로세스에 의한 설계는 문제를 해결하는 방법(Problem solving)만 있는 것이 아니고, 이전에 기초 이론에 근거를 둔 "문제를 찾는 방법(Problem seeking)"이 있다.

* 건축가 르코르뷔제는 "우리시대에는 하나의 문제가 정확히 규정지어 지기만 한다면 그 해답은 필연적으로 찾아질 것이다. 이론들은 건축문제를 풀어 가는 실제행위 보다 는 건축문제의 본질적 해석의 노력으로서 전개된다."고 했다.

* 학문적 해석 : - 순수과학(문제를 찾는 관점)
- 응용과학(문제 해결 관점)

2. 디자인과정에 대한 체계적 접근

대부분의 디자인 과정에 있어 디자인단계들은 시간적으로 철저히 배치되는것 보다는 차라리 디자인사고의 흐름을 보여주는 시스템 체계의 연관관계를 보여준다고 할 수 있다. [2] 핸들러는 "디자인 과정을 개념화, 계획, 분석, 선택, 그리고 통합작업의 다섯 단계로 이루어진다" 고 하였는데 이는 시간적 순서 보다는 전체 과정이 끼워 맞추어지는 구멍들이라고 할 수 있으며, 이를 통해서 디자인행위의 조직이 보다 쉽게 이루어진다.

1) 의사결정과 선택관련 행위들
2) 정보처리 관련 행위들
3) 가치판단 관련 행위들
4) 도면 작성관련 행위들
5) 의사교환 관련 행위들

1)~4)는 의사결정, 정보, 가치판단과 도면으로 보여지는 행위결과물로 구분된다. 5)는 의사교환 관련 네 가지의 생산적 행위들 상호간의 결과물 교환에 의해 이루어진다.

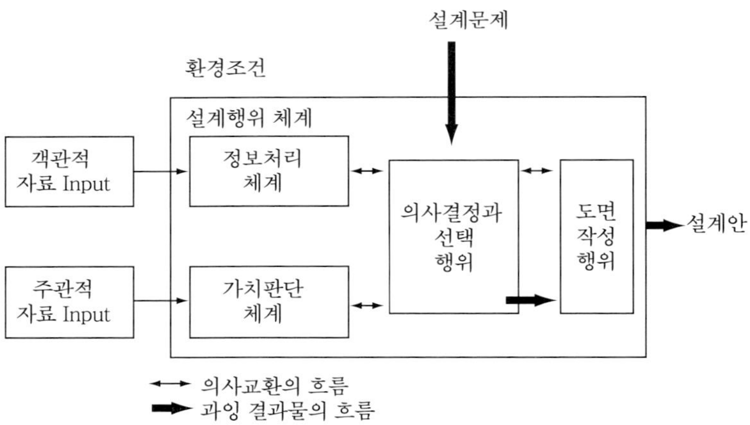

표 1 설계 행위 체계의 논리적 기본조건

2) 이정만, 설계 방법론 p38. 재인용

3. 디자인에 있어서 정보와 가치관의 의미

디자인을 통한 문제해결 노력에는 정보(Information)와 가치관 (Value)의 두 가지 종류의 자료의 업적이 필요하다. 정보와 가치관은 그 본질과 의사 전달되는 방법에 있어 차이가 있으나 디자인과정을 통해, 자료와 근거의 제공이라는 유사한 역할을 상호 보완적으로 시행한다.

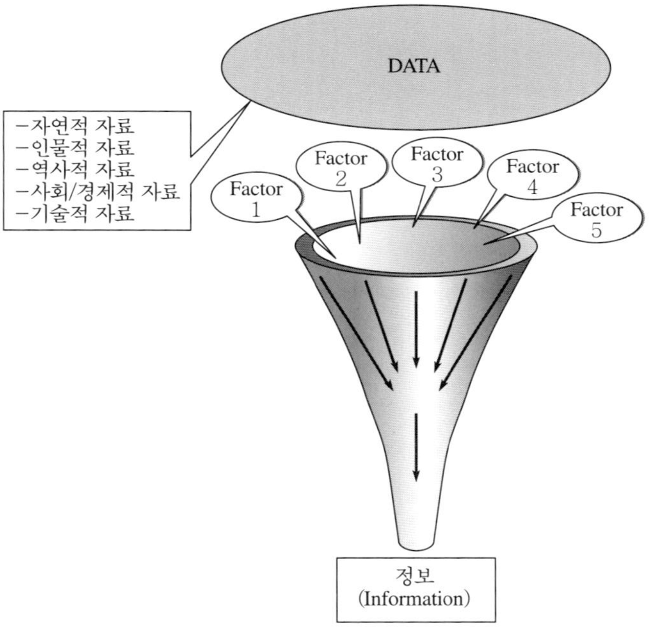

그림 5 데이터가 사용될 수 있는 정보가 되기 위해서는 가치기준이 정립되어야 한다.

① 건축가는 디자인 문제와 목표를 규명하기 위하여, 또는 가능한 디자인만의 영역을 파악하기 위해서 디자인안의 파급효과를 예측하고, 디자인 대안들을 평가하기 위해 정보와 가치관의 입력을 필요로 하게된다.

② 건축가에게는 적절한 정보와 가치를 찾아내고 획득하는 것이 중요한 과제이다. 이점에서 디자인행위는 하나의 건물을 위하여 입력되는 모든 가능한 주관적이거나 객관적인 자료와 기준들을 시공을 위해 구체적인 계획을 형태로 구체화하는 것이라 정의할 수 있다.
이 같은 입력 자료와 기준들은 기존의 지식, 제반사항들, 프로그램을 통한 요구사항, 상황적인 조건들, 상호체계, 건축양식 등을 포함한다.

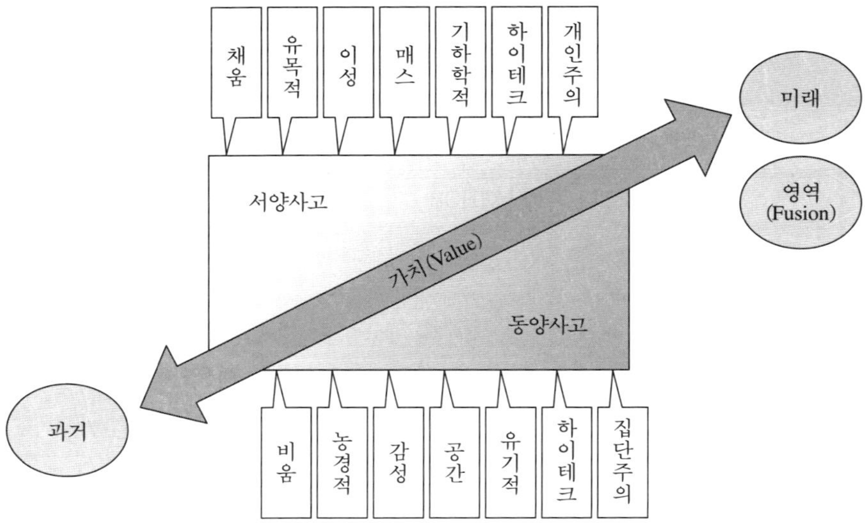

그림 6 사고의 틀속에서 시계열적 가치는 변화한다.

③ 도면작성 행위는 디자인 단계 이후의 시공도면 작성 단계에서 가장 활발히 일어나기는 하지만, 디자인 단계에서도 중요한 역할을 하게 된다.

4. 디자인 과정의 일반화모형

디자인과정은 인간행위에 대한 기존의 서술방법을 근거로 개발되기도 한다. 램과 버너의 연구는 [3]에서는 디자인의 일반화 모형을 구성하기 위해 일반적 의사 결정 행위 모형을 통해 디자인을 의사결정 행위의 하나의 유형으로 규정하고 조직화된 구조를 제공하고 있다.

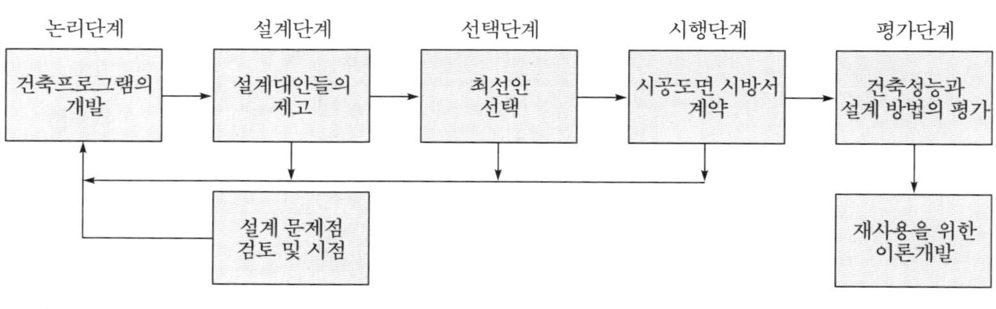

표 2 설계 과정의 일반화 모형

TIP 2 건축디자인프로세스와 사고체계

1. 건축디자인프로세스에 대해서

1) 건축디자인프로세스의 구성요소와 상관관계

> 건축프로세스 구성요소 = 미(디자인 원리) + 기능(프로그래밍 요구사항) +
> 구조(기술능력) + 법규(규정 및 제약조건) + 커뮤니케이션(그래픽 표현방법)

2)건축디자인프로세스의 구성요소는 서로 관계성을 가지며 순환한다.

2. 과학적 논리

1) 논리 : 사고의 법칙으로 개념, 판단, 추리의 3가지 작용으로 성립되며, 사고는 심리학적, 논리학적 법칙으로 구별된다.

사고의 틀	심리학 법칙	• 사고의 자연적 법칙을 연구하는 분야 – 옳든, 옳지 않든 사람이 실제 생각하는 그대로 심리 사실을 연구하는 분야
	논리학 법칙	• 전제와 결론간의 필연적 관련성을 연구한다. • 타당한 추리를 위한 개념 및 판단에 관 한 법칙을 연구

표 3 사고의 틀

3. 사고의 규범적 법칙

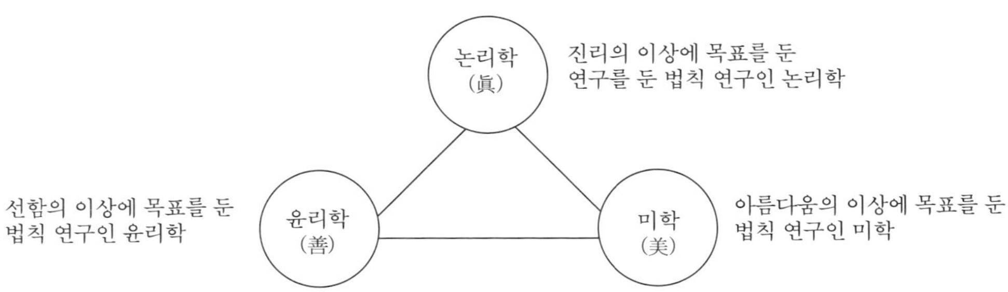

표 4 사고의 규칙적 법칙

3) J. Lam. 'A Model of the Designing Process

4) 이정만, 설계 방법론 p43~51을 재인용

4. 개념(Concept)?

"개념이란 어떤 대상의 공통된 성질에 의해 통일된 하나의 생각"으로 결합시킨 의미(관념) 인간이 시각을 통해 다음체계로 건축이 구축된다.

① 시각정보 입력→ ② 사고 작용 → ③ 개념형성→ ④ 단위요소개념형성 →
⑤ 건축어휘형성→ ⑥ 건축물개념형성 → ⑦ 건축구축

5. 건축디자인 접근 방법에 있어서 추리론

1) 정의 : 어떠한 판단이 있을 때, 판단에 이르는 근거, 그 이유까지도 의식하는 사고 작용을 말한다.
2) 특성 및 분류 : 추리적 사고를 갖고 건축 디자인 방법에 응용 할 수 있다.
3) 연역적 사고와 귀납적 사고로 나눌 수 있다.
   ① 연역적 사고 : 일반적 사실들을 유추하여 새로운 사실에 도달하는 방법
      ex) 대한민국 성인 남자는 군복무를 한다. A는 성인 남자다 고로 A는 군복무를 하게 된다.
   ② 귀납적 사고 : 특수한 특성의 사실들을 유추, 공통화하여 일반적 사실에 도달하는 방법
      ex) A는 95, B는 96 C는 97 점이다. A, B, C는 95점이상 이다. 고로 A, B, C는 A+를 받는다.

건축디자인개념과 디자인 프로세스		
건축디자인개념	건축디자인과 형태	디자인 프로세스
- 개념(Concepts) 의 정의 : 어떤 아이디어, 관념, 사고 등의 다양한 요소 들을 총체적인 하나로 통합하는 아이디어다. - 건축가들은 개념을, 주제, 파르티(parti)와 에스키스(Esquisse),건축 아이디어 등으로 사용하곤 한다.	과거) ① 자연과 명확한 구분이 지어진 유클리드 기하학형태(직선 – ○, □, △ 기하학형태) ② 유기적인형태로 자연과 건축의 애매한 표현형태(곡선 – 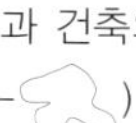)	- 현실화 되는 실용 공간을 위한 체계적인 과정이다. - 상호순환적인 시스템을 통해 검증할 수 있다.
1) 건축디자인은 추상개념에서구상으로 표출된다. - 추상(개념) → 구상(현실화) 2) 보다 세부적으로 보면 다음과 같다. - **공간시나리오** → **사이버공간**(가상의 컴퓨터공간에서 공간시나리오가 가상공간으로 바꾸는작업) → **실용공간**(가상공간에 물질을 부여해 실용공간화 작업)	현재) 형태의 상호 공존(Symbiosis)으로 새로운 패러다임으로 나타남.	디자인 프로세스 단계는 다음과 같다. 1) 프로그래밍단계(가설수립) ↓ 2) 디자인 단계(공간시나리오완성) ↓ 3) 시공단계(실용 공간 현실화) ↓ 4) 거주 후 평가단계(가설검증) ↓ 다시 1) 단계로피드벡(Feed Back)

표 5 건축디자인 개념과 디자인 프로세스

5. 기존 디자인 진행 방법(기존 이론과 사례)

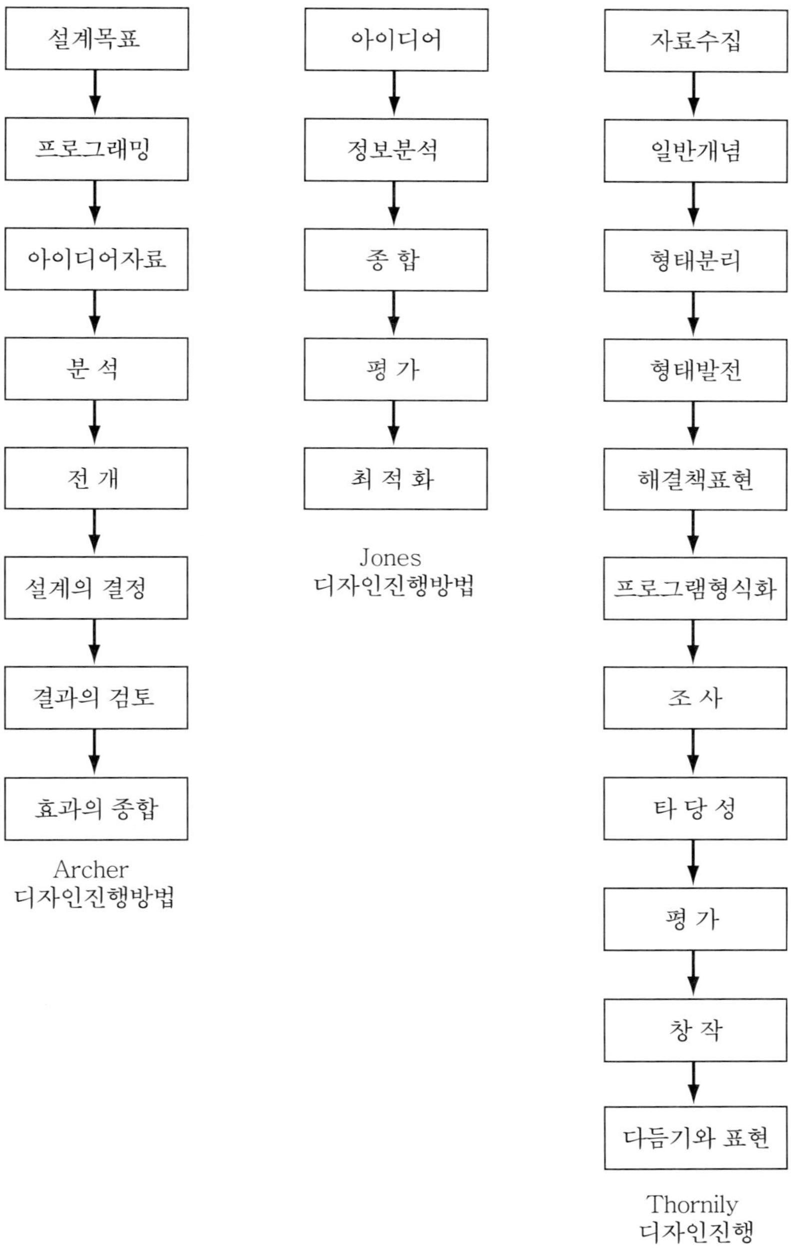

표 6 기존디자인수행 이론 사례

6. 제안 디자인과정 모형

다음과 같은 디자인 과정모형을 제안할 수 있다.

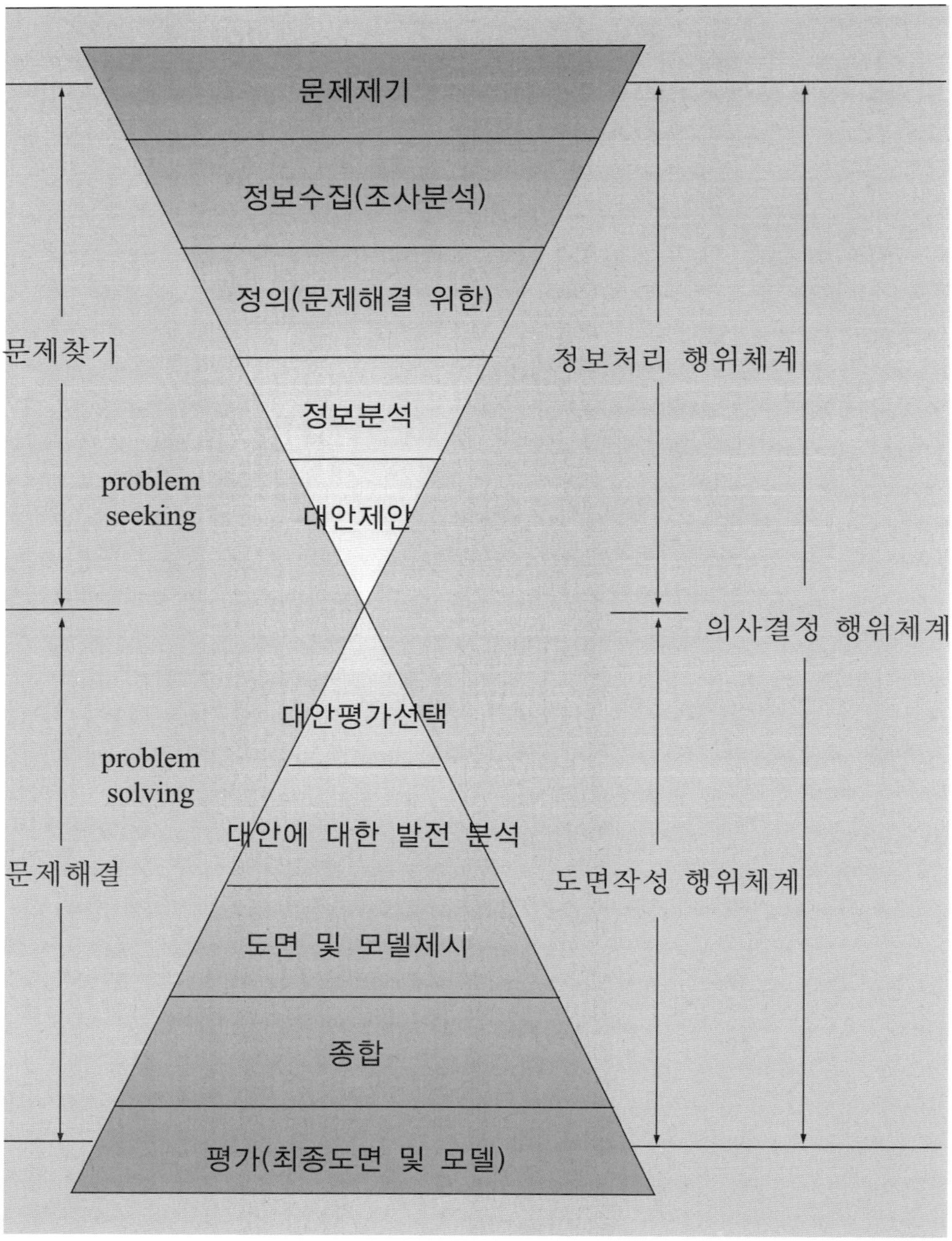

그림 4 디자인과정 제안 모형

7. 건축 설계 프로세스(ARCHITECTURAL DESIGN PROCESS)

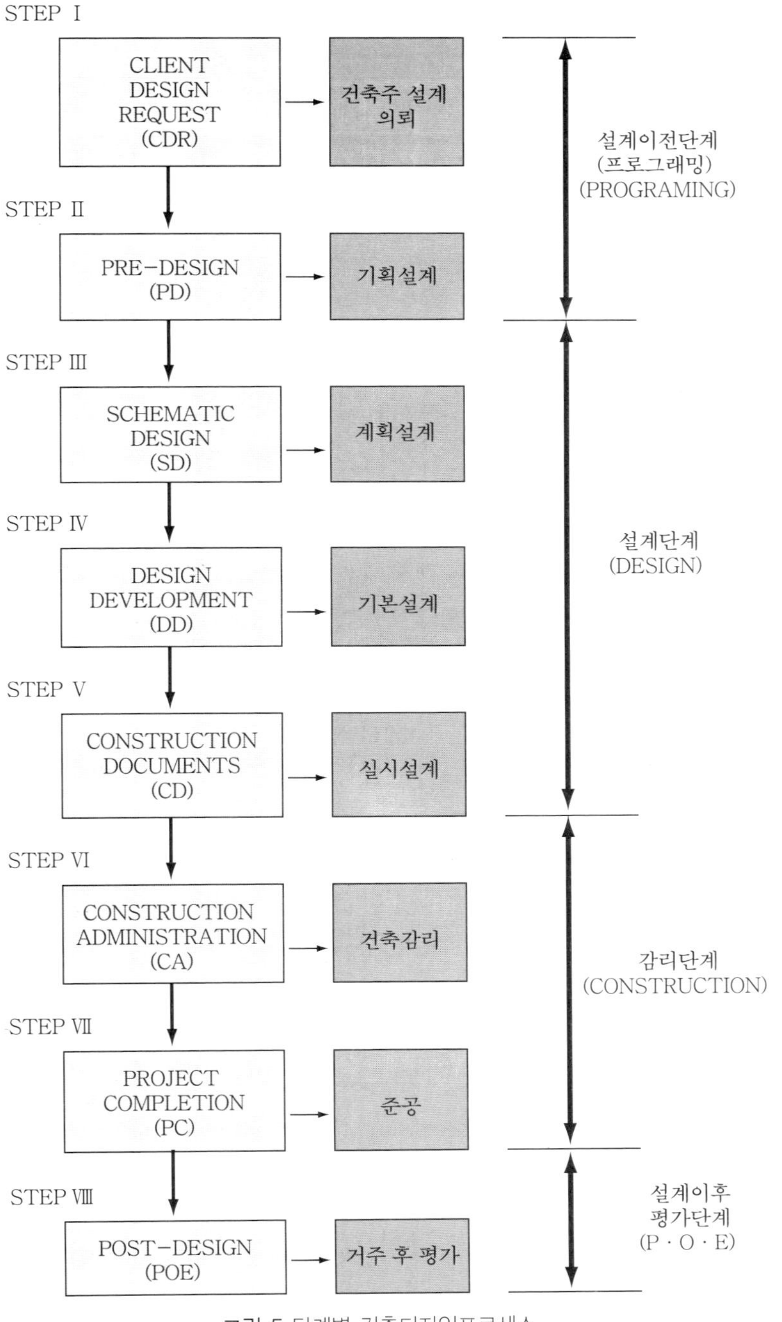

그림 5 단계별 건축디자인프로세스

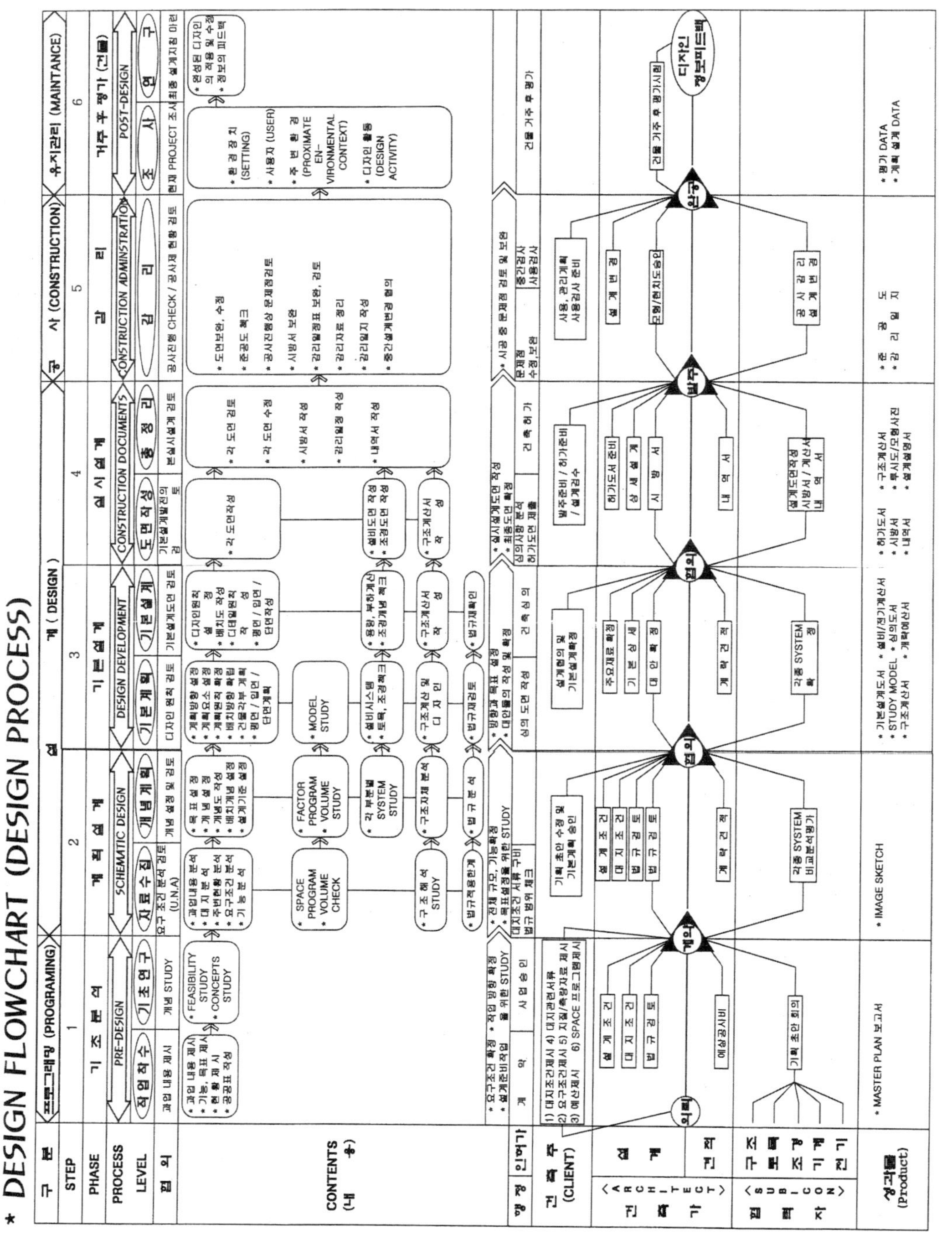

그림 6 건축디자인 프로세스흐름도와 관련내용

DP	PROGRAMING		DESIGN			CONSTRUCTION		P.O.E
STEP	0	1	2	3	4	5	6	7
	CDR	PD	SD	DD	CD	CA	PC	PTD

표 4 설계단계별 개념 및 수준

구분	개념	도면 및 DATA요구수준
기획	설계의도 및 목적 규정하여 운영사항, 경제적 지원 등을 준비, 검토	
계획설계	요구DATA, SITE분석을 통한 설계기본 방침설정, 개략형태	기초분석자료 보고서
기본설계	구체적 면적규모, 배치, 평면 및 형태가 결정	개략설계 및 약설계
실시설계	기본설계를 기본으로 하며 건축물 완공을 위해 필요한 도서	본설계

8. 건축 설계 프로세스(Architectural Design Process) 단계별 이해

1. 프로그래밍 단계

① **프로그램 분석단계** : 건축설계에서 가장 먼저 시작된다. 주어진 설계지침에 따라 각종 활동과 건축물이 세워질 대지 및 주변환경에 관한 모든 정보들을 분석, 종합하여 설계목표와 방향을 설정한다. 이후 이를 달성할 수 있는 건축적 아이디어나 개념들을 추출한다.

② **기능분석** : 주로 건물 내외에서 일어날 것으로 예상되는 모든 활동과 활동의 주체가 되는 사용자들의 특성에 관련된 분석이다. 소요공간계획에 제시된 각종 공간들의 기능 특성과 기능들의 상호관계, 이용자들의 동선 등을 분석하다.

③ **대지 및 주변 환경분석** : 대지 조건과 관련된 사항들, 즉 지형, 지질, 지하수, 수목, 각종 공공설비(상하수도, 전기, 전화, 가스 등)와 도시계획, 건축관련 법규에 의한 건축제한 사항들 그리고, 인접대지와의 관계, 주변의 인문, 또는 자연환경과의 관계, 경관 등에 관련하여 조사, 분석한다.

– 이 두 가지 분석 결과와 건축주의 형태적, 공간적, 경제적, 시간적 요구사항들로부터 설계에서 해결해야 할 문제, 즉 디자인의 목표와 고려사항들이 추출되어, 건물의 배치와 평면, 단면, 형태 등의 건축계획과 구조, 설비계획 등, 모든 설계의 기준이 된다. 건축가는 이러한 프로그램 분석의 결과를 건축주에게 설명하고, 이것이 건축주의 의도나 설계지침과 일치하는지 확인을 받아야 한다.

1) CDR 단계

(1) 건축주 설계 의뢰(CDR)

① 건축주 설계의뢰(CLIENT)

- 훌륭한 작품은 좋은 건축주와 위대한 건축가의 만남에서 이루어진다 해도 과언이 아니다. 이처럼 건축가에게 있어서 건축주(CLIENT)를 얻는 능력은 훌륭한 건축물을 설계하는 능력과 마찬가지로 중요하다.
- 건축가가 인정을 받고, 클라이언트로부터 설계의뢰를 받기 위해서는 자신의 설계능력을 갖고 있어야 하며, 클라이언트에게 자신이 훌륭한 건축가라는 것을 알리는 것 또한 중요하다.
- 건축가가 클라이언트에게 자신을 알리는 방법으로는 다음과 같은 사항을 고려한다.

분류	내용
브로슈어(brochure)	건축가의 배경과 과거에 성공적으로 수행한 프로젝트의 이름과 클 라이언트의 이름이 기록, 이 브로슈어는 전문용어로 된 글과 사진으로 구성 인쇄하여 제 본한 작은 책자다.
작품집	작품집에는 현재까지 건축가가 이루어온 대표적인 건축물이나 프로젝트의 사진은 물로 모든 단계(특히 최종단계)의 도면들을 수록
제안서(proposals)	제안서란 건축가가 클라이언트에게 주는 문서로서, 클라이언트가 고려하고 있는 프로젝트의 설계를 건축가에게 맡긴다면 어떻게 할 것이라는 내용을기입
보고서	건축가에게 클라이언트가 요구하는 것으로, 보고서란 요청에 의해 작성된다. 클라이언트는 보고서를 이용하여 자신이 갖고 있는 프로젝트의 상세한 내용을 파악하며, 건축가의 능력을 평가할 수있다.

② 자료조사(Materials data)

- 프로젝트의 목표가 설정되면 이를 달성시키기 위해서 관련된 모든 문제를 파악(problem seeking) 한다.
- 문제를 파악하기 위해 프로젝트와 관련된 모든 정보와 자료(Information and data)를 조사, 수집, 분석한다.
- 물론 자료조사방법이 항상 일정한 것은 아니지만 일반적으로 문헌조사 · 현장조사 · 관련법규조사 · 국내외에 축조된 유사사례의 건축작품조사 · 관련사항에 대한 일반인 또는 특정인들의 의향을 확인하기 위한 설문조사 등을 들 수 있다.

<table>
<tr><td rowspan="3">자
료
조
사</td><td>문헌 및
유사건축물
사례 조사
(벤치마킹)</td><td>- 목표가 설정된 건축물에 대한 충분한 이론과 내용을 알기 위해서는 관련된 문헌을 통하는 것이 좋다.
- 도서관 이용, 인터넷 이용 설계자가 이미 소지하고 있는 서적을 통해서 많은 관련 정보를 수집할 수 있다.
- 처음의뢰받은 설계를 한번도 경험해보지 못했거나 이론적으로 모른다고 해서 클라이언트로부터 의뢰받은 설계를 포기할 수는 없을 것이다.
- 왜냐하면 건축설계 진행방법에 따라 연구한다면 건축가는 어떤 미지의 건축물도 훌륭하게 설계할 수 있기 때문이다.</td></tr>
<tr><td>현장조사</td><td>- 대지의 현황조사 · 분석은 대지의 입지적 조건, 대지의 규모, 형태 및 구조, 그리고 대지 안에 기존 시설물이 있을 경우는 이를 이용하는 기능조직, 이용자수, 시설의 규모 및 배치현황 등 일체의 대지 현황에 대해서 조사한다.
- 기존 시설물이 없을 경우는 대지 내의 자연환경 요소와 대지 주변의 인문환경 요소, 그리고 사회적 환경 인자 등에 대해서 조사 · 분석을 수행한다.
- 대지 자연환경조사는 지형조사, 지질조사, 식생조사, 수리조사, 국가기상조사, 경관조사, 소음조사 등이 있고, 대지 주변의 인문환경조사는 인구조사, 교통조사, 영향권조사, 토지이용 관계 시설조사, 사회 · 경제적인 요소 등에 대한 조사를 말한다.</td></tr>
<tr><td>법규조사</td><td>- 관련 법규 문제는 건축법, 도시계획법, 각종 설비관계법, 토지개발법 등 여러 가지가 관련되었지만 지방자치단체의 장에 의해 그 시행령이 자주 바뀌는 경향이 많다.
- 어떠한 경우든지 법규를 준수하여 시행착오를 일으키지 않도록 한다.
- 건축물의 용도제한, 건축물의 고도제한, 용적률, 건축물의 사선제한, 지하시설물설치법, 주차장 설치법, 건축선, 건축물의 인동간격, 건축물의 형태 제한, 피난계단, 경사로, 건축물의 구조안전법, 굴뚝의 높이, 난간의 높이, 방화설비법, 지하층의 설치기준, 전기통신설비법, 도로의 폭과 건축물 높이, 소방안전법, 건축물의 색채 제한, 기타 도시계획법과 토지관련법에 관련된 일체의 건축법 등에 대해 조사한다.</td></tr>
</table>

③ 문제점 파악(Identity)

- 설계를 수행함에 있어 문제점이 무엇인가를 파악하고, 앞으로 수행될 일들을 점검한다.
- 어떤 종류의 건물이 필요한가, 건축주의 요구, 예산의 한계 등을 점검한다.

④ 목표설정(Goal setting)

건축설계의 프로젝트 제일 첫단계는 프로젝트의 필요성과 목적을 수립하고, 목적 달성을 위한 단계적 목표를 세우며, 방향을 설정하는 일이다. 프로젝트의 목표를 수립하기 위해 사회적, 환경적, 입지적 여러 가지 기획의 배경 조건들에 관한 정보와 지식을 수집한다.

그것을 바탕으로 '어떤 건물 혹은 시설을'. '무엇(What) 때문에 혹은 왜(Why)', '어디에(Where)', '언제까지(When)', '어떻게(How)' 완성한다는 계획을 세워야 한다. 따라서 여기에는 '어떻게 해야 겠다' 는 요구조건을 수립해야 하기 때문에 건축주의 건축목적, 의도, 동기, 철학, 이념 등이 포함된다. 목표설정단계에서 고려되어야 할 사항은 대부분 다음과 같다.

---

① 프로젝트의 명칭(Project topic)
② 프로젝트의 목적(Purpose of project development)
③ 위치, 규모, 형태, 환경 등 대지조건(Site condition)
④ 기능, 성능, 규모, 형태, 구조, 재료, 법규, 설비 등 건축물조건(Building condition)
⑤ 프로젝트의 완성기간(Time span of construction)
⑥ 프로젝트의 투자규모(Total building cost) 이상과 같이 설정된 목표는 2, 3회의 '분석→종합→평가' 의 과정을 거쳐서 최종안을 선택하여 의사 · 결정하고, 다음 단계인 조사 및 분석단계에 들어가게 된다.

---

⑤ 대지분석(Site Analysis)

가. 다이아그램(Analysis Diagram)

- 2차원적인 평면 다이어그램이나 평면도는 기능의 연관성 · 재료선택 · 형태 성격파악 등 디자인 계획상의 많은 요소들을 분석하고 묘사하는데 유용하다.(그림 7.19, 7.20 참조)
- 이러한 형식의 드로잉들은 분석과정상 반드시 필요한 동시에 최종 도면화에 앞서 상세히 재검토되어야 한다. 표현 내용이 너무 상세할 필요는 없지만 분석되는 요소들이 명확히 묘사되어야 한다.
- 단면 · 입면 · 투시도 등의 형태에서도 이러한 형식의 그래픽 분석을 도입할 수 있다. 전반적인 디자인 진행과정 중에 계획대안들을 명료하게 정리 · 분석 · 검토하기 위해서도 이러한 형식의 드로잉들이 사용된다.
- 맥락적(Context) 분석 함께 전체를 이룬다는 말의 기원을 뜻하는 '맥락(context)' 의 사전적 정의로는 '전체 상황, 배경 혹은 어떤 사건이나 결과에 관계되는 환경' 으로 정의된다.
- 디자인에 있어서 맥락적 분석의 주된 역할은 디자인 개념을 전개하기 앞서 건축물에 대한 디자이너의 초기 사고가 외부적 상황에 적합하고 바람직한 내용이 될 수 있도록 설계자에게 분석대상인 대지에 대해 알려주는 역할을 한다.

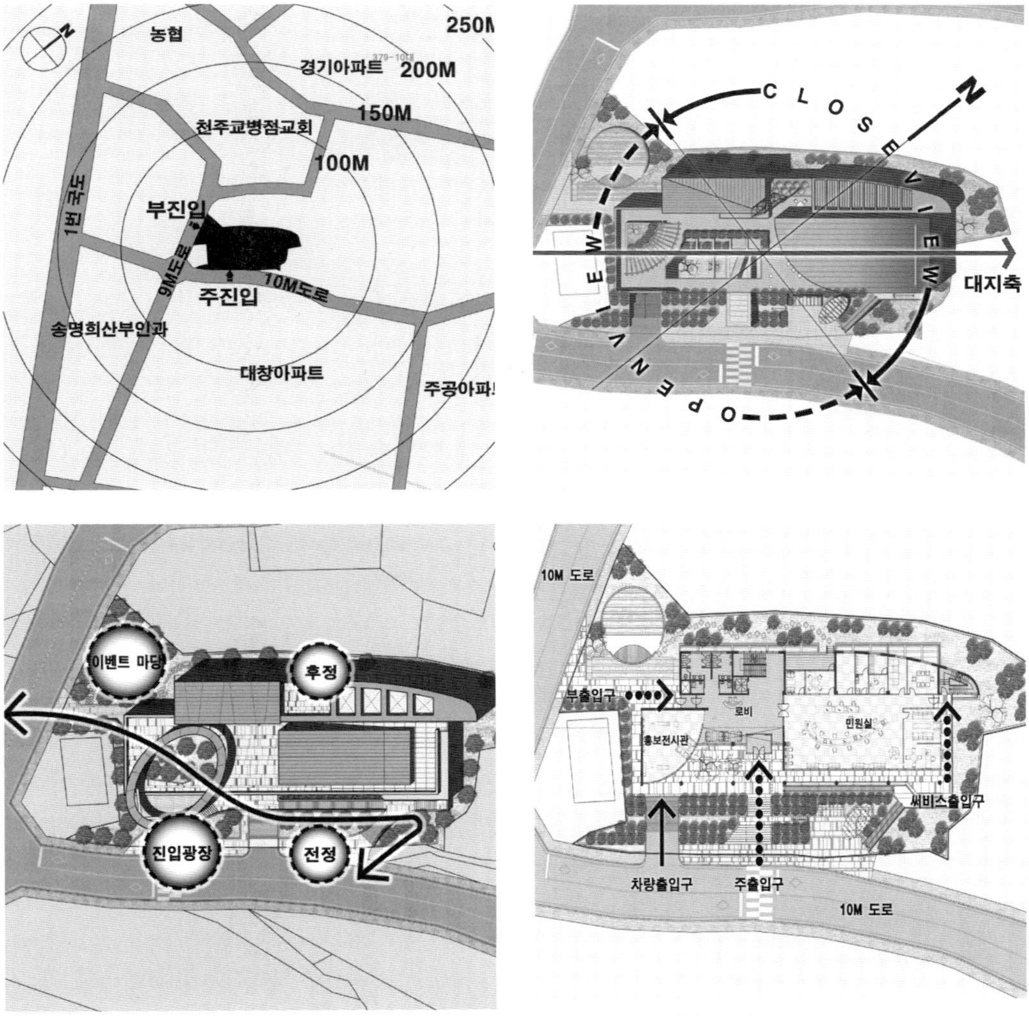

그림 7 대지분석(주변현황, 조망, 외부공간 계획, 동선)

- 간략화 다이어그램 이미지, 아이디어 스케치 방법은 다양하며, 효과적이고 간략화된 형태는 본질의 이해나 인식을 순간적으로 전달하는데 상당히 도움이 된다. 이러한 간략한 과정을 통해 단순하고 명쾌한 정보를 전달하는데 유용하게 사용된다.

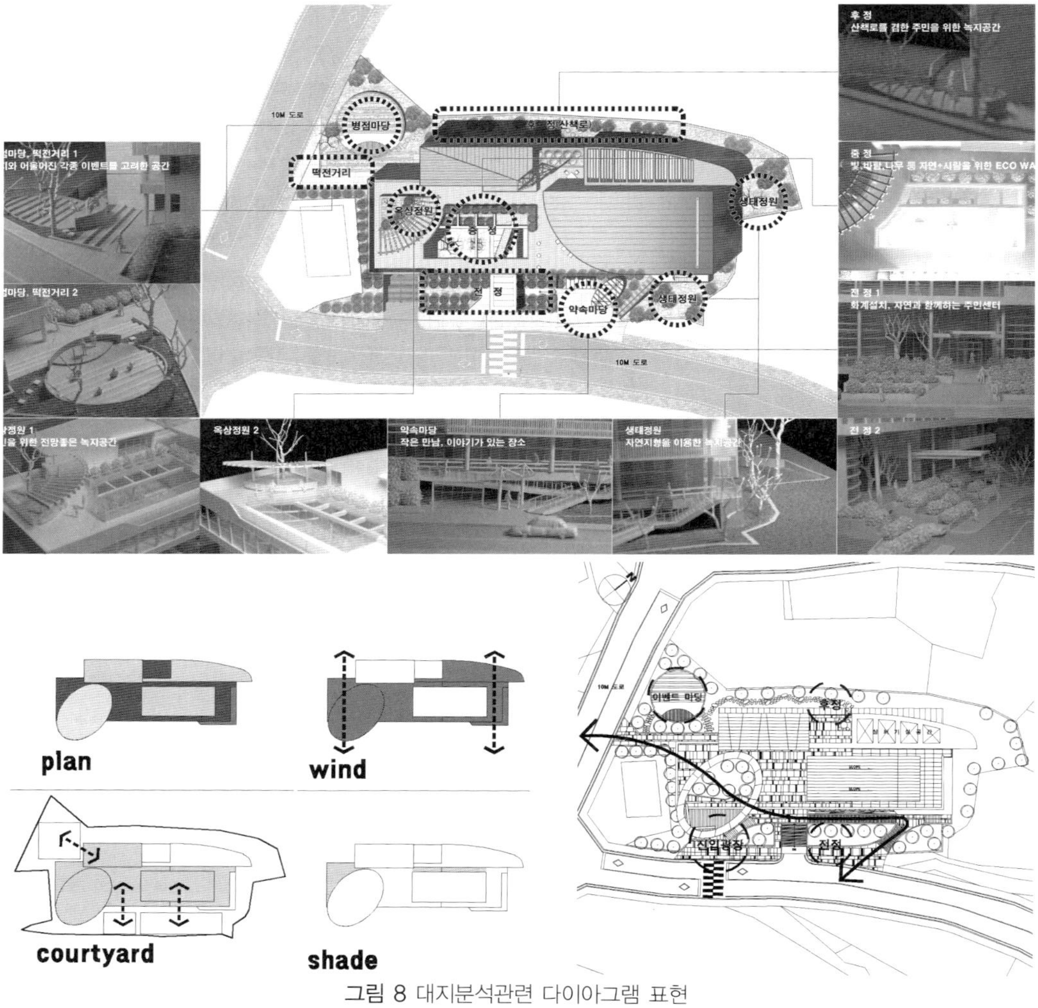

그림 8 대지분석관련 다이아그램 표현

나. 단면다이어그램(Section Diagram)

- 종 · 횡단면 · 부분단면 등 단면 다이어그램은 건축디자인 표현과정에서 반드시 거쳐 가는 과정이다.
- 이는 대지자료에 따른 적정계획의 당위성을 설명하는 의미에서 기후 · 소음 · 프라이버시 등에 관한 다이어그램을 주로 도시한다.

다. 환경분석다이어그램(Condition Diagram)

- 대지분석에서 환경분석은 건축 디자인에 있어 매우 중요하다.

- 일조 및 일사, 바람, 비, 소음, 전망, 조망, 그리고 프라이버시 관계 등 계절과 시간에 따라 건축에 미치는 영향이 달라진다.
- 빛에 관한 분석에 있어 기온 문제와 더불어 시각적 · 심리적인 영향도 반드시 고려한다.
- 태양과 지구간의 거리는 매우 멀기 때문에 태양으로부터의 광선은 평행하다고 간주된다(실제의 광선은 발산됨). 건축 디자인에서 자연광은 중요한 요소 중의 하나이다. 건축가들은 복사열에너지는 물론이며, 건축물에 있어 그늘을 제공할 수 있는 계획도 고려한다.
- 태양의 지점(Solstice)은 태양이 자외선에서 가장 먼 거리에 있게 되는 두 시점이다. 하지(6월 21일경으로 태양이 가장 높게 뜨는 기점으로 낮이 가장 긴 날)와 동지{12월 21일경으로 태양이 가장 낮게 떠 있는 기점으로 태양일(Solar day)이 가장 짧은 날}를 고려한 태양고도의 기준을 설계에 효율적으로 적용한다.
- 빛은 정북쪽이나 정남쪽에 대한 상대 방위(Bearing)이며, 그 방위각(Azimuth)은 정북방향으로부터 시계방향으로 측정된다.

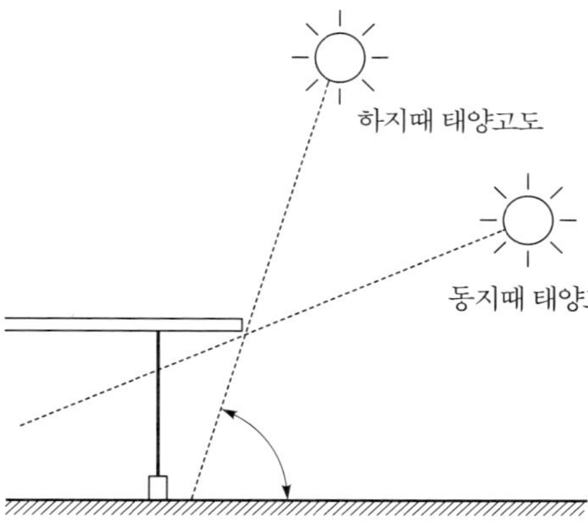

그림 9 태양고도(하지, 동지)
태양이 하루중 가장 높은때의 경우를 말하며, 서울의 경우 하지때 70˚정도, 동지때 30˚를 기준으로 하고 있다.

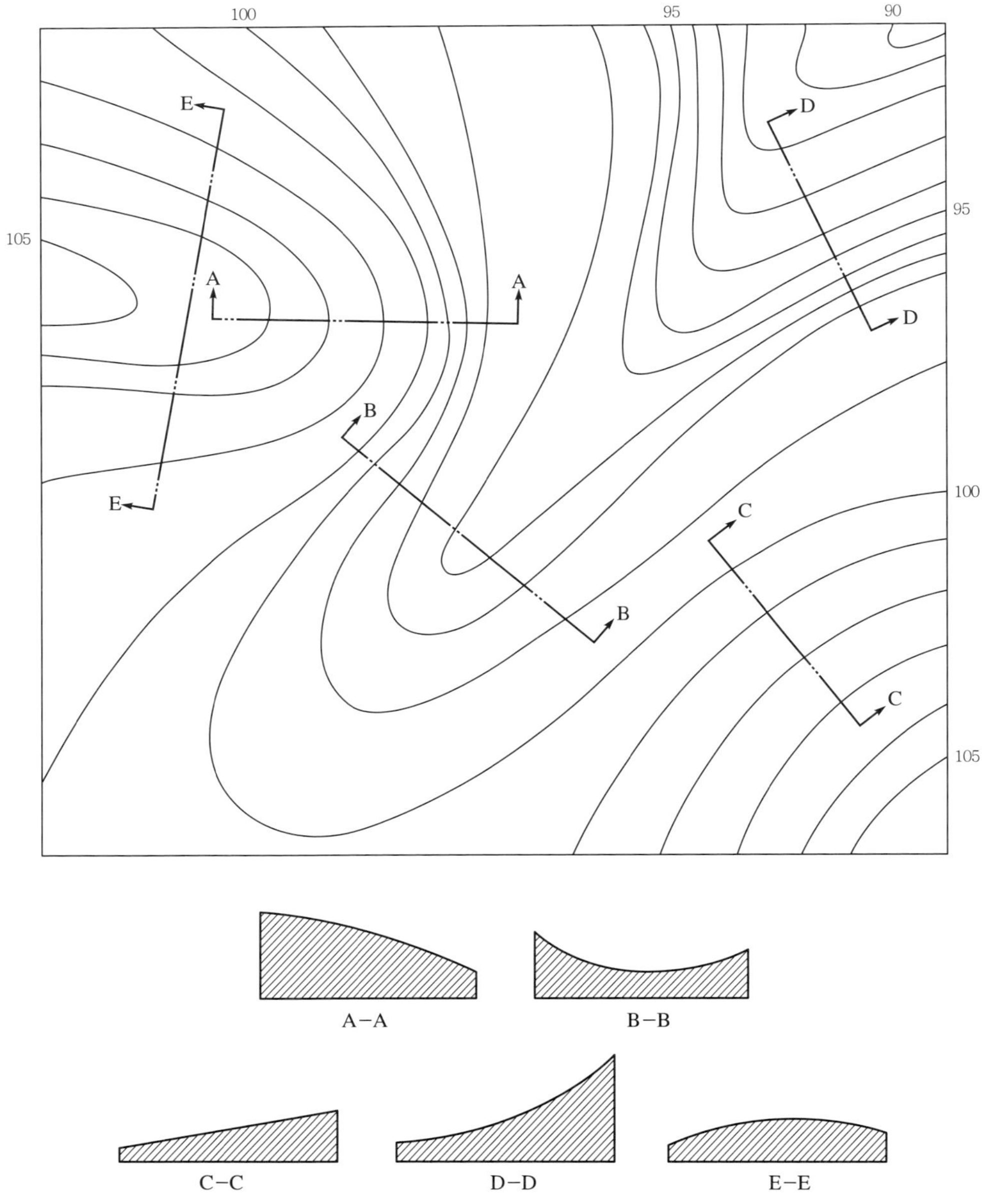

그림 10 지형콘타와 경사도

▌향, 접근 (Orintation, Approach)

- 향(向) : 북·동측으로는 구룡공원이 위치하고, 남측으로는 기존 시가지가 위치하며, 서측으로는 체육시설이 위치하고 있음

- 접근 : 전면 15m 도로에서 진입이 용이하고, 특히 사선의 기존 가로축이 인근 초등학생들의 진입축으로 형성되어 있음

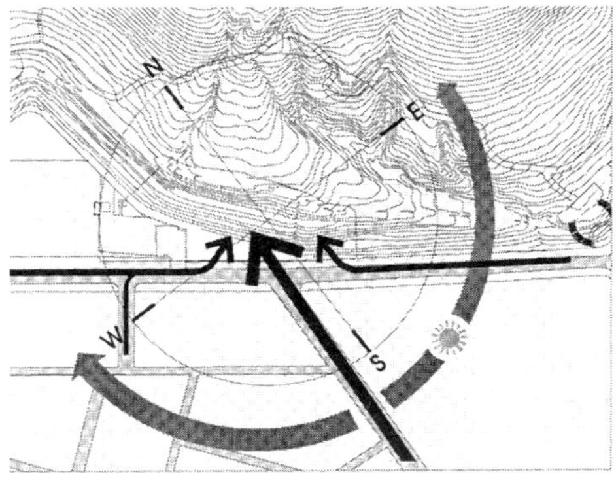

▌조망, 소음 (View, Buffer Zone)

- 조망 : 구룡공원의 녹지조망 영역과 남측의 기존 안산 시가지의 도시 조망영역 형성

- 소음 : 서측의 축구장과 실내체육관에서 심한 소음발생 및 전면 15m 도로에서 차량 소음 발생

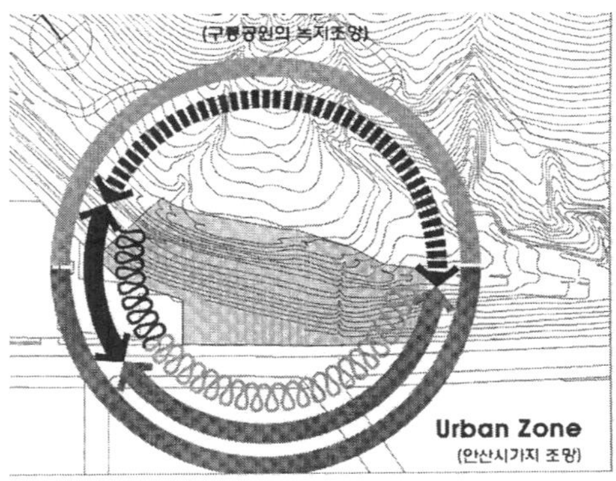

▌대지단면 (Site Section)

- 북고남저(北高南低), 동고서저(東高西低)의 지형 형성
- 급한 경사로 인하여 기존산책로가 단절되어 있는 상태임

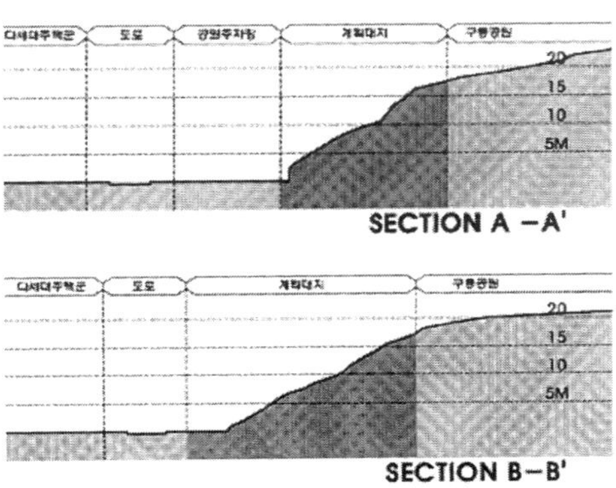

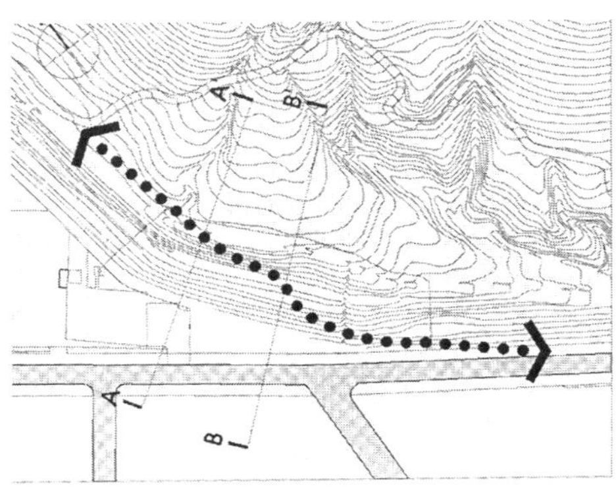

그림 11 대지분석사례(향, 조망, 소음, 대지단면)

⑥ 개념(Concept)

가. Object

- 건축은 인간이 창출한 새로운 환경으로, 작은 환경으로는 개인 공간에서 큰 의미의 환경으로는 도시가 만드는 물리적 대규모 환경이 있다.
- 사회적으로는 정치, 종교, 예술 등의 심리적 환경이 있으며, 건축은 다양한 환경을 그 목적에 반영시킬 수 있어야 한다.
- 각 국가 및 지역사회마다 인간 환경은 다르기 때문에 환경을 만족시켜주는 건축 목적은 하나이지만, 만족시키는 방법은 차이가 있을 수 있다.
- 동양인이 서양인 주거환경에 쉽게 적응하기가 어렵듯이 인간은 사회적 동물이기 때문에 건축의 사회적 가치(social value)는 존중되어야 한다.
- 따라서, 모든 환경 요소 중에서 사회적 환경인자를 만족시키는 일이 가장 중요하다고 할 수 있다.

나. 이미지 스케치(Image Sketch)

- 목표로 설정된 건축물 컨셉은 설계의도에 따른 이미지 스케치에 의해 시각화되기 시작한다.
- 이 스케치는 이미지 개념에 대한 디자인 아이디어 선택을 묘사하며, 빠르게 완성되야 한다. 이러한 아이디어 시각화는 초기의 가공되지 않은 그대로의 이미지가 될 수도 있고, 정교하게 수정되어 발전된 경우도 있다.
- 매우 추론적이고 추상적임에도 불구하고, 이 이미지 스케치는 이상적인 디자인의 실질성에 필요한 중요한 단계를 표현하는 데 사용된다.
- 또한, 매우 유동적이고, 융통성이 있으며, 실제 완성된 드로잉과는 완전히 다르다.

그림 12 이미지스케치사례

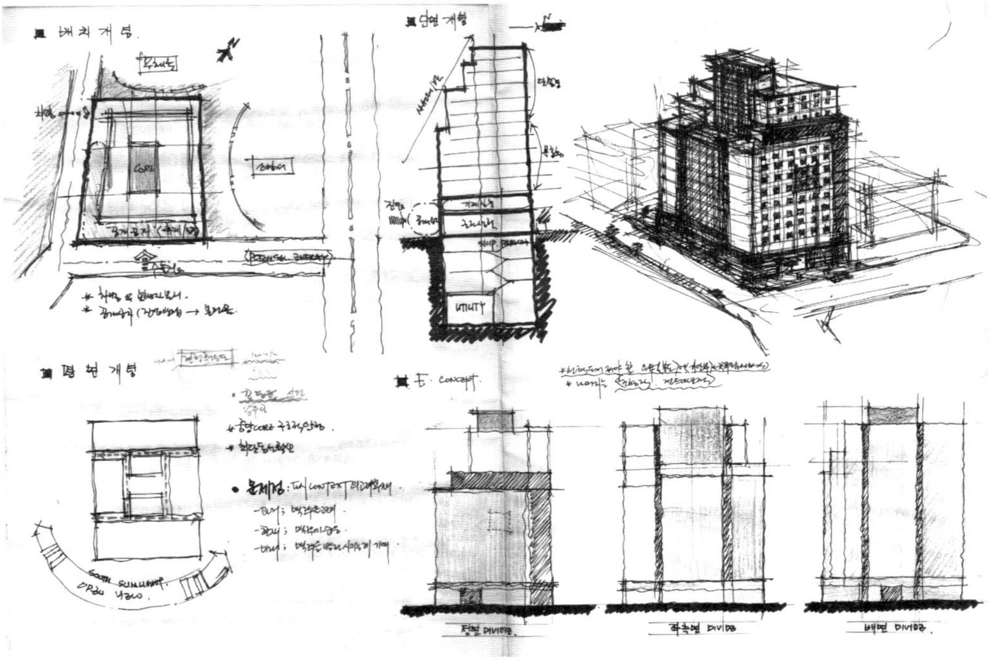

그림 13 에스키스 개념사례

다. 개념다이어그램(Concept Diagram)

- 개념도 · 개요도 또는 기능도 단계인 개념 다이어그램은 초기설계 과정에서 아이디어와 기능적인 관계를 개념적으로 스케치하는 것이다.
- 보통 설계자의 자기 전달 수단이며, 더 나아가 아이디어개발을 위해 기초적인 것을 형태화한 아이디어 기록이다.
- 프로젝트에서 그래픽 표현들을 빠르게 피드백(feed - back)하기 위해서 다른 설계자와 고객에게 전달된다.

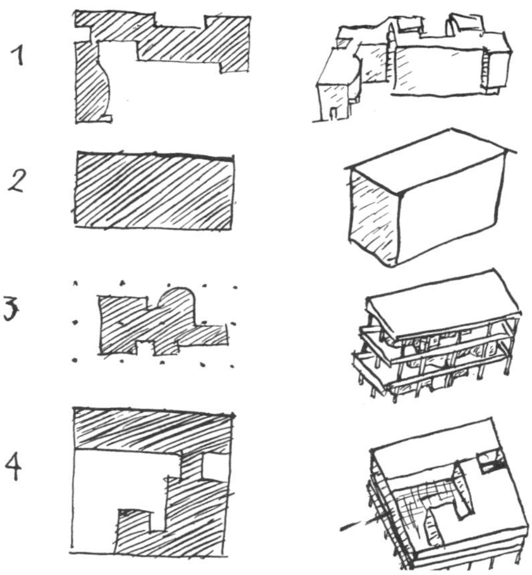

그림 14 개념도 사례(르꼬르뷔제)

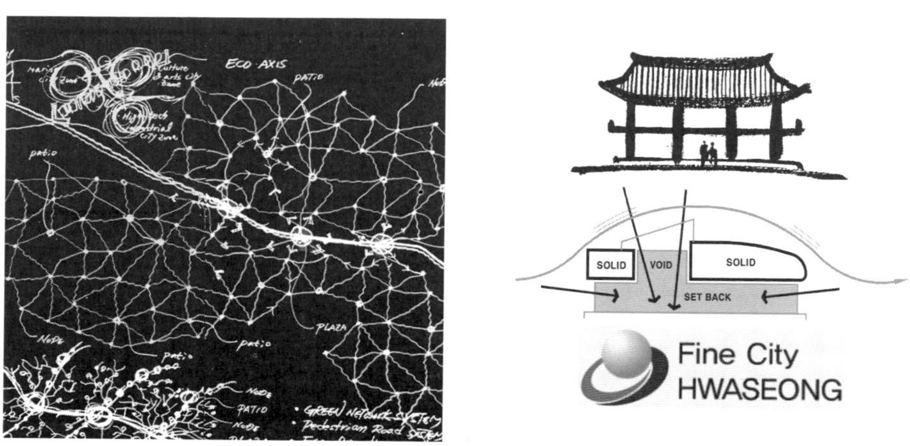

그림 15 개념도 사례(작품 '혈도')와 다른사례

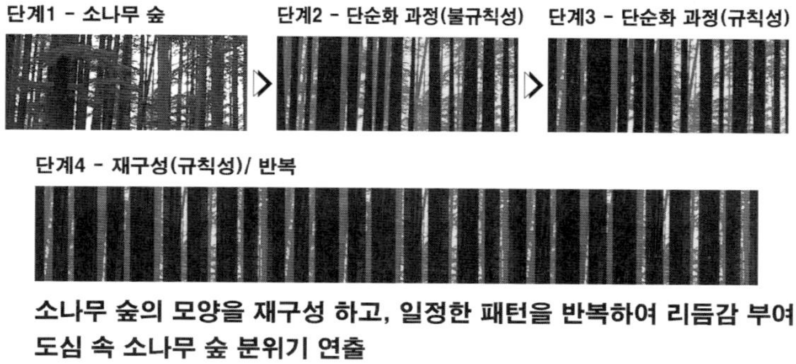

그림 16 개념표현의 다양성

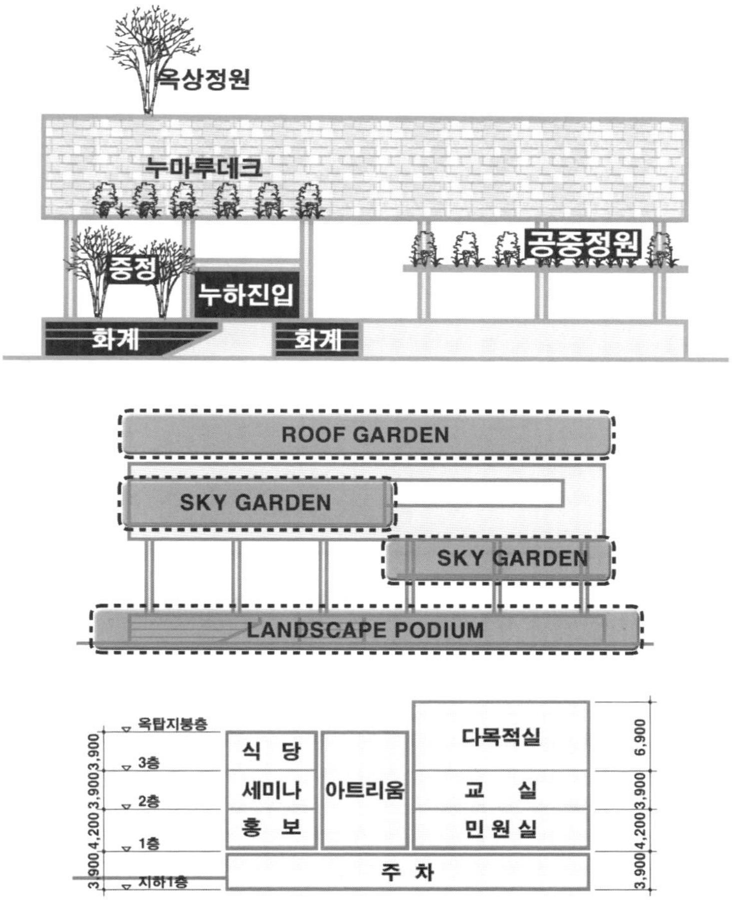

그림 17 개념의 표현 (입면, 단면, 층별조닝)

⑦ 대지계획 아이디어(Site Planning Idea)

가. Bubble Diagram

- 정의 : 디자인 프로세스에서 문제의 해결을 위해서 이미지를 도형으로 그려서 접근하는 과정이 요구된다. 이처럼 도형으로 표현하여 시각적으로 아이디로 전달하는 기법을 말한다.
- 용도 : 1차적 과정으로 공간계획을 도형의 시각적 방법으로 요약되며, 상징적으로 도식화된 다이어그램은 설계자가 고안한 아이디어를 빠르게 스케치하여 표현하는 기법에 매우 중요하게 사용된다.

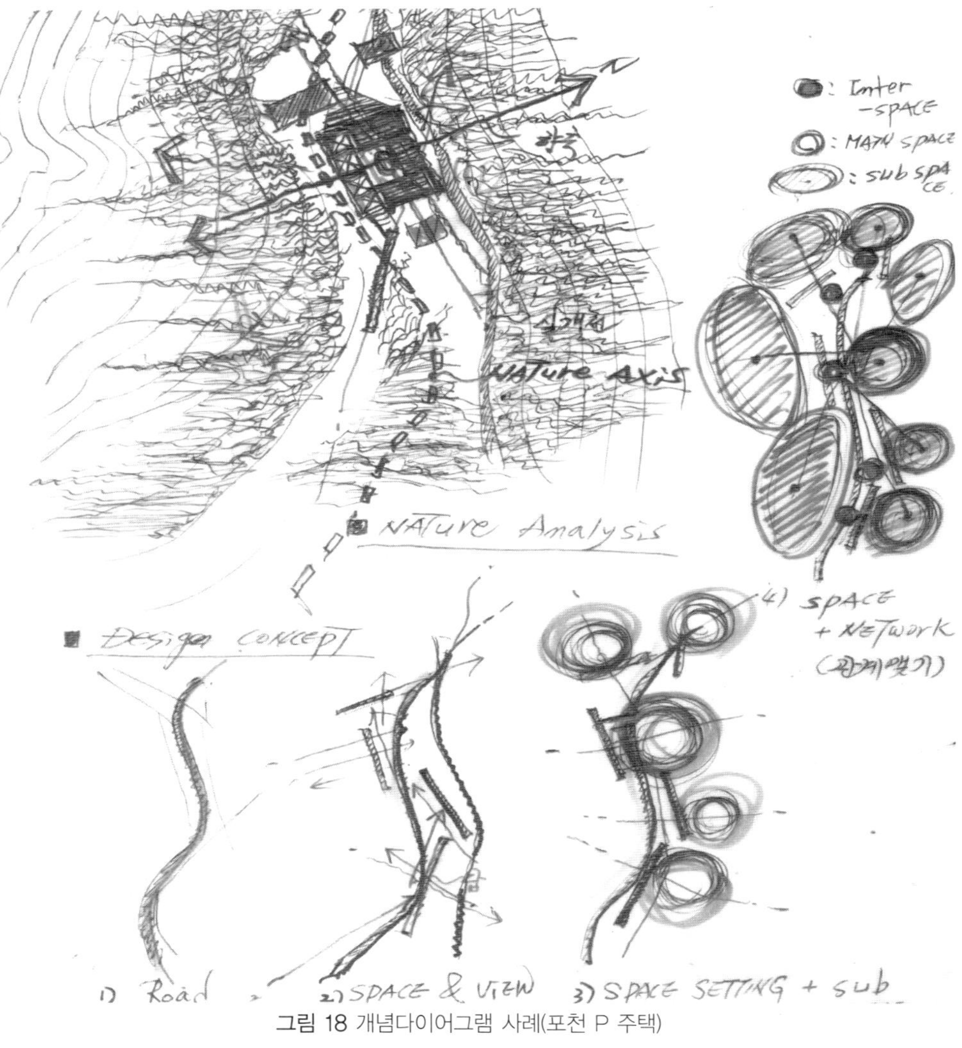

그림 18 개념다이어그램 사례(포천 P 주택)

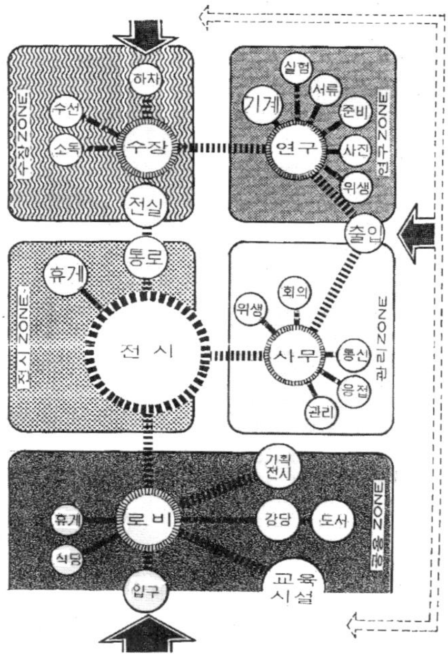

그림 19 기능 버블다이어그램 사례(전시 및 박물관)

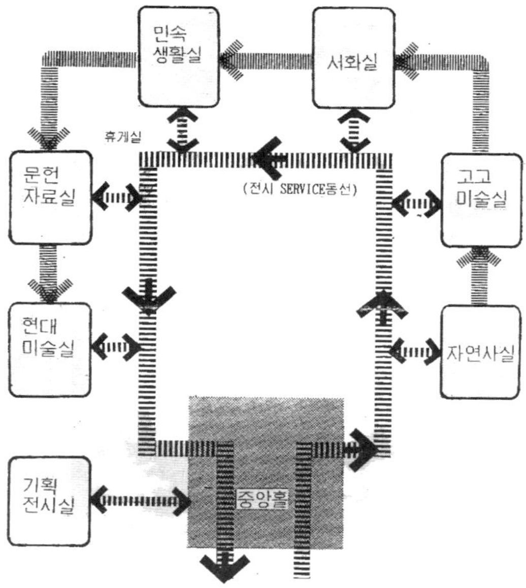

그림 20 전시구성 개념 다이어 그램

나. 디자인 아이디어(Design Idea)

- 디자인 문제에 대한 해결책은 그것이 구체화되기 전이라도 설계자의 머릿속에 떠오르는 가능성의 모든 해결책을 시각화해보는 것이 바람직하다.
- 스케치한 그림의 중요성은 가능한 한 많은 아이디어를 지면 위에 표현하는 것이 좋다.
- 상세한 것에 이르기 전에 가능한 한 여러 번 건축주와 접촉해야 한다. 건축주는 자신들이 원하는 바에 대해 분명한 아이디어를 갖고 있는 경우도 있으며, 그 때문에 그들이 말하는 것에서 그 해결책을 얻게 될 수도 있다. 만약 이러한 과정을 무시하고 설계자 단독으로 설계를 진행한다면 건축주가 도저히 만족하지 못하는 경우가 발생한다.
- 만약 훌륭한 설계를 했더라도 그에 관해 건축주와의 커뮤니케이션에 실패한다면 아무 쓸모가 없다. 건축주는 설계자의 설계가 어떻게 자기들의 요구를 충족시키게 될 것인가를 알고자 한다. 따라서 설계자는 미래에 세워질 건축가의 창의적 의도와 건축물의 시각화, 건축주의 요구 조건들까지도 충분히 수용해야만 할 것이다.
- 그들에게 시각적으로 프레젠테이션(presentation)함과 동시에 어문적으로 설명을 덧붙일 수 있는 자료들의 보완이 요구된다. 이를 통해 건축주와 건축가가 커뮤니케이션의 원할함에 도움을 줄 수 있게 된다.

- 평면도와 계획도(schematics)만으로는 대부분의 사람들과 정확한 의사소통을 할 수 없다는 사실을 이해해야 한다.
  가. 평면계획(Plan Planning)
  나. 입면계획(Elevation Planning)
  다. 조닝계획(Zonning Planning)
  라. 블록계획(Block Planning)

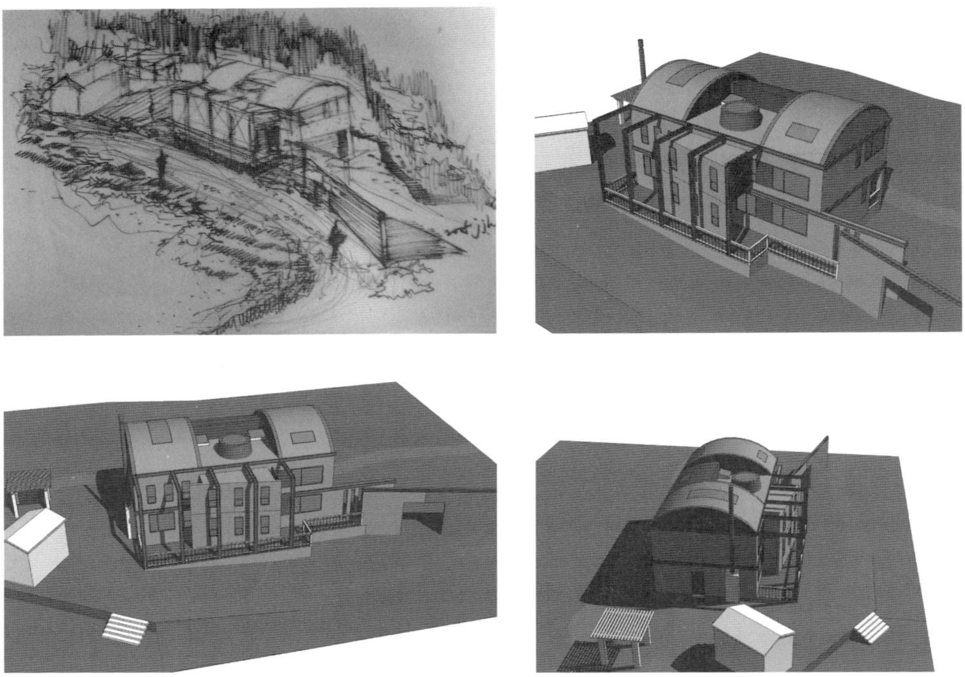

그림 21 초기 에스키스가 발전된 사례(포천 P 주택)

⑧ 아이디어 에스키스(Idea Esquisse)

- 그래픽(graphic)을 통한 시각적 아이디어를 바르게 안출(案出)해내는 방법은 설계자가로서 필수적으로 익혀야 할 것들이다.
- 아이디어 에스키스를 함으로써 설계자는 짧은 시간 내에 펜과 종이만으로 자신의 광범위한 개념을 표현할 수 있는데, 아이디어 에스키스란 자신의 아이디어를 시각적으로 기록하며, 마음 속의 개념을 포괄적 표현으로 신속히 전환시키는 방법이다.
- 표현도구(싸인펜, 마카, 연필) 어느 것이나 이용해도 무방하다. 가벼운 마음으로 아이디어

가 떠오르는 대로 그려본다.

- 아이디어란 갑자기 머리에 떠올랐다가 곧 사라져버린다는 사실을 깨닫는다면 에스키스를 어떻게 해야 할 것인가를 알 수 있을 것이다.
- 아이디어가 떠오르지 않을 때까지 에스키스했던 것을 검토하여 그 가운데 다른 것보다 나은 것을 선정한다. 효과가 뛰어난 것을 골라 에스키스를 더 계속할 때 모델로 사용한다.
- 에스키스 방법은 다양하지만 우선 투시도 작도법을 응용한 에스키스 아이디어에 대한 이해에 가장 효과적일 것이다.

가. 실내투시도(Interior Perspective)

나. 외관 및 조감투시도(Exterior Birds Eye Perspective)

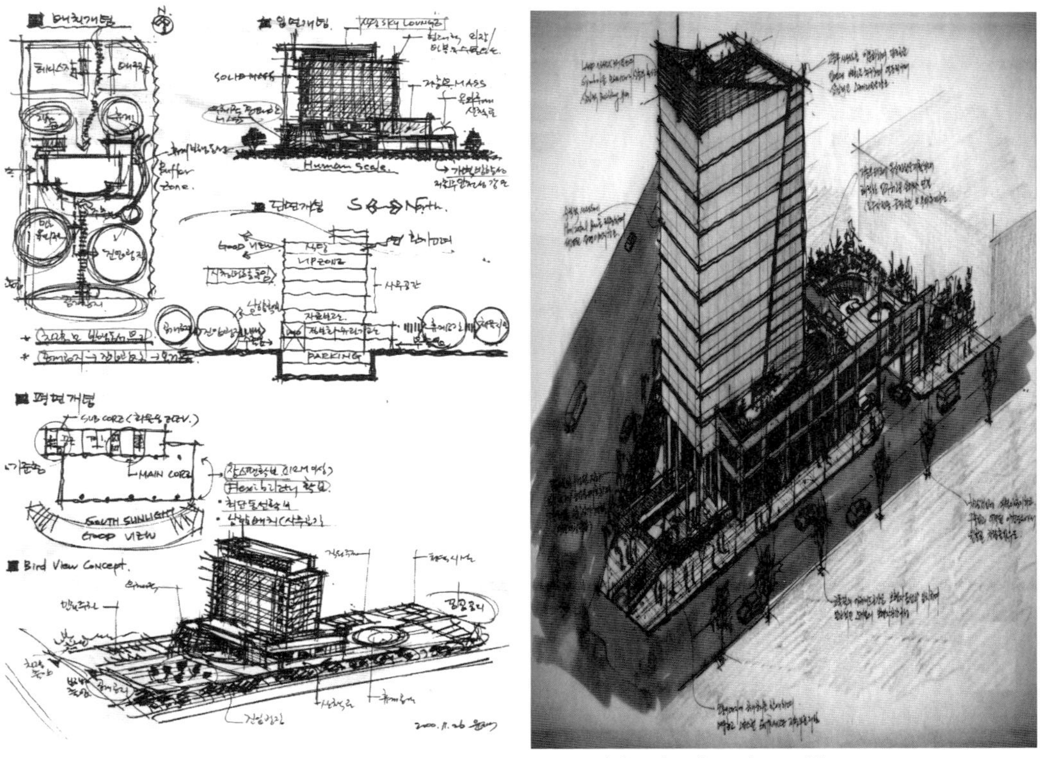

그림 22 Exterior Birds Eye Perspective(에스키스와 조감도 표현)

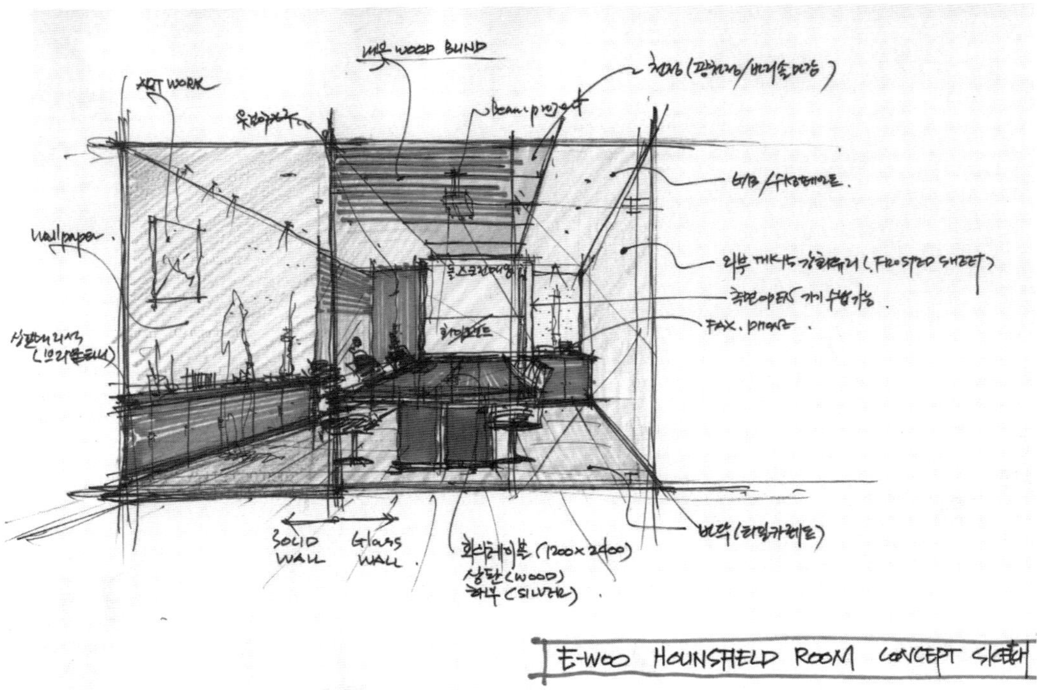

그림 23 Interior Perspective(실내투시도 스케치사례)

2) PD 단계

(1) 기획설계 정의 및 내용

① 기획단계에서 프로젝트의 용도, 규모, 법적 제한성, 대지주변의 콘텍스트(context), 지형, 경제성분석, 디자인의 수준, 개략적인 설계 및 공사 공정, 인원 투입, 자재 성능 등 다양하고 광범위한 내용들 타당성 분석을 통해 정성적인 요소를 정량화 한다.

② 향후 수행될 프로젝트 초기의 의사결정요소들(Decision Making Factors)을 다각적으로 검토 및 수정 · 보완하여 결정된 사항에 대해 설계 및 시공, 유지관리상 고려되어야할 지표들을 설정하게 된다.

▷ 기획단계의 결정사항 및 지표

가) 프로젝트 관리(Project Administration) 계획

나) 업무조정/도서체크(Disciplines Coordination/Document Checking) 계획

다) 자문/검토/검증/승인(Agency Consulting/Review/Verification/Approval) 계획

라) 건축주 제공자료 조정(Owner-Supplied Data Coordination)
마) 진행 일정(Schedule Development/Monitoring) 계획
바) 프로젝트 예산 개략 산정(Preliminary Estimate of the Cost of the Project)
사) 설계 단계별 보고(Presentation) 계획
아) 프로그래밍(Programming) 설정
자) 공간계획/진행 다이어그램(Space Schematics/ Flow Diagrams) 작성
차) 기존시설물 조사(Existing Facilities Surveys) 계획
카) 마케팅(Marketing Studies) 조사
타) 경제성 검토(Economic Feasibility Studies)
파) 프로젝트 재원(Project Financing) 확정 등

① 건축주의 재정능력 확인
② 프로젝트의 성격 범위 설정
③ 프로젝트의 실현 가능성, 금융방법, 하기사항에 관련한 특별한 고려
- 경제성
- 사회 및, 공동체 조직
- 영역의 설정(Zoning)
- 환경적 영향

④ 서비스의 원칙, 기본 범위의 명시
⑤ 입찰, 시공, 준공까지의 건축주의 일정계획
⑥ 건축주의 예산안과 산출 근거 검토

(2) 예산안의 세부항목

① 대지의 취득
가) 지가
나) 기존건물의 해체
다) 손해보증보험
라) 부동산관련 세금
마) 법률관련 용역비
바) 기타

② 공사비

가) 토목공사

a. 대지 외부 사업(도로, 포장, 하수 등) b. 대지 내 사업(정지 및 포장)

나) 건축공사

다) 조경공사

라) 실내공사(Interior Design)

마) 가구 및 장비의 조달

바) 시공관리

사) 제반관련분야의 소요 경비 및 자문 선정

a. 음향 b. 식품서비스 c. 교통 d. 그래픽
e. 조경 f. 환경 g. 조명 h. 바람
i. 에너지 j. 지진 k. 기타

(3) 인허가(대관업무비, 공과금)

① 국민주택채권 ② 면허세
③ 지역개발공채 ④ 농지전용부담금
⑤ 개발행위부담금 등

(4) 기타

① 측량-대지현황 ② 인접건물 영향 측정
③ 분쟁조정비 ④ 지질조사
⑤ 보험 ⑥ 환경예술장식품
⑦ 프로젝트 대리인(감독관) 인건비

(5) 노무비

- 프로젝트 예산안, 일정계획, 프로젝트프로그램의 상호 검토
- 구조, 기계, 전기, 토목, 기타 자문 팀의 섭외
- 건축주와 건축사 간의 계약서류 준비
- 건축주 서명 및 확인
- 계약의 시행

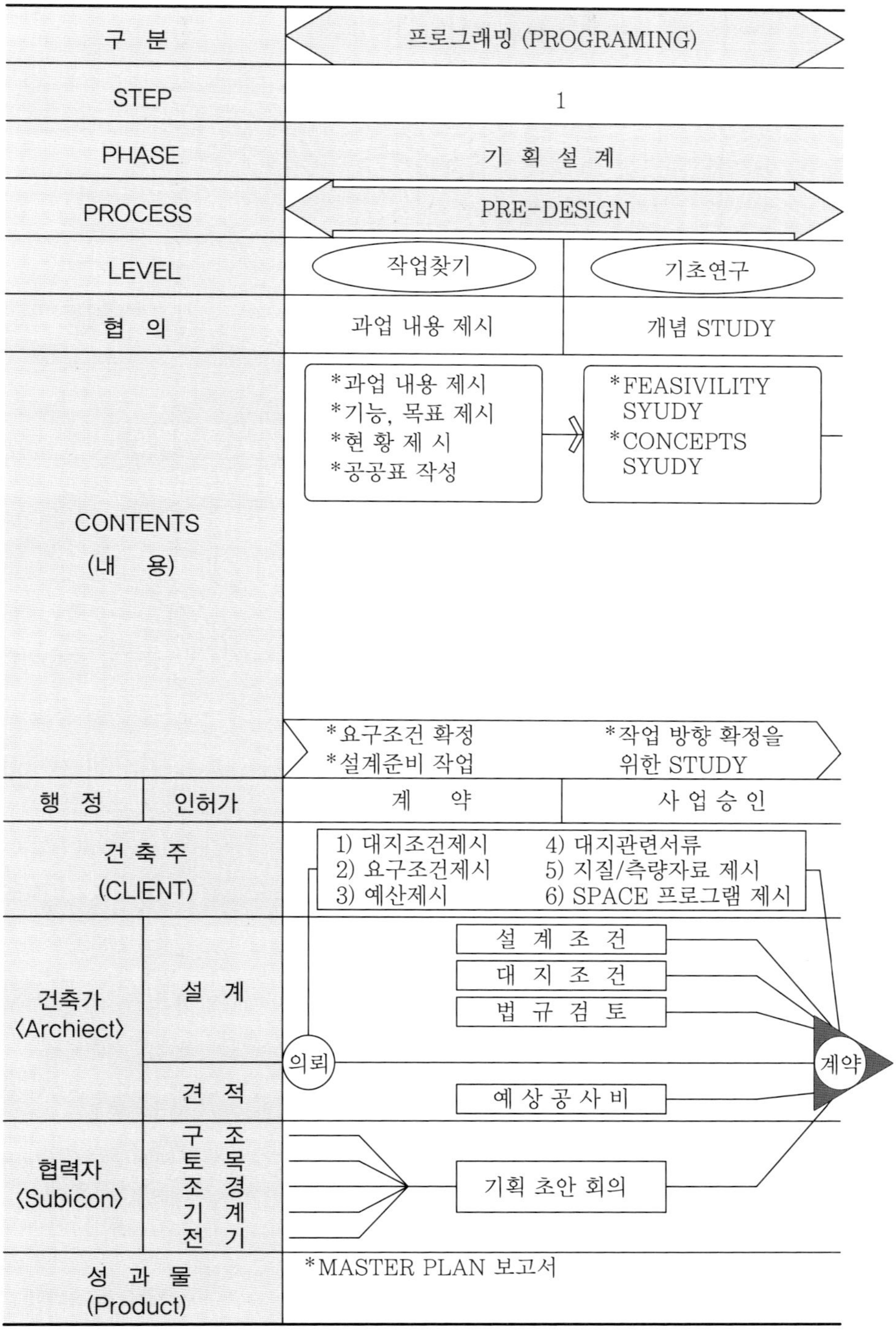

그림 24 프로그래밍 단계

3. 디자인 단계(SD, DD, CD)

디자인은 다시 그 작업과정에 따라 크게 계획설계(SD), 기본설계(DD), 실시설계(본설계 : CD)의 3단계로 나누어진다.

계획설계 → 기본설계 → 실시설계

1) 계획설계(Schemetic Design)단계 :

1. 계획 설계의 정의 및 내용

기능 및 주변 환경분석 으로 부터 추출된 설계목표와 기타 고려사항들 충족시키는 여러 가지 가능한 대안을 만들어 보고, 그 장단점을 비교하여 최적의 안을 만들어 가는 과정이다.

- 이 과정에서 건물의 배치 및 외부공간 구성과 각종 기능들을 적합하게 수용할 수 있는 내부공간의 모양과 크기, 그리고 공간들의 배치가 이루어진다. 건축주가 건축물을 통해 표현하고자 하는 이미지를 담는 건축물의 형태가 창출되며, 건축의 경제성 검토를 포함한 건축 디자인의 거의 모든 중요한 결정이 이루어진다.
- 또한 이 과정에서 건축 디자인에 적합한 구조방식과 각종 설비의 기본 시스템에 대한 연구가 이루어져야 한다. 따라서 이 과정은 설계의 전과정중에 가장 중요한 과정으로서, 건축가의 창조적인 활동이 가장 활발하게 이루어지는 과정이며, 또한 건축이 예술로 승화되는 과정이다.
- 이를 위해 건축가는 수많은 스케치와 모형을 만들어 보면서 계획안을 발전시켜 가는데, 이 과정에서 건축주와 건축가 사이에 상호 존중과 이해 속에서 가장 많은 대화가 이루어져야한다. 이때 건축주가 건축가의 창조적 판단을 최대한 수용하려는 태도를 가짐으로써, 함께 만족할 수 있는 훌륭한 작품이 될 수 있다.
- 이런 과정을 거쳐 계획설계가 완성되면, 건축가는 건축주로부터 최종 승인을 받고 다음 설계단계로 넘어가게 된다. 여기서 결정된 안은 이후 설계의 발전과정에서 가장 기본이 되는 것이며, 설계가 진행되면 후에 변경하기가 매우 어려우므로 신중히 결정해야 한다.

2) 계획설계(SD) 내용 :

① 사전과정 : 자료의 수집 및 기획

- 건축주의 요구 공간 및 Space Program 입수
- Project Filing System(자료 정리시스템)의 확립
- 전산작업(Project Directory) 설정
- 프로젝트(Project) 자료형식 지정
- 인원 배치 계획
- 법규적 제한 사항의 검토(법규체크리스트 활용)
- 일정계획 : 각 진행단계별 종료일정 확립
- 협력업체, 자문업체 등에 통보
- 환경적 영향에대한 연구 필요성 검토, 시행
- 협력 업체 선정(필요시 건축주의 승인 획득)
- 건축주로부터 대지현황관련 자료 입수
- 지질조사 등의 자료를 건축주에 요청
- 협력업체에 대지조건등의 정보를 검토, 필요시 자체 조사 요구
- 설계자와 협력업체의 담당자에 의한 대지 답사
- 스페이스 프로그램(Space Program)의 가결정
- 스페이스 프로그램을 건축주에게 공식적으로 제시
- 예산안과프로그램(Program)이 일치하지 않을시 건축주와 협의, 조정

② 설계과정
- 프로그램(Program),예산안, 법적 구비서류, 대지관련 자료, 법규제한, 규모계획(Space Program),그 밖의 건축주 요구사항 등 모든 자료의 구비 확인(이상의 자료의 출처 명기)
- 기능공간다이어그램(Functional Space Diagram) 작성
- 협력업체 및 자문팀들과 본 프로젝트에 사용될 제반 시스템(System)에 대해 협의 하고 적합한 안 을 추천 받아 비교분석자료를 입수
- 동시에 그 시스템(System)의 필요면적, 위치등을 협의(구조/기계설비/전기설비/기타)
- 계획설계도서
  a. 설계개요 및 개념도
  b. 배치도
  c. 부지단면도
  d. 주요평면도

e. 입면도
f. 단면도
g. 스케치/모델/기타 렌더링

- 면적산정(건폐율, 용적율, 층별/용도별 면적 : 용적, 바닥면적, 거주자 1인당 바닥면적)
- 프로젝트 기본 개요, 시공자 장비수급의 개요
- 협력업체로부터 각각 공사비계산서 입수
- 예상공사비 계산서 작성(프로젝트의 장래 전개를 위한 적절한 비용 포함)
- 건축주에게 상기의 계획설계 도면 제출(도면, 설명서, 계산서, 공사비, 계약서)
- 계획설계 도면에 대한 건축주 동의
- 기본설계과정의 진행방향에 대한 건축주의 동의
- 설계비 기성 청구

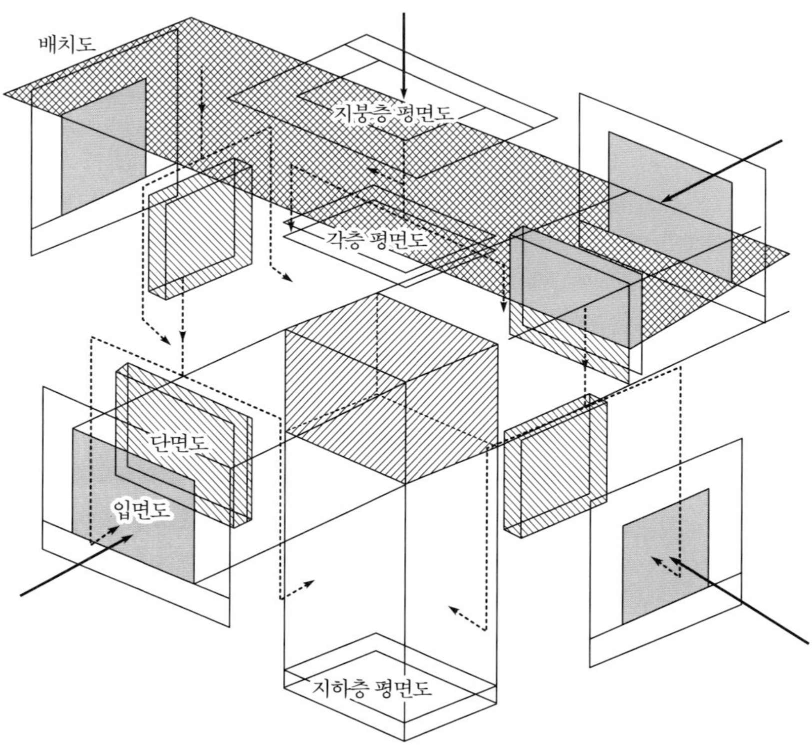

그림 25 도면개념도에 따른 종류별 상관도

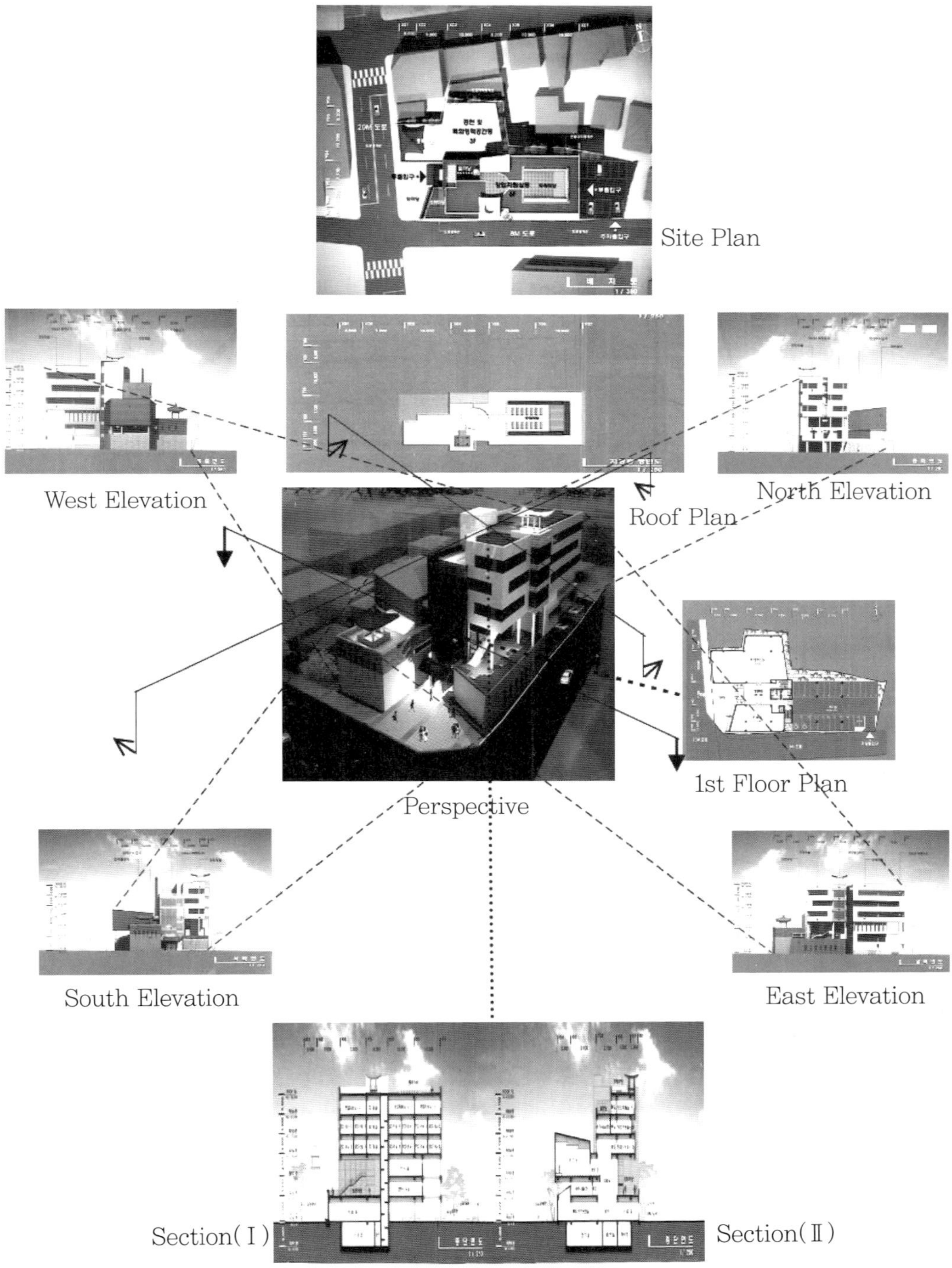

그림 26 도면개념에 따른 종류별 상관예시도

구 분		설계단계 (DESIGN)	
STEP		2	
PHASE		계 획 설 계	
PROCESS		SCHEMATIC DESIGN	
LEVEL		자료수집	개념계획
협 의		요구조건 분석검토 (U . N . A)	개념 설정 및 검토
CONTENTS (내 용)		*과업내용 분석 *대 지 분 석 *주변현황 분석 *요구조건 분석 *기 능 분 석	*목 표 설 정 *개 념 설 정 *개념도 작성 *배치개념 설정 *설계기준 설정
		*SPACE PROGRAM *VOLUME CHECK	*FACTOR PROGRAM *VOLUME STUDY
			*각부문별 SYSTEM STUDY
		*구조해석 STUDY	*구조자체분석
		*법규적용한계	*법 규 분 석
		*전체규모, 기능확정 *목표설정을 위한 STUDY	
행 정	인허가	대지조건 서류 구비 법규 범위 CHECK	
건 축 주 (CLIENT)		기획 초안 수정 및 기본계획 승인 → 협의	
건축가 〈Archiect〉	설 계	설 계 조 건 대 지 조 건 법 규 검 토 법 규 검 토	(계약 → 협의)
	견 적	계 략 견 적	(계약 → 협의)
협력자 〈Subicon〉	구조 토목 조경 기계 전기	각종 SYSTEM 비교분석평가	(계약 → 협의)
성 과 물 (Product)		*IMAGE SKETCH	

그림 27 계획설계 단계

3) 기본설계(DD : Design Development)단계 :

1. 기본설계 정의 및 내용

기본설계 단계에서는 계획단계에서 확정된 디자인을 바탕으로 구조 · 설비 · 전기 등 전문 컨설턴트와 함께 디자인을 구체화하는 작업을 한다. 시공자의 입장에서 설계도서를 준비한다. 물론 단계별로 작업을 분업화하기 위해서 단계별로 전문가를 육성하고 있다. 프로젝트의 전반적인 관리는 프로젝트 매니저(Project Manager)인 건축가가 관할한다. 단계별로 업무가 진행되는 동안 건축가는 단계별 검토 및 검증을 통해 고객의 요구사항 등이 도서에 반영되었는지 세밀히 체크한다.

기본계획을 물리적으로 실현시키기 위한 보다 구체적인 작업으로, 재료, 구조, 기계설비, 전기설비, 소방설비, 음향설비, 통신설비 등, 건축에 필요 한 모든 전문분야들의 기본설계들을 포함된다.

- 따라서 이 과정에서 각 분야별 전문가들이 본격적으로 설계에 참여하게 된다. 이들은 각각의 기술적 최적성과 함께, 다른 분야들과의 상호관계의 적합성을 추구해야 한다. 또한 이들 각 전문분야의 기술들은 건축물 의 안전성과 경제성, 쾌적성, 유지관리의 효율성 등과 깊이 관계되기 때문에, 보다 심도 있는 연구가 필요하다.
- 이때 건축가는 이 모든 분야의 기술들의 상호관계를 조정하여 하나의 건축물 속에 통합시키는 지휘자의 역할을 담당하기에, 음악에서 작곡가 또는 오케스트라의 지휘자에 비유되기도 한다.
- 이렇게 이루어진 기본설계는 건축주의 예산과 밀접한 관계가 있기 때문에, 기본설계의 내용과 함께 추정예산에 대한 건축주의 승인을 받아야 한다. 기본계획과 기본설계 과정은 설계에 대하여 설계지침이 반영되는지를 구체적으로 확인하고 설계의 의도를 적극적으로 개진할 수 있는 시기이다. 따라서 설계과정 중 건축가가 가장 많이 접촉하는 시기이다.

(1) 기본설계(Design Development) 이해

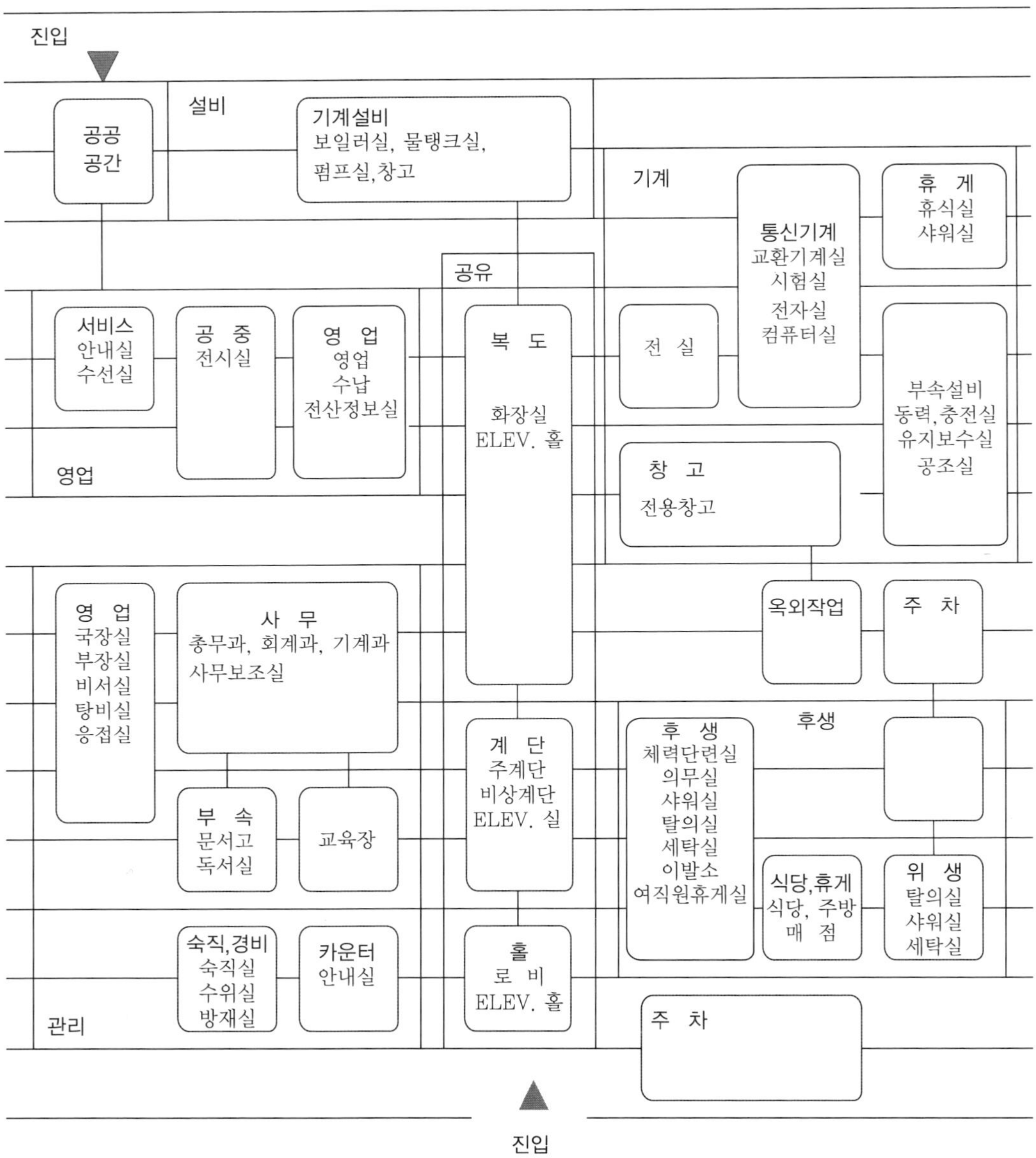

① 일반과정

– 건축주의 서류검토 및 요구사항의 반영

– 차기 단계 일정 및 인원의 조정

- 프로젝트 기록(Record Book) 업데이트
- 프로젝트 자료목록 업데이트
- 프로젝트 플로우 챠트 검토조정
- 관련 관공서와의 사전 협의, 검토 및 필요시 질의 회신
- 설계비 기성 청구

② 사전과정
- 계획설계 첵크리스트의 확인
- 이 단계에서의 건축주의 새로운 요구사항 확인
- 프로그램의 검토, 계획의 부합여부 확인
- 계획설계의 법규 부합여부 재확인
- 필요시 추가의 협력업체 선정(필요시 건축주의 동의)
- 지질조사, 분석 등의 결과 입수/필요시 추가자료 요구/관련 협력업체에 송부
- 건축주, 협력업체로부터 입수한 자료의 검토, 필요시 추가자료의 요구
- 도면과 기타의 자료에대한 건축주의 특별한 기준이 있는지 확인
- 표제, 제호(Title Block), 용지 규격등의 양식 확정(필요시 건축주와 협의)
- 아래의 항목에 대한 협력업체의 검토

페이징(Paging) / 인터컴(Intercom)
보호방어(Building Protection) / 조명(Lighting)
전화(Telephone) / 유선 TV(Cable TV)
폐쇄회로 TV(Closed Circuit TV) / 산소(Oxygen)
진공(Vacuum) / 압축공기(Compressed Air)
증류수(Distilled Water) / 스팀(Steam)
가스(Gas) / 기송관(氣送管 : Pneumatic Tube)
기타
(건축주 동의 및 상기의 사실을 협력업체에 통보)

- 각 기능실별 면적 산정, 프로그램과 대조, 협력업체에 통보
- 구조 관련 제규정 검토 요청
- 기계 및 전기 협력업체에 다음 사항 지시
  관련 관공서와의 협의(서면 승인 요청) : 서비스의 공급 및 연결

(가스, 지역냉난방, 오수, 하수, 전기)
사업지역의 제반 규정(법규 및 지침)의 검토, 정리, 조사, 확인
건축과 구조 계획도면의 검토 후 적절한 시스템 제안
대안의 제시 및 대안별 초기투자비, 운영비, 설비 장단점등의 비교분석 검토
- 건축주 및 협력업체와의 협의는 서면 근거를 남긴다.(회의록 작성 및 서명)
- 상기 사항에 대한 정리 및 건축주의 동의 획득

③ 설계과정
- 기본설계 도면

a. 설계개요	b. 배치도
c. 대지종횡단면도	d. 배수계획도
e. 조경계획도	f. 각층평면도
g. 지붕평면도	h. 입면도
I. 일반단면도	j. 평면상세도
k. 전개도	l. 단면상세도
m. 천정평면도	n. 구조계획서
o. 설비, 전기 시스템 도면(장비종류 및 용량)	
p. 외부 투시도/내부투시도	
q. 일정계획	

- 면적계산(Net/Gross, 용적 : 각 실별 면적표)
- 프로젝트 매뉴얼사의 예비도면 준비
- 협력업체에게 담당부분의 도면과 자료의 Layout 및 주요 부분의 공사비 내역을 준비하게 한다.(구조/기계/전기)
- 기본설계 도서의 제출 : 도면, 계산서, 예상 공사비 내역
- 보다 상세한 계약 방식의 필요 여부를 건축주와 함께 확인
- 기본설계 도서의 건축주의 서면 허가
- 설계비 기성청구

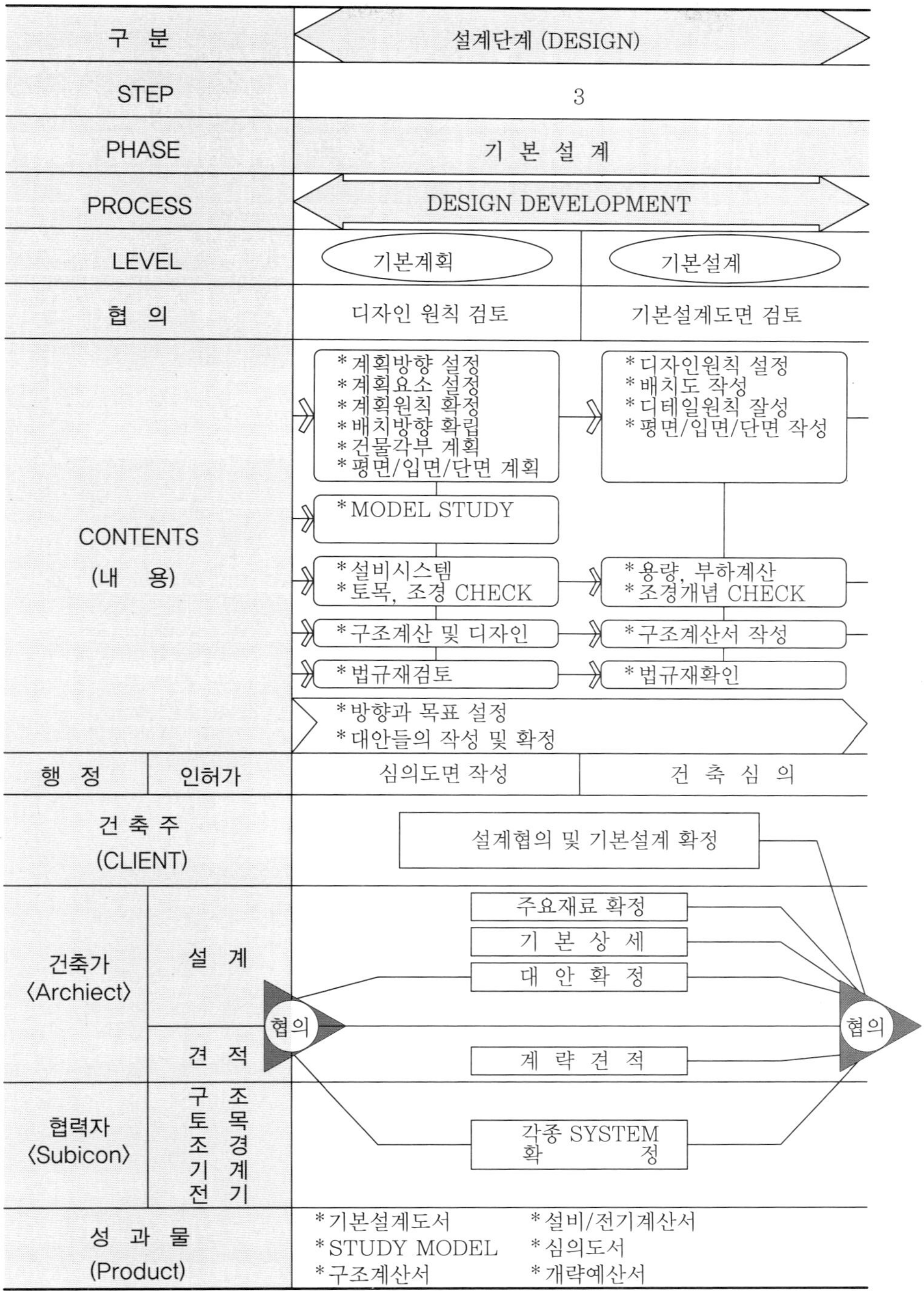

구 분
설계단계 (DESIGN)
STEP
3
PHASE
기 본 설 계
PROCESS
DESIGN DEVELOPMENT
LEVEL
기본계획
기본설계
협 의
디자인 원칙 검토
기본설계도면 검토
CONTENTS (내 용)
* 계획방향 설정
* 계획요소 설정
* 계획원칙 확정
* 배치방향 확립
* 건물각부 계획
* 평면/입면/단면 계획
* 디자인원칙 설정
* 배치도 작성
* 디테일원칙 잘성
* 평면/입면/단면 작성
* MODEL STUDY
* 설비시스템
* 토목, 조경 CHECK
* 용량, 부하계산
* 조경개념 CHECK
* 구조계산 및 디자인
* 구조계산서 작성
* 법규재검토
* 법규재확인
* 방향과 목표 설정
* 대안들의 작성 및 확정
행 정
인허가
심의도면 작성
건 축 심 의
건 축 주 (CLIENT)
설계협의 및 기본설계 확정
건축가 〈Archiect〉
설 계
견 적
주요재료 확정
기 본 상 세
대 안 확 정
협의
계 략 견 적
협의
협력자 〈Subicon〉
구 조
토 목
조 경
기 계
전 기
각종 SYSTEM 확 정
성 과 물 (Product)
* 기본설계도서
* STUDY MODEL
* 구조계산서
* 설비/전기계산서
* 심의도서
* 개략예산서

그림 28 기본설계 단계

4) 실시설계(CD : Construction Document) 단계 :

1. 실시설계 정의 및 내용

최종 승인된 기본설계를 바탕으로 실제 공사에 필요한 상세한 도면들을 제작하는 작업이다.

- 기본설계까지의 과정이 쓰기에 편하고 안전하며, 아름답고, 경제적인 건축물을 창출해 내는 창조적 작업이라면, 실시설계의 과정은 이를 실현시키기 위한 기술적 작업이다. 건축 상세설계는 물론, 구조계산 및 설계와 각종설비들의 상세한 설계 등, 건축공사의 필요한 모든 부분의 상세한 설계가 포함된다.
- 실시설계 도면이 정확하고 상세히 그려질수록 시공과정에서 일어날 수 있는 착오나 변경, 건축주와 시공자 사이 분쟁을 최소화시킬 수 있다. 시공의 품질을 높일 수 있어, 계획설계와 기본설계과정의 수많은 아이디어들이 설계 의도대로 실현되어 훌륭한 작품으로 완성될 수 있다. 공사 중 나타나는 공사비의 추가를 최소한으로 억제 할 수 있어, 건축에 투입되는 총 예산을 줄여 주게 된다.
- 또한 실시설계는 건축물의 미세한 부분까지 디자인된다. 이는 건축물 전체의 디자인에 영향을 미치게 된다. 따라서 설계는 충분한 기간과 예산의 뒷받침이 이루어져야 한다.
- 그러나 건축물 공사의 모든 내용이 도면으로 표기될 수는 없다.
  재료의 품질이나 각종공사의 공법 또는 디자인에 영향을 주는 색채나 질감 등에 관해 구체적으로 기술한 '시방서'를 작성하여 도면 내용을 보완한다.
- 실시설계 도면과 시방서는 건축의 다음 단계인 '시공' 과정에서 가장 기본적인 근거가 된다. 실시설계 단계는 건축가와 관련분야들의 전문가들이 기본설계의 내용을 기술적으로 해결해 간다. 따라서 각 전문가들의 능력과 성의에 의존할 수 밖에 없다. 설계의 기술적인 측면에서도 건축가의 선정은 매우 중요하다.
- 건축은 다양한 활동들이 수용되며, 각각의 활동들은 매우 전문적이며 합력하여 하나의 목표를 이루어야 한다.

(1) 실시설계(Construction Documents) 이해

① 일반 과정

- 건축주로부터의 기본설계 검토결과의 수령 및 내용 협의, 조정
- 상세 일정 계획 작성(FLOW CHART) : 앞페이지 참조

- 작업인원의 구성 및 역할 분담
- 프로젝트 기록(Record Book) 업데이트
- 프로젝트 자료목록 업데이트
- 플로우 챠트 업데이트
- 프로젝트의 관리 번호, 양식의 정리 비치
- 관련 관공서와의 사전 협의, 검토
- 프로젝트에 관련한 모든 연관 작업의 코디네이트
- 공사비 내역의 조정, 건축주에 변경사항 통보
- 건축주에 정기적 지불 계산서 제출
- 설계비 기성 청구

② 사전과정
- 체크리스트에 의한 기본설계 검토
- 모든 보유 자료 리스트 정리
- 이 단계에서의 건축주의 새로운 요구사항 확인
- 프로그램의 검토, 계획의 부합여부 확인
- 기본설계의 법규 부합여부 재확인
- 필요시 추가의 협력업체 선정, 계약(필요시 건축주의 동의)
- 필요 도면의 목록 및 순서, 각각의 도면에 포함될 내용, 용지 규격, 도면 범위(건축주와 관공서의 요구사항 검토)
- 교체, 변경 사항의 선정
- 공사 계약과 입찰을 위한 건축주의 의견 청취(발주방법, 방향)
- 건축주가 별도로 공급할 아이템 및 공사 계약에 포함되지않는 항목이 있는지 확인
- 건축주 제공 자재의 수급, 설치 일정 계획

③ 설계과정
- 실시설계도면 : 건축/조경/구조/기계/전기 등 필요도면 전량
- 외주도면의 발주 확인 : 창호(Sash), 곤도라, 정화조 칸막이(Partition)
- 도면 준비와 함께 공사계약 매뉴얼 준비(협력업체, 자문 등의 협조)

④ 공사계약 매뉴얼의 내용 :

가. 입찰 요구 조전 :

- 입찰자 파악
- 입찰공고 및 초빙
- 입찰자 브리핑
- 입찰형식 표본

나. 도면외의 필요서류 :

- 계약서
- 공사를 위한 계약의 일반적 조건
- 부수적 조건
- 기타의 세부사항(협력업체에 각 작업의 공사범위의 구분 요구)
- 협력업체에 의해 작업된 도서와 건축 설계 도서의 대조 검토(건축팀 및 각 협력업체에 의해 체크)
- 체크된 도서의 수정(협력업체도 동일)
- 협력업체에 각 담당부분에 대한 필요 공사비 내역을 준비하게한다.
- 최종 면적 계산(Net(순면적), Gross (총면적)용적)
- 설계도서, 공사비 내역의 건축주 제출
- 상기사항에 대한 건축주의 서면 허가 필요
- 건축주의 잠정적 시공자 리스트 검토
- 서류에 건축가와 엔지니어의 날인, 서명
- 인 · 허가 서류의 구비
- 기성 설계비의 청구

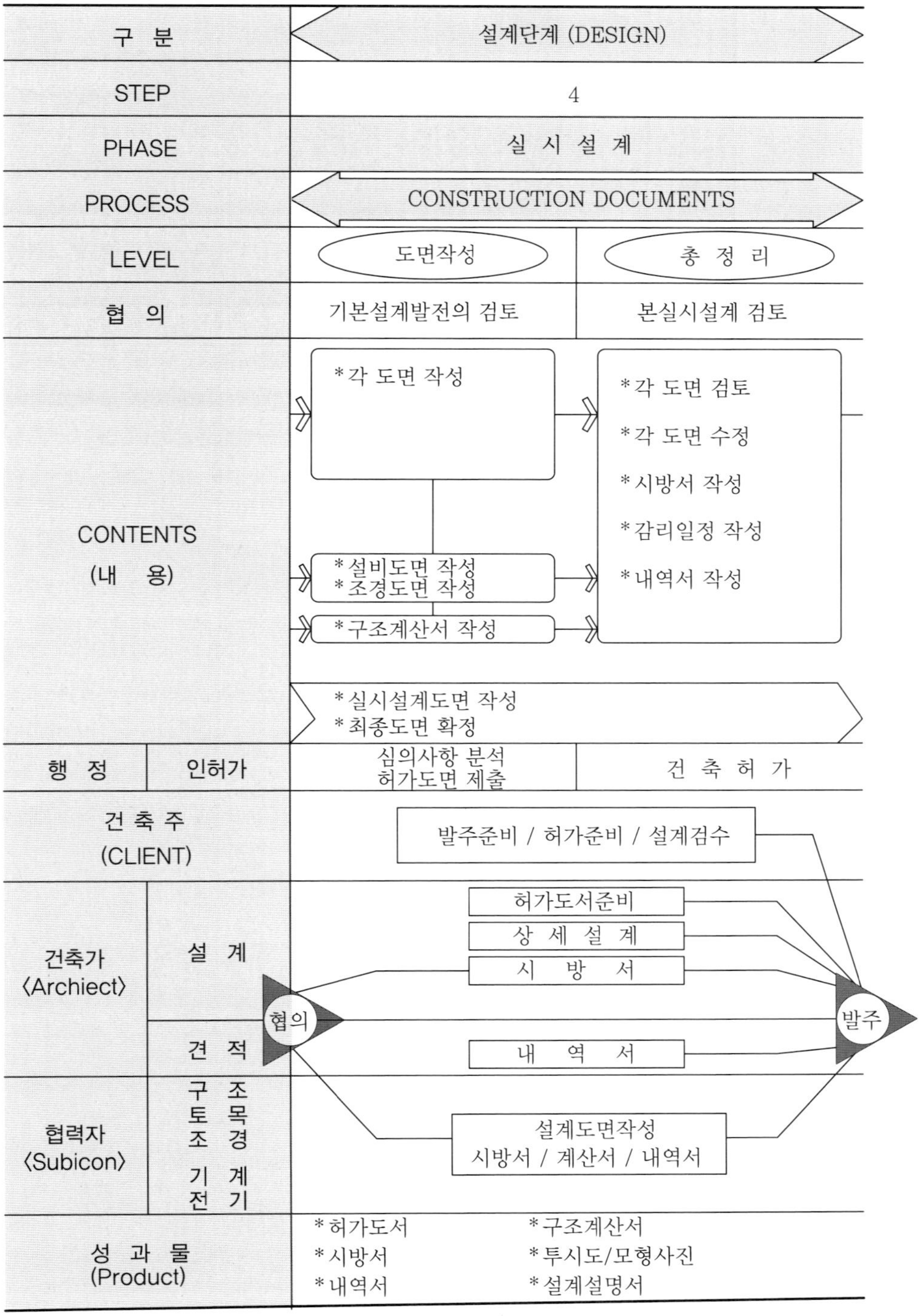

구 분
설계단계 (DESIGN)
STEP
4
PHASE
실 시 설 계
PROCESS
CONSTRUCTION DOCUMENTS
LEVEL
도면작성
총 정 리
협 의
기본설계발전의 검토
본실시설계 검토
CONTENTS
(내 용)
*각 도면 작성
*설비도면 작성
*조경도면 작성
*구조계산서 작성
*각 도면 검토
*각 도면 수정
*시방서 작성
*감리일정 작성
*내역서 작성
*실시설계도면 작성
*최종도면 확정
행 정
인허가
심의사항 분석
허가도면 제출
건 축 허 가
건 축 주
(CLIENT)
발주준비 / 허가준비 / 설계검수
건축가
〈Archiect〉
설 계
견 적
허가도서준비
상 세 설 계
시 방 서
협의
발주
내 역 서
협력자
〈Subicon〉
구 조
토 목
조 경
기 계
전 기
설계도면작성
시방서 / 계산서 / 내역서
성 과 물
(Product)
*허가도서
*시방서
*내역서
*구조계산서
*투시도/모형사진
*설계설명서

그림 29 실시설계 단계

4. 시공(Constuction) 단계

1) 건축시공 및 감리 단계(CA : Construction Admnistration) :

1. 건축시공과 감리
- 건축의 마지막 단계이며, 설계를 실제 건축물로 변환시키는지 시공은 대부분 건설기술자가 주축이 되는 건설회사에 의해 이루어진다.
- 건축주의 감독과 건축가의 감리하에 진행된다.

(1) 시공

- 시공은 설계도와 시방서, 그리고 건축주와 맺은 공사 도급계약서에 의해 이루어진다. 시공과정은 다양한 종류의 공사와 수많은 기술 인력을 필요로 한다.
- 따라서 건설회사 경영진의 지휘, 관리, 지원 능력과 현장 기술진의 공사관리 및 시공기술 능력, 수많은 공사 종류별 기능인력의 성실성 등, 모든 여건이 시공의 결과에 직결된다.
- 하나의 건축물을 건설하는 시공은 그 공사를 위해 일회적으로 구성된다. --시공자의 현장대리인인 현장소장을 중심으로 건축, 구조, 기계설비, 전기설비 등의 각 분야의 시공전문기술자의 수많은 공종의 전문기능인들로 구성된다. 건설인력과 공사에 필요한 수많은 자재를 어떻게 효율적으로 관리하여 좋은 품질의 건축물을 만들어내는가가 시공의 가장 중요한 목표이다.
- 건설공사의 경영은 설계도와 시방서에 의한 완벽한 시공계획과 시공관리를 기본으로 한다.
- 시공계획은 공사 순서와 시공방법, 공사기간과 작업량, 기술인력과 장비의 동원능력 등을 고려한다. 공정계획과 공종별 전문건설업체에의 하도급, 건설기계, 건설자재 등의 수급계획, 그리고 현장관리계획 등을 포함한다.
- 시공관리 = 공정관리(공사의 순서와 기간관리) + 품질관리(시공정밀도와 성능확보) + 자재관리(기능인력수급) + 안전관리
- 하나의 건축물이 완성되기까지 시공은 기능별로 구분된 다양한 종류의 공사로 진행된다. 현장사무실이나 울타리, 비계 등과 같은 가설공사로부터, 기초나 지하층 설치를 위한 토공사, 건축물의 골조를 만드는 철근콘크리트 공사와 철골 공사, 벽돌 공사, 그리고 방수, 미장, 창호, 수장, 도장, 기타 다양한 공사들이 포함된다.

- 이들은 사전에 공정계획의 시공순서에 따라 진행된다.
- 건설공사에서 건축주에게 가장 중요한 문제는 품질관리이다.
  이는 건축물의 수명에 직결되며, 유지관리에 중대한 영향을 미친다.
- 안전관리와 노무관리는 일반 건설현장에서도 매우 중요하다.
- 이처럼 시공자는 기술능력과 관리능력 모두를 갖추고 있어야 하며, 이는 시공자 선정에서 가장 중요한 평가기준의 하나가 된다.
- 기획과 설계가 아무리 훌륭하게 이루어졌어도 시공이 부실하면 그 건축물은 의도한 기능을 수행할 수 없고 제 수명을 다 할 수 없으며, 예술작품이 될 수 없다.

(2) 감리

- 정의 : 공사감리라 함은 자기책임하에 (보조자의 조력을 받는경우를 포함한다) 건축법이 정하는바에 의하여 건축물 건축설비 또는 공작물이 설계도서의 내용대로 시공되는지의 여부를 확인하고 품질관리 공사관리 안전관리등에 대하여 지도 감독하는 행위를 말한다.
- 감리 업무는 그 업무의 성격에 따라 크게 두 가지로 나눈다. 하나는 설계의 의도와 내용에 관련된 감리(설계감리)이며, 다른 하나의 시공의 기술과 품질에 관련된 감리(공사감리)이다. '설계감리' 는 공사과정 중에 설계의 의도를 시공자에게 정확히 전달하고, 현장 여건에 따른 설계의 보완 및 조정, 경미한 설계의 변경, 현장 및 공장제작도면(Shop drawing)의 검토 및 승인 등을 하는 업무로서, 설계내용이 공사물로 정확히 이루어지도록 하게 한다.
- 건축물의 설계는 다양한 분야의 기술들이 유기적으로 통합되어 이루어져야 한다. 공사 중에 흔히 일어나는 비록 사소한 설계변경과 다른 모든 기술적 문제들을 검토하여 이러한 변경이 설계의도에 적합하도록 함께 조종해야 한다. 시공의 모든 과정에서 본래의 설계의도가 충실히 유지될 수 있도록 계속적인 감리가 필요하다. - 즉 설계감리는 공사물이 하나의 '건축' 이 되기 위해서 대단히 중요한 역할이며 반드시 설계를 담당한 건축가가 담당해야 한다. '공사감리' 는 공사의 품질과 공법, 공정 및 공사비 예산에 관하여 건축주를 대신하여 시공자를 지도 감독하는 업무로서 흔히, 건축주가 공사현장에 배치하는 공사감독의 역할과 유사하다. 공사감리업무 중에서 특히, 품질관리는 건축물의 안정성과 수명은 물론 건축의 작품성에까지 영향을 미치는 것으로, 공사감리자가 가장 신경 써야 하는 부분이다.
- 공사비 예산에 관한 감리 업무는, 공사의 진척에 따라 단계적으로 공사비를 지불할 때에

시공자가 요청하는 이미 시공된 공사부분의 금액에 대해 그 타당성을 검토하여 승인한다. 공사비를 과다하게 지출하여 입게 될 금전상의 피해로부터 건축주를 보호하고, 공사비 예산의 적정한 집행을 책임진다.

공정관리도 매우 중요한 업무로서, 시공자가 부당하게 공사를 지연시킴으로써 건축물의 완공이 늦어져 건축주가 입게 될 피해를 사전에 예방한다. 지나치게 공사를 서두름으로써 나타날 품질의 저하를 미연에 방지할 수 있도록 적절한 공기를 유지시킨다.

- 이처럼 하나의 건축물이 기획으로부터 설계, 시공을 거쳐 완성되기까지 건축주와 건축가, 그리고 시공자 각각은 자신의 역할을 충실히 이행하고, 상호이해와 협력해야 한다.
- 이 중 건축가는 설계업무가 주된 일이지만, 기획과정에서는 프로그램에 참여하고, 시공과정에서는 감리로서 시공에 참여하는 건축 전체의 과정에서 가장 중심적인 역할을 담당한다.
- 또한 건축가는 건축물 완공 후에도 건축물유지관리와 하자보수의 판단, 중개축시 그 가능성을 판단 등을 함에 있어 본래의 설계 의도를 유지하도록 조정한다. 건축물이 그 수명을 다할 때까지 건축물과 계속적인 관계를 가진다. 시공의 주체인 건설회사의 선택 또한 공사의 진행과 설계된 건축물의 품질을 결정짓고, 완공후 하자보수의 책임을 가지게 된다. 따라서 그 능력과 자세, 자금력에 대해 면밀히 검토하여 결정한다.
- 설계와 시공의 수준은 예산과 시간에 절대적인 영향을 받게 된다. 적정한 예산 수립과 충분한 시간은 모든 건축에서 필수조건이다.

구 분		공 사 (CONSTRUCTION)	
STEP		5 , 6	
PHASE		감 리 및 준 공	
PROCESS		CONSTRUCTION ADMINSTRATION	
LEVEL		감 리	
협 의		공사진행 CHECK / 공사제 현황 검토	
CONTENTS (내 용)		*도면보완, 수정 *준공도 CHECK *공사진행상 문제점 검토 *감리일정표 보완, 검토 *감리자료 정리 *감리일지 작성 *중간설계변경 협의 *시공 중 문제점 검토 및 보완	
행 정	인허가	문제점 수정, 보완	중간 / 사용검사
건 축 주 (CLIENT)		사용, 관리계획 사용검사 준비	
건축가 〈Archiect〉	설 계	발주 → 설 계 변 경 / 설 계 조 건 → 완공	
	견 적		
협력자 〈Subicon〉	구조 토목 조경 기계 전기	공 사 감 리 설 계 변 경	
성 과 물 (Product)		*준 공 도 *감 리 일 지	

그림 30 감리 및 준공 단계

5. 거주 후 평가 단계(P.O.E)

> 1. P.O.E의 정의
> 건축물 완공후 사용중인 건축물이 사용자의 요구와 가치에 어느정도 부합 되는지를 평가하여 새로운 디자인의 분석 단계에 정보를 제공해 주는 과정을 거주후평가라 한다.

1) P.O.E의 목적

(1) P.O.E의 목적

① 건축계획에 직접적으로 영향을 주는것

② 장래의 건축계획에 필요한 정보를 발전시키는 것

(2) P.O.E는 건축설계가 사용자에게 어떻게 정보를 제공하여 주고 보다 나은 건축물을 설계할 수 있도록 하여 준다.

2) P.O.E의 유형

(1) 기술적 평가

① 특성 : 가장 기본적인 조건으로서 건축물의 주변 환경, 기구나 시험에 의해 가장 평가하기 쉬우며 결과는 매우 객관적이다.

② 요소

- 구조적 성능
- 화재에 대한 안전성
- 내부마감
- 조명
- 음향 등

(2) 기능적 평가

① 특성

건축물내에서 사용자의 활동과 조직적인 일을 직접적으로 뒷받침한다.

② 요소

- 공간의 배치
- 동선

- 인간공학적 요소들
- 수납공간
- 융통성과 변화등

(3) 형태적 평가

① 특성

물리적 환경과 형태사이의 관계를 강조한다.

② 요소

- 건축물용도
- 근접성과 영역성
- 독립성과 상호작용등

3) 평가요소

평가는 여러 가지 방법으로 개념화 될수 있으며 그러한 개념적 체계는 여러 상황에 대한 정보를 조직화하며 모델을 설정하여 결론에 도달할수 있게 한다. 그러한 평가과정에는 크게 환경장치(Setting), 사용자(User), 주변환경(Proximate Environmental Context), 디자인 실무(Design Activity)등의 4가지 요소가 고려 되어야 한다.

(1) 환경장치

① 사용자의 가치, 선호도, 행동 등과 관련된 물리적 환경을 말하는 것이다.

② 물리적 환경은 설계자의 작업을 통하여 창출된다. 사용재료와 공간과의 관계, 환경의 허용 관계 및 지지정도, 물리적 환경과 사용자 만족과의 관계 등에 관한 정보는 매우 중요하다.

(2) 사용자

① 건축환경과 사용자 요구와의 상호관계를 평가하기 위해서는 먼저 사용자가 누구인가를 파악해야 한다.

② 평가과정에서 가장 중요한 문제는 바로 사용자 그룹을 정의하는 것이며 거주자가 실제로 그곳에서 무엇을 하는 가를 이해 해야 한다.

(3) 주변환경

① 환경장치는 그 지역의 기후 공기 오염도, 교통, 하수도, 문화시설등 주변환경에 영향을 받는다.

② 물리적 · 사회적 맥락(Context)내에서 존재해야 한다.

(4) 디자인 실무

① 복합적인 환경디자인 과정에 참여할수 있는 사람들은 설계자 이외에도 건축주, 사용자 재정가 전문위원, 공무원 등이 있는데 그들의 의견을 설계과정에 반영함으로서 사용자의 요구와 가치를 충족 시켜 줄수 있는 환경을 창조 할 수 있다.

② 디자인 환경은 독자적인 계획이 아니라 항상 시간에 따라 변화하는 복합사회속에 존재한다.

4) 평가과정

(1) 핵심적인 문제의 정의

(2) 확대시스템의 파악

(3) 적절한 평가 방법의 결정

(4) 자료 분석 방법의 결정

(5) 자료 분석 방법의 결정

(6) 수집된 정보의 Feed Back

<table>
<tr><td colspan="2">구 분</td><td colspan="2">유지관리 (MAINTANCE)</td></tr>
<tr><td colspan="2">STEP</td><td colspan="2">7</td></tr>
<tr><td colspan="2">PHASE</td><td colspan="2">거주 후 평가 (건물)</td></tr>
<tr><td colspan="2">PROCESS</td><td colspan="2">POST - DESIGN</td></tr>
<tr><td colspan="2">LEVEL</td><td>조 사</td><td>연 구</td></tr>
<tr><td colspan="2">협 의</td><td>현재 PROJECT 조사</td><td>최종 설계지침 마련</td></tr>
<tr><td colspan="2" rowspan="2">CONTENTS
(내 용)</td><td>*환 경 장 치 (SETTING)
*사용자 (USER)
*주 변 환 경 (PROXIMATE ENVIRONMENTAL CONTEXT)
*디자인 활동 (DESIGN ACTIVITY CONTEXT)</td><td>*완성된 디자인의 적용 및 수정
*정보의 피드백</td></tr>
<tr><td colspan="2">*완공 후 최종 설계 지침 확정</td></tr>
<tr><td>행 정</td><td>인허가</td><td colspan="2">건물 거주 후 평가</td></tr>
<tr><td colspan="2">건 축 주
(CLIENT)</td><td colspan="2"></td></tr>
<tr><td rowspan="2">건축가
〈Archiect〉</td><td>설 계</td><td colspan="2" rowspan="2">완공 → 건물 거주 후 평가시험 → 디자인 정보피드백</td></tr>
<tr><td>견 적</td></tr>
<tr><td>협력자
〈Subicon〉</td><td>구 조
토 목
조 경
기 계
전 기</td><td colspan="2"></td></tr>
<tr><td colspan="2">성 과 물
(Product)</td><td colspan="2"></td></tr>
</table>

그림 31 거주 후 평가 단계

6. 건축디자인 단계별 도면 체크리스트(Drawing Checklist)

일반 사항

- 도면작성 기준에 의한 작성 여부 확인
- 작성자명, 작성 년 월일의 기재 확인

기획 설계

1) 개요 : 사업성 검토

- 임대 및 시장성 분석
- 법규검토 : a.최대용적
  b.최대건축면적
  c.주차대수
  d.조경면적
  e.건축물의 높이 및 층수
- 면적 개요 : Space Program
- 개략 공사비

2) 배치도

- 향 : 방위
- 건축물의 위치, 외벽
- 주차계획 : 주차 대수, 주차통로
- 출입구
- 조경면적

3) 각층 평면도

- 외벽
- 주요내부벽체 구획
- 실명
- 코아

4) 형태모형/스케치(Mass Model/Image Sketch)

5) 입면도

- 면의 분할

6) 단면도

- 층고, 건축물높이, 지하깊이
- 층별용도, 실명

계획 설계

1) 개요

- 면적개요(Space Program) : 1인당 점유면적, 전용면적의 효율성 검토
- 법규검토 : 별도의 법규검토서를 참조한다.
  a. 연면적/용적율
  b. 건축면적/건폐율
  c. 주차계획 : 주 차대수, 주차통로, 기계식 주차
  d.조경면적
  e. 도로에 의한 사선제한
  f.일조권 제한
  g. 건축선, 인접대지경계선으로부터의 이격
  h. 지하층의 설치
  I. 직통계단, 피난계단 및 피난거리
  j. 승강기 : 승용, 비상용
  k. 옥상광장, 헬리포트
- 개략공사비
- 층수
- 구조 시스템

2) 투시도/계획모델

- 형태 계획
- 재료 및 색채계획 : 주요 외벽 재료의 선정과 그 색채계획
- 형태의 참신성에 대한 고려

3) 배치도

- 축척 1/300~500
- 방위표
- 대지의 정지계획(성토 및 절토), 대지 각부 LEVEL
- 건축물의 위치 확정
- 주차계획 : 주차구획, 주차대수, 주차통로(장래의 주차요구 대비)
- 출입구 : 주출입구, 부출입구, 직원출입구, 화물출입구
- 조경계획 : 조경면적 선정
  식재계획
  화단 및 플랜트 박스
  조경시설물(벤치, 환경조형물, 파골라, 음수대...)

4) 각층 평면도

- 축척 1/100~200
- 방위표
- 평면모듈 및 그리드, 축열
- 코아계획
- 외벽, 내벽, 간막이벽
- 기둥
- 개구부의 위치
- 실명
- 화장실 칸막이
- 복도, 계단, 승강기
- 주차 동선
- 상부돌출부, 상부바닥 OPEN 점선 표기
- 1층, 지하층에 대지경계선 표기
- 샤프트 면적 산정 및 배치 : 기계, 전기 설비측과 협의
- 수직 및 수평동선의 체계 검토
- 내부 공간 체계 검토 : 내부 주 공간의 설정 및 위계

5) 입면도

- 면의 분할
- 층표시
- 주요 외벽마감재료 및 색채계획 : 미결정시 코드로 표현(화강석외산 A, 반사유리 B..)
- 마감재료의 나누기 표현
- 빌딩명의 위치
- 머릿돌 표현
- 간판 및 옥외광고물, 선전용 걸게등의 위치 고려

6) 일반단면도

- 입면도와 동일한 축척 사용
- 주요 수직 치수, 층고, 천정고, 건축물 높이, 지하깊이
- 층표시
- 층별 용도, 실명

7) 구조

- 구조 시스템 선정 : SC, RC, SRC, 조적...
- 기본모듈 및 그리드

기본 설계

1) 설계개요

- 공사명, 건축물 위치, 대지면적, 지역지구, 공사종별
- 건축물용도, 규모(층수), 구조
- 건축 면적, 연면적, 건축물높이, 건폐율, 용적율
- 주차계획 : 주차대수
- 조경 면적
- 도로 현황, 주요 시설내용
- 층별 바닥면적

* 별첨 '설계개요' (CAD DWG, "SYNOP" INSERT!) 참조

2) 배치도

- 상부가 북쪽이 되도록 한다.
- 방위표, 대지 각부 Level, 경사면 표시
- 경계선에서 건축물까지의 거리, 건축물위치 확정을 위한 기중
- 대지 현황 : 기존, 철거, 신축부 구분 표현
- 구조물 : 건축물 외곽선(굵은 선), 지하 구조물 및 상부 돌출선(파선)
- 건축물의 크기
- 주차장, 주차구획, 주차대수
- 설비시설 : 정화조 위치(점선표기) 및 용량
  맨홀(상수도, 전기, 전호, 가스)
  연결 송수관
- 출입구 : 주출입구, 부출입구, 직원출입구, 화물 출입구, 주차 출입구
- 기존 담장, 옹벽, 국기 게양대, 가설 건축물 위치 및 면적, 도로 점용 위치 및 면적, 환경 조형물, 공작물
- 정지 계획 : 경사지일 경우 기존의 Contour 및 정지후 Contour 표기
- 바닥 포장 재료 및 패턴
- 배수 라인(오수 및 우수)
- 조경계획 : 조경 면적, 주요식재(조경도면과 중복되므로 개략적인 표현에 그친다.)

3) 대지 종횡 단면도

- 인접대지, 도로와의 고저차
- 사선 제한선
- 대지 경계선에서의 이격거리
- 경사지이거나 성토, 절토 등이 수반되는 경우 기존 지반선 표기

4) 조경 계획도

- 수목의 위치 및 규격
- 조경 구적도(식재면적 산출근거)
- 식재 물량 산출표(수종, 수형, 수량, 수목규격)
- 조경 시설물 계획도 : 휴지통, 분수, 벤치, 파고라, 휴게소, 음수대, 화단, 높이시설물, 포

장계획, 환경조형물

5) 각층 평면도

- 확대 평면 상세와 중복되는 부분은 간략하게 표시한다.
- 벽, 기둥, 개구부의 위치 및 두께, 크기, 재료 표시
- 방화구획, 방화문, 소화전
- 실명, 실번호
- 복도, 계단 승강기
- 천정고 변화선 표기
- 보이지 않는 부분, 성부 돌출부분, 상부 바닥 Open 부분 점선표기
- 경사로 구배 표기
- 주차동선 표기
- 표고(마감선 기준)
- 대지 경계선 : 1층 및 지하층에 표기
- 바닥 드레인, 트렌치류 : 평면 상세에 표기된 경우는 표기하지 않는다.
- 재료 분리 : 경계선 표시 및 상세 표현. 익스펜션 조인트
- 설비사항 : 샤프트, 굴뚝, 청소실, 기계, 전기실, P.S(Pipe Shaft) 표기
- 상세 참조 표기
- 화장실 : 위생기구(적절한 개수 선정), 간막이
- 계단의 돌음방향은 반시계방향으로 UP
- 우편물 수취함, 로커, 선반, 전화부스, 게시판, 스위치박스, 덕트점검구 등의 위치 및 디자인
- 안내(INFORMATION) 데스크의 위치 및 디자인

6) 지붕 평면도

- 신축 줄눈의 위치
- 루프 드레인
- 헬리포트
- 굴뚝
- 청소용 고리 및 곤도라
- 설비기기(점선표기) : 쿨링타워, A.H.U, 피뢰침, 안테나, 통신탑, 항공장애 등

- 천창
- GUTTER
- 파라펫 및 난간

7) 입면도

- 재료 및 석재 : 외장 마감재, 창호, 개구부(마감재 전반을 알 수 있도록 표시한다. 미결정시 코드화)
- 마감재의 종류가 많을 때는 부호로 표기한다.
- 축열 번호 : 그림 내에서는 축열을 약하게 표시한다.
- 층표시 : 그림 내에서는 약한 선으로 긋는다.
- 각층 Level 표기(경질 마감재 상단 기준)
- 돌출물 : 항공 장애등, 선홈통, 굴뚝, 피뢰침, 국기 게양대
- 상세 참조 표기
- 면의 분할 구분선은 굵은 선을 사용한다.
- 입면도와 단면도는 동일한 축척으로 한다.
- 창호 디자인 및 계폐방식
- 배연창 계획(위치, 개소 및 계폐방식)
- 그릴에 대한 입면 계획
- 피뢰침 설치 및 디자인
- 외부 기타요소(연결송수관등)의 위치 및 디자인)

8) 일반 단면도

- 입면도에 표시된 입면은 일반 단면도에는 표기하지 않는다.
- 형식적인 확대단면상세의 작성을 지양하고 가능한한 많은 정보를 일반단면도에 수록한다.
- 치수, 층고, 천정도, 건축물 높이, 지하 깊이, 기둥간 치수, 건축물 외측치수
- 층 표시 : Level 표기
- 층별 용도, 실명 표기
- 지반 Level 표기
- 상세 참조 표기

9) 평면 상세도

A) 일반 사항
- 상세도에 표기된 사항은 다른 도면에 중복되지 않도록 한다.
- 창호 번호는 표기하지 않는다.
- 재료분리대 표기

B) 코아 평면 상세도
- 개구부 치수, 계단 치수, 벽 두께
- 마감재 및 마감선 표기, 기계 전기설비 관련 부착물
- 창호 개폐방법, 엘리베이터 용량 및 속도

10) 전개도

- 재료 나누기 각종 설비 부착물
- 주요내부공간(로비, 엘리베이터 홀)의 디자인 및 재료 선정

11) 단면 상세도

- 재료 : 외벽재, 단열재, 천정재, 바닥재료 표기
- 치수 : 층고 천정고, 개구부 주요 치수
- 창호 개폐방법
- 층간 구획, 실명
- F.C.U(fan coil unit) Cover, Blind Box

12) 천정 평면도

- 천정재의 규격 및 패턴
- 조명기구의 배치

실시 설계

1) 설계개요

- 공사명, 건축물 위치, 대지면적, 지역지구, 공사종별
- 건축물용도, 규모(층수), 구조

- 건축면적, 연면적, 건축물높이, 건폐율, 용적율
- 주차계획 : 주차대수
- 조경면적
- 도로현황, 주요 시설내용
- 층별 바닥면적

2) 배치도

- 상부가 북쪽이 되도록 한다.
- 방위표, 대지 각부 Level, 경사면 표시
- 경계선에서 건축물까지의 거리, 건축물 위치 확정을 위한 기준
- 대지 현황 : 기존, 철거, 신축부 구분 표현
- 구조물 : 건축물 외곽선(굵은선), 지하 구조물 및 상부 돌출선(파선)
- 건축물의 크기
- 주차장, 주차구획, 주차대수
- 설비시설 : 정화조 위치(점선표기) 및 용량
  맨홀(상수도, 전기, 전화, 가스)
- 출입구 : 주출입구, 부출입구, 직원 출입구, 화물 출입구, 주차 출입구
- 기존 담장, 옹벽, 국기 게양대, 가설 건축물 위치 및 면적, 도로점용 위치 및 면적, 환경 조형물, 공작물
- 정지계획 : 경사지일 경우 기존의 Contour 및 정지 후 Contour 표기
- 바닥 포장 재료 및 패턴
- 배수 라인(오수 및 우수)
- 조경계획 : 조경면적, 주요 식재(조경도면과 중복되므로 개략적인 표현에 그친다.)

3) 대지 종횡 단면도

- 인접 대지, 도로와의 고저차
- 사전 제한선
- 대지 경계선에서의 이격거리
- 경사지이거나 성토, 절토등이 수반되는 경우 기존 지반선 표기

4) 면적도, 산출근거표

- 용도별, 층별 면적

5) 실내마감도

- 실내의 재료 마감계획
- 내부 석채계획 포함
- 로비 침 엘리베이터홀의 의장계획 고려

6) 각층 평면도

- 확대 평면 상세와 중복되는 부분은 간략하게 표시한다.
- 방위표 : 도면명의 우측에 표기한다.
- 벽, 기둥 개구부의 위치 및 두께, 크기, 재료표시
- 방화구획, 방화문, 소화전
- 실명, 실번호
- 복도, 계단, 승강기
- 천정고 변화선 표기
- 보이지 않는 부분, 상부 돌출부분, 상부 바닥 Open 부분 점선표기
- 경사로 구배 표기
- 주차동선 표기
- 표고(마감선 기준)
- 대지 경계선 : 1층 및 지하층에 표기
- 바닥 드레인 , 트렌치류 : 평면 상세에 표기된 경우는 표기하지 않는다.
- 재료 분리 : 경계선 표시 및 상세 표현, 익스펜션 조인트
- 설비사항 : 샤프트, 굴뚝, 청소실, 기계, 전기실 P.S(Pipe Shaft) 표기
- 상세 참조 표기
- 화장실 : 위생기구, 칸막이
- 계단의 돌음방향은 반시계방향으로 UP(오름은 U, 내림은 D로 표기)
- 우편물은 수취함, 로커, 선반, 전화부스, 게시판, 스위치 박스, 덕트점검구
- 안내(INFORMATION) 데스크

7) 지붕 평면도

- 신축 줄눈의 위치
- 루프 드레인, 선홈통 및 종류별 일람표
- 구배
- 헬리포트
- 굴뚝
- 설비기기(점선표기) : 쿨링타워, A.H.U, 피뢰침, 안테나, 통신탑
- 곤도라 및 청소용 고리
- 천창
- GUTTER
- 파라펫 및 난간

8) 입면도

- 재료: 외장 마감표, 창호, 개구부(마감재 전반을 알 수 있도록 표시한다).
- 마감재의 종류가 많을 때는 부호로 표기한다.
- 축열 번호 : 그림 내에서는 약한 선으로 긋는다.
- 각 층 Level 표기(경질 마감재 상단 기준)
- 돌출물 : 항공 장애등, 선홈통, 굴뚝, 피뢰침, 국기 계양대
- 창호 계폐방식 : 입면 상세가 있을 경우 생략한다.
- 상세 참조 표기
- 면의 분할 구분선은 굵은 선을 사용한다.
- 입면도와 단면도는 동일한 축척으로 한다.
- 기본설계 입면의 검토 : 계획 누락부 보안

9) 일반 단면도

- 입면도에 표시된 입면은 일반 단면도에는 표기하지 않는다.
- 치수, 층고, 천정고, 건축물 높이, 지하 깊이, 기둥간 치수, 건축물 외측치수
- 층 표시 : Level 표기
- 층별 용도, 실명 표기
- 지반 Level 표기
- 상세 참조 표기

10) 평면 상세표

A) 일반 사항

- 상세도에 표기된 사항은 다른 도면에 중복되지 않도록 한다.
- 창호 번호는 표기하지 않는다.
- 재료분리대 표기

B) 코아 평면 상세도

- 개구부 치수, 계단 치수, 벽 두께
- 마감재 및 마감선 표기, 기계 전기설비 관련 부착물
- 창호 개폐방법, 엘리베이터 용량 및 속도

C) 화장실 평면 상세도

- 벽 두께, 칸막이 상세, 위생도기, 설비부착물(휴지걸이, 수건 걸이 등)
- 바닥 드레인
- 코아 평면 상세로 대체할 수 있다.
- 간막이, 위생도기, 세면대등의 재료 선정(건축물의 격에 걸 맞는 재료 : 고급화 추세)

11) 전개도

- 재료 나누기, 각종 설비 부착물
- 주요내부공간(로비, 엘리베이터 홀)의 세부 계획

12) 단면 상세도

- 재료 : 외벽재, 단열재, 천정재, 바닥재료 표기
- 치수 : 층고, 천정고(C.H = Ceiling Height), 개구부 주요 치수
- 창호 개폐 방법
- 층간 구획, 실명
- F.C.U(fan coil unit) Cover, Blind Box

표 7 창호재료 및 기능별 약어

창호별 / 재료별	창호기능별					
	문(D)	방화문(FD)	창(W)	셔터(S)	방화셔터(FS)	그릴(G)
목재(W)	WD		WW			WG
알미늄(A)	AD		AW	AS		AG
철재(S)	SD	FSD	SW	SS	FSS	SG
스텐레스스틸 (SS)	SSD	FSSD	SSW	SSG		
플라스틱 창조 (PW)	PWD		PWW			
브론즈(B)	BD	FBD	BW			BG
기타	금고문: VD 커튼월 : CW 행거문 : HD스텐레스스틸파이프셔터 : SSPS					

13) 천정 평면도

- 천정재의 종류, 규격 및 패턴(국산 및 외산의 구분 표현)
- 부착재의 종류, 규격, 간격 표기 : 조명기구, 감지기, 디퓨저, 그릴, 스프링 클러 헤드, 스피커 유도 등
- 천정틀의 Type, 재료의 명기
- 실명 및 천정고
- 커텐박스 및 Type
- 천정재가 만나는 부분, 이질재료가 만나는 부분, 코너부분에 관한 상세
- 점검구 표시 : 방화셧터 상부, 기계설비, 전기설비용 등
- 수직 샤프트(엘리베이터 샤프트, P.S) 부분은 생략한다.
- 부분상세를 여백에 표현
- 각 실의 특성을 고려한 천정재의 선택

14) 계단 상세도

- Up, Down 이 시작되는 위치는 가급적 한단 엇갈리게 한다.
- 디딤판과 챌판의 치수는 일일이 기입하지 않는다.

15) 경사로(RAMP) 상세도

- 평면 : 치수(회전반경, 경사로 폭, 벽체 두께 트렌치)
- 단면 : 경사로 구배
- 방화 방범 셔터, 방화구획
- 방수방법 및 재료 표시, 주차관제 설비, 매립 등 위치
- 충돌 방지턱

16) 창호도

- 외부 창호도와 내부 창호도의 구분 작성
- 재료, 규격, 마감, 하드웨어, 개폐방향과 더불어 HEAD, JAMB, SILL 상세 등을 체계화하여 LIST 작성
- 창호도 하단 우측에 다음의 기재사항 첨부
  "창호부재의 크기, 두께는 창호공사 수급자의 책임하에 구조계산을 실시한 후 최종 결정하며 창호 및 부재의 형태는 변경될 수 있으므로 제작전 설계자의 확인을 요함. 이로 인한 공사비의 증액은 없음"
- 약어(창호부호)

17) 우배수 계획도

- 우수, 오수, 잡배수 등의 배수로
- 옥상 우수처리
- 지표면 우수처리, 구배 Level
- 기존 배수로와 신설 배수로의 구분
- 각종 배수관 및 맨홀 범례도
- 배수처리 계획 개요

18) 조경 계획도

- 수목의 의치 및 규격
- 식재 물량 산출표(수종, 수형, 수량, 수목규격)
- 조경 시설물 계획도 : 휴지통, 분수, 벤취, 파고라, 휴게소, 음수대, 화단, 놀이시설물, 포장계획, 환경조형물

19) 외주도면

- 의뢰시 도면 작성기준에 의한 도면 제작 요청(축척 및 도면 배치 확인)
- 디자인, 시방이 확인되지 않은 도면은 첨부하지 않는다.
- 필요시 재편집

제2장 건축디자인 프로세스 단계별 사례(주거건축)

제1장 건축 프로그래밍 사례연구 및 연습

제2장 건축디자인 프로세스 단계별 사례

제3장 실무작품 및 사례연구

The Second Part

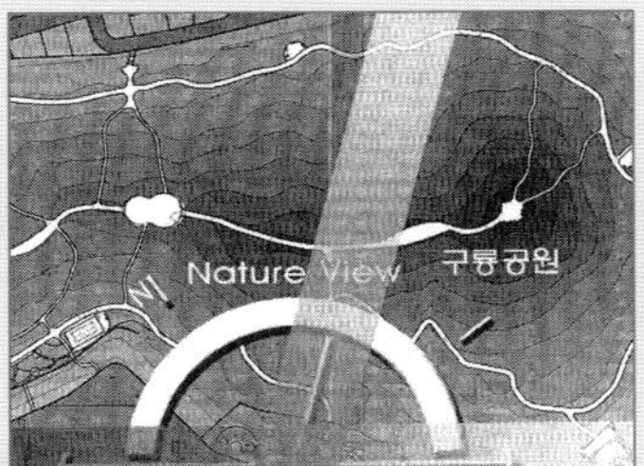

01_ 건축 프로그래밍 사례연구 및 연습

1. 건축프로그래밍 이해 및 방법

1) 건축프로그래밍 방법

건축문제해결에 있어 문제해결 방법론(Problem Seeking Methodology)은 다음 다섯 단계로 이루어진다.

1. 목적(Goals) : 목적은 건축주에 의해서 제시되는 것으로, 건축가는 형태, 기능, 경제성, 기간 측면에서 건축주가 그의 목적을 제시할 수 있도록 도와주어야 한다.
2. 정보(Facts) : 정보는 프로그래밍 그룹에 의해서 수집된다. 그 그룹은 정보를 수집하고 종합하고, 분석 한다.
3. 개념(Concept) : 개념은 프로그래머(Programmer)에 의해 만들어지며 건축주의 관심을 끌게 한다. 프로그래머는 개념을 형성하고 의사 결정을 할 수 있도록 분석된 정보를 제공한다. 그러나 그 결정을 하는 사람은 건축주다.
4. 요구(Needs) : 요구는 소요공간, 예산, 수준의 정도이다. 제외된 요소공간과 기대되는 질적 수준은 프로 그래밍 단계에서 제시된 예산에 맞추어 검토되어야 한다.
5. 문제(Problem) : 문제의 진술(Problem statement)은 문제 정의와 문제 해결에 관련된 것으로, 프로그래밍과 디자인을 연결하는 과정이다. 그것은 다음 4가지 요소인 형태, 기능, 경제성, 시간에 관한 내용으로 제시된다.

1. 목표설정(Goal Setting)

- why
- what
- How

→ 2W1H

건축하려는 건축물 목표설정단계 진행은 다음과 같다.

어떤 건물인가
어떤 시설물인가

↓

무엇 때문에

↓

어디에 지을 것인가?

↓

얼마를 투자하여
어떤 규모로 할 것인가?

↓

언제까지

↓

어떻게

그림 1 설계목표설정

2. 정보수집(Collection of Information)

1) 건축가의 요구(가치, 조건)
2) 기존 사례에 대한 문헌 및 관련자료 조사(벤치마킹)
3) 법적 관련 자료
4) 대지관련자료 (측량)
5) 현황조사 및 사진

3. 정보범위(Information choosing)

1) 관련자료의 모든 정보를 선별

2) 정보 선별에 있어 최초 목표설정(Goal Setting)에 부합되는 DATA를 선정한다.

3) 선정된 정보 범위를 한정하여, 본 프로젝트의 조사 내용으로 제한한다.

4. 수집된 정보 조사분석

1) 조사분석 : 기존 대지나 주변 환경에 대한 정보수립 및 분석 진행 방법은 다음과 같다.

그림 2 조사분석과정과 내용

5. 개념(Concept)

개념이란 건축가의 디자인관련 요소들(형태, 재료, 재질, 색 등) 간의 관계 속에서 아이디어를 표현하여, 전달하는 것이다.

1) 개념의 표현 방법

① 몇 개의 문장이나 글로서 표현

② 간단한 다이어그램으로 표현

③ 스케치나 이미지로 표현

6. 요구(Needs)- 디자인원칙(Design Solutions)

① 조합전략

② 장비

③ 형태(Form)

가) 칼라(색상) : 색상, 명도, 채도, 밀도

나) 치수 : 크기, 형상

다) 방향 : 방위

라) 위치

④ 조명

가) 인공조명

나) 자연조명(빛, 그림자)

⑤ 재료

가) 건물 내부

나) 건물 외부

다) 조명

라) 재질감

마) 투명함

⑥ 방위

⑦ 공간

- 한정적 공간(Solid)
- 에워싸인 공간(Envolped)
- 개방 공간(Void)

사실	주제선정	해결(대안)
• 교통수준 • 현재 정거장수 • 사용자수 • 현재 교통 수단 방법 • 자동차 1대가 시간당 움직임 양 • 자동차 및 자전거 대수	• 메인 주제 : 동선 • 보조 주제 : 자동차, 보행자, 움직임 양, 서비스 양 • 관련주제 안전성, 건물이미지, 법규적, 제약 시각성 편리함	• 대지 진입구 • 새로운 교통위치 • 대지에 건물 위치 정하기 • 대지와 건물의 순환과 체계 • 자동차 주차공간 • 보조 진입구

그림 3 사실과 대안해결책의 상관성(동선사례)

7. 문제(Problem)진술

1) 기능적 측면

– 건물의 디자인을 형성할 특이하고 중요한 성능의 요구조건

2) 형태적 측면

– 건물 디자인에 영향을 줄 중요한 형태상 고려사항

3) 경제적 측면

– 초기 예산 고려사 항

– 건물의 조직과 기하학 형태에 대한 영향

4) 시간적 측면

– 장기에 걸친 성능에 따른 변화/성장 의미

표 1 문제의 진술

	목적 (GOAL)	사실 (FACT)	개념 (CONCEPT)	요구 (REQUIREMENT)	문제 (PROBLEM)
기능(FUNCTION) - 사람 - 활동 - 관련성	임무 최다수 개개인의주체성 상호작용/프라이버시 가치의 위계 진행 격리 만남 효율성	통계자료 면적의 변수 인력/작업량 사용자의 특징 커뮤니티의 특징 손실의 평가 시간-운동연구 교통분석 행태패턴 공간의 적정성	서비스의 그룹화 인간의 그룹화 활동의 그룹화 우선 순위 안전성 조절 연속적인 흐름 격리된 흐름 혼합된 흐름 관련성	공간의 요구조건 주차 요구조건 외부 공간 요구조건 건물의 효율성 기능적 대안	- 건물의디자인을 형성할 특이하고 중요한 성능의요구 조건
형태(FORM) - 부지 - 환경 - 질	부지의 요소(나무, 물, 오픈스페이스 현존하는 시설, 설비) 효율적 토지이용 이웃 개체성 방향 입구 계획된 이미지 질의 수준	대지분석 기후분석 법규조사 토양분석 주위환경 심리학적 의미 비용/평 건물의 효율성 기능적인 지지	향상 기후조절 안전성 특수기초 밀도 상호의존도 가정의 근거 향 접근성 특 징 질의 조절	질(비용/평) 비용에 따른 환경적인 영향과 대지의 영향	- 건물의디자인에 영향을 줄 중요한형태상의 고려사항
경제성(COST) - 초기예산 - 운영상의비용 - 생활환 비용 (Life cycle cost)	자금의 한계 비용의 효율성 최대수익 투자에 대한 복귀 운영상 비용의 극소화 유지관리비와 운영비 생활환 비용의 감축	비용매개변수 최대예산 시간 사용요인 시장성분석 에너지자원 비용 활동과 기후인자 경제적 자료	비용조절 효율적 할당 다목적 기능 판매 에너지 보존 비용조절	비용평가분석 초기비용(필요시) 운영상 비용(필요시) 생활환 비용(Life Cycle Cost)	- 초기 예산에대한 고려사항 - 건물의 조직과 기하학에대한 그것의 영향
시간(TIME) - 과거 - 현재 - 미래	역사적 보존 정적/동적 변화 성장 점유기간	중요성 공간 매개 변수 활동 계획 선적인 스케줄	적용성 완전한/허술한 적합성 전환성 확장성 동시 발생적 스케줄	단계화 단계적 상승	- 장기에 걸친성능에 따른 변화/성장의 의미

1. 사례연구 및 연습(계획기초 작업 : BASIC STUDY)

1. 대지조사

건축설계 시작 전에 첫 번째 해야 할 일은 대지가 지니고 있는 모든 조건을 찾아내는 일이다. 대지조건이 좋은 점은 최대한 활용하여 설계에 반영하고 좋은 대지가 아닌 경우에는 악조건을 극복하기 위한 설계기법이 특별히 요구된다. 이 대지조건을 찾아내는 일은 좋은 설계를 위한 준비단계가 된다.

설계에 관련되는 대지조사 사항으로는 자연적 요소와 문화적 요소로 나눌 수 있으며 다음과 같다.

1) 자연적 요소

(1) 대지의 측량

① 지형(지세)측량

지형 측량은 건축 설계 시 건물을 배치하기 위한 중요한 요소가 된다.

* 지형측량 시 포함된 사항은 다음과 같다.

- 등고선도(LEVEL)
- 주경사각
- 대지내의 공작물, 기타

② 대지 면적과 형상측량

넓은 대지에서는 평면계획이 자유로울 수가 있고 대지의 형상에서도 제약을 받지 않는다. 그러나 좁은 대지에서는 그 형상에 따라 제약을 받는 일이 많다. 설계자는 대지의 면적과 형상을 측량하여 설계에 반영하게 된다.

(2) 지층 및 지질조사

지층조사는 건물 설계 시 안전도 대비를 위해 조사한다.

① 표토층 조사	- 천연적 특질	- 침식된 지면	- 깊거나 낮은 지역	- 샘물
	- 계곡	- 호수	- 하천	- 표면수

② 시험파기(육안조사 및 주변탐문 조사)

③ BORING TEST

④ 지하수위 조사

⑤ 지형조사가 설계에 반영되는 예를 들면

- 평탄한 대지 : 조성이 용이하여 대지조성비가 적게 든다.
  대지를 유용하게 이용할 수 있다.
  조망, 일조, 통풍이 좋지 않을 수 있다.
- 경사지 대지 : 대지가 작아도 조망, 일조, 통풍이 좋다.
  자연지형을 잘 이용하여 좋은 경관을 만들 수 있다.
  대지조성비가 많이 든다.

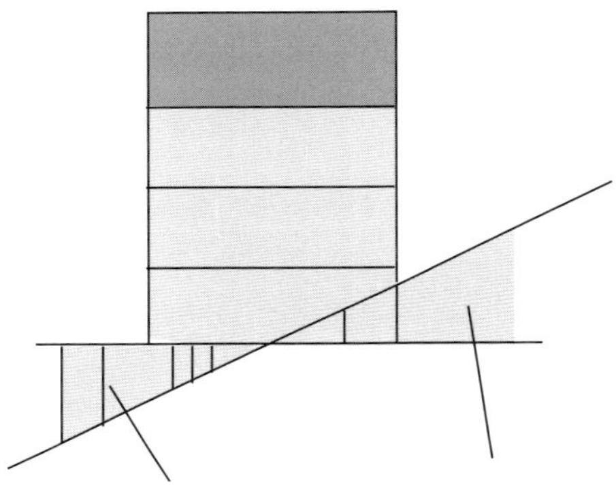

그림 4 인공적으로 경사지반 평탄화

- 대지를 인공적으로 평탄하게 한 예
  대지면적을 많이 확보할 수 있지만 공사비가 많이 든다.
  성토부분의 Sliding현상이 예상되며 성토부문에 건물을 배치하는 것은 좋지 않다.

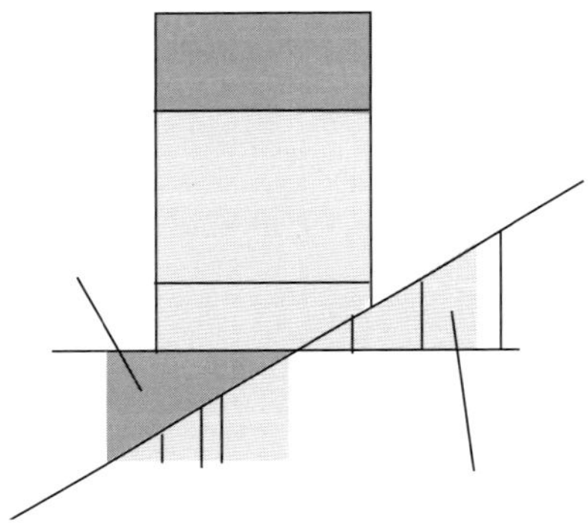

그림 5 자연지세를 활용

- 대지를 자연지세로 이용한 예
  조망, 일조를 확보하면서 대지 면적을 최대한 활용할 수 있다. 또 한 토양이동이 작아지고 특별히 옹벽을 설치할 필요가 없다.

(3) 기후풍토 조사

① 인간은 여러 가지 기후 풍토에 적응하여 독특한 생활 양식을 만들고 문명을 발전시켜왔다.
오늘날 과학문명과 정보사회에 따른 고에너지사용으로 인해 지구환경과 건축환경 위험에 따른 인간생활에 위험을 초래하고 있다. 이처럼 건축은 환경과 기후조건에 대하여 크

게 영향을 받는다.

가) 한냉지대 : 추위를 막기 위해 평면이 정방형에 가깝게 된다.

나) 온난지대 : 햇빛을 받기 위해 동서방향으로 길다.

다) 온건조지대 : 더위를 피하기 위해 벽을 두껍게 하고 코트하우스(Cote House)형식처럼 중앙에 연못을 두어서 통풍을 좋게 한다.

라) 고온다습지대 : 옆으로 긴 모양 바람을 잘 통하게 한다. 바닥을 지면보다 높게 한다.

마) 사막, 고온 : 이동생활을 위한 텐트식 구조형식

② 쾌적한 거주 환경을 계획하기 위해서 다음 사항을 조사하여야 한다.

가) 태양각 : 계절에 따른 일사각

나) 일사량 : 일출, 일몰시각(태양의 Diagram)

다) 바 람 :
- 계절풍(여름, 겨울)
- 바람의 방향(風向)
- 우세한 바람과 미풍(Breezes)

라) 기 상 :
- 강우량
- 강설량
- 습도
- 기온
- 서리에 관한 조사 : 흐르는 공기의 낮은 층
- 안개

(4) 수목

자연 상태의 대지에 건물을 배치하기 위해 수목을 보존하여야 할 것인가, 아니면 제거해야 할 것인가에 대하여 고려를 한다.

① 조사할 사항은 다음과 같다.

가) 수목의 종류 : 특이한 관목 잘 깔린 지피식물

나) 수림의 형성

(5) 대지의 조망

대지에 건물을 배치 후 배치된 건물의 조망 문제 해결을 위해 다음과 같은 사항을 조사 한다.

- 가장 좋은 조망(Best View)
- 좋은 조망(Good View)
- 나쁜 조망(Bad View)
- 불쾌한 조망
- 부지 장애물의 방위각과 대략적인 거리

(6) 기타

- 대지 전경 사진 촬영
- 대지 전경 비디오 촬영
- 대지 조사기록

2) 문화적 요소

건축은 그 지역 특유의 역사나 문화의 특징이 건축형태에 나타나게 된다. 문화적 특징을 자세히 조사하여 설계 관련되는 문화적 요소의 조사 사항은 다음과 같다.

(1) 주변현황

- 지역 특성(학교)
- 현존 인접 대지(지번, 소유주, 현황)

(2) 연계성(Linkage)

- 위치 조사(입지 조사)
- 영향권 조사

(3) 교통체계(Circulation)

- 도로(사람, 자동차, 기타)
- 도로폭

(4) 주위의 밀도

- 인구
- 건물(건폐율, 용적율)

(5) UTILITY

- 상수(용량, 경계에서의 거리, 위치)
- 하수(용량, 경계에서의 거리, 위치)
- 전기(용량, 경계에서의 거리, 위치)
- 통신(용량, 경계에서의 거리, 위치)
- GAS(용량, 경계에서의 거리, 위치)

(6) 지역적 특성(Historic Factor)

- 역사성 조사
- 문화적 가치 조사
- 생활 양식
- 국민성
- 시대적 장치
- 사회의 영향

(7) 기타

2.조건분석

1) 요구 조건 분석(목표설정)

훌륭한 건축물은 훌륭한 건축가와 훌륭한 건축주의 심사숙고와 협력이 있을 때 비로소 이루어지는 것이다. 재시되는 요구 조건을 검토하는 것은 건축가의 첫 번째 과제이다.

(1) 과업내용분석

건축주의 건설 배경 및 목적을 충분히 인지하여 설계 될 건축물의 목표를 설정한다. 건축주(Client)의 요구조건에 포함되어야 할 사항은 다음과 같다.

① 사업개요

㉮ 사업동기　㉯ 사업주체　㉰ 사업목적
㉱ 소요자금 및 조달　㉲ 건설규모　㉳ 건설기간
㉴ 건설장소(대지위치)　㉵ 건설종류

② Client가 특별히 제시할 사항

㉮ 추후예정사항(증축고려 등)　㉯ 예정 인원수(조직구성)
㉰ 특별한 기능　㉱ 제시할 기구나 가구의 종류
㉲ 특별한 운영방법

(2) 법주에 의한 범위 CHECK

건축법은 인간이 사회적인 집단생활을 해나가는 과정에 있어 다른 법률과 같이 건축물을 건축함에 있어 타인에게 피해를 주지 않고 상호 협력하는 데서 시작되었다. 건축법은 가로등의 정비에 따라 도로와 건축물과의 관계, 건축물 상 호간의 관계 등이 정하여져 있으며 전염병의 발생, 대 화재, 대지진, 풍수해 등의 커다 란 재해의 경험을 토대로 하여 건축물의 구조 방법, 위생 및 설비 방법, 방화상의 규제 등이 포함되어 있다. 이러한 법 범위 내에서만 건축물을 건축하여야 하므로 건축법 및 기타관계법에 대한 사항을 사전에 검토하여 계획 시 반영하게 된다.

법의 체계는 다음과 같이 구성되어 있다.

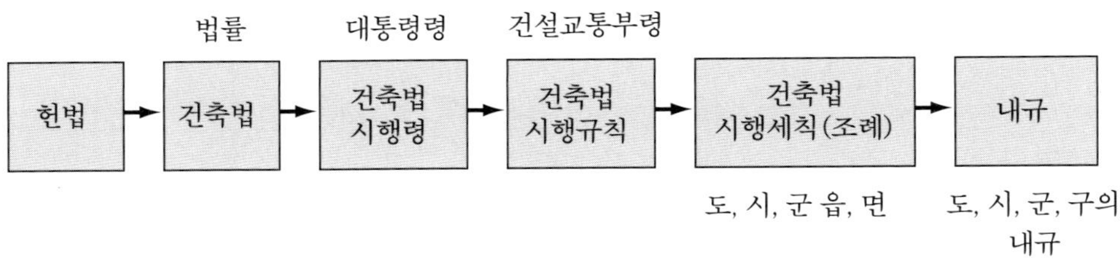

그림 6 법의 체계도

※ 기타 건축법 관계 법령 :

국토의계획 및 이용에 관한법률, 도시 및 주거환경정비법, 주택건설촉진법, 건축사법, 건설산업기본법, 건설기술관리법, 도시공원및 녹지 등에 관한법률, 임대주택법, 의료법, 소방법, 오수축산 폐수에 관한법률, 도시교통정비촉진법, 공중위생법, 장애인 노인 임산부 등의 편의증진에 관한 법률, 수도권정비법, 학교시설사업촉진법, 관광관련법 등

2) 대지 조건 분석(개념설정)

(1) 지형분석

지형분석은 지세를 조사하여 가용할 대지를 찾기 위함이며, 지형의 고도 분석, 경사도 분석 및 배수현황 등을 분석한다. 즉, 배수가 안되거나 또는 습한 지대, 부지의수위(戍衛), 부지장애물, 높고 낮은 지역, 호수, 암반, 주변현황 및 조망 보호하여야 할 수목 등 사전조사 되어진 자료로 분석하며 가용할 대지를 설정한다.

일반적으로 경사도(傾斜度) 20% 이상의 지역에 구조물을 설치하는것은 자연상태를 파괴할 여지(餘地)를 갖고 있다.

① 지형고도 분석 및 배수현황의 예(例)

② 부지 단면도의 예(例)

③ 경사도 분석의 예(例)

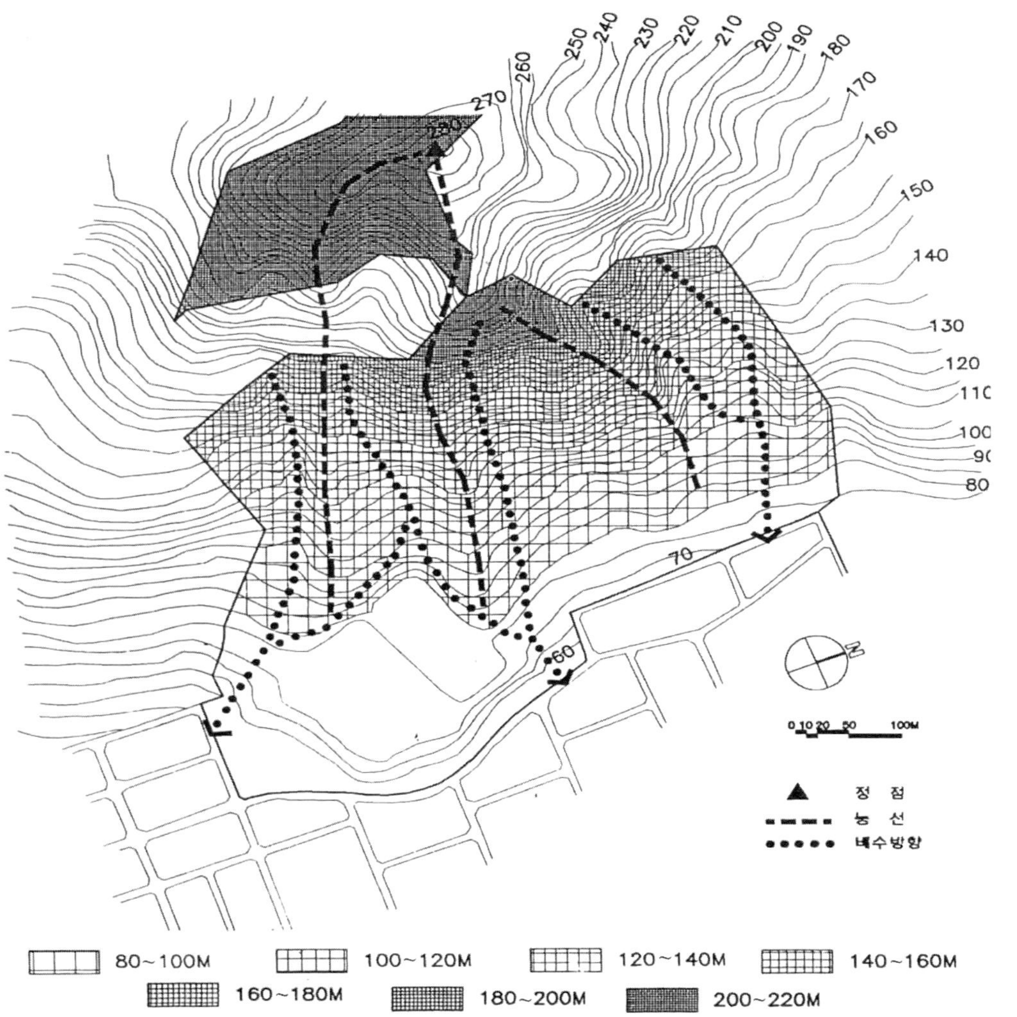

그림 7 지형고도분석 및 배수현황도

예. 지형고도 분석 및 배수현황도

표 2 지형고도 분석 및 배수현황도

구분(m)	면적(m^2)	평	구성비(%)
80	94,700	28,650	24.9
80~100	59,300	17,940	15.6
100~120	48,000	14,610	12.7
120~140	39,500	11,950	10.4
140~160	27,700	8,380	7.3
160~180	25,300	7,650	6.6
180~200	13,500	4,080	3.5
200~220	7,400	2,240	1.9

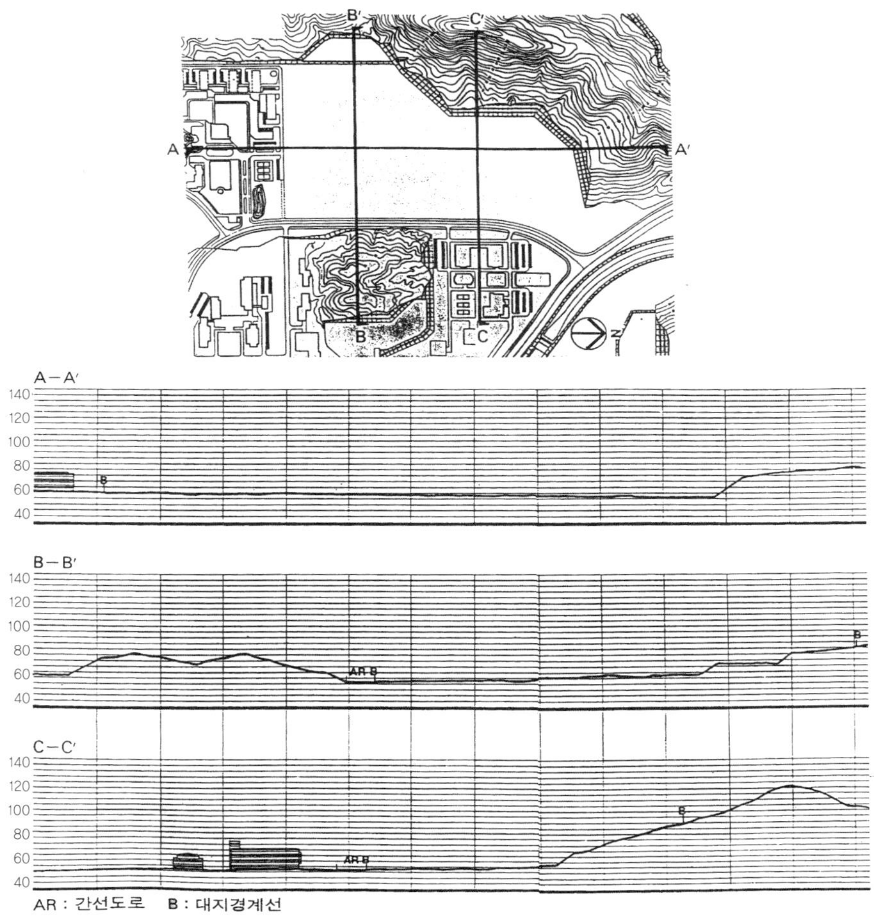

그림 8 지형고도 및 종 · 횡단면분석사례1

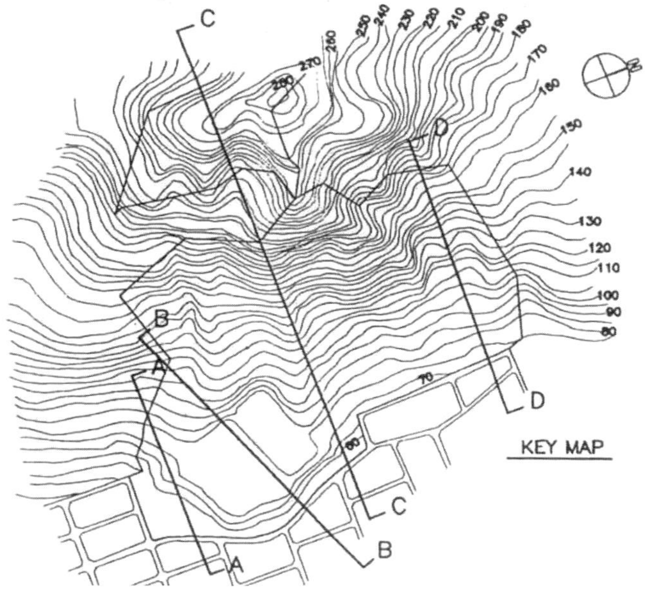

■ A−A 단면도

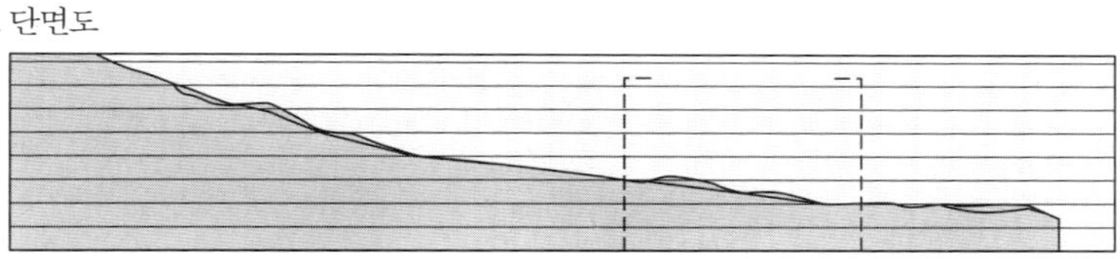

■ B−B 단면도

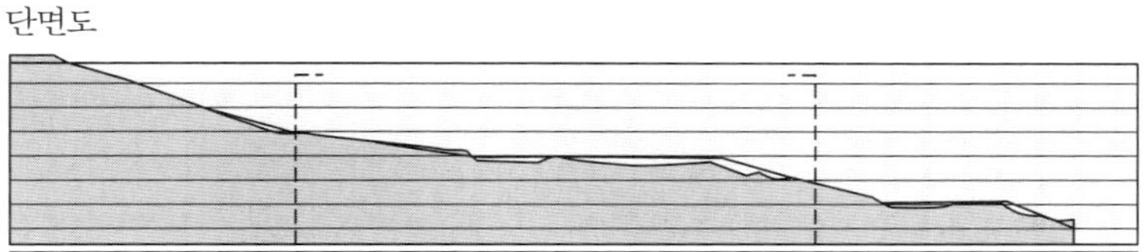

■ C−C 단면도

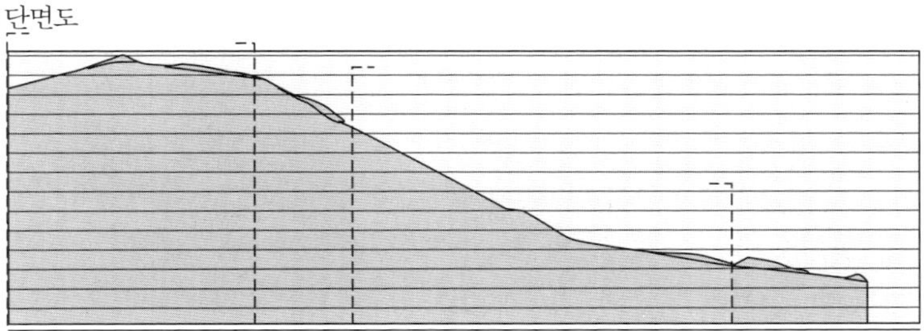

그림 9 지형고도 및 단면도 사례2-1

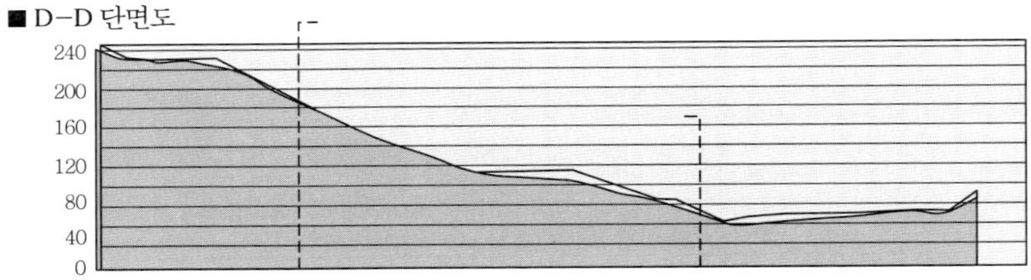

그림 9 지형고도 및 단면도 사례2-2

예. 경사도 분석도

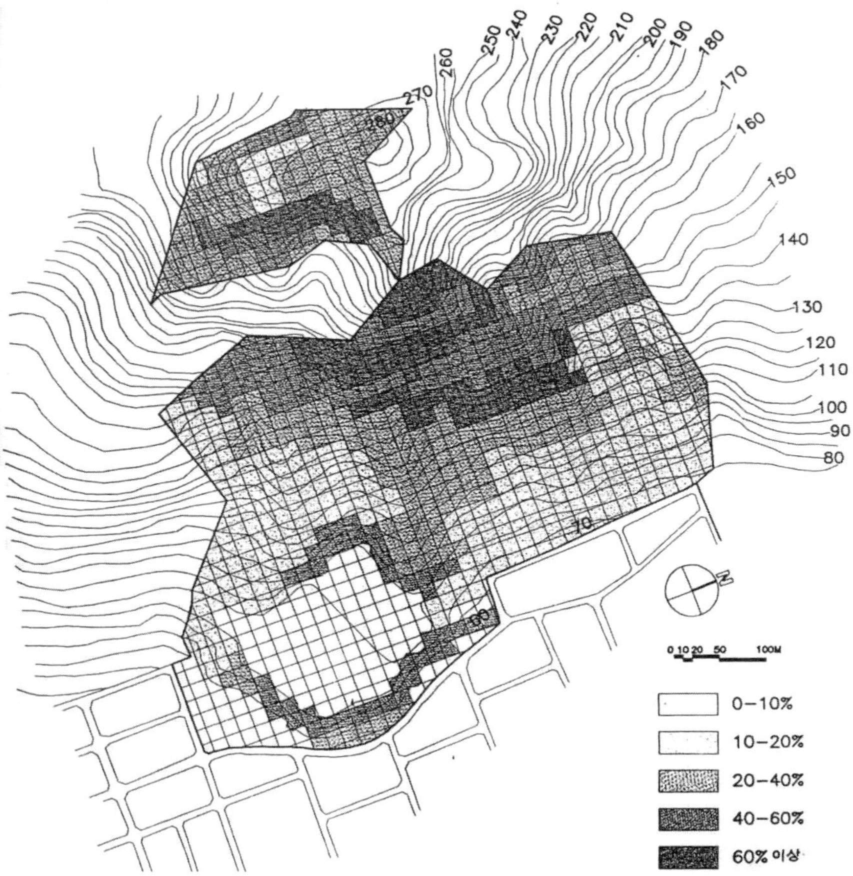

그림 10 경사도분석도

표 3 경사도 분석

구분(m)	면적(m^2)	평	구성비(%)
0~10	23,700	7,170	6.2
10~20	45,700	13,820	12.0
20~40	107,600	32,550	28.2
40~60	95,200	28,800	25.0
60이상	108,800	32,910	28.6

(2) 지질분석(地質分析)

지질분석을 하는 이유는 예정부지의 지반지질 및 토질 상태를 규명하고 지반의 성층상태 및 기초 공학적인 지반특성을 파악한다. 추후 건축물의 기초의 조건과 제반공사, 설계 및 시공에 필요한 제반 지공학적인 자료를 얻기 위해 지질조사를 실시한다. 이것을 분석하여 기초설계 및 흙막이 설계에 반영하기 위함이다.

▶ ○○ 지역 지질조사분석의 예(例)-성과분석

1. 지층구조
   - 토취장의 지질구조는 선캄브리아 기의 단산층군과 경기 편마암 복합체가 접한 지역으로 변성 작용을 받은 지역
   - 지층구성은 토사층, 풍화암층, 기반층 순으로 형성
   - 토사층과 풍화암층은 성토재료도 양호
2. 토질구조
   - 간척지역 : 해성 퇴적토로 구성되어 있고 주로 "실트"질 토질이며 부분적으로 사질이 퇴적
   - 매립시 주 문제의 대상이 되는 연약토질 및 준엽재조성 토질의 공학적 성질을 실내 시 험으로 종합 분석한 결과 지지력이 2~3T/m^2, 압밀지수 5×10-3 연약지반이며 압밀기 간이 비교적 장기임(2~3년)
3. 지지력
   - 확대 기초를 예를 할 경우 지지력을 4~8T/m^2(허용 지지력 qa=1/3×6.2×Cu 현장 베인 값을 적용)
   - DB-24 트럭을 기준으로 안전 통행을 위한 최소 성토는 0.7~1.1m임
   - 중량 구조물인 경우 허용 지지력이 매우 낮으므로 깊은 기초가 요구
4. 성토 재료원

- 토취장의 토질특성
- 토사 : 통일 흙 분류상 ML, CL 이 주
- 풍화암 : 통일 흙 분류상 SM Gm이 주
- 기반암 : 균열이 심하여 굴착이 어려울 경우 발파를 요함

5. 토질

- 대체로 세사 섞인 "실트" 질 점토이며 위치에 따라 모래의 함유율 변화가 큼
- 특히 방수제 하측 간헐지 하부층은 모래 퇴적층 두께가 큼(약 10m)

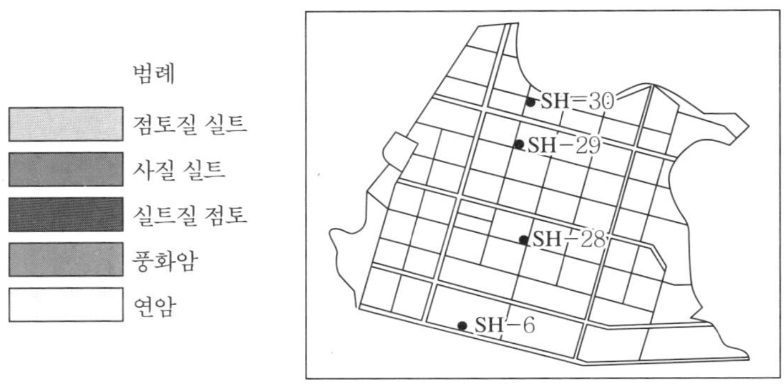

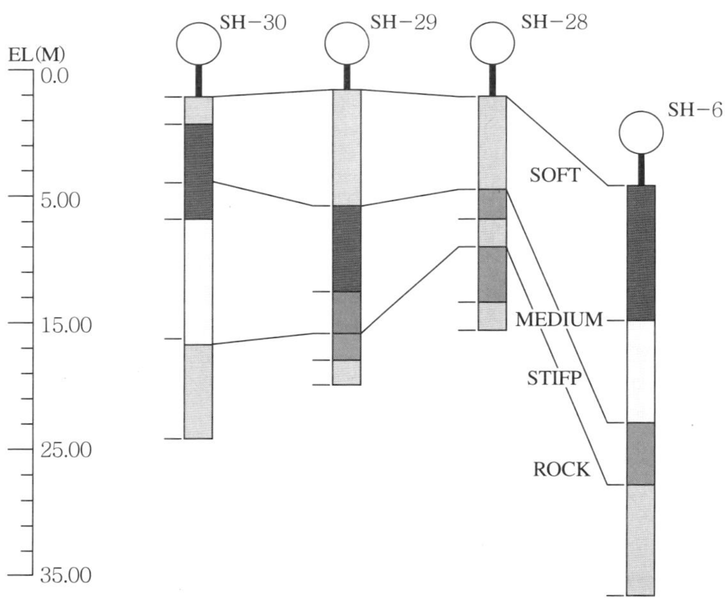

그림 11 00지역 지질조사 사례

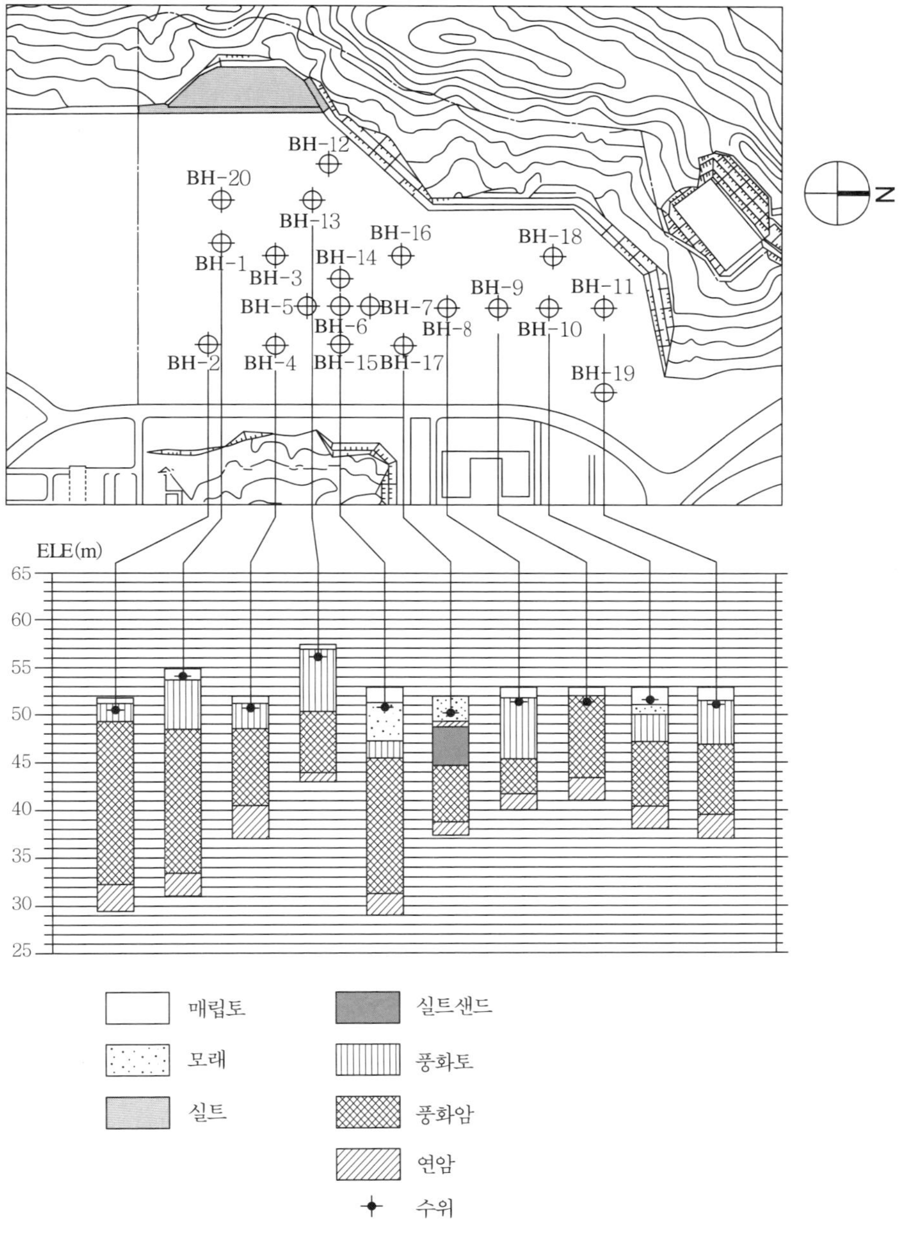

그림 12 주상도(지질관련 정보자료, 보링테스트자료)

(3) 기후 및 기상분석

① 기온

대기의 온도를 기온이라 한다.기온에 따라 건축의 특징적인 형태가 이루어지며 기온이 높은 지역(열대지방) 일수록공간은 개방적인 경향을 나타낸다. 기온이 낮은 지역(한대지 방) 일수록 폐쇄적인 형태로 나타난다. 온대지방일 경우에는 자연과의 조화를 이룰 수 있 는 다양한 건축 재료와 형태 를 구성하는 것이 특징이다. 즉 기온의 변화는 건물의 형태 적 구성에 큰 영향을 준다.

가) 조사사항

- 연평균 기온(mean yearly temperature)
- 최고 및 최저기온(absolute maxima and minima)
- 월평균 기온(mean monthly temperature)
- 월평균 최고 및 최저기온(mean monthly maxima and minima)
- 일평균 최고 및 최저기온(mean daily maxima and minima)
- 시간평균 최고 및 최저기온(mean hourly maxima and minima)
- 평균일교차(mean daily range)
- 월 최고 및 최저기온(extreme monthly maxima and minima)

② 습도

습도가 많고 적은 것은 건축에 영향이 있다. 본래 남방건축은 높은 바닥이고 개방적이다. 반대로 북방건축은 창문이 작고 폐쇄적이다.

③ 비, 눈

가) 강우 : 노점에 달하면 물이 응결하여 빗방울로 떨어지게 되는데 이를 강우(降雨)라 한다.

나) 강수 : 비, 눈, 서리, 이슬 등이 지상으로 내리는 물을 강수(降水)라고 하고 그 양을 강수량이라고 한다.

다) 적설 : 눈이 내려 쌓인 양을 적설량(積雪量)이라 한다.

강우량, 적설량은 어느 것이나 건축계획상 많은 관계가 있다. 비와 눈이 많은 지역일 수록 건물의 내구성을 증대시키기 위해 지붕의 구배를 크게 하는데 이는 지붕바닥에 걸리는 하중과 마찰력을 줄이기 위함이다. 적설지방의 경우에는 적설상황을 상세하게 파악하여 설계에 임해야 한다. 우리나라는 비교적 우량이 많으므로 건축에 있어서 물 처리는 대단히 중요하다.

라) 조사사항

- 월평균 강우량(Average depth of rain per year by month)
  (식수, 관개, 조경 등에 필요한 강우량을 측정할 수 있다)
- 특정년 월별 24시 최대강수량(Maximum rainfall record 24hour period)
  (수구, 폭풍우에 대한 설계자료, 24시간 동안의 강우량 빈도, 강도측정에 사용됨)
- 최대 시간당 강우량(홈통, 포장면적, 폭풍우 배수설계, 하수구 설계에 유용하다)
- 우박, 폭풍우의 평균풍속(지붕, 연결복도, 차양 창문 등의 설계에 유용하다)

(4) 바람

공기는 압력이 높은 곳에서 낮은 부분으로 이동한다. 이와 같은 공기의 유동현상을 바람 이라고 한다. 즉 지표면이 가열되어 그 부분의 공기가 고온이 되어 팽창하면 그 공기가 입상되어 상승기류가 일어나는 것을 막기 위해 바람이 생긴다.

- 상승하는 것 - 기류
- 수평방향으로 움직이는 것 - 바람

바람이 많은 지역은 특히 지붕재료를 고려해야 하며 되도록 재료의 하중이 큰 것을 사용 하거나 고정물을 사용하여 안전시공을 해야한다. 또한 건축물의 규모가 클 경우에는 바람 과 마찰력을 고려한 건물형태를 고려하여야 한다.

가) 풍속(어느 곳의 평균 풍속은 계절별, 시간별로 다르며 그 경향을 아는 것은 여름에 통풍이 잘 되게 하고 겨울 바람을 막는 등의 건축계획상 필요하다)

나) 풍향(풍향도 여름의 실내 통풍 계획이라든가 겨울의 전열, 보온 등에 있어서 건축 계획상 중요하다)

다) 해풍, 육풍, 산풍, 곡풍 등

(5) 지진

지진 발생이 빈번하거나 발생 가능지역 내에서는 건물의 구조적 형태를 고려하며 내진 구조로 설계함을 원칙으로 한다.

(6) 태양광선의 각도, 방향

태양광선은 위도에 따라 각도와 방향이 달라지며, 광선의 각도방향에 따라 건물의 각실 의 일조량에 영향을 준다. 따라서 각 실의 용도에 적합하게 실을 배치하며 건물 입면 디자인에 영향을 준다.

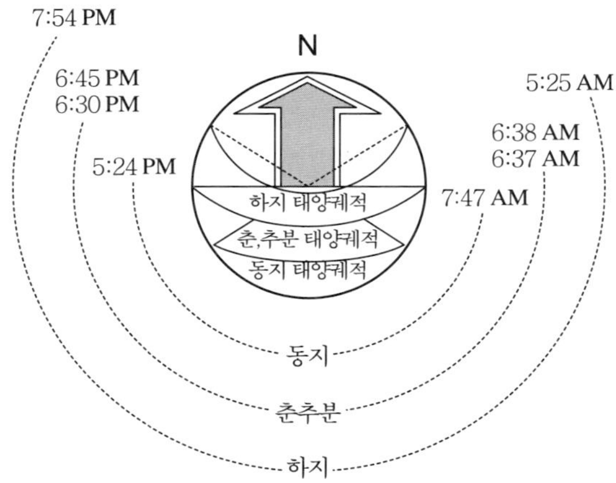

그림 13 태양의 괘적

(7) 기후 및 기상분석

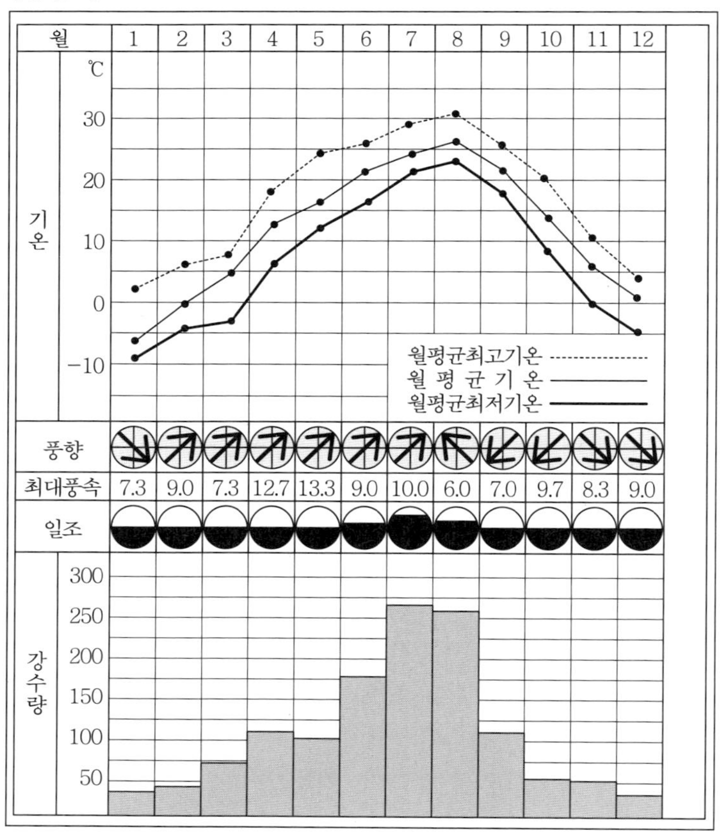

그림 14 기상종합표

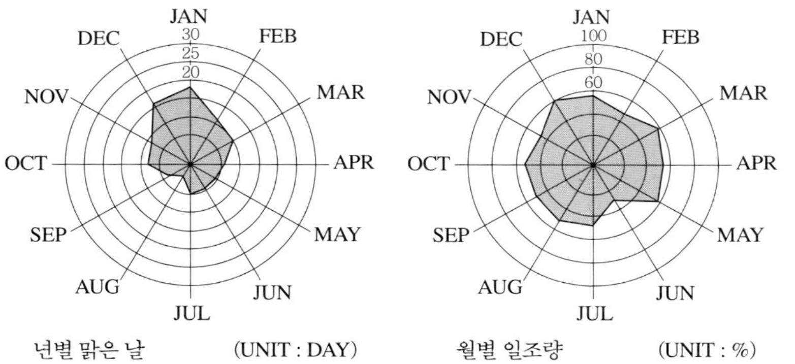

그림 15 기후관련데이터(일조량)

3. 대지의 이용도분석

대지의 이용도 분석은 인간이 행동하고 생활하는데 불편함이 없도록 외부 물리적 환경을 조성하는 방법이며 인간상호 활동을 연결하는 각 개별적 공간조성을 하여 건축을 결정하는 과정이

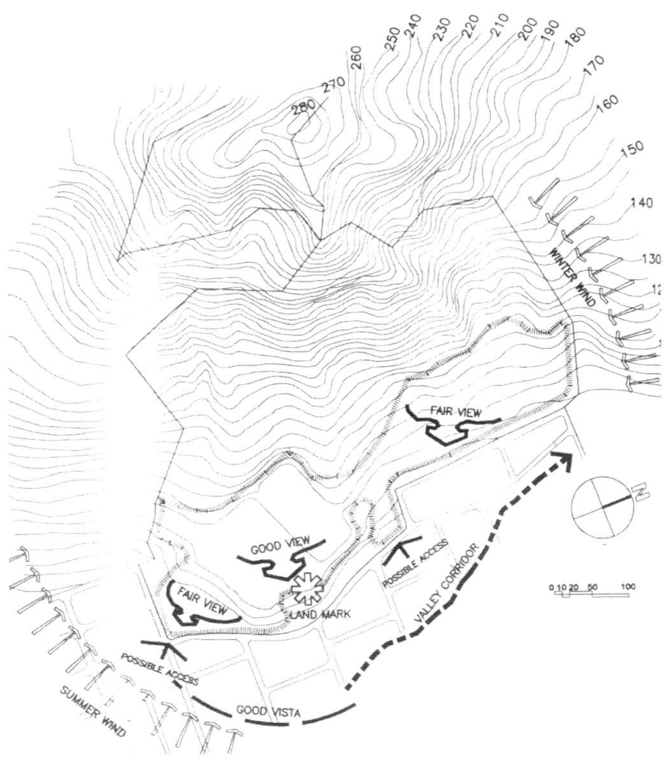

그림 16 가용지 및 시각구조분석도

다. 목표로는 각 기능의 충족성(기능간의 연결), 변화의 적응성(확장의 방향), 건강성과 쾌적성(환경의 적응성, 공사비의 효율성, 근린교류(communication), 공간의 위계, 부지의 효율성 등을 들 수 있다. 대지의 이용분석은 공간 이용자들이 그들의 기능을 효율적으로 수행 할 수 있는 공간 체계를 구축하며 입체적, 공간감과 미적 조화를 이룰 수 있도록 해야 한다.

1) 가용지분석

가용지의 분석은 합리적 배치계획을 수립하는데 중요한 요소가 되며, 공사비에 미치는 영향은 물론 자연에 순응하는 전반적 시스템을 구성하는데 가용지의 분석이 요구된다.

건축 가용지의 면적은 121,917,0m^{2}로 산출되어 실제계획에 활용되었다.

예. 기본배치계획(도로, 가용지 이용계획 대안) 도로 : 가용지 :

■ ALT-1

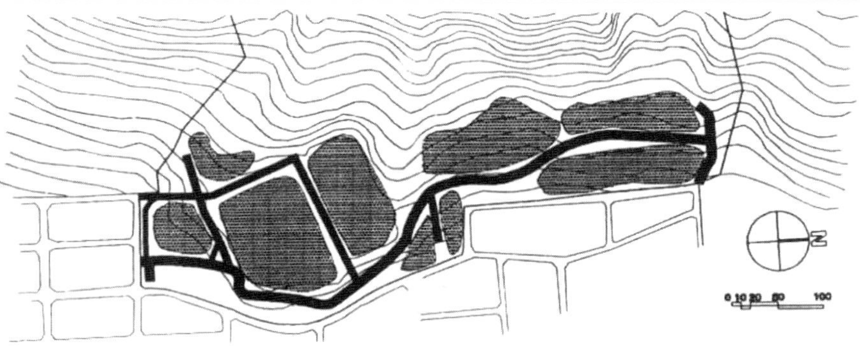

■ ALT-2

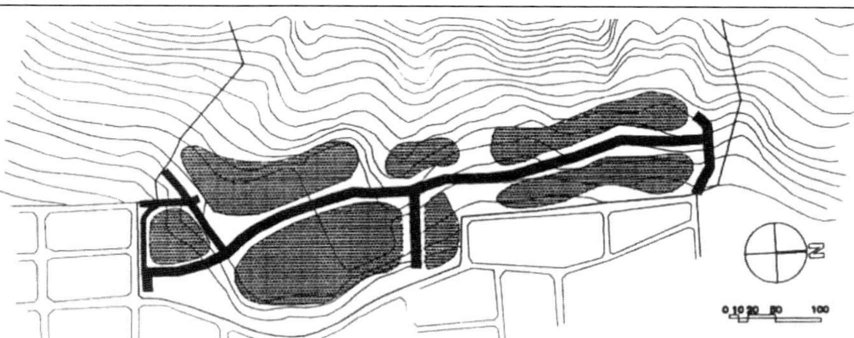

■ ALT-3

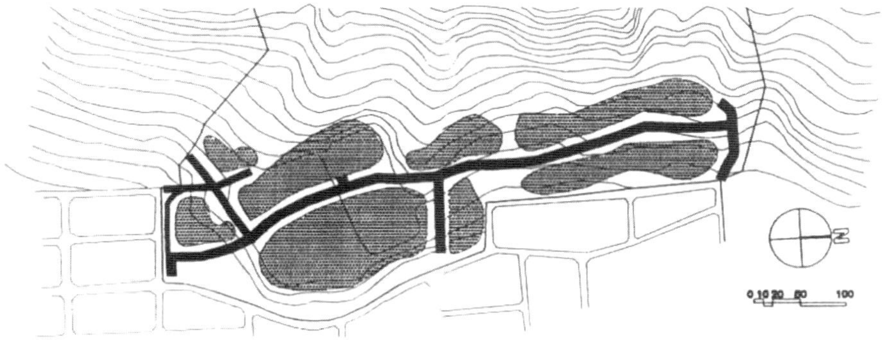

■ ALT-4

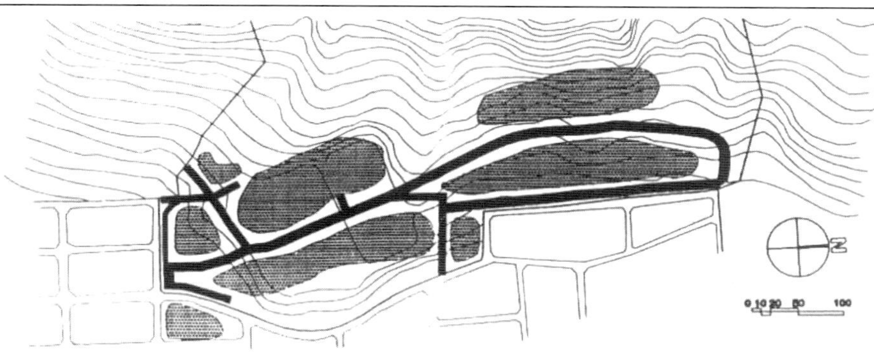

그림 17 가용지분석에 따른 대안제안 사례

4. 진입분석

진입분석은 외부도로 및 외부환경과 대지 및 시설물과의 관계를 분석하는 것으로 대지의 형세와 배치개념을 고려하여 판단하며 부지나 건물의 특수성, 경제성을 고려하여 다음을 분석하여 결정하게 된다.

1) **접근성** : 외부도로와 배치 시설물과의 관계분석

2) **인지도** : 외부도로에서 시설물의 인지도 분석

3) **연계성** : 주변환경 및 시설물과의 관계 분석

4) **순환체계** : 내부도로 순환체계와 외부도로와의 관계분석

5) **경 관** : 외부도로에서 시설물과 주변의 진입경관 및 시각 분석에 의한 조망분석

6) **확장성** : 증축 및 부지의 확장성

7) **경제성** : 도로의 길이, 도로의 구배율, 절토 및 성토량 등의 분석

예. 진입분석(ㅇㅇ지역 병원)

표 4 주 진입 평가

평가요소	면적(M1)	2	3	심의사항
접 근 성	×	△	○	
연 계 성	×	△	○	
인 지 도	×	△	○	
순환체계	×	△	○	
지 형 도	×	△	○	
진입경관	△	○	×	
확 장 성	△	○	△	
보 안 성	○	○	×	
경 제 성	○	△	×	
도로구배율	○	△	○	
평 가	3	1	2	

* 종합평가 : 특수성 및 경제성을 고려하여 농경지를 통과하지 않는 경사도가 완만한 2번 설정도로를 선택함.

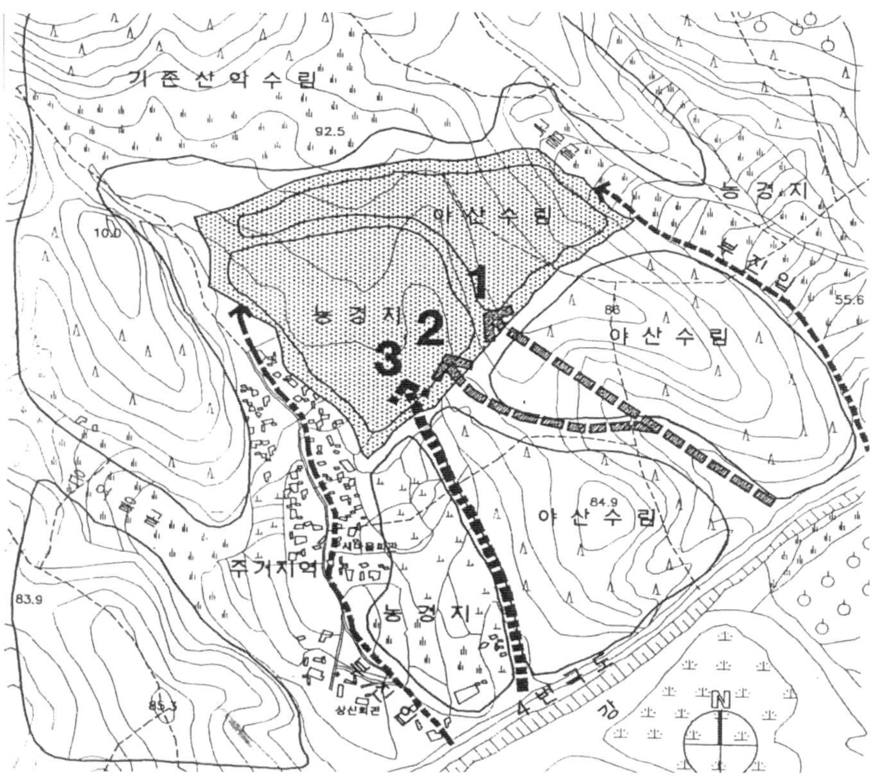

그림 18 진입분석

5. 축 분석

축이라 하는 것은 건축에 있어서 형태와 공간을 구성하는 가장 기본적인 수단으로 공간 속의 두 점으로 이루어진 하나의 선이다. 형태와 공간은 그것을 중심으로 규칙적으로, 혹은 불규칙하게 배열된다. 비록 눈에 보이지 않는 상상의 축은 질서를 나타내는 탁월한 규칙 수단이라 할 수 있다. 어떠한 대상의 방향은 절대적인 것이 아니며, 상대적 현상이다.

공간, 사물, 건축물에 향을 제공한다는 것은 방향감을 잃게 되는 것을 방지해 준다. 축을 찾고자 함은 이러한 방향감과 질서를 찾고자 함이다. 축은 그 근본 조건이 선이기 때문에 길이와 방향감을 갖고 있으며, 공간 내의 두 점으로 성립되며 형태와 공간이 그것을 중심으로 배열 되도록 유도한다. 축의 종류는 다음과 같다.

1) 자연의 축

① 대지의 축 ② 방위의 축 ③ 지형의 축(강, 하천의 축)

2) 인공의 축

① 도로의 축 ② 가로의 축(주변 건물의 축) ③ 문화적인 축

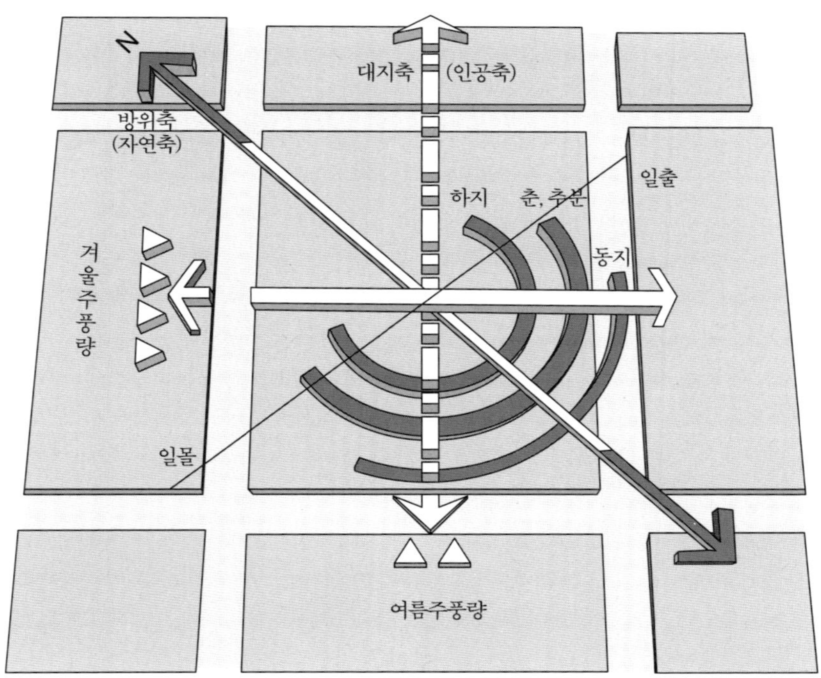

그림 19 축분석 사례(1)

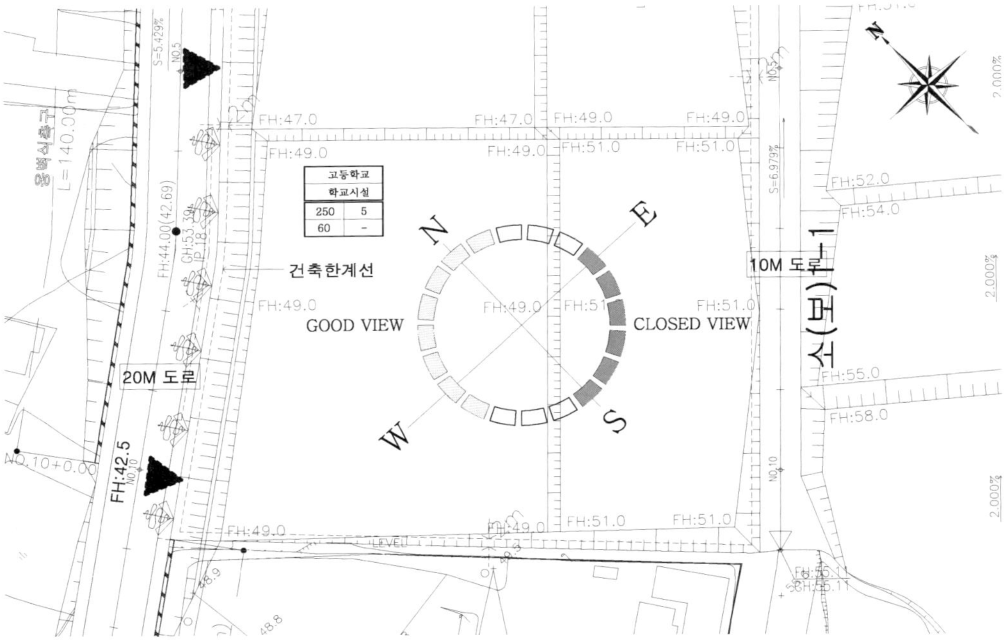

그림 20 축분석 사례(2)

- **접근 및 도로** : OO고등학교 대지의 왼쪽에 20m 도로와 오른쪽에 막다른 10m 도로에 접하고, 전면도로에 차량출입이 가능한 구간에 주출입구로 설치한다. 부출입구는 오른쪽에 10m도로와 레벨이 같은 곳에 설치하여 후면진입을 고려한다.
- **경사** : 대지내 경사는 택지개발지구로 북서쪽이 49m 레벨과 동남쪽은 51m레벨로 설정되고 있다.
- **시야** : 대형은 동남쪽에서 북서쪽으로 경사져 내려간다. 대지에서 시야는 북서쪽으로 넓게 확보되고, 동남쪽에 아파트 및 산으로 시야가 닫혀 있다.
- **소음 및 음영** : 대지의 북서쪽 20m 도로에서 차량소음에 대한 대책으로 레벨차이가 약 5m 정도 있어, 소음에 영향은 없을 것으로 판단되어지나, 배치대안의 계획요소로 배치계획에 적용한다.

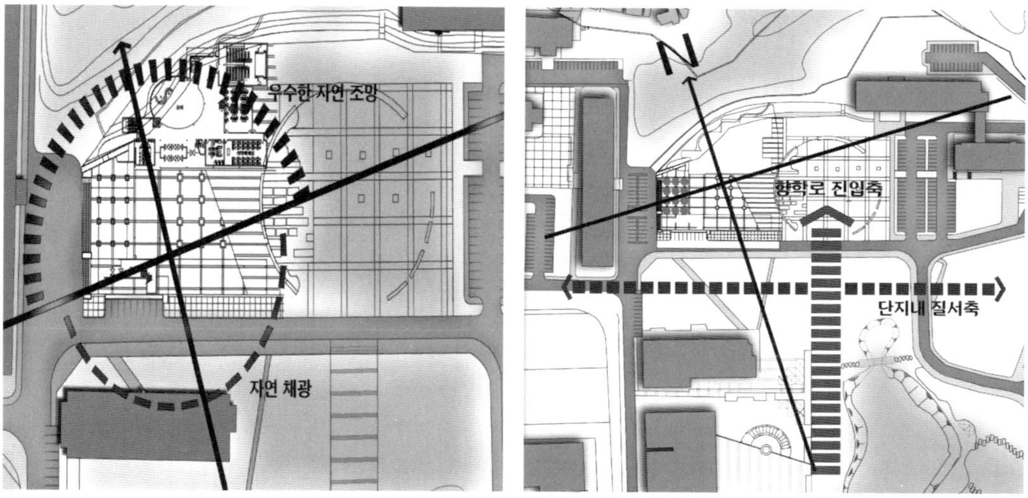

그림 21 축분석 사례(3)

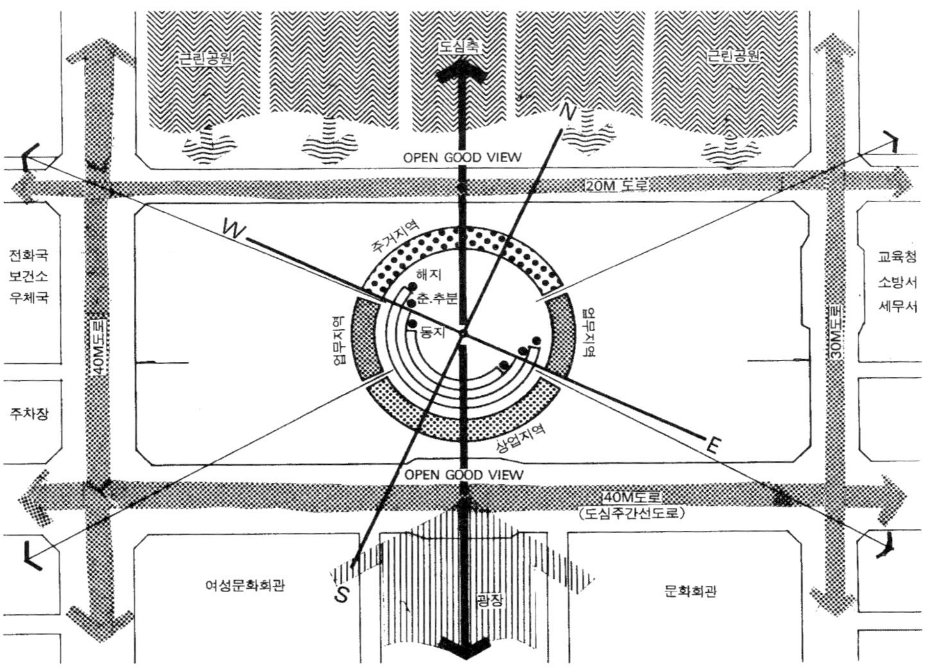

그림 22 축분석 사례(4)

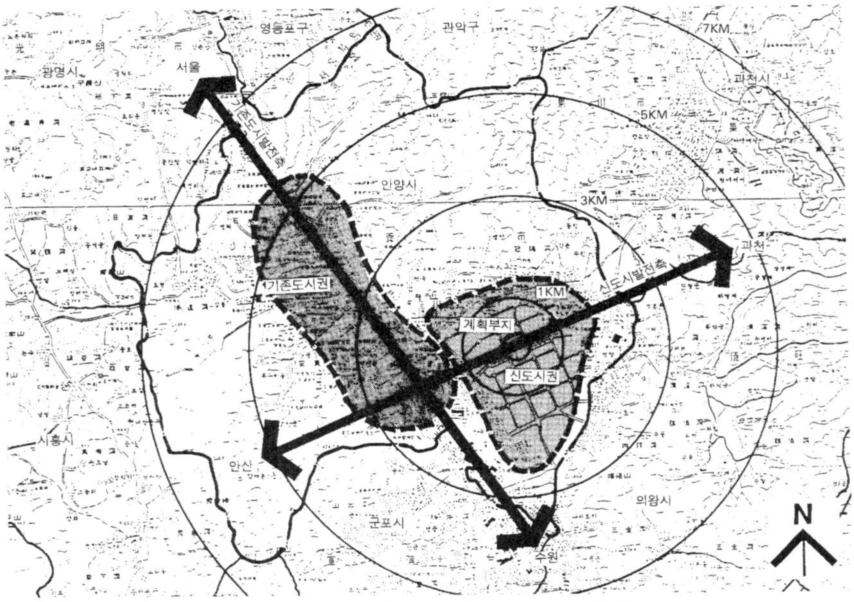

그림 23 역세권 축분석 사례(4)

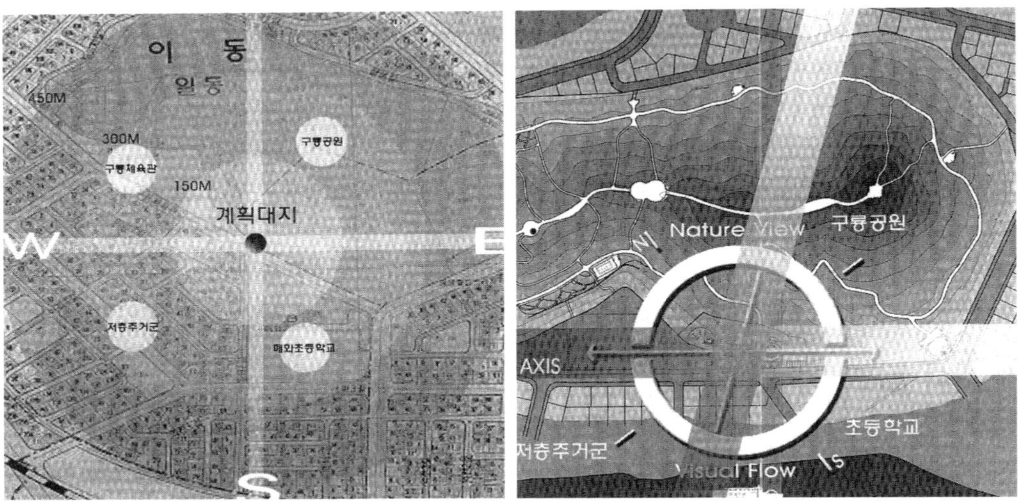

그림 24 종합평가분석 사례(5)

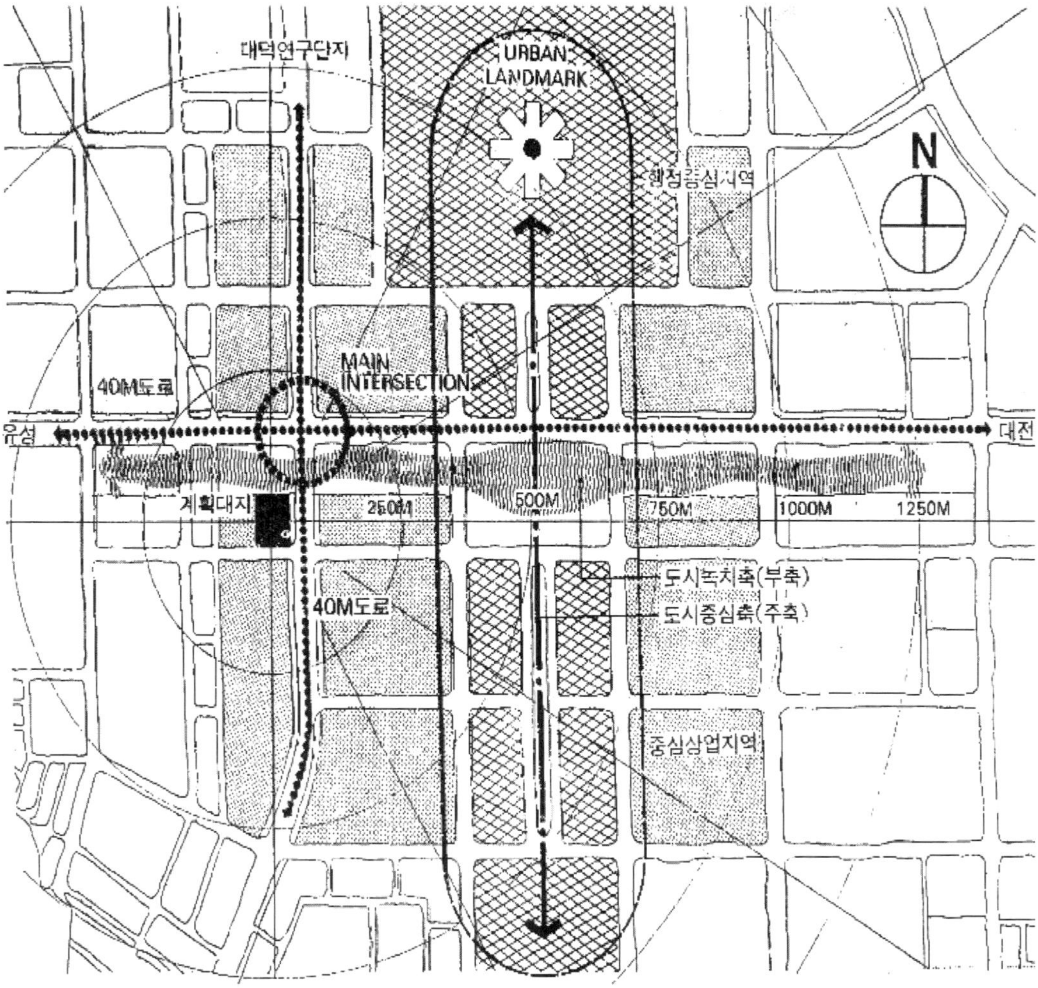

그림 25 도시와 건축관련 축분석 사례(6)

1. 조사과제

1) 다음 조사내용별 조사를 하시오.

	목 적 (GOAL)	사 실 (FACT)	개 념 (CONCEPT)	요 구 (REQUIREMENT)	문 제 (PROBLEM)
기능(FUNCTION) - 사람 - 활동 - 관련성					
형태(FORM) - 부지 - 환경 - 질					
경제성(COST) - 초기예산 - 운영상의 비용 - 생활환 비용 cycle cost)					
시간(TIME) - 과 거 - 현 재 - 미 래					

2) 기술 평가서

프로젝트명							
No.		일자		시간		장소	
Project 특기사항							

심의 내용		평가			비고
법규관련	규 모				
기능	주차계획				
	코아 및 평면계획				
	동선계획				
구조/흙막이/토질	구조시스템				
	지질조사				
	Rock Anchor/Dewatering				
	흙막이				
예 산	내 · 외장재				
	구조				
	흙막이				
기계, 전기	기계, 전기 시스템				
	에너지절약				
종합평가					
재검토해야 할 사항					
비고 & Note					

3) 자료수집(기초연구)

① 항목별 조사

② 유형 평가

조 사 항 목		조 사 결 과	비 고
법규사항	용도지역. 지구		※토지대장, 도시계획 확인원 첨부
	도시계획 시설		
	도시개발 사업		
	도시계획 구역		
	도시계획입안사항		
	기 타		
공공시설	교통시설	(지하철역, 버스정류장, 기차역, 버스터미널, 공항) 등이( )km 내에 위치하고있음	※시설이 밀집되어 있을 때 개소를 적는다.
	상업시설	(시장, 쇼핑센터, 백화점, 유통센터, 기타) 등이 ( )km 내에 위치하고 있음	
	의료시설	(의원, 종합병원, 보건소, 기타) 등이 km 내에 위치하고 있음	
	교육(학교)시설	(유치원, 보육원, 대학(교))등이 ( )km 내에 위치하고 있음	
	공공기관	(동사무소, 파출소, 경찰서, 구청)등이 ( )km 내에 위치하고 있음	
	문화시설	(영화관, 극장, 전지시설, 음악관)등이 ( )km 내에 위치하고 있음	
	체육시설	(수영장, 볼링, 체육관) 등이 ( )km 내에 위치하고 있음	
	기 타		
	조사자의 의견 및 특기사항		
기반시설	토질 · 지반		
	도시공급처리시설		
	기타		
주변환경	민원예상		※문제점을 기술
	대지인접(주변) 현황(분위기, 시설 미래전망, 의견)		
입지조건	접도 현황(길이, 폭)		
	대지형, 단면형상 주차설치조건		
조사자 기타 의견			

항목 ＼ 유형		①	②	③	④	⑤	⑥	⑦	⑧	⑨	비고	유형
교통시설												
상업시설												
문화 · 체육시설												
아동복지시설												
대학교												
경관 · 조망												
공원 · 녹지												
계	충족 ／ 필요	／	／	／	／	／	／	／	／	／		
평가												

③ 용적율평가

– 대상대지에 대한 용적율 평가(법규/조례 참조)

• 법적 용적율 :

• 계획 용적율 :

④ 종합

용 적 율		유형	
검토결과			
의 견			

Tip – 1. 건축디자인 방법 및 내용요약

건축디자인 방법의 순서와 내용은 다음과 같다.

Project 설계방법

Project 설계시작: 목적–디자인 기준/표현기법설정(형상에 대한 시각적 표현)

↓

1. 설계 개요

↓

2. 면적 개요

↓

3. Site Analysis : 목적 – 대지 이용성 검토

↓

4. 법규검토

↓

5. 대 지옥/내외공간 Zoning : 목적 – Bolck 결정 및 Mass 결정

↓

6. 주 건물 평면 Zoning(Block)

↓

7. 건물 수직Zoning(Mass)

↓

8. Project 별 적정 Module 적용

↓

9. Mass 모듈에 의한 공간배분 : 목적 – 각도면 작성

↓

10. 도면완성(배치/평면/입면/단면 : 기본설계/실시설계에 따라 수준의 차별화)

↓

Project 완성

그림 26 디자인 단계별 설계방법

1. 디자인개요

디자인 개요에는 다음 사항들이 표현된다.

① 디자인명 :
② 지역/지구 :
⑥ 건폐율 :
⑦ 용적율 :
⑪ 조경 :
⑫ 설비사항 :

③ 대지면적 : ⑧ 규모(지상/지하) :
④ 건축면적 : ⑨ 주차대수 :
⑤ 연면적 : ⑩ 구조 :

2. 면적개요

디자인개요와 연관된 연면적사항을 층별로 표현한다.

– 면적개요 –

층별	면적(㎡)	비고
지하1층/지하2, 3층		
지상1층/지상2층		
연면적		

3. 대지분석(Site Analysis)

- 자연분석
- 인문 사회분석
- 주변 연계성
- 교통 체계망 분석

4. 법규검토

해당 대지의 관련된 관련법 검토(규모산정에 중요한 Data 근거가 됨)

– 지역/지구관련 용도 검토
– 건폐율/용적율
– 건축선/사선제한/일조권제한 높이
– 건물외벽선
– 규모 및 세부법규사항 검토

5. 대지옥내외공간 Zoning

– 건물의 개략적 규모와 대지경계선 내부의 공간 분할을 하며 구분
– 동적 공간/정적 공간으로 구분(옥외 Zoning)

- 주차공간(Packing area)
- 내부공간의 외부로의 조명검토

6. 건물수평 Zoning

- 건물내부의 Zoning을 통한 내부공간 Zone 기능별/특성별 구분
- 중심 Core 위치결정
- 주 기능, 보조기능/ 주 출입, 부 출입결정
- 평면계획이 기본이 된다.

7. 건물수직 Zoning

- 건물내부의 수평 Zoning이 평면계획의 근간이 된다면 건물수직 Zoning은 단면계획의 기본이 된다.
- 규모별, 층별, 공간구분(주 기능, 보조기능, 서비스기능)

8. 용도별 모듈 잡기(Block 모듈)

- 건물용도에 따른 건축설계 및 구성부분의 치수체계를 적용함으로서 합리적이며 효율적인 설계를 할 수 있다.

ex) ① 주거 : 3.6×6(30cm를 기준)
② 기숙사 : 8×8(복도 2.0 포함한 치수)
③ 업무 : 7.5×9, 6.3×9(주차관련 고려)
④ 병원 : 6×6, 종합병원(6.6×6)

9. MASS 모듈에 의한 공간배분(MASS모듈)

MASS 모듈에 의한 각 층별기본 모듈을 적용함으로서 효율적 공간 활용 및 배분이 되며 불필요한 면적을 생기지 않게 된다.

① 방법

연면적 산정(용적율×대지면적) 〉 연면적÷건축면적 = 층수산정 > 지하층/지상층 규모 Check 〉 연면적에 의한 모듈 결정(지하층/지상층) 〉 층별기준 모듈설정(B) 〉 기준모듈 (B)에 대한 면적 층별검토 〉 층별(기본모듈×갯수)규모파악 〉 평면/단면계획의 기본이 됨

10. 도면완성

기준 모듈에 따른 배치 평면, 입면, 단면 등 기본도면 작성

Tip – 2. 용어해설 내용 및 사례

1. 지적도(Map of Land Register)

① 지적도는 건물이 앉혀질 대지의 정확한 위치와 형상, 주변의 대지형상 및 관련 내용 을 자세히 확인할 수 있는 지도이다.

② 설계 착수시 절대적으로 필요한 기본적인 지도

③ 실제 대지면적을 축소한 도면으로 보통 표현(1/1200, 1/1500)

④ 보통 상부쪽이 북향을 나타냄

2. 위치도 및 안내도

① 대상대지의 위치 및 대지 주변 시설에 관련 내용을 나타낸 도면,도로(주도로, 부도 로, 간선), 공원, 상업시설, 교통시설 등

② 대지 위치 확인과 관계인식(목적)

3. 조망분석(Visual Analysis)

① 대상대지(Site)에서 여러 방향으로 바라보는 시각 환경상태를 양호, 불량을 분석함으 로서 시각의 질(Quality)을 표현(목적)

ex) Good View of Open View, BAD View or Closed View

4. 기상분석(Solar & Wind Analysis)

① 대지가 위치한 지역의 시각에 대한 태양고도(춘하추동)

② 방위각/바람/비(여름, 겨울)

③ 건물의 에너지 절약 및 보존대책(목적)

5. 진입분석(Accessibility)

① 대상위치의 대지와 주변의 대지 도로 외 도로교통망 상세 분석

② 가장 효율적인 방법으로 대지에 어프로치 가능한 방법을 모색함

③ 보행자와 차량의 동선을 기능적으로 분리

④ 출입구 계획에 중요한 관건이 된다.

6. 지반시설 분석(Infrastructure)

① 대상대지와 대지 주변 주변도로의 지하매설물(상하수도, 맨홀, 도시가스, 전화 등), 저장물, 매립상태 등 지반의 성장조사

② 지방상태 및 건물의 기초방식 결정, 지하수위 조사 등

7. 프라이버시 분석(Privacy Analysis)

① 대지주변의 소음정도 및 공해문제 분석

② 대지의 이용 상 공간분할(정적/ 공적/ 사적/ 준공적)에 따른 프라이버시

8. 축분석(Axis)

① 대지의 방위에 따른 자연축과 도로망에 의한 축 고려

② 대지상에 위치한 공간의 위계, 성장, 변화에 대한질서의 기준이 된다.

③ Main Axis : 건물이 주가 되어 차지하는 방향의미
Sub Axis : 부차적인 방향의미

④ 축은 형태와 공간을 구성하는 기초적 도구이다.

9. 법규분석(Regulation)

① 대지에 있어 법적 제한으로 법적 제한으로 법의 기준 한도 내에서 건물의 한계 및 규모를 분석할 수 있다.

② 법 해석을 잘못 해석하거나, 검토 소홀로 인해 차후에 손실을 보지 않도록 사전에 철 저히 검토

10. 대지사용계획(Land use plan)

대지에 있어 법적 제한으로 법의 기준 한도 내에서 건물의 한계 및 규모를 분석 할 수 있어야 한다.

11. 기능상관도(Function Diagram)

① 인간의 생활 기능에 대응하여 건축적인 방법으로 공간간의 상관성을 다이아그램으로 도식화 한 그림이다.

② 건축공간이 구체화하는데 대상모델이 된다.(평면, 입면계획의 기준)

③ 건축에서는 주로 Bubble Diagram(물방울모양)을 많이 사용(그림 27, 28, 표 5 참조)

12. 단위실계획의 첵크리스트(표 6 참조)

13. 디자인 지침 수준별 첵크리스트(표 6 참조)

1. 기능요구에 따른 실별구성

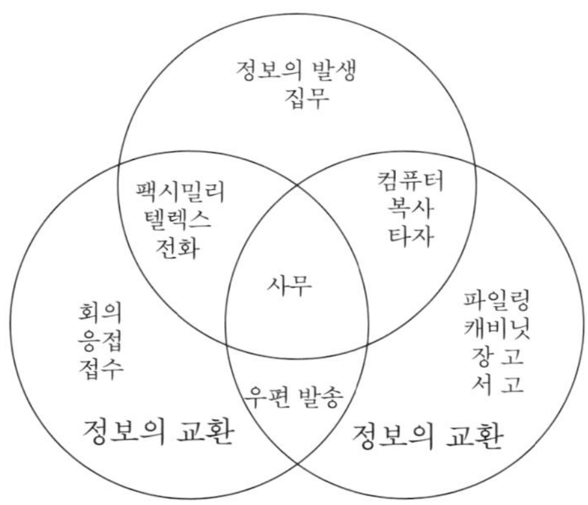

그림 27 사무소 기능예

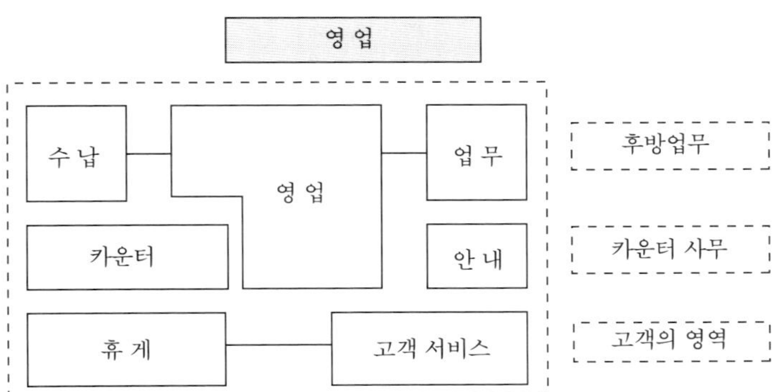

그림 28 영업실의구성

표 5 단면계획의 기준예(사무소)

층	기 능	단 면 계 획
4	관 리 후 생	• 식 당 • 사무실 • 휴게실 • 주 방 • 임원실 • 기 타
3	통 신 기 계	요원실 / 기계제실
2	통 신 기 계	요원실 / 기계제실
1	영 업 공 용	• 영업실 • 이동가능한 공간
지하	설 비 창 고	• 기계제실 • 설비제실 • 주차장 • 보일러실

2. 단위실계획의 체크리스트

표6 단위실계획의 체크리스트

주제	내 용
상호 연관	• 조직에 맞는 조닝 • 그룹구성과 위계 • 여성, 장애자의 배려 • 유동인구의 파악 • 대면관계
행위 파악	• 프라이버시 확보 • 개인작업의 공간 • 기기의 종류와 목적 • 개인, 그룹의 사고 • 공유정보의 거리 • 모임의 종류와 빈도 • 사용시간의 패턴
커뮤니 케이션	• 정조생산의 시스템 • 정보의 공급, 기록, 보관 • 정보의 흐름 • 정보보관의 양 • 발송 시스템 • 대면정보
휴식의 배려	• 개방적 공간의 설치 • 사색의 공간 • 후생시설의 충실 • 개인공간의 확보 • 색채, 음향계획 • 오브제의 설치

주제	내 용
바닥의 조건	• 외벽과 깊이의 비례 • 코어의 방향 • 가용공간의 비율 • 바닥의 배치 모듈 • 흡음의 필요도 • 질감과 배색
벽의 조건	• 기밀성을 위한 배려 • 공기의 흐름과 위치 • 벽의 배치 모듈 • 질감과 색채
창의 조건	• 조망성의 특성 • 벽과 개구부의 비례 • 유리의 종류와 채광성
천정의 조건	• 깊이와 천정고의 관계 • 각종설비의 배치 모듈 • 전체조명의 방법 • 흡음의 필요성
유연성 대응	• 벽, 바닥, 천정의 변화예측 • 양호간 환경유지
안정성 고려	• 명쾌한 피난로와 방범 • 명확한 사인 시스템 • 제법령의 준수

주제	내 용
조명 계획	• 오피스의 인상부여 • 전체조명의 조절 • 일조와 조명의 관계 • 시각작업의 조도 • 개인적 기호에 대응
공조 계획	• 자연환기, 기계환기의 조정 • 온습도의 조정 • 공기의 흐름 • 적정한 기압 • 먼지제거 • 외부열환경의 특질
온도 계획	• 온도의 적정 분포 • 부분적 컨트롤 • 인구밀도와 대응 • 개별공간의 대응
음향 계획	• 소음레벨의 조정 • 흡음재 사용 • 외부음의 차단 • 실별 차단 • 소음 대책
유지 · 관리	• 증축 및 증원대응 • 24시간 기능 중실 • 가구와 기기의 유지 • 청소와 폐기물 수거 • 유지관리의 대책

3. 디자인지침 수준별 첵크리스트(사례)

표 7 디자인 수준의 지침 첵크리스트(사례)

지침강도 / 부분강도1	극히 제한	제한	권장	완화	극히 완화	비고
대지 선정			●			
경제 분석				●		
기능 분석		●				
디자인 분석	●					
과업 예산				●		
작업 스케줄					●	
기하학 비례	●					
향			●			
배치 계획		●				
윤곽		●				
외관 디자인	●					
연면적			●			
건축 면적			●			
동선 분석		●				
단위공간 분석		●				
평면 레이아웃			●			
공간 레이아웃			●			
동선 디자인		●				
에너지 예산				●		
엔지니어링시스템					●	
조명 시스템				●		
구조 디자인				●		
환기					●	
조경		●				
법규 체크				●		
시공 가격					●	
공기 스케줄					●	
외장	●					
내장			●			
가구			●			

02 _ 건축디자인 프로세스 단계별 사례

1. 건축물의 탄생에서 소멸까지 라이프사이클

건물은 인간과 함께 생노병사의 사이클을 갖는다.

1. 기획설계

1) 건축주와 상담

(1) 서류 확인 - 토지이용계획확인원, 토지대장

(2) 건축주 요구사항

(3) 건축주의 자금사정에 따른 합의 도출

① 건축주 - 자금력, 건축에 대한이해(좋은 건축물 만들기)

② 건축사 - 좋은 디자인(창의적, 실용적)

③ 시공회사 - 시공능력 종합(적정시공)

2) 현장답사

(1) 도로현황(맹지, 현황도로, 도시계획도로) 대지의 고저차(Level 체크, 경사로, 절 · 성토)

(2) 주변현황 -일조권, 전망, 민원발생가능성에 대한 검토

3) 기본 법규검토

(1) 지역지구에 따른 용도가능검토-주거지역, 상업지역, 공업지역, 녹지지역

(2) 건폐율 : $\frac{\text{건축면적}}{\text{대지면적}} \times 100(\%)$, 건축면적의 적정규모 산정

(3) 용적율 : $\frac{\text{연면적}}{\text{대지면적}} \times 100(\%)$, 연면적과 층수의 적정규모 산정

(4) 일조권 : 주거지역, 공동주택에 따른 일조제한

(5) 도로사선제한 : 전면도로에 의한 시선제한

(6) 주차장 : 지상, 지하주차대수 및 주차장비, 장애우 주차장 대수 산정

4) 기본안 설정

(1) 기본안에 따른 건축물 규모안 확정

(2) 규모안에 따른 사업성(수지분석) 검토

2. 계획설계

1) 각종심의 검토

미관심의, 중앙건축위원회, 지방건축위원회, 문화재 보호법에의한 심의

3. 기본설계

1) 건축허가도서 작성

건축, 토목, 조경, 기계, 전기, 소방, 통신

2) 허가신청

건설교통부에서 산하 세움터라는 건축 행정 전산망허가 접수(최근 인터넷상 행정처리 운영)

4. 실시설계

1) 시공도서 작성

(1) 시방서 작성

(2) 내역서 작성

2) 착공계 제출

(1) 건설업 면허소지자 공사가능

5. 공사 감리

1) 대상

(1) 건축법에 의한 검축감리
상주감리대상 : 5000m² 이상, 5개층으로 연면적 3000m² 이상
(2) 건설기술관리법에 의한 공사감리-다중이용건축물
(3) 주택법에 의한 공사감리-사업계획승인대상 건축물

2) 중간검사 실시

(1) 1차 : 기초 철근배근 후
(2) 2차 : 지붕슬라브 배근 완료시
(3) 3차 : 3개층마다

3) 감리일작성

4) 각종실험 및 검수

6. 사용승인

1) 준공도시 작성

(1) 특검 도서
(2) 건축물 대장 현황도면

2) 준공서류 제출

(1) 각종필증(도시가스, 통신필증, 정화조, 소방필증, 도로점용필증 등)

7. 거주후 평가

준공된 건물에 대한 이후 평가

8. 건축물 철거 및 말소

1) 용도지역

(1) 도시지역

주거지역(1, 2전용주거, 1, 2, 3주거, 준주거) 건폐율 70%이하, 용적율 500%

상업지역(중심, 일반 근린, 유통) 건폐율 90%이하, 용적율 1500%

공업지역(전용, 일반, 준공업) 건폐율 70%이하, 용적율 400%

녹지지역(보전, 생산, 자연) 건폐율 20%, 용적율 100%

(2) 관리지역 : 보전관리, 생산관리, 계획관리

(3) 농림지역

(4) 자연환경보전지역

9. 건축물 라이프사이클(건축허가에서 사용승인의 핵심법규)

관련 법규	법규검토	법적 기준
지역 · 지구	2종일반지역, 일반미관지구, 주차장 정비지구	국토의 계획 및 이용에 관한 법률
용도	2종 근린생활시설 및 주택	국토의 계획 및 이용에 관한 법률
지목	대지(농지 및 산지일 경우 전용허가 득 및 개발행위허가를 복합처리 해야 함)	지적법
건폐율	법적 한계내의 설계필요(60%)	국토의계획및 이용에 관한 법 (도시계획조례)
용적율	법적한계내의 설계필요(250%)	국토의계획 및 이용에 관한 법 (도시계획조례)
일조권	높이에 따라 일조권 적용(정북방향) 택지 개발지구 등은 남쪽 일조권 적응대상도 있음	건축법(건축조례)
대지안의 공지	인접대지 와 대지경제선간 공지 확보함	건축법(건축조례)
부설 주차장	부설주차장 설치 규정 의한 주차장 설치 (8대 이하 구획주차 가능함)	주차장법 부설주차장 (주차장조례)
도로사선	전면 도로폭에 따른 건축물의 높이 시선을 제한함	건축법(건축조례)
조경	대지면적에 따른 일정규모 이상 건축물 식재 필요	건축법(건축조례)
구조	3층 이상 1000㎡이상 건축물 구조계산 필요 및 일정 규모 이상의 면적일 경우 내진설계 필요	관련기술자 협력
소방시설	소방관리시설 처리 규정 준수에 의한 설계(관련소방서 동의 필요)	소방시설 설치에 관한 법령
전기통신	초고속 정보통신망 구축 필요 및 추 후 증설 대비필요	전기통신 사업법
위생설비	절수 설비에 해당되는 수전시설 설치 필요	건축설비규칙
상수시설	상수도 연결 (주택 및 상가용 각각 분리 필요)	건축설비규칙
장애우시설	장애우 임산부 노약자의 편리에 관한 규정 준수	장애인 노인 임산부 등의 편의증진에 관한 법률
에너지 절약	최하층 바닥 및 벽체 지붕 단열재 사용	건축법(지역기준)
내부마감	내장재료를 불연재료 등으로 마감	건축법
승강기	일정규모이상의 건축물은 승강기 설치	건축법
피난계단	일정규모이상일 경우 2개 이상 직통계단 설치	건축법
정화조	건축물 용도에 따른 산정기준으로 산정	환경처 고시기준
배수시설	정화조 설치구역 외에 하수종말처리장으로 연결	하수도법
방화구획	일정규모 초과시 방화구획 설치	건축법
내화구조	일정규모이상 초과시 주요구조부를 내화구조로 함	건축법
거실반자높이	용도별로 높이를 초과해야함	건축법
채광	건축물면적의 1/10이상(인공조명설치시 제외)	건축법
통풍	건축물면적의 1/20이상(강제 급배기시 제외)	건축법
시공면적	주거용 660㎡ , 주거 및 비주거 혼합 495㎡	건설기술관리법
착공시	비산먼지 발생신고 및 특정공사 사전신고 필요	소음진동방지법
기존건물 철거	폐기물 배출자 신고 및 건축물 철거멸실 필요	폐기물관리법
설계변경	건축공사도중 경미한 변경사항 면밀한 검토 필요	건축법
공사감리	착공계,중간감리보고, 공사감리완료보고서등	건축법, 주택법, 건설기술관리법
사용승인	각종현장보고서, 확인서, 사진, 필증 등을 제출	건축법 및 관련법
현장조사 검사	현장조사검사조서 작성 현장조사자의 날인 필요	건축조례
건축물대장	새움터이용 건축물대장에 관한 규칙에 의거 등제	건축물대장 등재에 관한 규칙

항목	내용	관련 법규
1지역 · 지구	2종일반지역, 일반미관지구, 주차장 정비지구	국토의 계획 및 이용에 관한 법률
2용도	2종 근린생활시설 및 주택	국토의 계획 및 이용에 관한 법률
3지목	대지(농지 및 산지일 경우 전용허가 등 및 개발행위허가를 복합처리 해야 함)	지적법
4건폐율	법적 한계내의 설계필요(60%)	국토의계획 및 이용에 관한법 (도시계획조례)
5용적율	법적한계내의 설계필요(250%)	국토의계획 및 이용에관한법 (도시계획조례)
6일조권	높이에 따라 일조권 적용(정북방향)택지 개발지구 등은 남쪽 일조권 적응대상도 있음	건축법(건축조례)
7대지안의공지	인접대지와 대지경제선간 공지 확보함	건축법(건축조례)
8부설주차장	부설주차장 설치 규정 의한 주차장 설치 (8대 이하 구획주차 가능함)	주차장법부설주차장 (주차장조례)
9도로사선	인접대지와 대지경제선간 공지 확보함	건축법(건축조례)
10조경	3층 이상 1000㎡이상 건축물 구조계산 필요 및 일정 규모이상의 면적일 경우 내진설계 필요	관련기술자 협력
11구조	인접대지와 대지경제선간 공지 확보함	건축법(건축조례)
12소방시설	소방관리시설처리규정준수에의한설계 (관련소방서 동의 필요)	소방시설 설치에 관한 법령
13전기통신	초고속 정보통신망 구축 필요 및 추 후 증설 대비필요	전기통신 사업법
14위생설비	절수 설비에 해당되는 수전시설 설치 필요	건축설비규칙
15상수시설	상수도 연결 (주택 및 상가용 각각 분리 필요)	건축설비규칙
16장애우시설	장애우 임산부 노약자의 편리에 관한 규정 준수	장애인 노인 임산부등의 편의증진에 관한 법률
17에너지 절약	최하층 바닥 및 벽체 지붕 단열재 사용	건축법(지역기준)
18내부마감	내장재료를 불연재료 등으로 마감	건축법
19승강기	일정규모이상의 건축물은 승강기 설치	건축법

20피난계단	일정규모이상일 경우 2개 이상 직통계단 설치	건축법
21정화조	건축물 용도에 따른 산정기준으로 산정	환경처 고시기준
22배수시설	정화조 설치구역 외에 하수종말처리장으로 연결	하수도법
23방화구획	일정규모 초과시 방화구획 설치	건축법
24내화구조	일정규모이상 초과시 주요구조부를 내화구조로 함	건축법
25거실반자높이	용도별로 높이를 초과해야함	건축법
26채광	건축물면적의 1/10이상(인공조명설치시 제외)	건축법
27통풍	건축물면적의 1/20이상(강제 급배기시 제외)	건축법
28시공면적	주거용660m^2 , 주거 및 비주거 혼합 495m^2	건설기술관리법
29착공시	비산먼지 발생신고 및 특정공사 사전신고 필요	소음진동방지법
30기존건물철거	폐기물 배출자 신고 및 건축물 철거멸실 필요	폐기물관리법
31설계변경	건축공사도중 경미한 변경사항 면밀한 검토 필요	건축법
32공사감리	착공계,중간감리보고, 공사감리완료 보고서 등	건축법,주택법,건설기술관리법
33사용승인	각종현장보고서,확인서,사진,필증등을 제출	건축법 및 관련법
34현장조사검사	현장조사검사조서 작성 현장조사자의 날인 필요	건축조례
35건축물대장	새움터이용 건축물대장에 관한 규칙에 의거 등제	건축물대장 등재에 관한 규칙

건축물 라이프사이클(건축허가에서 사용승인의 핵심법규)

Tip : Check Point

건축디자인 실무프로젝트 발생유형과 적용 프로세스

1. 건축디자인 실무적용 프로세스
2. 실무프로젝트 발주형식(공공발주, 민간발주)
3. 건축물생애주기에 따른 발주 형식별 프로세스
   (공공발주 15단계, 민간발주 14단계)

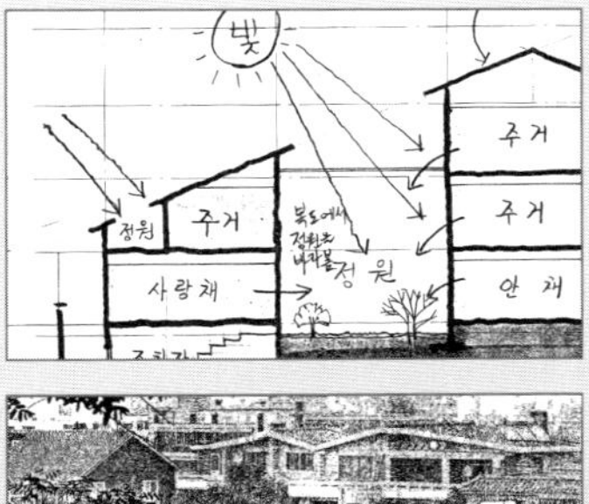

Tip : Check Point

1. 건축디자인 실무적용 프로세스

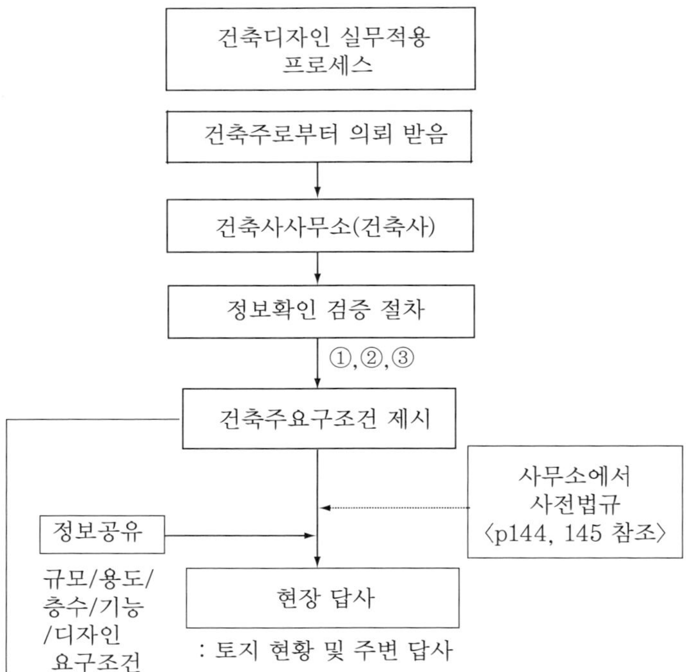

① 토지이용계획 확인원 (등기부등본 첨부)
등기부등본 열람 : 대법원 토지 등기부 등본 열람

- 토지에 대한 검증
- 지역지구
- 도시계획
- 국토이용계획

(지역지구, 도시계획, 국토이용계획 : 확인검증)

- 지적확인

(지적형상 확인) 목적〈p159 참조〉

② 토지대장 : 지목검정〈p160 참조〉

- 소유권 검증
- 지목검증

③ 등기부 등본

- 소유권리 관계
- 토지 지보 관계
- 금융권(근저당 설정 및 지상권/ 압류 등) 확인

* 현장조사 사항 : 기획안을 위한 건축주 정보자료 확인 작업

① 주변현황(민원 발생여부 확인)

② 도로상황

③ 도시기반 시설(상하수, 전기, 통신, 교통)

④ 토지이용분석과 디자인 기본 방향 정도(배치/도시축/자연축/인공 축/ 환경분석/ 현장스케치/ 토지 Level 확인)

* 참고 : 공공발주의 관공서 경우 공무원이 발주자이므로 과업지시서를 통해 정보제공이 되므로 이후에 현장설명 실시 예정만 제시됨

↓

디자인 프로세스 단계별 진행

↓

건축디자인 종료

2. 실무프로젝트 발주형식(공공발주, 민간발주)

1. 발주형식에 따른 구분

건축프로젝트를 발생하게 하는 발주형식은 다음과 같이 공공발주와 민간발주로 나뉜다.

1) 공공발주 : 국가나 관련기관이 주체가 되어 발주하는 공공발주

2) 민간발주(4가지 의뢰에 따른 방식) : 공공발주이외 민간 관련자들이 주체가 되는 다음 4가지 방식의 의뢰에 대한 발주

(1) 건축주자체의 발주물량 의뢰

(2) 건설회사를 통한 발주물량 의뢰

(3) 컨설팅회사에 의해 발주물량 의뢰

(4) 지인소개에 의해 발주물량 의뢰

2. 발주 발생 유형 프로세스

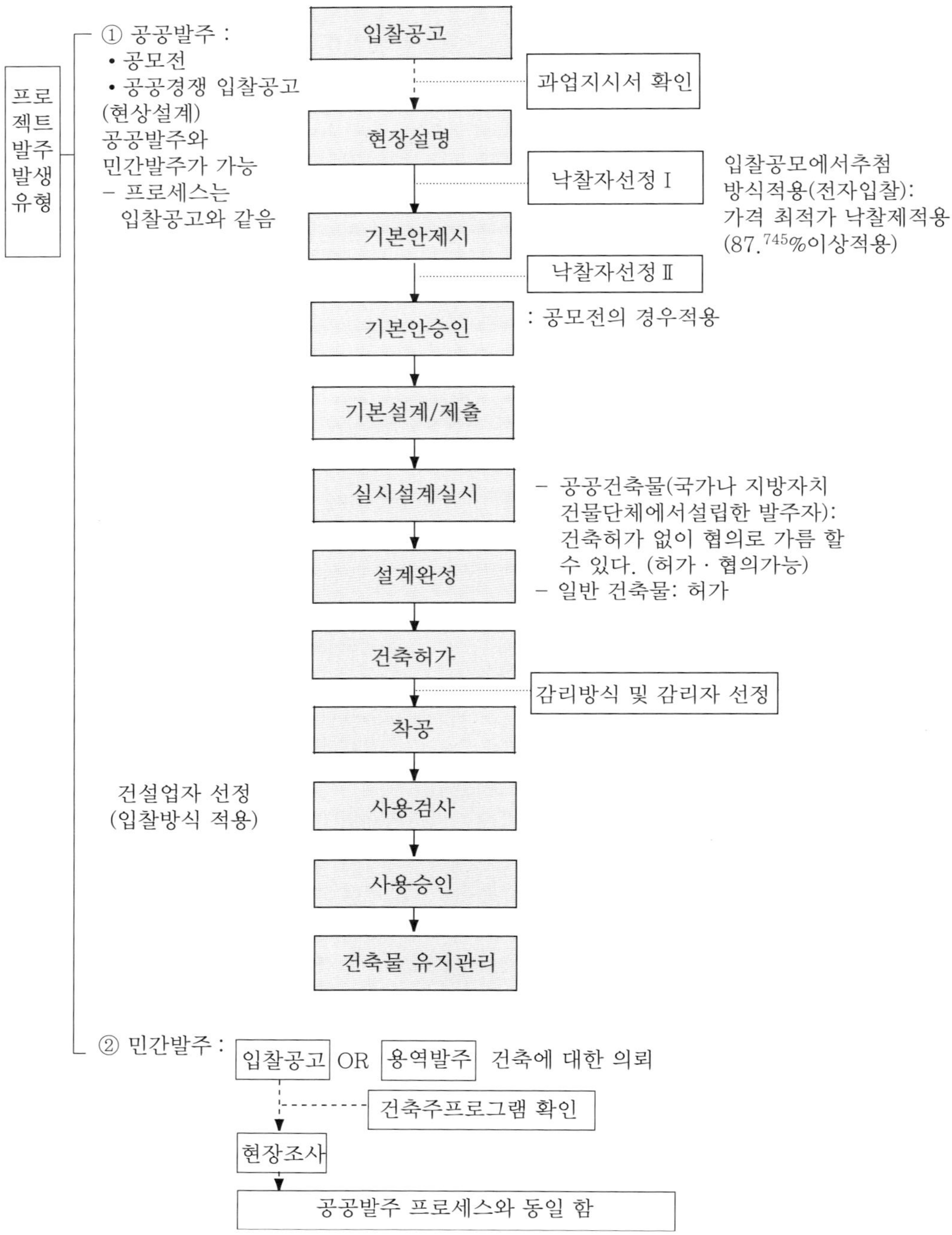

3. 건축물생애주기에 따른 발주 형식별 프로세스

1) 공공 발주의 경우- (15단계 프로세스)

국가나 관련기관을 당사자로 하는 공공발주는 다음과 같은 프로세스로 이루어진다.

(1) 나라장터 (조달청)입찰공고

- 과업지시서
- 현장설명서
- 공사비 예정가격
- 기초금액 공지
- 질의응답
- 공동수급형체결 규정 (소방,전기,통신,기계,조경,토목 등 지역제한 규정)

(2) 입찰서 제출 (나라장터)

- 용역입찰 (지문입찰제 적용)
- 공인인증서에 의한 전자 입찰 (공인인증서 사용 및 보안검증)

(3) 낙찰자 결정 통보(낙찰자는 순위에 의거 적격심사 서류제출)

- 최저가 낙찰제 적용시 87.^{745}% 이상 적용
- 회계법에 의한 재무 재표 세무회계사 검증
  (전년도 한국은행 자기자본비율(%) 및 유동비율(%) 국세 지방세 납부 사실 확인서 제출)

(4) 용역계약 체결 통보 (발주자)

- 입찰계약서 날인 (국가를 당사자로 하는 계약에 관한 법령에 근거함)
- 계약이행보증보험 증권 제출 (서울보증보험 및 공제조합)
- 지방자치 단체 지방채권매입권 제출
- 용역기술자 신상명세제출 및 보안각서 제출
- 과업지시서에 의한 공정표 제출

(5) 기본계획안 제출

- 발주처와의 과업지시서에 의한 기본안제시 일정협의〈p168 참조〉
- 투시도 및 모형 조감도 Concept 등 기본안 제시 최적안 결정

(6) 기본설계

- 도면목록표 제출(건축, 구조, 토목, 전기, 소방, 기계, 조경 등) -〈p201~p206 참조〉

(7) 심의 -〈p169~p187 참조〉

- 미관심의, 중앙건축위원회, 지방건축위원회, 도시계획심의. 문화재 형상 변경심의-〈p167 그림 15참조〉, 건축허가 사전 심의-〈p165 참조〉 등

(8) 실시 설계

- 건축허가에 필요한 설계 도서 -〈p220~p226 참조〉
- 각종심의에 조건부 가결 적용 검토 필요 〈p193 심의결과 내용 참조〉
- 시공시 필요한 도서에 대한 검토 적용(시방서, 내역서, 특기시방서, 재료 표기, 장비일람표, 설비규칙, 에너지절약, 친환경건축 등급인증 등)

(9) 건축 허가 -〈p188 서식적용, p189, p190, p191, p192〉

- 세움터에 건축허가 인터넷으로 접수함 (각종 협정체결 업체 인증필수)
- 처리기한내에 각 부서에서 전자 업무처리 업무허가동의 내부결재 확인

(10) 감리계약 체결 -〈p212 그림 70참조〉

- 발주처 감리자 결정
- 감리대상검토 필요 (일반감리, 상주감리, 책임감리 등)

(11) 착공신고 (세움터에 전자 문서 제출) : 〈p208, 209 그림 66, 67 참조〉

- 기존건축물 멸실 필요시 동시에 처리가능
- 비산먼지 발생 신고 및 폐기물 관리법에 의한 폐기물 배출자 신고 : 〈p208 그림 66, 3 참조〉
- 소음진동방지규제법에 의한 특정 공사 사전 신고(굴착, 소음 발생현장)
- 건설 산업기본법에 의한 공사 제한 규모 검토 및
- 시공사의 업무 능력 및 재무상태. 기술자 배치현황 파악 필요

(12) 건축공사 진행

- 감리자의 지도하에 설계도서대로 진행

- 설계변경사항 및 경미한 설계 변경사항 파악 : 건축법령 참고
- 안전관리, 품질관리, 민원문제 등 파악

(13) 사용승인(임시사용승인)

- 사용승인 검사조사자 결정 (지방자치 단체 조례에 따라 다름) : 〈p219 그림 77 참조〉
- 사용승인에 따른 각종 필증 제출
  (소방필증, 전기사용전감사필증, 통신필증, 가스안전점검필증, 보일러필증, 정화조필증, 도로점용사용개시승인서, 개발행위 준공필증〈p197 그림 55 참조〉판넬판매확인서, 산지전용에 따른 적치 복구승인서, 승강기안전필증, 내화페인트인증서, 장애인임산부등 편리에 따른 시설점점, 하수연결 확인필증〈p196 그림 54참조〉 등)
- 건축물대장등재에 관한 법령에 다른 건축물대장 작성 : 〈p235 그림93, 전축물 현황도 p237~p242〉
- 주차장 관리에 따른 주차장 관리 카드 작성(그림 참고) ; 〈p233, p234〉
- 지적법에 따른 토지 분할 합병 지목변경등에 따른 토지이동신청서 제출

(14) 사용승인완료 후 소유권 보존등기

- 건축물대장 등재 확인 (구청, 시청, 군청)
- 건축물 소유권 보존등기 신청(각 지방법원 등기과) : 등기과에서 일괄처리
- 건축물 취득에 따른 세금 납부 (취득세, 면허세 등) : 법무사 의뢰

(15) 건축물 유지 관리법에 의한 유지관리

- 대규모 건축물 일정기간마다 유지관리보고 의무

2) 민간발주의 경우 - (14단계 프로세스)

(1) 건축주의 용역

- 건설회사
- 부동산 컨설팅
- 건축주
- 지인소개

(2) 건축사 사무소 (건축가)가 위의 용역자에게 설계의뢰 받음

- 토지 이용계획 확인검토(p159 참조), 토지대장(p160), 토지등기부등본, 소유권 확인 (인터넷 검색 가능함)

* 국토 해양부 site→토지이용규제시스템→토지이용해석 검토

(3) 건축주의 요구사항 조건 제시

- 규모, 용도, 층수, 기능, 건축비용, 디자인 등
- 중요한 기본 정보 제공 토지현황 및 주변사항 등

(4) 건축계획안 (건축사 사무소)

- 건축주 제시 사항 개략 법규검토 후 현장 답사
- 대지현황 분석 (도시기반시설, 상 · 하수도, 전기, 통신, 도로, 주위건물, 교통)
- 건축법 및 기타 관련법규 검토 (도시지역외 국토계획 및 이용에 관한 법률)
- 토지이용분석 및 디자인의 기본방향검토
- 건축주의견을 반영한 계획안 제시(모형, 스케치도면, 배치도, 평면도, 입면도 등)

(5) 기본계획안 결정 (건축주와 수차례 협의 과정을 거침)

- 설계 용역 계약 체결(감리계약은 감리대상에 따라 체결함)

(6) 계획설계

- 각종심의검토

  미관심의, 중앙건축위원회, 지방건축위원회, 문화재형상변경심의, 개발행위허가, 산지전용허가, 농지전용허가, 경관심의등에 대한 준비

- 각종 건축관련법규 면밀 검토 필요함

(7) 실시설계 (공공발주와 동일함)

(8) 건축허가 (공공발주와 동일함)

(9) 감리계약체결 (공공발주와 동일함)

(10) 착공신고 (공공발주와 동일함)

(11) 건축공사 진행 (공공발주와 동일함)

(12) 사용승인 (공공발주와 동일함)

(13) 사용승인완료 후 소유권보존등기(공공발주와 동일함)

(14) 건축물 유지 관리법에 의한 유지 관리 (공공발주와 동일함)

■ 주거 단계별 사례

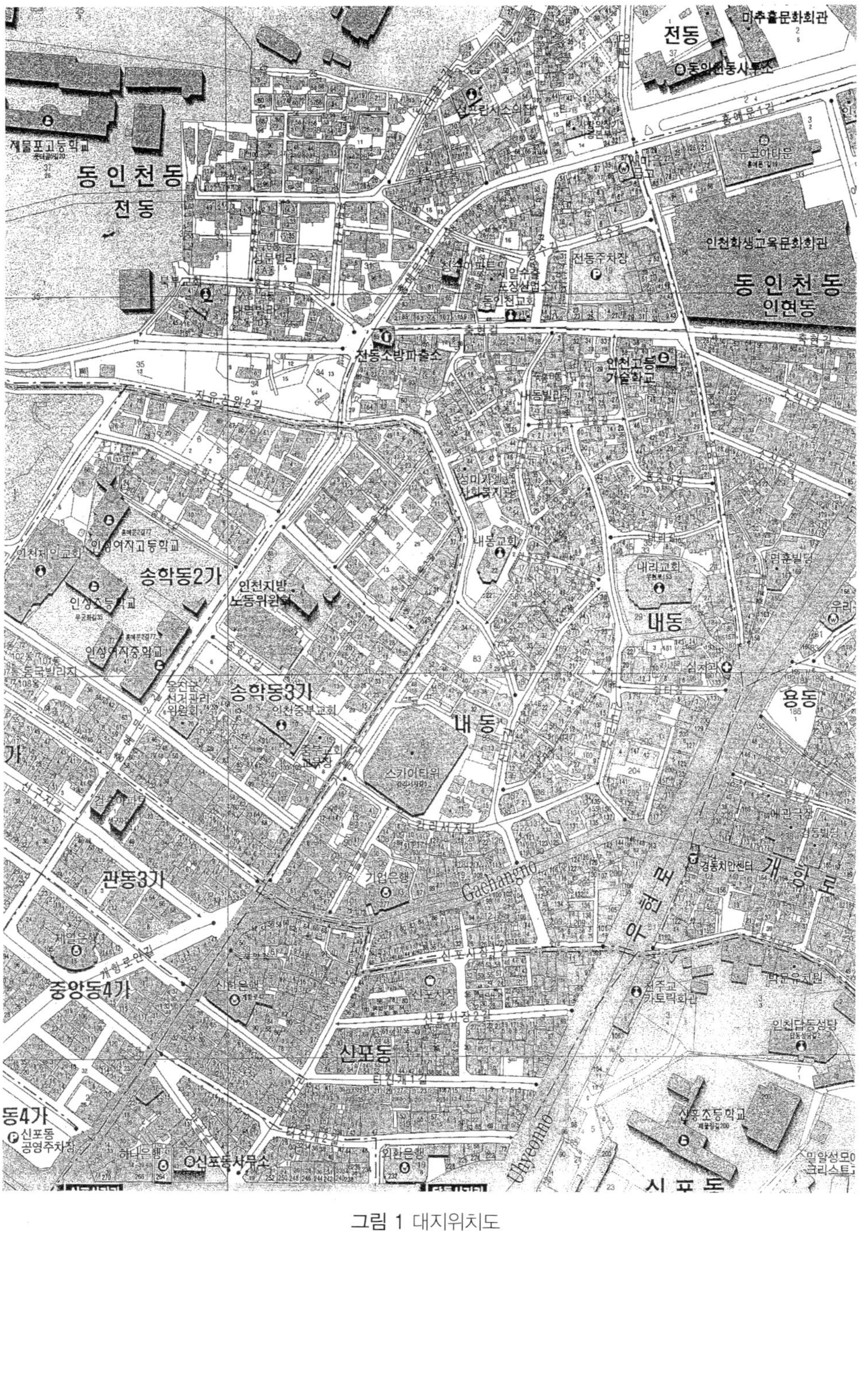

그림 1 대지위치도

발급번호 : 05128110020070420124913　　발행매수 : 1 / 2　　발급일 : 2007/4/20

토지이용계획확인서

처리기간
1일

토지에 대한 법적 정보

지번 지목 면적 정보

신청인	성명		주소	
			전화번호	

신청토지	소재지	지번	지목	면적(㎡)
	인천광역시 중구 송학	2-35	대	178.5

지역 · 지구등 지정여부	「국토의 계획 및 이용에 관한 법률」에 따른 지역 · 지구등	일반상업지역, 방화지구, 역사문화미관지구, 지구단위계획구역(개항기근대건축물밀집지역)[이하 공란]
	다른 법령 등에 따른 지역 · 지구등	[해당없음]
	시행령 부칙 제3조에 따른 추가기재 확인 내용	[해당없음]
「토지이용규제 기본법 시행령」 제9조제4항 각 호에 해당되는 사항		[해당없음]

토지 및 도로주변현황정보

확인도면

범례

- 일반상업지역
- 지구단위계획구역
- 역사문화미관지구
- 방화지구
- 도로
- 법정동

축척 1/300

「토지이용규제 기본법」 제10조제1항에 따라 귀하의 신청토지에 대한 현재의 토지이용계획을 위와 같이 확인합니다.

2007년 4월 20일

인천광역시중구청장 (인)

인천광역시중구 1000원 2007.04.20 IJK002

수입증지 붙이는 곳
수입증지금액 (지방자치단체의 조례로 정함)

124131 : 124131

※ 배치도에 기준이 되는 근거

그림 2 토지이용확인원

소유권, 지목검증 내용

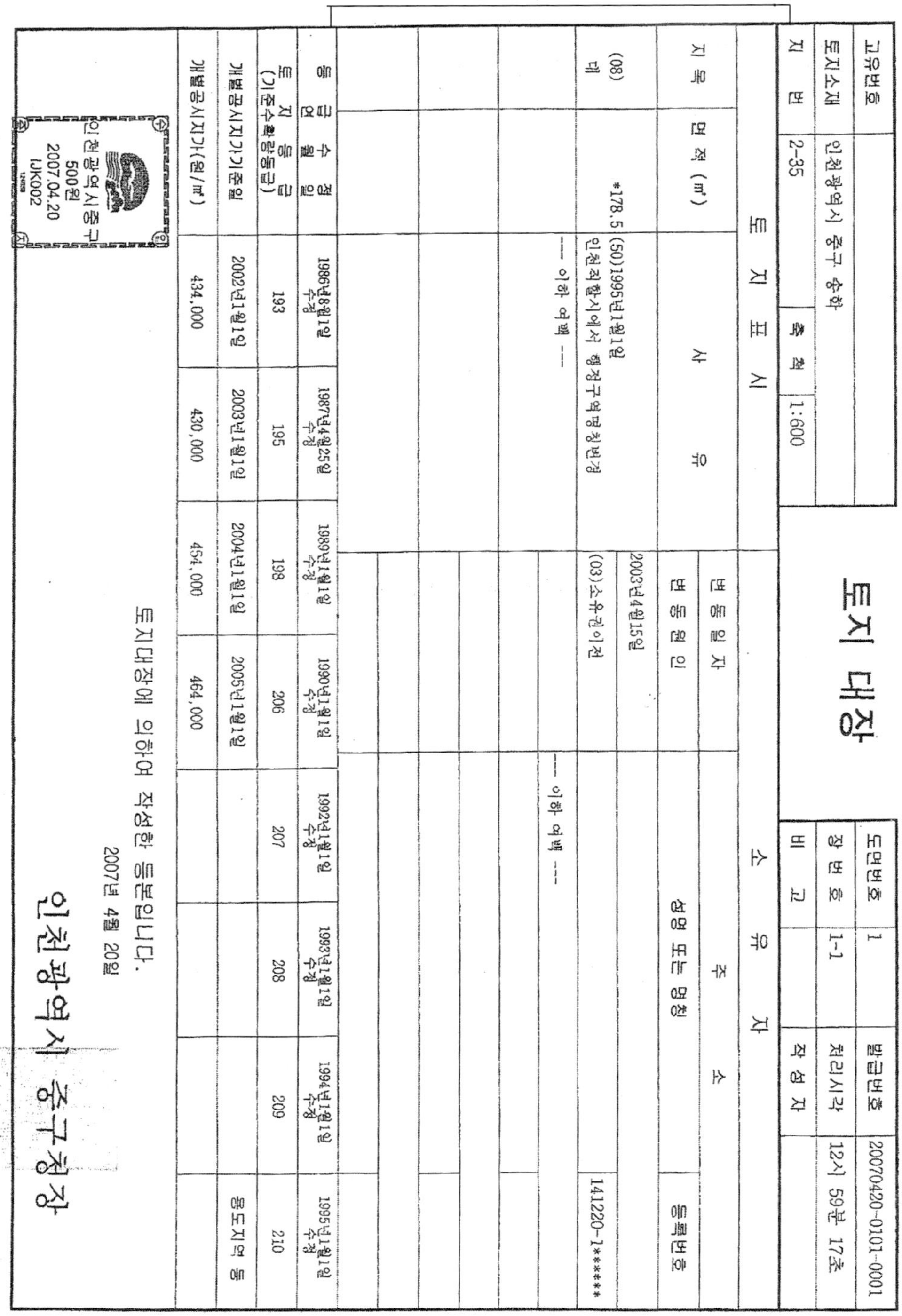

토지 대장

고유번호			
토지소재	인천광역시 중구 송학		
지 번	2-35	축 척	1:600

도면번호	1	발급번호	20070420-0101-0001
장 번 호	1-1	처리시각	12시 59분 17초
비 고		작 성 자	

토지 표시			소유자		
지 목	면 적 (㎡)	사 유	변 동 일 자 변 동 원 인	주 소	성명 또는 명칭 등록번호
(08) 대	*178.5	(50)1995년1월1일 인천직할시에서 행정구역명칭변경	2003년4월15일 (03)소유권이전		141220-1******
		--- 이하 여백 ---		--- 이하 여백 ---	

등 급 수 정 년 월 일	1986년8월1일 수정	1987년4월25일 수정	1989년1월1일 수정	1990년1월1일 수정	1992년1월1일 수정	1993년1월1일 수정	1994년1월1일 수정	1995년1월1일 수정
토 지 등 급 (기준수확량등급)	193	195	198	206	207	208	209	210
개별공시지가기준일	2002년1월1일	2003년1월1일	2004년1월1일	2005년1월1일				용도지역 등
개별공시지가(원/㎡)	434,000	430,000	454,000	464,000				

인천광역시중구
500원
2007.04.20
IJK002

토지대장에 의하여 작성한 등본입니다.

2007년 4월 20일

인천광역시 중구청장

124058:124

그림 3 토지대장

그림 4 현장사진

송학동 ○가 ○○ 단독주택 계획안

2007.05

그림 5 기본계획안 표지

■ 건 물 개 요				(M^2)
대 지 위 치	인천광역시 중구 송학			
지역, 지구	일반상업지역,역사문화미관지구			
대 지 면 적	178.5 (53.99평)			
층 별 면 적	층 별	용 도	면 적 (평)	비 고
	지 하 층	단독주택(주차장)	35.00 (10.58평)	
	1 층	단독주택	86.10 (26.05평)	
	2 층	단독주택	76.10 (23.02평)	
	3 층	단독주택	40.60 (12.28평)	
	합 계		237.80 (71.93평)	
건 축 면 적	86.10 (26.05평)			
연 면 적	237.80 (71.93평)			
건 폐 율	48.23% (법정:60%)			
용 적 율	113.61 % (법정:320%)			
주 차 대 수	2 대			
비 고	1. 도면은 계획도면이므로 변경될수 있습니다. 2. 건축 미관심의를 득해야 건축허가가 가능함 3. 4층까지 가능하며, 건축가능한 용도는 공동주택, 단독주택, 근린생활시설,등 4. 건축심의에 의해 건축물의 외관이 변경될수있습			

그림 6 기본계획안(개요)

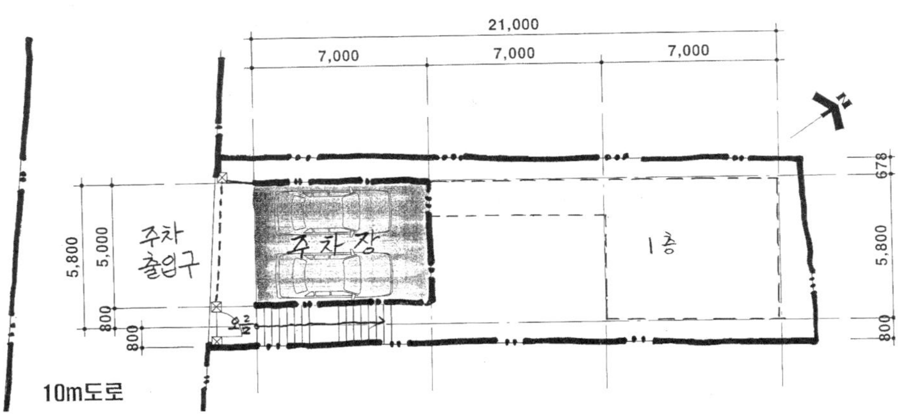

그림 7 기본계획안(지하층)

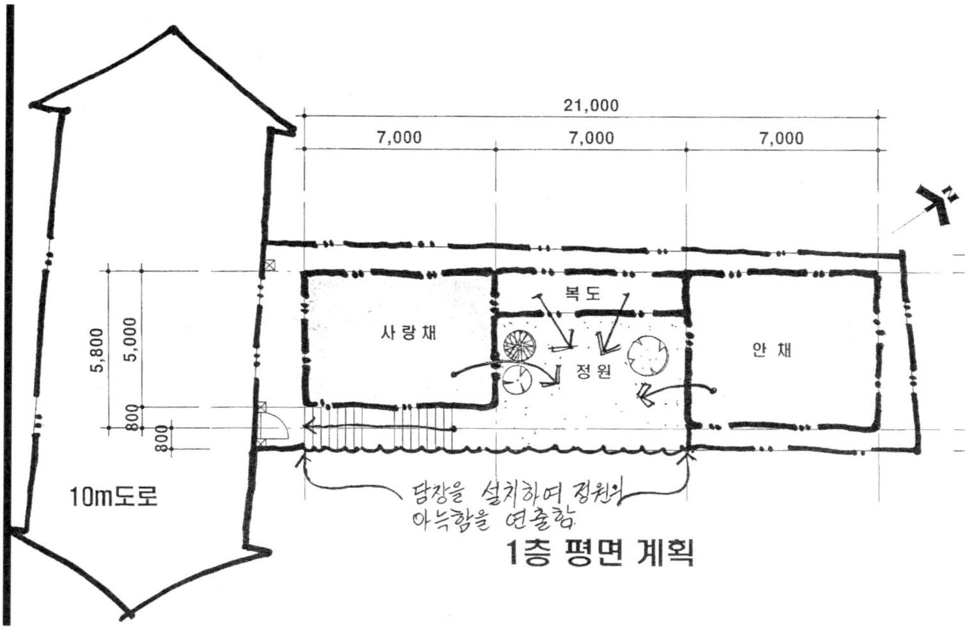

그림 8 기본계획안(1층평면도)

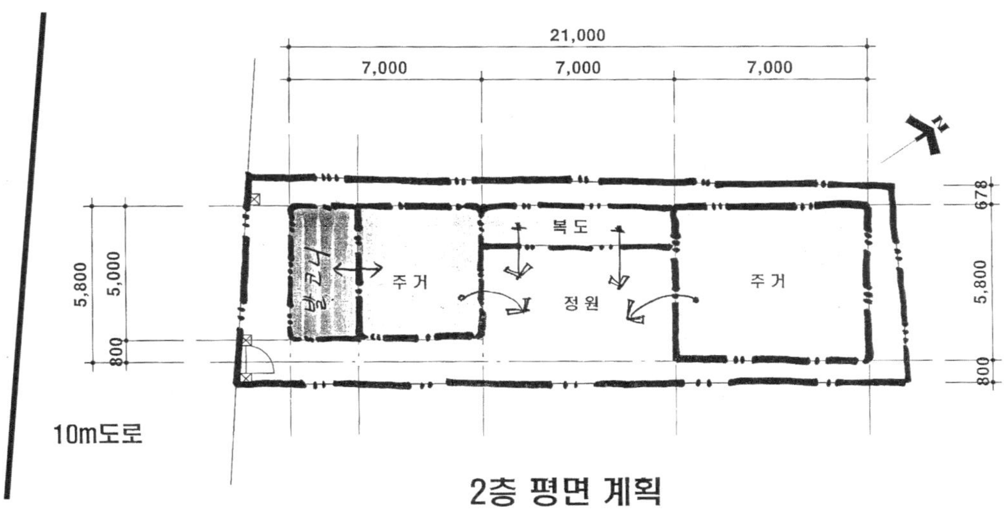

그림 9 기본계획안(2층평면도)

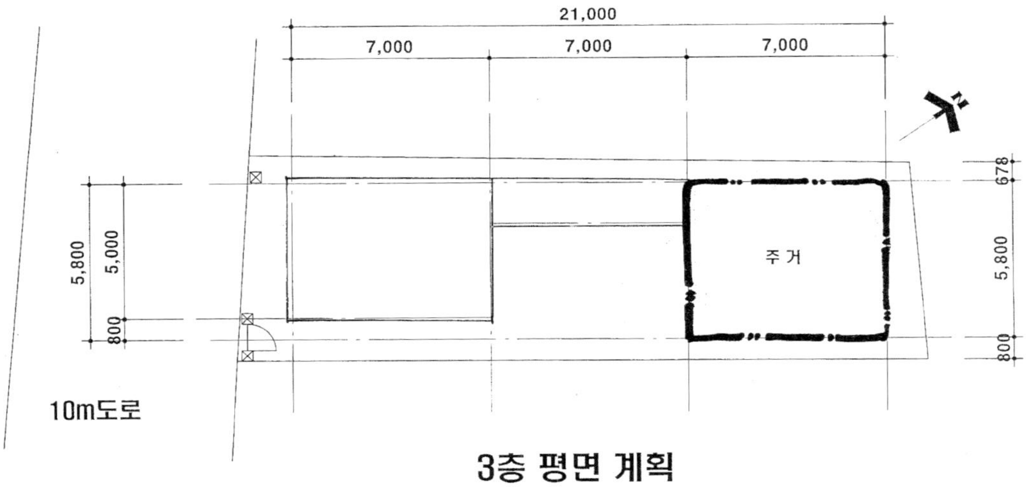

그림 10 기본계획안(3층평면도)

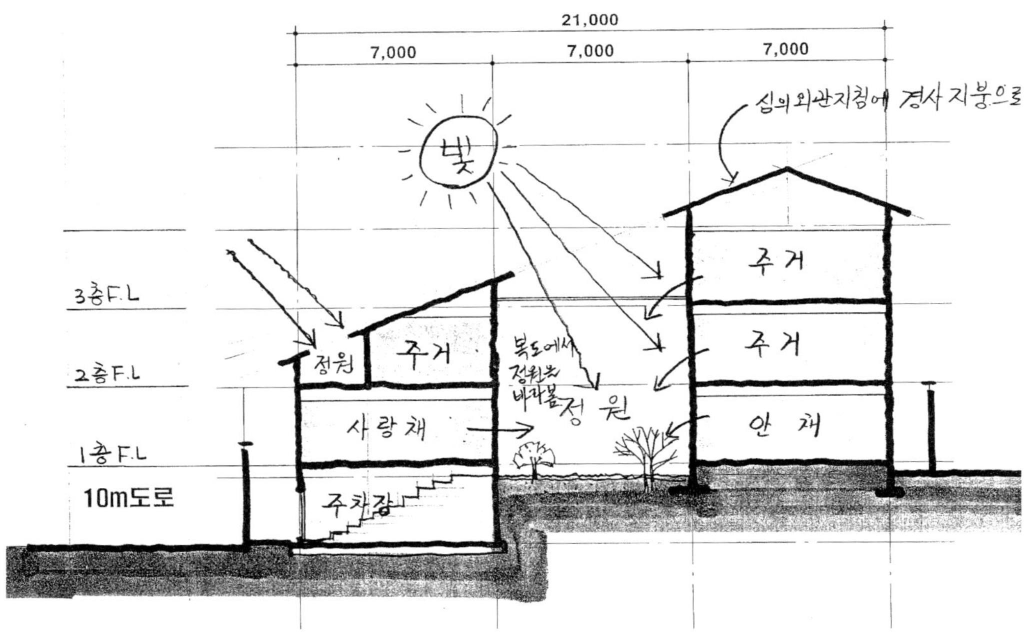

그림 11 기본계획안(주단면도)

세움터에 대한 정보

세움터 페이지 1 / 1

소관부처	건설교통부
사무명	사전결정(허가)
근거법규	1. 건축법 법률 제7조 4항 2. 건축법 법률 제7조 6항
처리기관	시/도
접수처리	1. 접수: 시/도 2. 처리: 시/도 3. 계:
구비서류	
기타	[유의사항] 사전결정을 통지받은 날부터 2년 이내에 건축허가를 신청하여야 하며, 동 기간 내에 건축허가를 청하지 아니하는 경우에는 사전결정의 효력이 상실됩니다(「건축법」 제7조제8항).
자치법규	- 시 도 - 시/군/구 자치법규보기 건축 | 주택 | 도시

그림 12 사전결정내용(허가)-1

[별지 제1호서식] <신설 2006.5.12, 2007.3.19>

(앞쪽)

사전결정신청서

신청인	①성명		②생년월일		
	③주소	(전화번호)			
설계자	④성명	서명(인)	⑤사무소명		
	⑥주소	(전화번호)			
대지 조건	⑦위치				
	⑧지역		⑨지구		
	⑩지목		⑪면적	m²	
용도	⑫주용도		⑬부속 용도		
	⑭용도별 면적	용도명 :	m²		
		용도명 :	m²		
		용도명 :	m²		
규모	⑮건축면적	m²	<16>연면적 m²	<17>지하면적	m²
	<18>건폐율	%	<19>용적률	%	
	<20>층수	지상( )층, 지하( )층, 건축물최고높이( )m			
<21>구조					
<22>주차장 규모		( )m², ( )대			
<23>주택형태			<24>세대수		

<25>일괄처리 내용(해당란에 V표를 합니다)

○건축위원회 심의	유( ) 무( )
○교통영향평가	유( ) 무( )
○사전환경성검토협의	유( ) 무( )
○개발행위허가	유( ) 무( )
○산지전용허가 및 산지전용신고	유( ) 무( )
○농지전용허가·신고 및 협의	유( ) 무( )
○하천점용허가	유( ) 무( )

「건축법」 제7조제1항·제2항 및 동법 시행규칙 제4조제1항에 따라 위와 같이 사전결정을 신청합니다.

년 월 일

신청인 (서명 또는 인)

특별시장·광역시장·시장·군수·구청장 귀하

구비서류

1. 「건축법 시행규칙」 제2조의3에 따라 제출되어야 하는 간략설계도서(「건축법」 제7조제2항에 따라 사전결정신청과 동시에 건축위원회의 심의를 신청하는 경우에 한합니다)
2. 「환경·교통·재해 등에 관한 영향평가법」에 따른 교통영향평가를 위하여 동법에서 제출하도록 한 서류(「건축법」 제7조제2항에 따라 사전결정신청과 동시에 교통영향평가를 신청하는 경우에 한합니다)
3. 「환경정책기본법」에 따른 사전환경성검토를 위하여 동법에서 제출하도록 한 서류(「건축법」 제7조제1항에 따라 사전결정이 신청된 건축물의 대지면적 등이 「환경정책기본법」에 따른 사전환경성검토 협의대상인 경우에 한합니다)
4. 법 제7조제6항 각 호의 허가를 받거나 신고 또는 협의를 하기 위하여 해당법령에서 제출하도록 한 서류(해당사항이 있는 것에 한합니다)
5. 별표 2 중 건축계획서 및 배치도

210㎜×297㎜(보존용지(2종) 70g/m²)

그림 13 사전결정신청서(허가)-2

(뒤쪽)

제출하는곳		처리부서	
수수료	없음	처리기간	일
근거법규	「건축법」 제7조		
유의사항	○사전결정신청자는 사전결정을 통지받은 날부터 2년 이내에 건축허가를 신청하여야 하며, 동 기간 내에 건축허가를 신청하지 아니하는 경우에는 사전결정의 효력이 상실됩니다(「건축법」 제7조제8항).		

※ 작성방법

④내지 ⑥의 설계자란은 사전결정을 신청하는 건축물의 규모 등이 「건축법」 제19조에 따라 건축사가 반드시 설계하여야 하는 건축물에 해당하는 경우에 한하여 기재합니다.

⑫및 ⑬의 "용도"는 「건축법 시행령」 별표 1에 따라 구체적으로 명시하되, "부속용도"라 함은 건축물의 주된 용도의 기능에 필수적인 용도로서 다음 각 호의 어느 하나에 해당하는 용도를 말합니다.

1. 건축물의 설비·대피 및 위생, 그 밖에 이와 유사한 시설의 용도
2. 사무·작업·집회·물품저장·주차, 그 밖에 이와 유사한 시설의 용도
3. 구내식당·구내탁아소·구내운동시설 등 종업원후생복리시설 및 구내소각시설, 그 밖에 이와 유사한 시설의 용도
4. 관계법령에서 주된 용도의 부수시설로 설치할 수 있도록 규정하고 있는 시설의 용도

⑮"건축면적"은 건축물의 외벽 또는 기둥의 중심선으로 둘러싸인 수평투영면적으로 하되, 지상 1미터 이하의 건축물은 건축면적에서 제외되며 처마·차양·부연 등이 1미터 이상 돌출된 경우에는 수평거리 1미터를 후퇴한 선으로 둘러싸인 면적으로 합니다.

<16>"연면적"은 하나의 건축물의 각 층의 바닥면적의 합계로 합니다.

<18>"건폐율"은 건축면적 ÷ 대지면적 × 100(%)으로 합니다.

<19>"용적률"은 연면적(지하층의 면적과 지상층의 부속주차면적 및 「주택건설기준 등에 관한 규정」에 따른 주민공동시설은 제외) ÷ 대지면적 × 100(%)로 합니다.

<21>"구조"는 목조·조적조·철근콘크리트조·철골조·철골철근콘크리트조·기타로 기재하되, 벽체와 지붕의 구조가 다른 경우에는 구분하여 기재합니다.

<23>"주택형태"는 단독주택 및 공동주택에 한하여 단독주택, 다중주택, 다가구주택, 아파트, 연립주택, 다세대주택, 기숙사로 구분하여 기재하며, 세대수는 다중주택, 다가구주택, 아파트, 연립주택, 다세대주택, 기숙사의 세대(가구)수를 기재합니다.

그림 14 사전결정신청서(허가)-3

[별지 제10-1호서식]

(앞면)

<table>
<tr><th colspan="6">인천광역시지정문화재현상변경등허가신청서</th></tr>
<tr><td rowspan="2">신 청 인</td><td>성 명</td><td colspan="2"></td><td>주민등록번호</td><td></td></tr>
<tr><td>주 소</td><td colspan="4"></td></tr>
<tr><td rowspan="3">대 상 문 화 재</td><td>명 칭</td><td colspan="4">홍예문 / 내동교회</td></tr>
<tr><td>종 별</td><td></td><td>지정번호</td><td>유형제49호/
유형제59호</td><td>수 량 1기/1동</td></tr>
<tr><td>소재지(보관장소)</td><td colspan="4"></td></tr>
<tr><td>보호구역 · 보호물</td><td colspan="5"></td></tr>
<tr><td>신 청 사 유</td><td colspan="5">신축으로 인한 건축허가</td></tr>
<tr><td>현상변경등의 부분</td><td colspan="2"></td><td>현상변경등의내용</td><td colspan="2"></td></tr>
<tr><td rowspan="2">현상변경등을
하고자 하는 자</td><td>성 명</td><td></td><td>주민등록번호</td><td colspan="2"></td></tr>
<tr><td>주 소</td><td colspan="4"></td></tr>
<tr><td rowspan="2">공 사 담 당 자</td><td>성 명</td><td></td><td>기술자 · 기능자 수리
업자 등록번호</td><td colspan="2"></td></tr>
<tr><td>주 소</td><td colspan="4"></td></tr>
<tr><td rowspan="2">착공 및 준공
예정 년 월 일</td><td>착 공</td><td colspan="4">2007년 월 일</td></tr>
<tr><td>준 공</td><td colspan="4">2007년 월 일</td></tr>
<tr><td>소 요 경 비</td><td colspan="2">원</td><td>재 원</td><td colspan="2"></td></tr>
<tr><td>기 타 사 항</td><td colspan="5">대지위치:인천광역시 중구 송학동3가 2-35</td></tr>
<tr><td colspan="6">위와 같이 시문화재보호조례시행규칙 제21조제3호의 규정에 의하여 신청하오니 허가하여 주시기 바랍니다.

2007년 08 월 일
신청인 서명 또는 인

인천광역시장 귀하</td></tr>
<tr><td colspan="5">첨부서류
1. 설계조서 · 현장사진
2. 토지 기타 물건의 소유자동의서</td><td>수수료
없 음</td></tr>
</table>

190mm×268mm(신문용지 50g/㎡)

그림 15 사전결정신청서(허가)-4

설계도서 작성기준

① 계획설계의 도서작성

종 류		내 용	설계업무구분		
			가	나	다
건축	공사비 개산서	재료・장비선정에 따른 개략 공사비			
	법규검토	제반법규검토, 인허가절차 파악	○	○	○
		설계구상안	○	○	○
	건축계획서	설계개요	○	○	○
		배치계획			○
		평면계획			○
		입면계획			○
		단면계획			○
		외장재료 비교 분석			
	모형	Sketch 또는 Study Model			○
	건축 도면	배치도	○	○	○
		대지 종・횡단면도	○	○	○
		각층 평면도	○	○	○
		입면도(2면이상)	○	○	○
		단면도(종・횡단면도)	○	○	○
	심의 도서	심의대상인 경우			
구조	구조계획서	구조계획개요			○
		기본 구조적용 시스템 및 대안, 경제적 타당성 검토			
	심의 도서	구조심의 대상인 경우			
기계	기계설비 계획서	건축주 요구사항의 수용여부와 설계방침의 확정			○
		기계설비 계획개요			○
		각종 개통도 및 Zoning 계획			
		적용 시스템 비교 검토			
		개략 공사비 추정			
	심의 도서	심의 대상인 경우			
전기	전기설비 계획서	해당 법규 검토			○
		설계방향 설정, 전기설비계획개요			○
		추정 부하 산정			
		개략 예산 검토			
	심의 도서	심의 대상인 경우			
토목	토목계획서	개략 흙막이 계획서			
		흙막이 계획도			
		우・오수처리계획서와 상수계획서			
		예상공사비 계산서			
조경	조경계획서	녹지 및 공개공지 계획도			
		식재 계획도			○
		시설물 계획 및 포장계획도			
	심의 도서	심의 대상인 경우			○
방재	심의 도서	법규체크리스트 및 소방개략계획서			

그림 16 계획설계 도서 작성기준

그림 17 건축심의 표지

- **대지개요**

- 지 번 : 인천광역시 중구 송학동3가
- 면 적 : 178.50m2
- 도시계획 : 일반상업지역, 역사문화미관지구
- 기타(입지특성, 주변현황) : 경사진 대지에 주변은 낙후된 주택가로서 노후된 주택들이 밀집되어 있으며 보수및 신축을 요함

- **지적도**

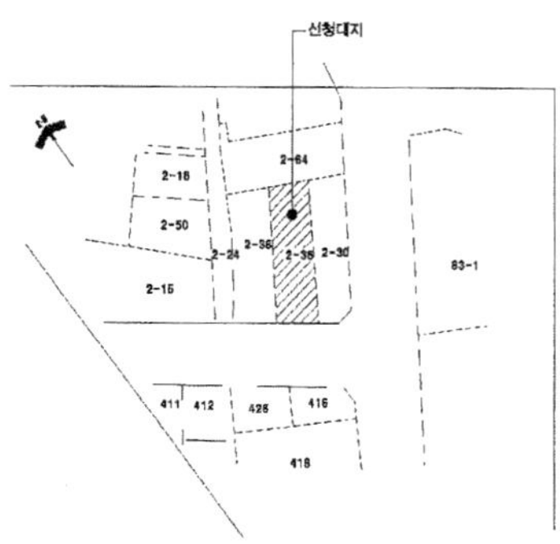

- **위치도**

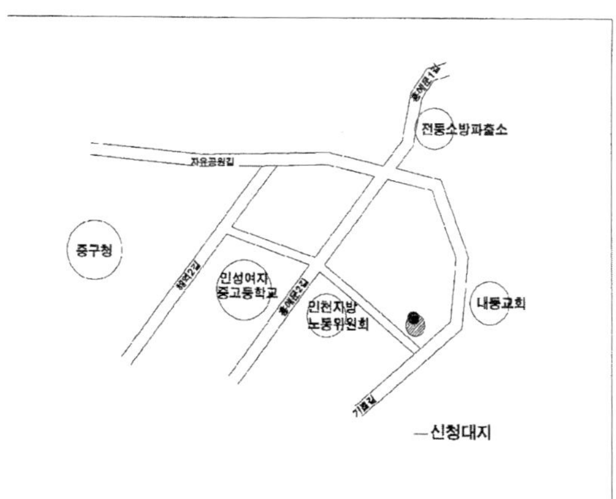

그림 18 대지개요 및 지적, 위치도

현장사진(근경/원경)

• 현장사진(근경)

• 현장사진(원경)

그림 19 현장조사 및 현장사진

설계개요(사례)

• 건축개요

- 공 사 명 :송학동 단독주택 신축공사
- 대지위치 : 인천광역시 중구 송학동3가
- 지역지구 : 일반상업지역, 역사문화미관지구
- 대지면적 : 178.50m2
- 층수/규모 :지하1층,지상3층
- 구조/용도 : 단독주택(1가구)
- 건축면적 :94.77m2
- 연 면 적 :243.54m2
- 건 폐 율 :52.89%
- 용 적 율 : 136.44%

• 주차계획

- 법정주차 :2대 계획주차:2대
- 주차면적 :35.52m2

• 조경계획

- 법정조경: 대지면적 200m2미만인 178.50m2로서 해당없음
- 계획 : 9.00m2 계획하였음

• 층별면적표

층 별	용 도	면 적
• 지하층	: 주차장	35.52m2
• 1 층	: 단독주택(1가구)	91.72m2
• 2 층	: 단독주택	94.42m2
• 3 층	: 단독주택	57.40m2
•합 계	: 단독주택(1가구)	279.06m2

• 특기사항

그림 20 설계개요 및 면적표

- **지구단위계획사항**

구분	U3	적용 여부	지침예시도	지구단위지침도
위치	근대건축물 밀집구역 (M-1,M-2,M-3,M-4) 근린상업구역 (N)		-창호형태 예시  -Storefront지침 적용 예시 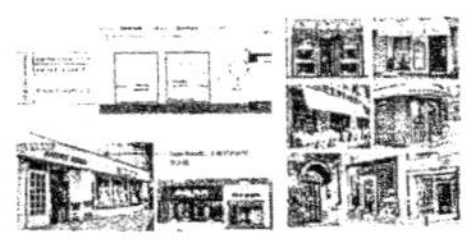	
허용용도	공동주택(주거 60%이하) (N에의함, M에는 불허용) 제1종근린생활시설 제2종근린생활시설 문화및 집회시설 의료시설(격리병원, 장례식장 제외) 단독주택 교육연구및 복지시설 자동차관련시설중 주차장	단독주택 3층건물 적용함		
1층 권장용도	문화및 집회시설중 전시장(미술관,기념관,박물관) 제1종근린생활시설중 일용품점, 휴게음식점 제2종근린생활시설중 일반음식점,휴게음식점,서점, 사진관,표구점	해당없음		
불허용도	허용용도 이외의 용도			
건폐율(%)	80%이하	52.89% 적용함		
용적율(%)	320%이하	136.44% 적용함		

그림 21 계획설계도(심의–지구단위규제사항)

- **규제사항**

항목		F1		반영사항	비고
	배치및 규모	-대규모 건축물의 횡렬 장변배치금지 -내규모건축물의 경우 다단식건축, 요철건축을 통히 mass를 분절하여휴먼스케일을 지향할것		적용함	단독주택, 3층
	지붕	-2방향이상의 경사지붕/점토기와, 나무기와, 아스팔트쉽글 동판및 양질의 금속기와 권장		적용함	2방향의 경사지붕
	옥탑/옥상	-옥탑부의 과도한 디자인은 지양할것 -옥상부의설비시설의 노출, 가설건축물, 물건의 적치등 경관저해요소 금지		적용함	옥탑:없음 옥상:조경설치
파사드	형태	-자유공원 및 주변과 조화를 이루도록 할것 -양질의 비례감을 통해 휴먼스케일을 고려한 형태를 이루도록 할것 -R구역(R-1,R-2) 건축물의 창호는 예시를 참조하여 주변과 조화되게 할것		적용함	
	재료	-자유공원 및 주변과 조화를 이루도록 할것 -반사유리등 주변과 부조화를 이루는 재료는 사용금지		적용함	
	색채	-자유공원 및 주변조화를 이루도록할것		적용함	
	기타			해당없음	
상가전면	위치/규모	-기둥과 보에의한 구조체로 구획되며, 구획이 명확하지 않은 경우는 벽체에 구분된 VOID된곳에 한함 -차양, 광고물등 은 storefront 구획선을 벗어나지 않도록 할것		해당없음	
	사인존	-건물전체와 조화되도록 할것		해당없음	
	차양존	-차양을 설치할 경우 본 건물과 조화됨은 물론 가로경관을 배려할것 •과도한 형태나 색채의 사용금지. 건물과 조화됨은 물론 가로경관을 배려하여 설치 •설치높이: 하단부의 높이 2.2-2.4m 이상 •돌출길이: 1.2m 이내로 제한 •재질: 비닐이나 플라스틱 재질을 피하며, 캔버스 재질을 권장 •덴딩형태: 물결형태는 금지한다. 덴딩의 길이는 15cm로 할것		해당없음	
	윈도우존	-창은 투시가능한 구조로 할것		해당없음	
	기타	-사인존, 차양존등 수평분할선은 인접건물과 일치시킬것		해당없음	
	건축설비	-건축설비의 노출금지. 부득이한 경우에는 차폐요소를 사용하여 가로에서 보이지 않도록 할것		적용함	
공작물	주차장	-주차장의 출입부분은 바닥포장을 보도와 일체화하고 식재및 가로시설물을 통해 가로 경관을 배려할것		적용함	
	옹벽,담,계단	-가로변에 담장을 설치할경우 생울타리, 투시형담장, 부조, 화단, 조명 연출등을 통하여 쾌적한 가로보행활동을 유도할것 -옹벽설치기준에 적합하게 하고 경관을 고려하여 담쟁이덩굴, 조경블럭 등을 사용할것		적용함	담:투시형담장설치 계단:사인석설치
	가설건축물			해당없음	
부착물등				해당없음	
대지경계및 형질		-경사지의 대지는 다단으로 조성하여 과도한 옹벽이 생기지 않도록 할것		적용함	
비고					

그림 22 계획설계도(심의–지구단위계획사항)

그림 23 투시도(계획설계도)

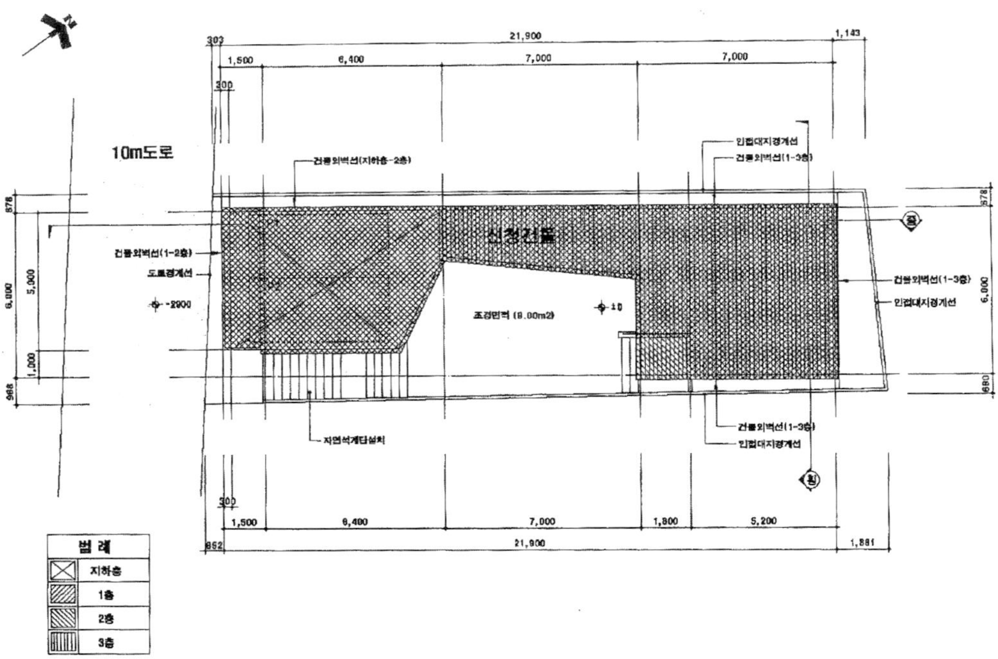

그림 24 배치도(계획설계도)

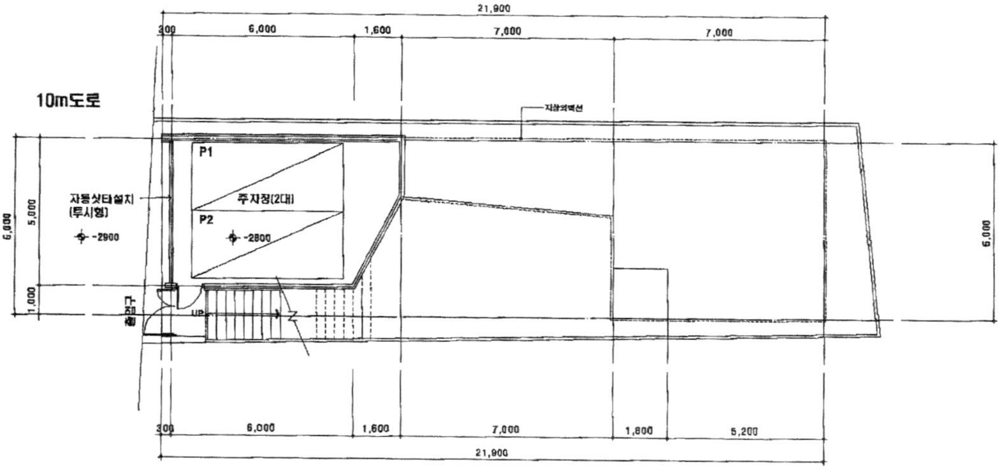

그림 25 지하층 평면도(계획설계도)

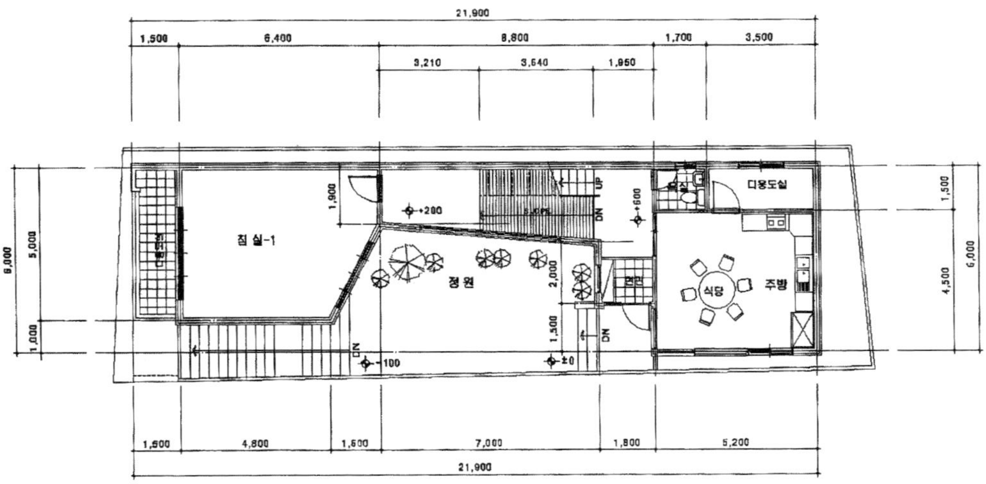

그림 26 지상 1층평면도(계획설계도)

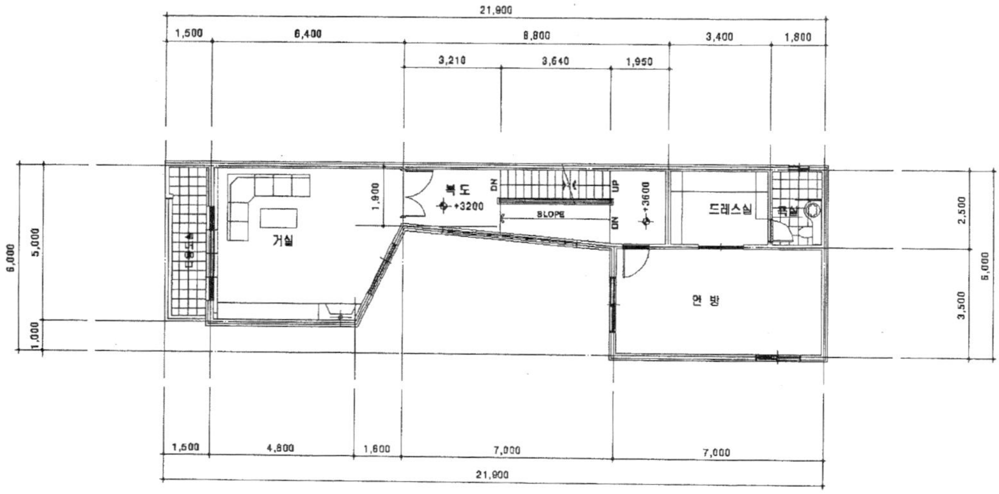

그림 27 지상2층 평면도(계획설계도)

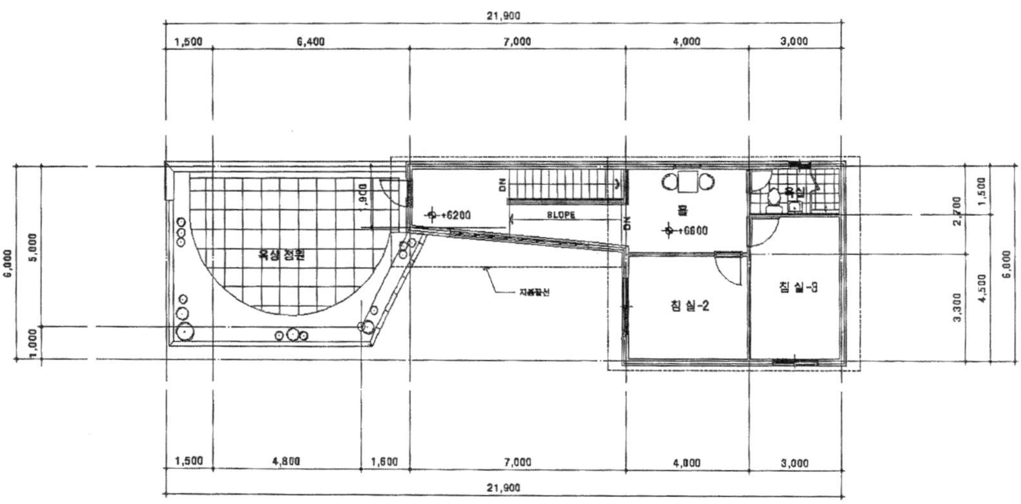

그림 28 지상3층 평면도(계획설계도)

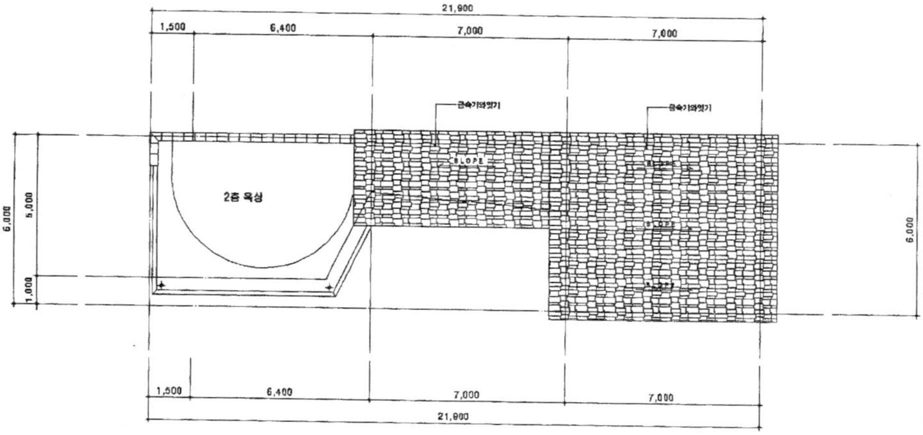

그림 29 지붕층 평면도(계획설계도)

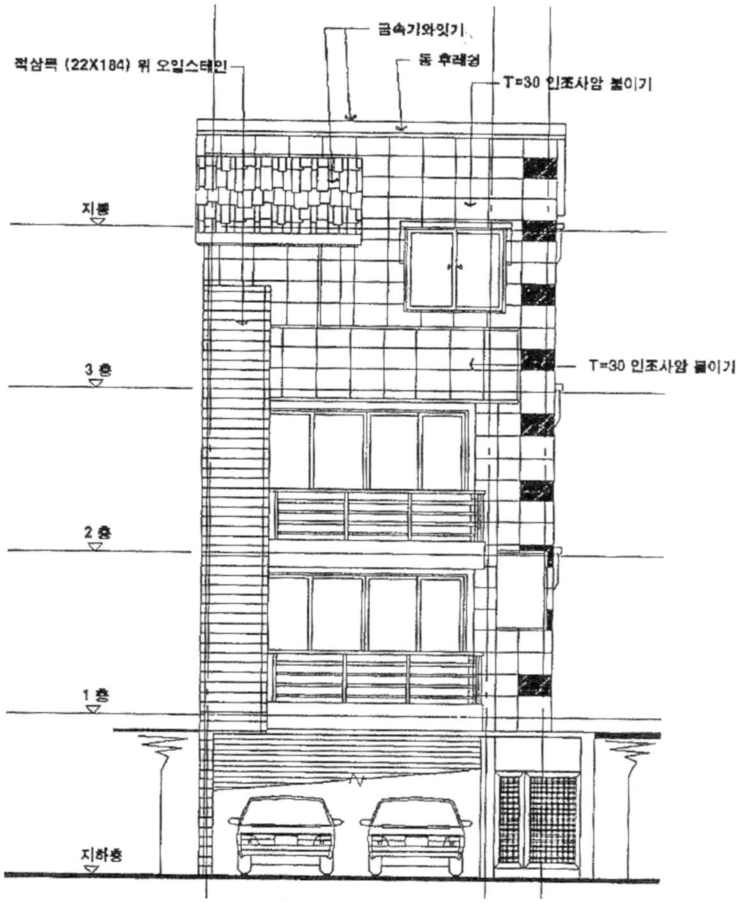

그림 30 정면도(계획설계도)

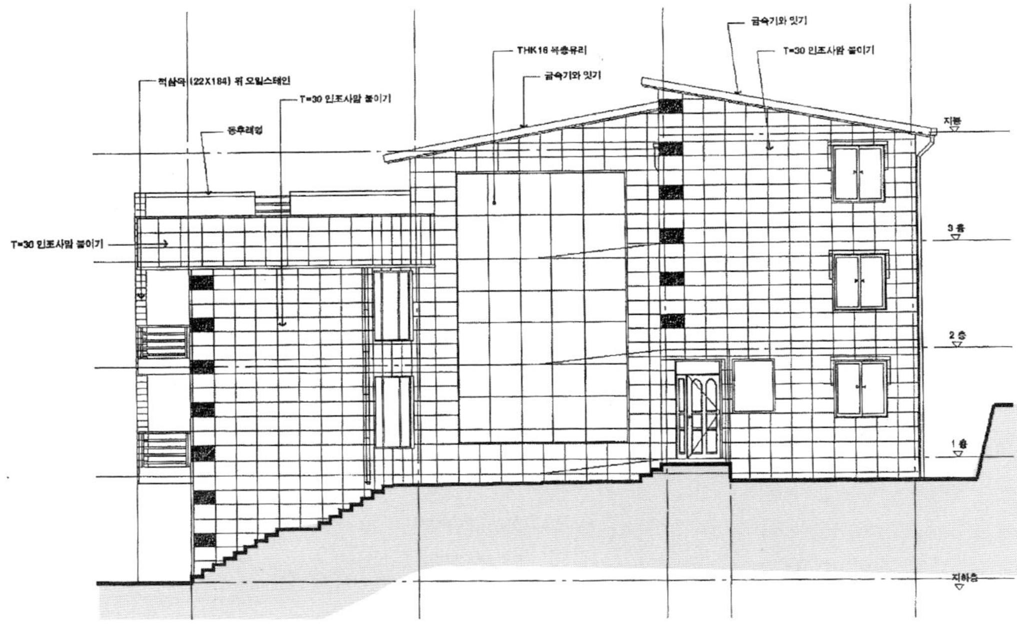

그림 31 우측면도(계획설계도)

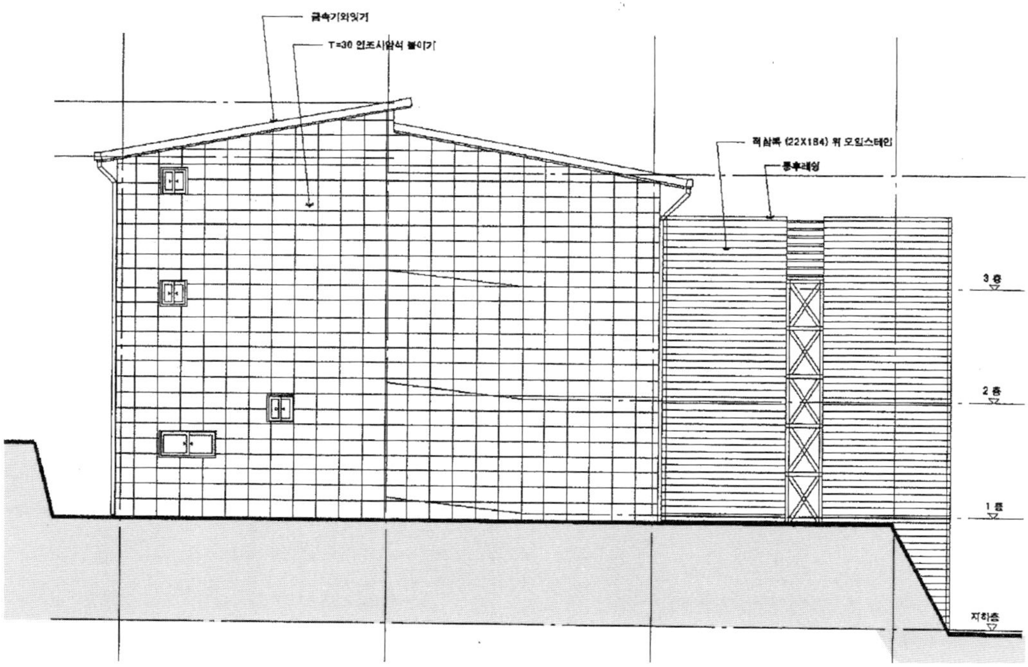

그림 32 좌측면도(계획설계도)

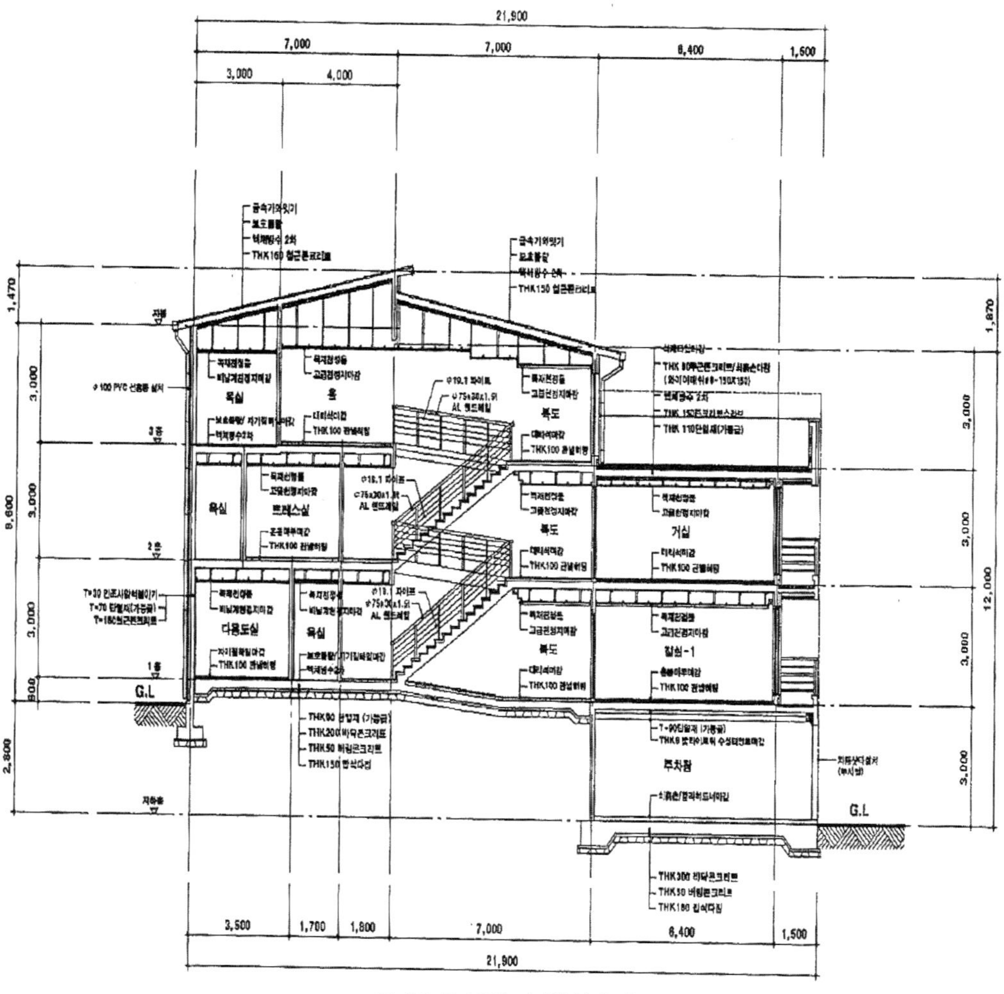

그림 33 종 단면도(계획설계도)

■ 미관지구 내심의도서 사례(기본설계)

건 축 개 요

■ 대 지 조 건

대 지 위 치	안산시 상록구 부곡동
대 지 면 적	226.60M2
지 역,지 구	2종일반주거지역, 일반미관지구
지 목	대
도 로 관 계	8M도로에 17.44M에 접함

■ 건 축 물 개 요

건 축 면 적	107.80 M2
연 면 적	379.24 M2
건 폐 율	107.80/ 226.60 x 100 = 47.57%
용 적 율	379.24/ 226.60 x 100 = 167.36%
용 도	다세대주택 (4세대)
구 조	철근콘크리트
층 수	지상 4층
공 사 종 별	신 축
처 마 높 이	11.00M
최 고 높 이	12.30M
조 경 면 적	226.60X 5% = 11.33M2 (실조경면적:12.00M2)
주 차	옥외 4대 (46.00M2)

■ 층 별 면 적 개 요

단위:m2

층 별	용 도	면 적	비 고
1 층	다세대주택 (1세대)	94.81	
2 층	다세대주택 (1세대)	94.81	
3 층	다세대주택 (1세대)	94.81	
4 층	다세대주택 (1세대)	94.81	
(옥탑층)	바닥면적제외	(9.50)	
합 계	다세대주택 (4세대)	379.24	

그림 34 미관지구 내심의도서사례(기본설계)

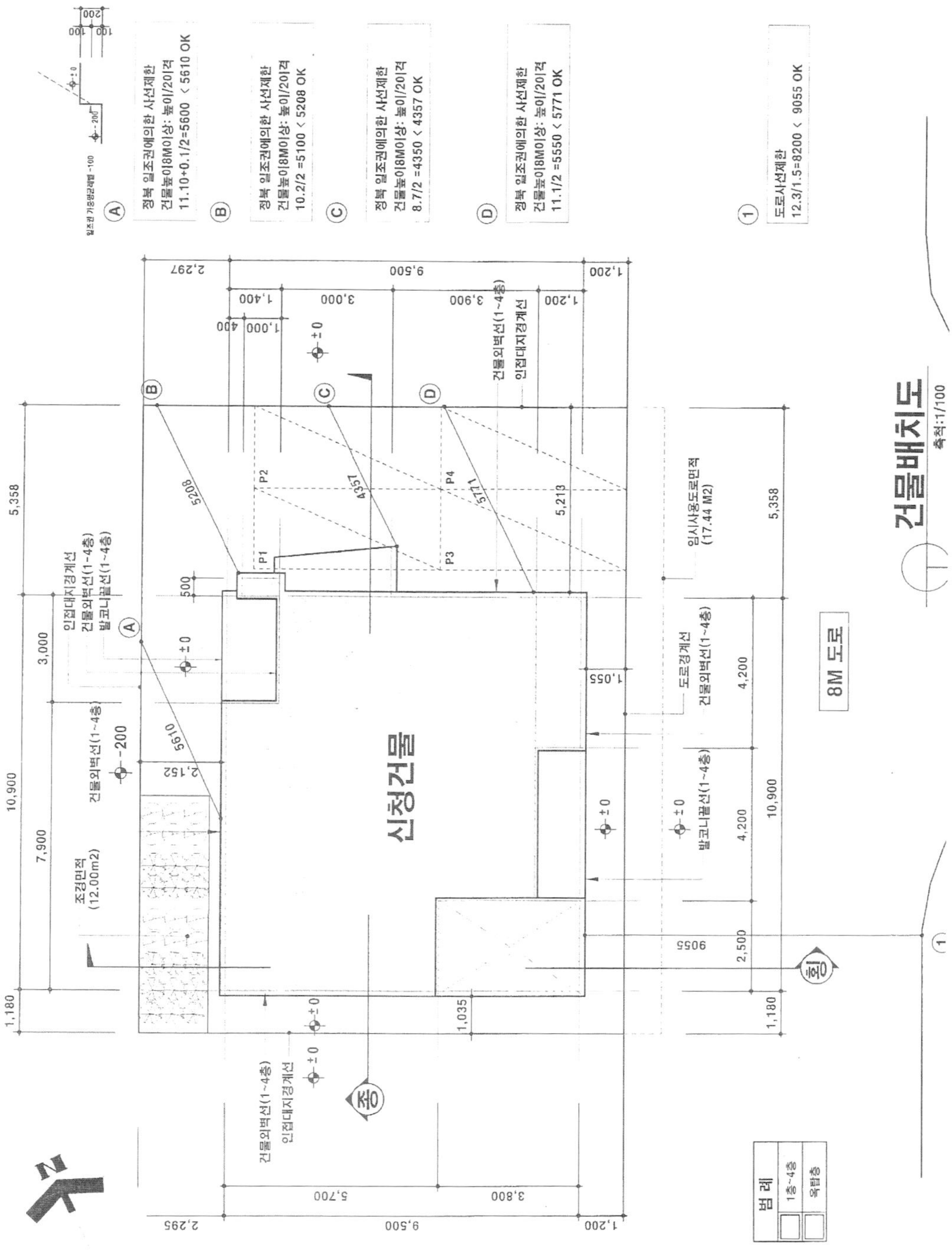

그림 35 설계개요(기본설계도)

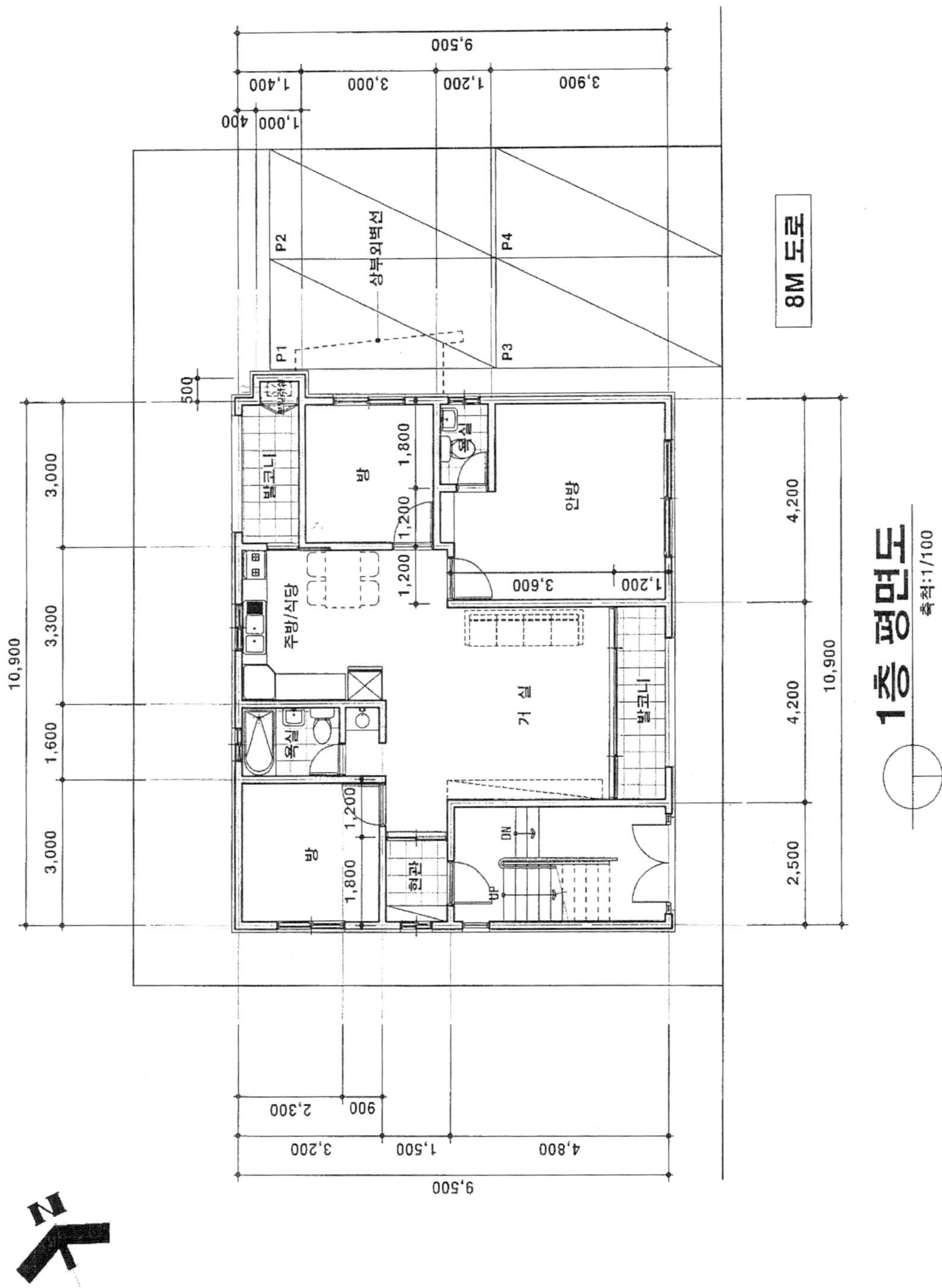

그림 36 1층평면도(기본설계도)

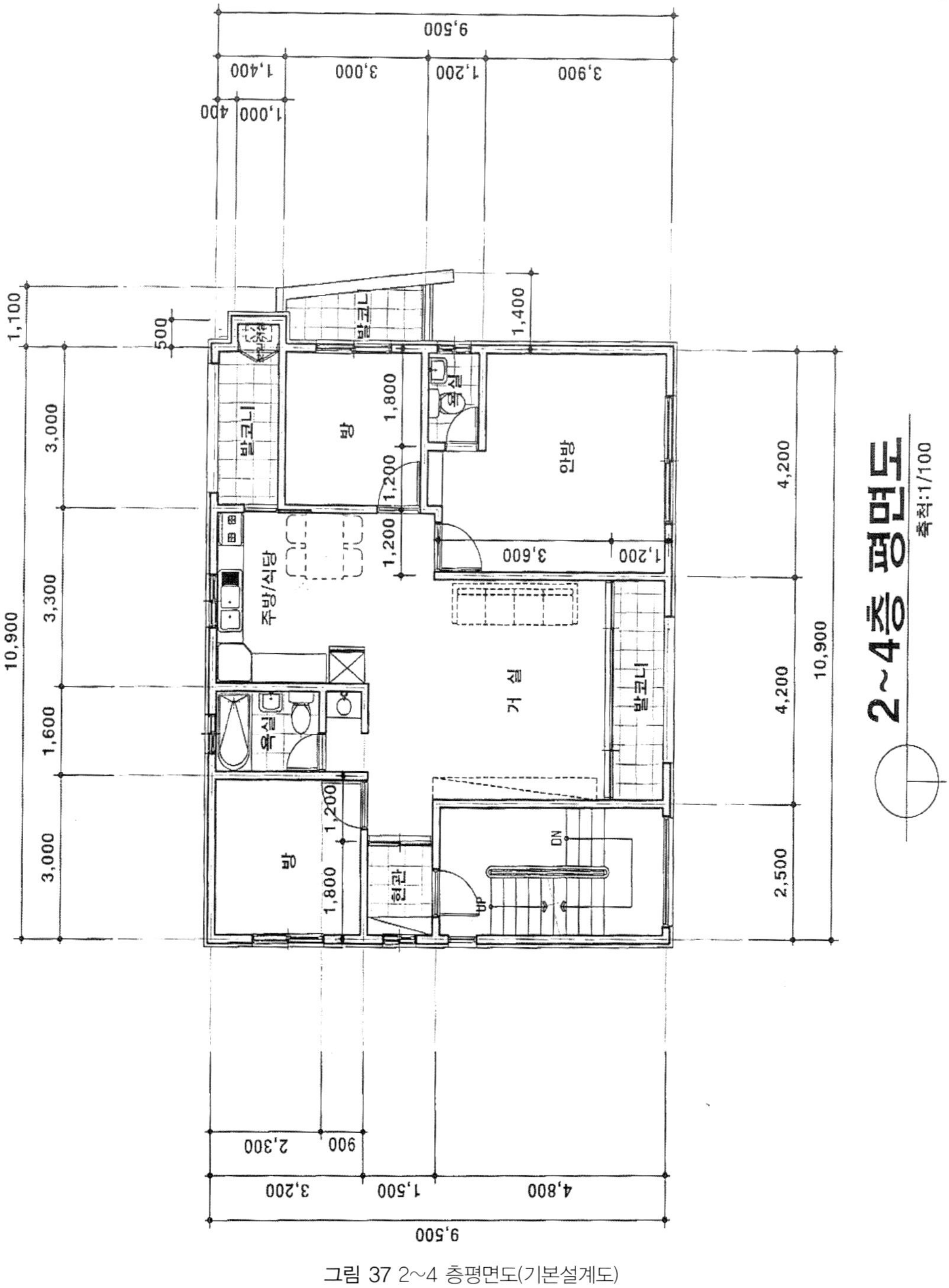

그림 37 2~4 층평면도(기본설계도)

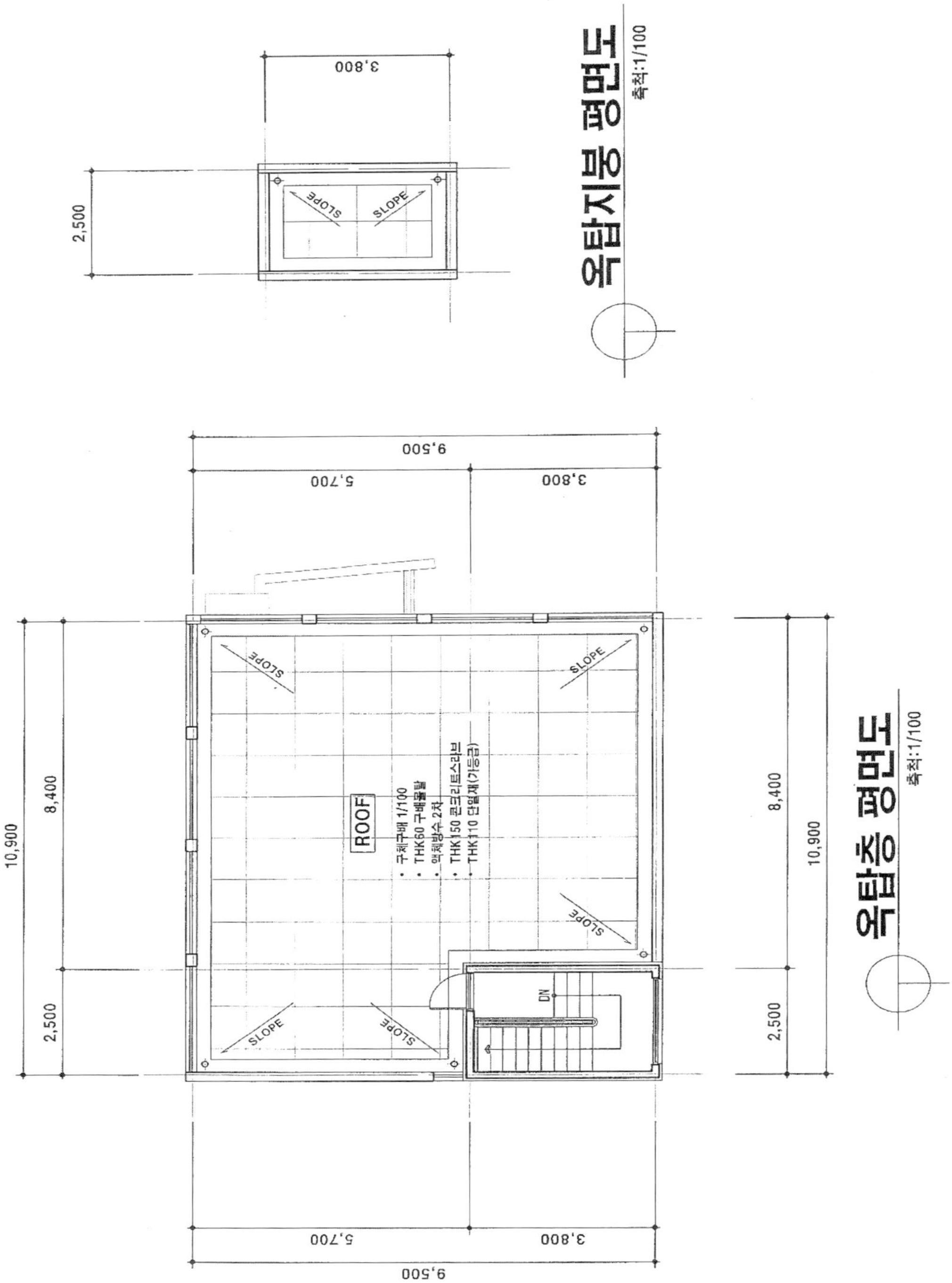

그림 38 옥탑층 평면도(기본설계도)

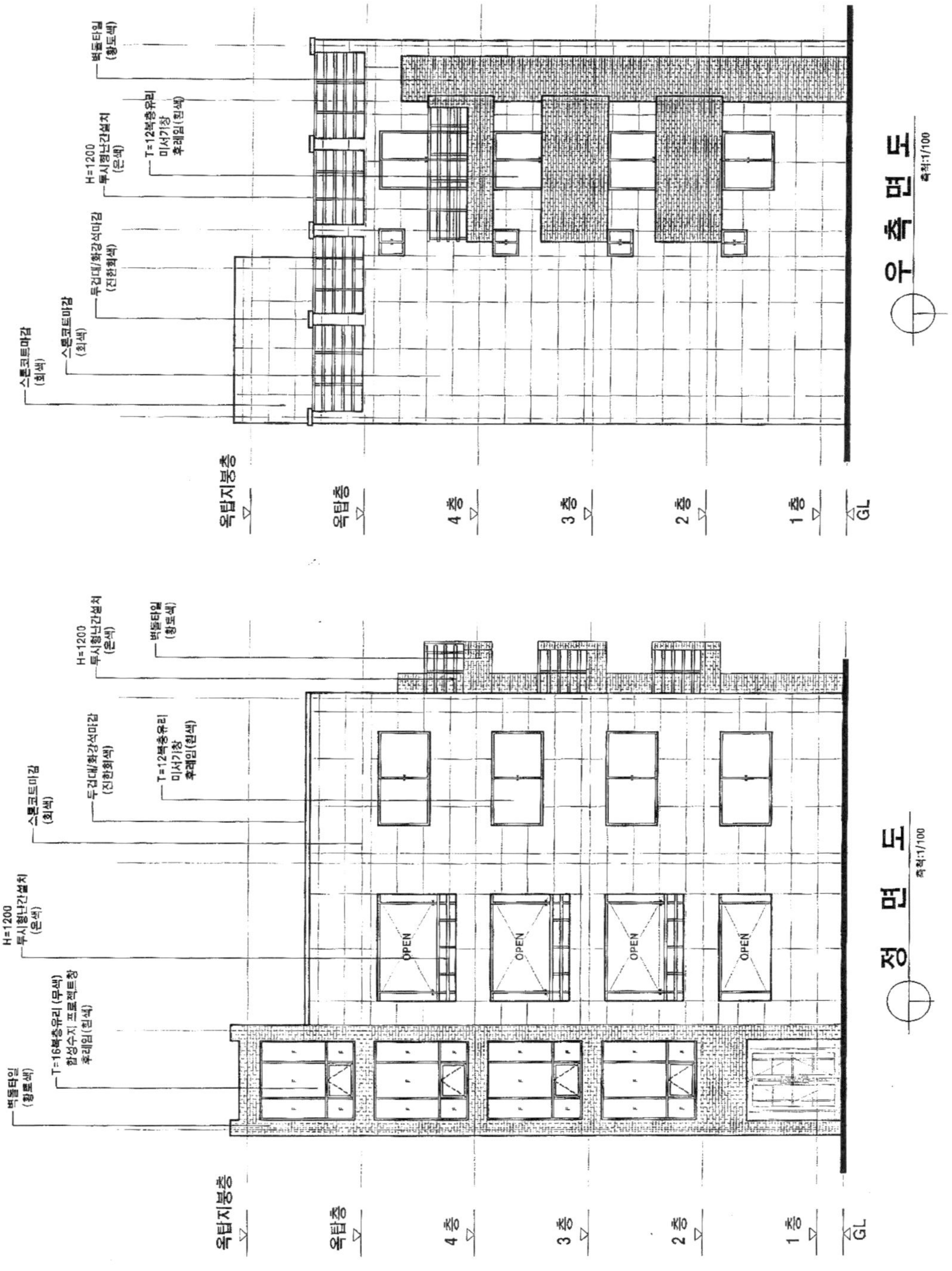

그림 39 입면도-1(기본설계도)

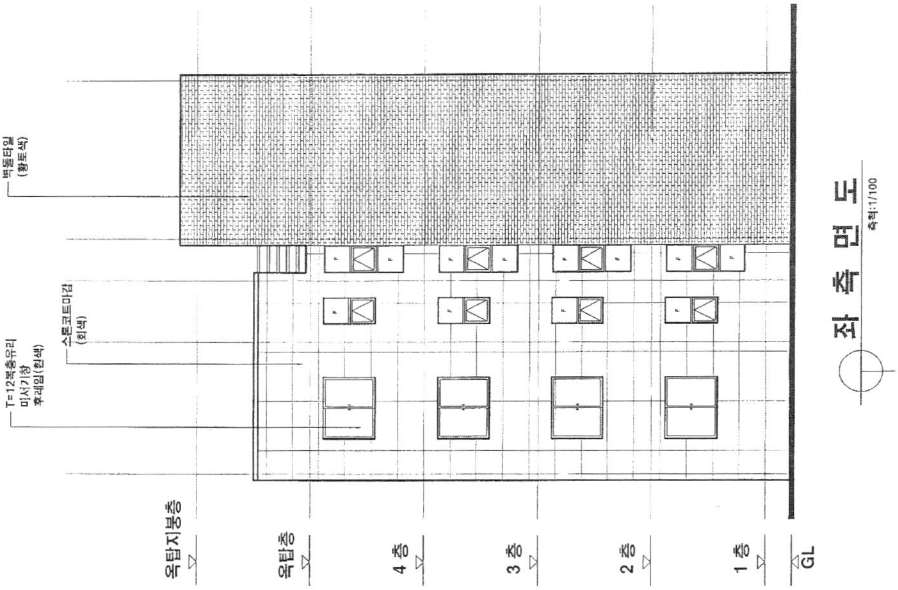

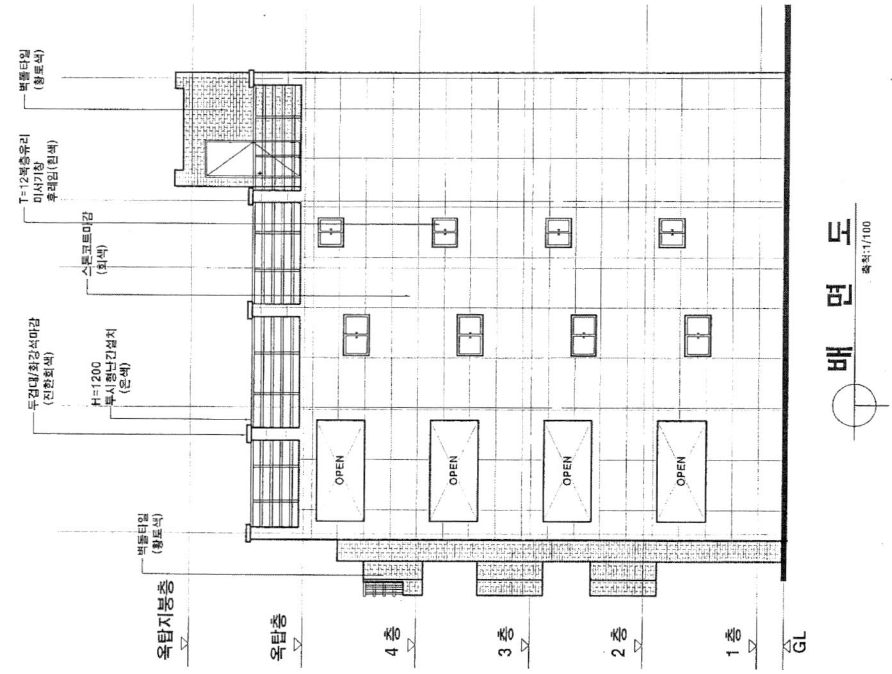

그림 40 입면도-2(기본설계도)

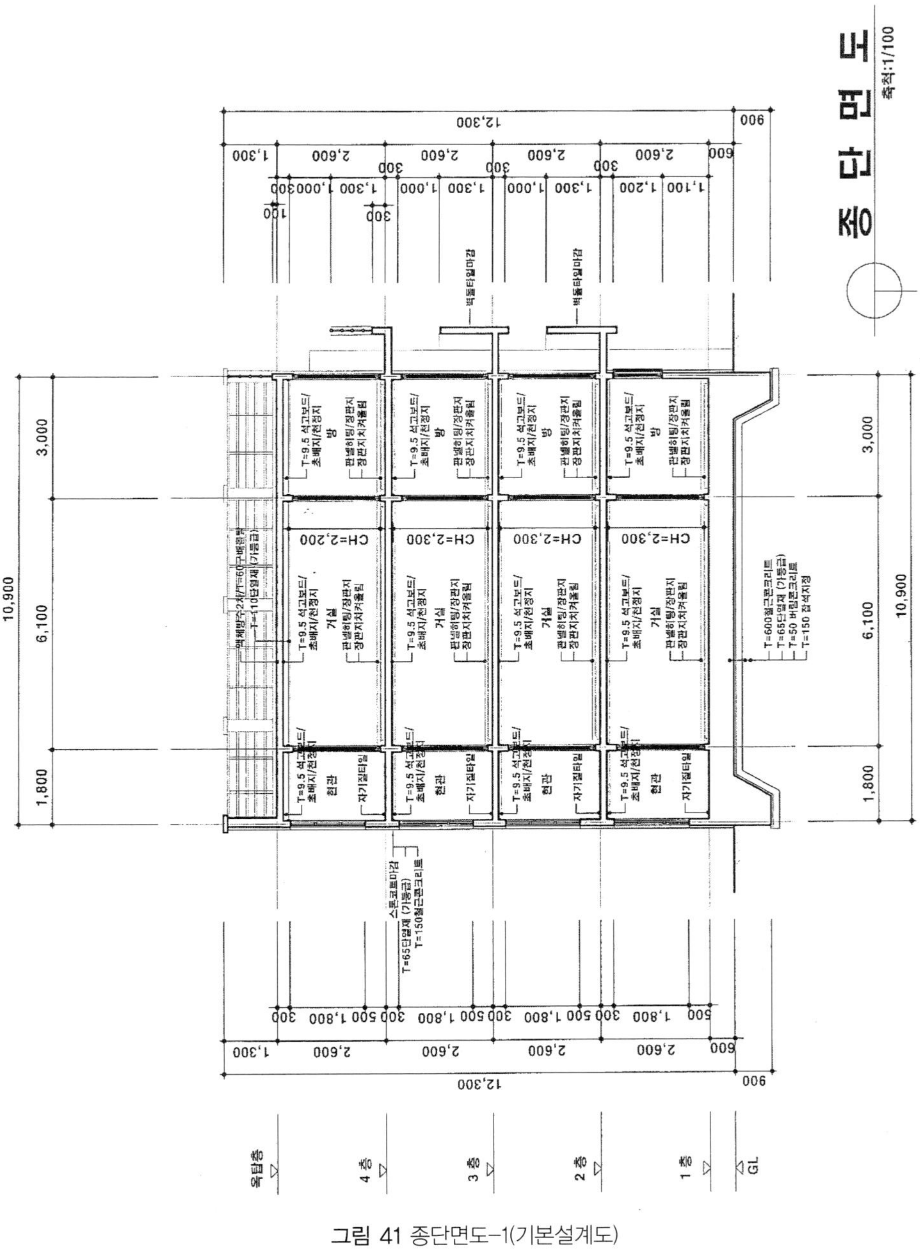

그림 41 종단면도-1(기본설계도)

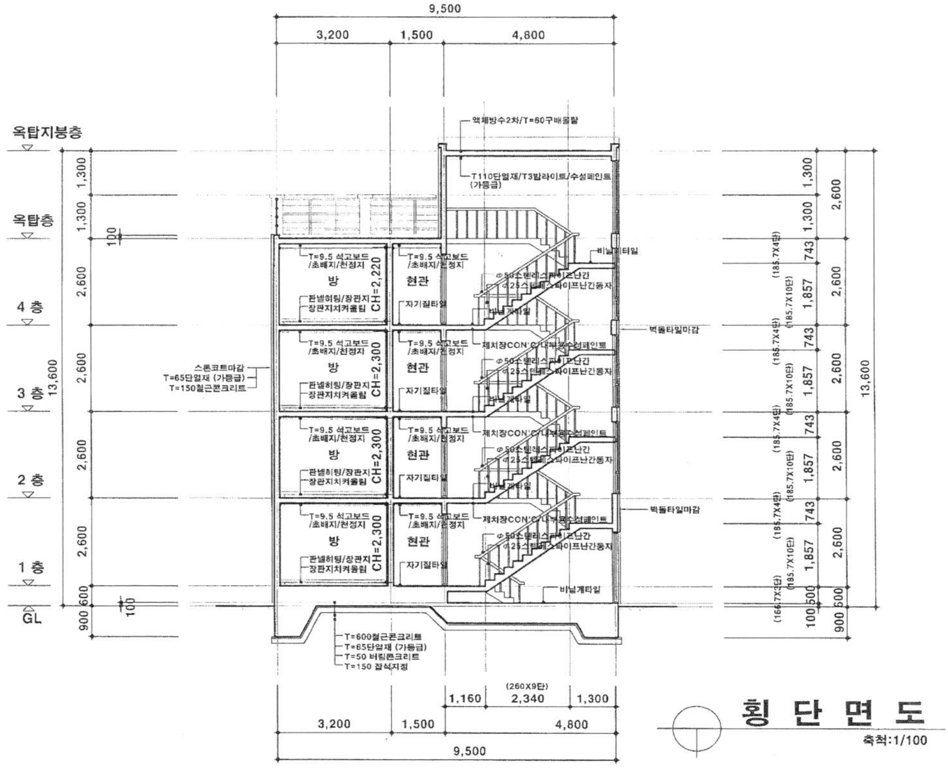

그림 42 횡단면도-2(기본설계도)

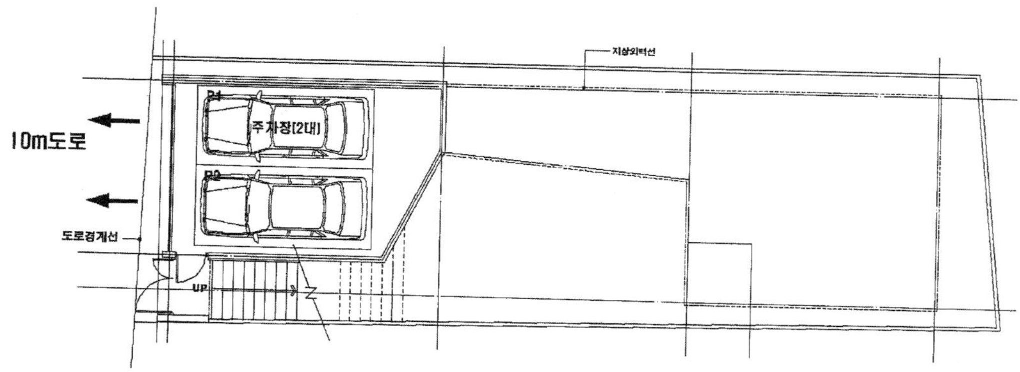

그림 43 주차계획도

세움터 인터넷에서 정보처리

소관부처
건설교통부

사무명
건축·대수선·용도변경허가

근거법규
1. 건축법 법률 제8조
2. 건축법 법률 제10조
3. 건축법 법률 제14조
4. 건축법 법률 제15조 1항
5. 건축법 시행규칙 제6조
6. 건축법 시행규칙 제12조 2항

처리기관
특별시/광역시/시/군/구

접수처리
특별시/광역시 30/90일
시/군/구 2/20일(도지사 사전승인대상 : 90일)

구비서류
[신축/증축/개축/재축/이전/대수선 및 가설건축물의 건축]
1. 건축할 대지의 범위와 그 대지의 소유 또는 그 사용에 관한 권리를 증명하는 서류. 다만, 분양
목적으로 하는 공동주택을 건축하는 경우에는 건축할 대지의 범위와 그 대지의 소유에 관한 권ㄹ
증명하는 서류를 제출하되, 「건축법」 제8조에 따라 주택과 주택 외의 시설을 동일 건축물로 건
하는 건축허가를 받아 「주택법 시행령」 제15조제1항에 따른 호수 또는 세대수 이상으로 건설/
급하는 경우 대지의 소유권에 관한 사항은 「주택법」 제16조를 준용합니다.
2. 「건축법 시행규칙」 제5조에 따른 사전결정서(「건축법」 제7조에 따라 건축에 관한 입지 및
모의 사전결정서를 송부받은 경우에 한합니다)
3. 「건축법 시행규칙」 별표 2의 설계도서(「건축법」 제7조에 따른 사전결정을 받은 경우에는
축계획서 및 배치도를 제외합니다). 다만, 「건축법」 제19조제4항에 따른 표준설계도서에 따라
축하는 경우에는 건축계획서 및 배치도에 한합니다.
4. 「건축법」 제8조제6항 각 호에 따른 허가 등을 받거나 신고하기 위하여 해당법령에서 제출ㅎ
록 의무화하고 있는 신청서 및 구비서류
[의제처리]
1. 공사용가설건축물축조신고
2. 공작물의 축조신고
3. 개발행위허가
4. 도시계획사업실시계획인가
5. 산림형질변경허가
6. 사도개설허가
7. 농지전용허가
8. 도로점용허가
9. 접도구역안에서의 건축물/공작물설치허가
10. 하천점용허가
11. 배수설비설치신고
12. 오수정화시설 및 정화조 설치신고
13. 상수도공급신청
14. 소방시설 설치협의(건축허가등의 동의)

기타
[유의사항]
- 건축법 제69조의2/제78조 및 제79조:
1. 도시지역 안에서 허가를 받지 아니하고 건축물을 건축/대수선 또는 용도변경하는 경우에는 3
이하의 징역 또는 5천만원 이하의 벌금에 처하게 되며, 위반건축물은 위반사항이 시정될 때까지
년 2회씩 이행강제금이 부과됩니다.
2. 도시지역 밖에서 허가를 받지 아니하고 건축물을 건축/대수선 또는 용도변경하는 경우, 허가
사항을 허가 없이 변경하는 경우, 허가받지 아니하고 가설건축물을 건축하는 경우에는 2년 이하
징역 또는 1천만원 이하의 벌금에 처하게 되며, 위반건축물은 위반사항이 시정될 때까지 매년 2
이행강제금이 부과됩니다.

자치법규
- 시 도 - 시/군/구 자치법규보기 건축 | 주택 | 도시

그림 44 허가를 위한 관련내용(세움터)

[별지 제1호의3서식] <개정> <2003.11.21, 2006.5.12, 2007.3.19> (5면중 제1면)

건축 · 대수선 · 용도변경 허가신청서	허가번호(연도 - 기관코드 - 구분 - 허가일련번호) 2007-

건축구분	* 해당 항목에 V를 표시하시기 바랍니다. [V] 신축 [ ] 증축 [ ] 개축 [ ] 재축 [ ] 이전 [ ] 대수선 [ ] 허가사항변경 [ ] 용도변경 [ ] 가설건축물건축		
① 건축주	성명		생년월일(법인등록번호)	03월 29일
	주소	인천광역시 남구 주안동 (전화번호:)		
② 설계자	성명	(서명 또는 인)	면허번호	
	사무소명	건축사사무소	등록번호	
	사무소 주소	(425 - 020) (전화번호:)		
③ 대지조건	대지위치	인천광역시 중구 송학동3가		
	지번		관련지번	
	지목	대	용도지역	일반상업지역/
	용도지구	역사문화미관지구/ 방화지구	용도구역	제1종지구단위계획구역/

Ⅰ. 전체개요		건축구분에 관계없이 전체건축물에 대한 개요를 기재합니다.			
대지면적(㎡)	178.5		건축면적(㎡)	94.77	
건폐율(%)	53.09		연면적(㎡)	279.06	
용적률산정용 연면적(㎡)	243.54		용적률(%)	136.44	
④건축물명칭	가동	주건축물수	1 동	부속건축물	동 0 ㎡
⑤주용도	단독주택	호(가구)수	1 가구	총주차대수	2 대
주택을 포함하는 경우 호(가구)당 평균전용면적(㎡)				243.54	
⑥오수정화시설		형식	기타오수처리시설	용량	(인용)

주차장	구분	옥내	옥외	인근	면제
	자주식	2 대 23 ㎡	대 ㎡	대 ㎡	대
	기계식	대 ㎡	대 ㎡	대 ㎡	

일괄처리사항	[ ] 공사용가설건축물축조신고 [ ] 공작물 축조신고 [ ] 개발행위허가 [ ] 도시계획시설사업 시행자의 지정 및 실시계획인가 [ ] 산지전용허가 및 신고 [ ] 사도개설허가 [ ] 농지전용허가 · 신고 및 협의 [V] 도로점용허가 [ ] 비관리청도로공사시행 허가 및 도로의 연결허가 [ ] 하천점용허가 [V] 공공하수도 배수설비 설치신고 [V] 오수처리시설 및 단독정화조의 설치신고 [ ] 상수도 공급신청 [ ] 자가용전기설비공사계획의 인가 또는 신고 기타( )
존치기간	년 월 일까지(가설건축물축조허가인 경우에만 기재합니다)
시공기간	착공일부터 년

210mm x 297mm(보존용지(2종)70g/㎡)

그림 45 건축허가신청서-1

(5면중 제2면)

「건축법」 제8조 · 제10조 · 제14조 · 제15조제1항 및 동법 시행규칙 제6조 · 제12조의2에 따라 위와같이 허가를 신청합니다.

2008 년 07 월 04 일

건축주 이호용 (서명 또는 인)

인천시중구 특별시장 · 도지사 · 광역시장 · 시장 · 군수 · 구청장 귀하

구 비 서 류	
신축 · 증축 · 개축 · 재축 · 이전 · 대수선 및 가설건축물의 건축	1. 건축할 대지의 범위와 그 대지의 소유 또는 그 사용에 관한 권리를 증명하는 서류. 다만, 분양을 목적으로 하는 공동주택을 건축하는 경우에는 건축할 대지의 범위와 그 대지의 소유에 관한 권리를 증명하는 서류를 제출하되, 「건축법」 제8조에 따라 주택과 주택외의 시설을 동일 건축물로 건축하는 건축허가를 받아 「주택법 시행령」 제15조제1항에 따른 호수 또는 세대수 이상으로 건설 · 공급하는 경우 대지의 소유권에 관한 사항은 「주택법」 제16조를 준용합니다. 2. 「건축법 시행규칙」 제5조에 따른 사전결정서(「건축법」 제7조에 따라 건축에 관한 입지 및 규모의 사전결정서를 송부받은 경우에 한합니다. 3. 「건축법 시행규칙」 별표 2의 설계도서(「건축법」 제7조에 따른 사전결정을 받은 경우에는 건축계획서 및 배치도를 제외합니다). 다만, 「건축법」 제19조제4항에 따른 표준설계도서에 따라 건축하는 경우에는 건축계획서 및 배치도에 한합니다. 4. 「건축법」 제8조제6항 각 호에 따른 허가 등을 받고서 신고하기 위하여 해당 법령에서 제출하도록 의무화하고 있는 신청서 및 구비서류
허가사항변경	변경하고자 하는 부분에 대한 변경전 · 후의 설계도서
용도변경	1. 용도를 변경하고자 하는 층의 변경 전 · 후의 평면도 2. 용도변경에 따라 변경되는 내화 · 방화 · 피난 또는 건축설비에 관한 사항을 표시한 도서

허 가 안 내			
제출하는 곳	특별시 · 광역시 · 시군구	처 리 부 서	건 축 허 가 부 서
수 수 료	건축법 시행규칙 별표 4 참조	처 리 기 간	특별시 · 광역시 30~90일 시 · 군 · 구 2~20일(도지사전승인대상 : 90일)

근 거 법 규	
건축법 제8조제1항	· 건축물을 건축 또는 대수선하려는 자는 시장 · 군수 · 구청장의 허가를 받아야 합니다. 다만, 「건축법」 제9조제1항 및 동법 시행령 제11조제2항에 해당하는 경우에는 미리 시장 · 군수 · 구청장에게 동법 시행규칙 제12조에 따라 신고함으로써 건축허가를 받은 것으로 봅니다. · 층수가 21층 이상이거나 연면적의 합계가 10만제곱미터 이상인 건축물(연면적의 10분의 3이상의 증축으로 인하여 층수가 21층 이상으로 되거나 연면적의 합계가 10만제곱미터 이상으로 되는 경우의 증축을 포함하되 공장을 제외합니다)을 특별시 또는 광역시에 건축하려는 경우에는 특별시장 또는 광역시장의 허가를 받아야 합니다.
「건축법」 제10조제1항	· 허가받은 사항을 변경하고자 하는 행위
「건축법」 제14조제2항	· 용도변경(상위군으로의 용도변경을 말합니다)
「건축법」 제15조제1항	· 도시계획시설 또는 도시계획시설예정지에 가설건축물을 건축하려는 행위

그림 46 건축허가신청서-2

(5면중 제3면)

II. 동 별 개 요	※는 증축의 경우 증가 부분만 기재합니다.	
기존건축물의 동별개요	구 분	허가신청 건축물의 동별개요
	주 /부속구분	주건축물
	⑦동명칭및번호	가동
	주 용 도	단독주택
	※호수/가구수	1 가구
	주 구 조	철근콘크리트구조
	지 붕	(철근)콘크리트 경사지붕
0	※건축면적(㎡)	94.77
0	※연 면 적(㎡)	279.06
0	※용적률산정용 연 면 적(㎡)	243.54
지하: 층, 지상: 층	층 수	지하: 1 층, 지상: 3층
	높 이(m)	12.47
대	승용 승강기	대
대	비상용승강기	대

그림 47 건축허가신청서-3

(5면중 제4면)

III-1. 층 별 개 요

동명칭및번호(⑦과 동일하게 기재)			가동				
기존건축물의 층별개요			구 분		허가신청 건축물의 층별개요		
⑧구 조	⑨용 도	⑩면적(㎡)	층구분	건축구분	⑪구 조	⑫용 도	⑬면적(㎡)
		0	지하 1층	신축	철근콘크리트구조	단독주택 단독주택 주차장	35.52
		0	지상 1층	신축	철근콘크리트구조	단독주택 단독주택	91.72
		0	지상 2층	신축	철근콘크리트구조	단독주택 단독주택 (1가구)	94.42
		0	지상 3층	신축	철근콘크리트구조	단독주택 단독주택	57.4

그림 48 건축허가신청서-4

[별지 제23호서식] <개정 1999.5.11, 2006.5.12>　　　　(2면중 제1면)

건축허가조사 및 검사조서

건 축 주			
대 지 위 치	인천광역시 중구 송학동	지 번	2-35
조사/검사자 성 명	(서명 또는 인)	면허번호	
조사/검사자 사무소명	건축사사무소	등록번호	경기도 - 건축사
조사/검사일	2007/07/26	설 계 일	2007/07/26

「건축법」 제23조 및 동법시행규칙 제21조에 따라 아래와 같이 건축허가조사 및 검사조서를 제출합니다.

2008 년 07 월 04 일

인천시중구　　특별시장·광역시장·시장·군수·구청장 귀하

구 분			조 사 내 용	조 사 결 과	필요조치 사항
현장조사	대지현황		대지조성의 필요성	불필요	
			형질변경의 필요성	불필요	
			대지의 안전상태	안전	
			지상, 지하지장물	없음	
	도로현황	통과도로	대지에 접한 도로의 개소	1 개소	
			대지에 접한 도로의 너비	10 m	
			대지에 접한 도로의 길이	7.65 m	
			대지와 도로의 고저차	m	
			보행 또는 차량통행 가능여부	가능	
		막다른도로	대지에 접한 도로의 개소	개소	
			대지에 접한 도로의 너비	m	
			대지에 접한 도로의 길이	m	
			대지와 도로의 고저차	m	
			보행 또는 차량통행 가능여부		
	기 존 건축물		기존건축물	있음	(철거멸실신청함)
			위반된 부분	없음	

30304-24821일　　　　210mm x 297mm
'98. 12. 28 제정승인　　　　보존용지(2종)70g/㎡

그림 49 건축허가신청서(허가조서 및 검사조서)–5

(2면중 제2면)

구	분	검 토 내 용	법(조례)기준	검 토 결 과
설계도서검토	대지 및 도로	대지의 안전조치등	제30조	적합
		대지안의 조경	_%이상	해당없음
		건축선지정	제36조	적합
		건축선에 의한 건축제한	제37조	적합
	피난시설	직통계단의 설치	제39조	적합
		피난·특별피난·옥외피난계단의 설치	제39조	해당없음
		건축물 바깥쪽으로의 출구 설치	제39조	적합
		방화구획	제39조	해당없음
		계단의 설치기준 및 구조	제39조	적합
	용도제한	용도지역 및 용도지구 안에서의 건축물의 건축제한 등	국토의계획및이용에 관한법률 제76조	적합
	건폐율 용적률	건폐율	(80) %이하	53.09%
		용적률	(320) %이하	136.44%
	대지안의 공지	건축선으로부터 이격거리	제50조	적합
		인접대지경계선으로부터 이격	제50조	적합
	높이제한	가로구역별 또는 도로에 의한 높이제한	제51조	적합
		일조확보를 위한 높이제한	제53조	해당없음
	승강기	승용 · 비상용승강기의 설치	제57조	해당없음
	도시설계	지구단위계획에의 적합여부	국토계획및이용 관한법률제49조, 제55조	적합
		공개공지의 확보	_%이상	해당없음
종합의견		[현장조사 종합의견] 상기사항을 현장조사한바 적법함 [설계도서검토 종합의견] 상기사항을 현장조사한바 적법함		

30304-24822 일
'98. 12.28 제정승인

210mm x 297mm
보존용지(2종)70g/㎡

그림 50 건축허가신청서(허가조서 및 검사조서)-6

심의결과내용

-대지위치: 인천광역시 중구 송학동 ○가
-건 축 주:
-심의날짜: 2007년 08월 06일

심의결과내용

결 과	조건사항	비 고
내용	1)인조사암을 변질성이 적은 자연석(사암)으로 변경	1)자연석(사암)변경 (A-11,12,13,14)
	2)옥상조경부분은 경사지붕으로 처리하여 전면 MASS를 작게 조정	2)옥상지붕눈썹지붕으로변경 (A-11,12,13,14)
	3)개구부 및 발코니부분은 근대건축물 특성을 반영할것	3)근대건축물특성에고려하여변경(A-11,12,13,14) 전면부 아치로 입면변경
	4)고저차가 큰 대지로서 경사면 처리시 인접대지에 피해가 발생되지 않도록 처리	4)전면부 대지경사를 완만하게변경(A-02) 인접지 계단과 동일한경사로 입면처리
	5)내진설계반영할것	5)건축구조설계기준(건설교통부고제2005-81호) 근거에의해 설계하였음

상기와 같이 도면에 반영하여 건축허가 신청서를 제출하오니 처리 바랍니다.

2007년 08월 일

상 호: 건축사사무소
주 소:
면허번호:
건축사:

그림 51 건축허가신청서(허가를위한 심의결과내용)-7

[서식 1]

<table>
<tr><td colspan="5">구조 안전 확인서</td></tr>
<tr><td>1) 공 사 명</td><td colspan="4">송학동○가 단독주택 신축공사</td></tr>
<tr><td>2) 대지위치</td><td colspan="4">인천광역시 중구 송학동○가</td></tr>
<tr><td>3) 용 도</td><td colspan="4">단독주택 (1가구)</td></tr>
<tr><td>4) 규 모</td><td>연 면 적</td><td>279.06 m^2</td><td>층 수</td><td>지하1,지상3층</td></tr>
<tr><td>5) 구조계획</td><td colspan="4">철근콘크리트</td></tr>
<tr><td>6) 내진설계 개요</td><td colspan="4">I. 해석법 : 등가정적해석법
I. 중요도 계수 : I_E = 1.2
I. 반응수정계수 : R = 6.0
I. 지반계수 : S_C</td></tr>
<tr><td rowspan="3">7) 내진설계 주요결과</td><td></td><td>X방향</td><td colspan="2">Y방향</td></tr>
<tr><td>밑면전단력</td><td>V_x = 88.60 ton</td><td colspan="2">V_y = 88.60 ton</td></tr>
<tr><td>최대층간변위</td><td>$\Delta_{x\text{-}max}$ = 2.50 cm</td><td colspan="2">$\Delta_{y\text{-}max}$ = 2.50 cm</td></tr>
<tr><td>8) 특이사항[1]</td><td colspan="4">철근콘크리트 구조계산 규준 및 동해설, 에 의한 안전함을 확인함</td></tr>
<tr><td colspan="5">건축법 제38조 및 동법 시행령 32조(구조안전의 확인)의 규정에 의한 대상 건축물의 구조안전 확인서를 제출합니다.

2007 년 월 일

설계자 : (인)
주 소 :
연락처 :
또는
관계전문기술자 :
주 소 :
연락처 :</td></tr>
</table>

참고 사항 : 1) 구조설계 및 협력과정, 결과 등에 관한 사항

그림 52 건축허가신청서(구조안전확인서)-8

오수 발생량 산출 근거

대지위치 : 인천광역시 중구 송학동○가
연 면 적 : 279.06 ㎡
건 축 주 :

※ 산출기준

- 단독주택처리대상인원 : 인원(인)=5+(연면적-100/30)
- 1일오수발생량 : 200ℓ/인

※ 산출근거

구분 / 층별	용 도	면 적(㎡)	용량산출	배출수량(㎥)
지하1층	주차장	35.52		
1 층	단독주택 (1가구)	91.72	5+(243.54-100/30)=9.78 9.78x0.2= 1.956	1.956
2 층	단독주택	94.42		
3 층	단독주택	57.40		
합 계	279.06		1.956 (㎥)	
비 고				

그림 53 건축허가신청서(오수발생량산출근거)-9

<table>
<tr><td colspan="6">배수설비 설치 및 사용개시(변경)신고서</td><td>처리기간
즉 시</td></tr>
<tr><td rowspan="3">설치자</td><td>법 인 명</td><td colspan="5"></td></tr>
<tr><td>성 명(대 표 자)</td><td colspan="2"></td><td>주 민 등 록 번 호</td><td colspan="2"></td></tr>
<tr><td>주 소</td><td colspan="5">인천광역시 남구 주안동 (전화:)</td></tr>
<tr><td rowspan="9">설치신고</td><td>설 치 목 적</td><td colspan="5">생활오수</td></tr>
<tr><td rowspan="2">배수설비의 종류 및 물 량</td><td>종류</td><td>P.E관</td><td>접 속 방 법</td><td colspan="2">맨홀접속</td></tr>
<tr><td>관경</td><td>Ø200 mm</td><td>공공하수도까지의 배수설비 연장</td><td colspan="2">m</td></tr>
<tr><td>설 치 위 치</td><td colspan="5">인천광역시 중구 송학동3가</td></tr>
<tr><td>배 출 수 량</td><td colspan="2">1.956 ㎥/일</td><td colspan="3">* 환경부고시, 제92-61(91.10.9)에 의하여 산정된 오수의 총량 또는 수질화경보전법 제10조에 의하여 허가된 배출시설의 폐수량을 기입함.</td></tr>
<tr><td>공사 착공 월일</td><td colspan="2">2007 년 월 일</td><td>공 사 준 공 예 정 일</td><td colspan="2">2007 년 월 일</td></tr>
<tr><td>공사실시방법 및 시공자</td><td colspan="2">직영</td><td>대 행 업 자(시 공 자)</td><td colspan="2"></td></tr>
<tr><td>공공하수도 복구방법</td><td colspan="5">원상복구</td></tr>
<tr><td colspan="6"></td></tr>
<tr><td rowspan="4">사용개시신고</td><td rowspan="2">배출수량 및 수질</td><td>수 량</td><td colspan="4">㎥/일</td></tr>
<tr><td>수 질 (mg/ℓ)</td><td colspan="4">BOD : , COD : , SS :</td></tr>
<tr><td>사용 개시일</td><td colspan="5">년 월 일</td></tr>
<tr><td colspan="6">* 사용개시 신고 해당자는 수질환경보전법 제10조의 규정에 의한 배출시설 허가시 명기된 수량 및 수질을 기입함.</td></tr>
<tr><td colspan="7">하수도법 제24조 제2항 및 하수도법시행령 제16조의 규정에 의하여 위와 같이 배수설비 설치 및 사용개시(변경)를 신고합니다.
2007 년 08 월 일
신고인 (서명 또는 인)
인천중구청장 귀하</td></tr>
<tr><td colspan="6">구비서류
설치신고서 : 배수설비설계도(배수설비연결지점이 나타나는 도면. 1/200)</td><td>수수료
없음</td></tr>
</table>

그림 54 건축허가신청서-10

<별지제23호서식>

도로점용허가 신청서 ※ 아래와 뒷면의 신청안내와 작성방법을 읽고 기재합니다.	처리기간 뒷면참조

신청인	1)성 명		2)주민등록번호	
	3)주소 · 연락처	인천 남구 주안동		
4)점 용 목 적		일시점용		
5)점용장소 · 면적		인천광역시 중구 (면적: 7.65m2)		
6)점 용 기 간		착공후 3개월	7)굴 착 기 간	
8)공 작 물(시설) 구 조				
9)공사실시방법				
10)공 사 시 기				
11)도로복구방법				
12)도 로 종 류				
13)노 선 명				

도로법 제40조 및 동법시행령 제24조제1항의 규정에 의하여 위와같이 도로점용허가를 신청합니다.

2007 년 08 월 일

신청인 (서명 또는 인)

인천중구청장 귀하

구비서류 :	수 수 료
1. 설계도면 1부(점용장소의 면적은 1/1,200 이상의 평면도에 좌우거리 및 위치를 표시함. 다만, 영 제24조제5항제8호 · 제9호 및 제11호의 경우에는 1/1,200 이상의 평면도 1부) 2. 주요지하매설물관리자의 의견서 1부(도로의 굴착을 수반하는 경우에 한함) 3. 주요지하매설물의 사후관리계획 1부(신청인이 주요지하매설물의 관리자인 경우에 한한다) 4. 영 제24조의8의 규정에 의한 도로관리심의회의 심의 · 조정의 결과를 반영한 안전대책 등에 관한 서류	1,000

그림 55 건축허가신청서(도로점용허가신청서)–11

도 로 굴 착 점 용 허 가 신 청 서				처리기간	
신청인 ① 성 명		② 주민등록번호			
신청인 ③ 주 소	인천광역시 남구 주안동				
④ 점 용 목 적	오수관로연결 공사				
⑤ 점용장소·면적	인천광역시 중구 송학동				
⑥ 점 용 기 간		⑦ 굴착기간	착공일기준 15일		
⑧ 공작물(시설)구조	폴리에틸렌관(PE관)				
⑨ 공사실시방법	개착식				
⑩ 공 사 시 기	착공일로 15부터				
⑪ 도로복구방법	원상복구				
⑫ 도 로 종 류	콘크리트	⑬ 노 선 명	이면노선		
⑭ 굴착시 교통소통 및 안전대책	공사구간별 교통통제 신호수를 배치하여 우회로 이용토록 유도				
⑮지하매설물의종류	PE관	규 격	⌀200	면적·길이	

도로법 제40조 및 동법시행령 제25조 제1항의 규정에 의하여 위와 같이 도로점용허가를 신청합니다.

2007 년 07 월 일

신 청 인 (서명 또는 인)

인천중구청 귀하

구비서류 1. 일반평면도(구적도, 안내도 포함) 1부.
2. 설계서(공사를 필요로 하는 경우에 한함.)1부.
3. 인·허가서 사본(필요로 하는 경우에 한함)1부.

※ 점용장소의 면적은1/600 ~ 1/1200의 지적도에 점용하고자 하는부분을 가로(m)x세로(m)에 의한 면적(㎡)을 표시하여야 합니다.

그림 56 건축허가신청서(도로굴착 점용 허가신청서)-12

건축허가 및 사용승인 목록

구 분	구 비 서 류	근 거
건축허가	1. 건축허가신청서 ○ 건축허가신청서 ○ 건축허가조사 및 검사조서 ○ 동별개요 ○ 층별개요 ○ 토지등기부 등본 · 공유자 지분은 공유자 전원의 승낙서 및 인감첨부 · 지상권 및 압류 설정시 – 지상권자의 동의서 및 인감첨부 – 압류설정등기 압류해제 후 허가신청 ○ 구조안전 확인서 ○ 배수시설설치계획표 및 사용개시 신고서 ○ 소방시설설치계획표 및 소방도면(소방대상 건축물) ※ 토지이용계획확인서,지적도 등 건축허가와 관련 필요한 구비서류는 G4C을 이용하여 첨부 (행정기관-허가과)	건축법 제8조 동법시행규칙 제6조
	2. 건축허가 도면(기본 설계도서) ○ 건축개요도 – 개요(위치,대지면적등) – 지역,지구 및 도시계획사항 – 건축물의 규모(건축면적,연면적,높이,층수등) – 건축물 각층 용도별 면적표 – 주차대수 산정, 조경면적 산출 – 종,횡 단면도(일조권 및 도로사선제한 표기) ○ 배치도 – 축척 및 방위 – 대지에 접한도로의 길이 및 너비 – 대지의 종,횡 단면도 – 건축선 및 대지경계선으로부터 건축물까지의 거리 – 주차동선 및 옥외 주차계획 – 공개공지 및 조경계획	건축법시행규칙 제6조 제1항 (별표 2)

그림 57 허가목록1

<table>
<tr>
<td>건축허가</td>
<td>○ 평면도
- 1층 및 기준층 평면도
- 기둥.벽.창문등의 위치
- 방화구획 및 방화문의 위치
- 복도 및 계단의 위치
- 승강기의 위치
○ 입면도
- 2면이상의 입면계획
- 외부마감 재료
○ 단면도
- 종,횡 단면도
- 건축물의 높이, 각층의 높이 및 반자높이
※ 기타 건축허가 협의관련 도면
(하수계획도,도로점용계획도,조경계획도 등)</td>
<td></td>
</tr>
</table>

그림 58 허가목록2

중간설계의 도서작성

가. 건축

종 류		내 용	설계업무구분		
			가	나	다
일반사항	개략 시방서	공사용 시방서(초안)			
	공사비 개산서	기본설계 적용기준에 따라 개략공사비를 산정, 작성			
	건축계획서	공사개요(위치, 대지면적등)	○	○	○
		건축물규모(건축면적,연면적,높이,층수등)	○	○	○
		건축물 용도별 면적, 주차장규모	○	○	○
		배치계획			
		주차 및 동선계획			
		평·입·단면 계획			
	법규 검토서	관련사항에 따른 법규검토	○	○	○
도면	도면 목록표	공종 구분해서 분류 작성			○
	안내도	방위, 도로, 대지주변 지물의 정보 수록			○
	구적도	대지면적에 대한 기술			○
	실내재료마감표	바닥, 벽, 천정 등 실내마감			○
	배치도	축척 및 방위, 건축선, 대지경계선 및 대지가 정하는 도로의 위치와 폭, 건축선 및 대지경계선으로부터 건축물까지의 거리, 신청건물과 기존건물과의 관계, 대지의 고저차, 부대시설물과의 관계	○	○	○
	주차계획도	법정 주차대수와 주차 확보대수의 대비표, 주차배치도 및 차량 동선도 차량진출입 관련위치 및 구조	○	○	○
		옥외 및 지하 주차장 도면	○	○	○
	각층 및 지붕 평면도	기둥·벽·창문 등의 위치 및 복도, 계단, 승강기 위치	○	○	○
		방화 구획 및 방화벽의 위치	○	○	○
	입면도(2면 이상)	주요내외벽, 중심선 또는 마감선 칫수, 외부마감재료	○	○	○
	단면도(종·횡단면도)	건축물 최고높이, 각층의 높이, 반자높이	○	○	○
		천정내 배관 공간, 계단등의 관계를 표현	○	○	○
	투시도	투시도 또는 조감도			○

그림 59 허가도서작성기준(건축)-1

종 류			내 용	설계업무 구분		
				가	나	다
상세도	수직 동선 상세도	코아 상세도	코아 내의 각종 설비관련 시설물의 위치			
		계단평면 · 단면 상세도				○
		주차경사로 평 · 단면상세도				
		주차리프트 평 · 단면상세도				
	부분 상세도	지상층 외벽 평 · 입 · 단면도				○
		지하층 부분 단면 상세도				○
	천정도	천정 평면도				
	창호도	창호 평면도				
		창호 잡철물	각 창호에 적용되는 철물			
기타	정화조	정화조 평면 · 단면도		○	○	○
		용량 계산서		○	○	○
	특수 분야 계획 검토	차음, 방음, 방진				
		무대 · 조명				
		전시 · 미술장식품				
		분수				
		주방				
		음향				

그림 60 허가도서작성기준(건축)-2

나. 구조

종 류		내 용	설계업무구분		
			가	나	다
일반사항	개략 시방서	구조 일반 시방 및 특기시방서(초안) 작성			
	구조 계산서				○
	설계 설명서				○
도면	기초일람표		○	○	○
	구조 평면도	기초에서 옥탑까지 작성	○	○	○
	가구도	골조의 단면상태를 표현하는 도면으로 골조의 상호 연관관계를 표현			
	앵커배치도 및 Base Plate 설치도				
	기둥 일람표		○	○	○
	보 일람표		○	○	○
	슬래브 일람표		○	○	○
	옹벽 일람표				○
	계단배근 일람표				○
	잡배근 일람표				
	주심도			○	○

그림 61 허가도서작성기준(구조)-3

다. 기계

종 류		내 용	설계업무구분		
			가	나	다
일반사항	개략 시방서	기계일반시방 및 특기시방서(초안) 작성			
	개략공사비 계산서	각 공종별 단위면적 당 공사비개념으로 개략 산정			
	설계 설명서	계획설계시의 내용을 발전 확정			○
	개략부하 계산서	설계기준에 따라 단위면적 당 부하를 기준			
	각종 장비 선정서	부하 분석에 따른 적정 장비 선정			
	에너지 심의서류	에너지 절약계획서 및 기타 서류			
	소방시설 계획서	건물종별, 규모별, 층별 소방시설 계획에 관한 종합적 서류	○	○	○
도면	도면 목록표				○
	소방 설비도	해당 소방관련 설비	○	○	○
	장비 일람표	규격, 수량을 상세히 기록			
	장비 배치도	기계실, 공조실 등의 장비배치방안 계획			○
	계통도	공조배관설비 계통도			○
		Duct설비 계통도			○
		위생설비 계통도			○
		소화 설비 계통도	○	○	○
	기준층 및 주요층 기구 평면도	공조배관설비 평면도			
		Duct설비 평면도			
		위생,설비 평면도			
		소화 설비 평면도	○	○	○
	저수조 및 고가수조	저수조 및 고가수조의 설치기준을 표시			○
	설비용 핏트 평면 상세도	설비용 핏트 상세 및 배치계획도면			
	도시가스 인입확인	도시가스 인입지역에 한해서 조사, 확인	○	○	○
	기구 상세도	기구의 선정			○

그림 62 허가도서작성기준(기계)-4

라. 전기

종 류		내 용	설계업무구분		
			가	나	다
일반사항	개략 시방서	전기 일반 시방 및 특기시방서(초안) 작성			
	공사비 계산서	공종별 단위 면적당 개략 공사비			
	설계설명서	계획설계시의 내용을 발전 확장			○
	각종 부하계산서	용도별 조도, 부하계산서 작성			
	소방시설 계획표	각종 설치시설에 대한 계획표	○	○	○
도면	도면 목록표				○
	배치도	옥외조명 설비 평면도			
	계통도	전력 계통도			○
		조명 계통도			
		통신 계통도			
		소방 계통도	○	○	○
	평면도	조명 평면도			
		소방 평면도	○	○	○
	상세도	조명기구의 선정			○

그림 63 허가도서작성기준(전기)-5

마. 토목

종 류		내 용	설계업무구분		
			가	나	다
일반사항	개략 시방서	토목 일반시방 및 특기시방서(초안) 작성			
	개략 공사비 계산서	기본설계 도서에 따라 개략공사비 산정			
	설계 설명서				○
도면	도면 목록표				○
	각종 평면도	주요시설물 계획			○
	대지 종·횡 단면도		○	○	○
	토공사 계획도				
	포장계획 평·단면도				○
	보도블럭 평면도				
	담장계획도				
	우·오수배수처리 평·종단면도				○
	상하수 계통도	우·오수배수처리 구조물 위치 및 상세도 공공하수도와의 연결방법, 상수도 인입계획, 정화조의 위치	○	○	○

바. 조경

종 류		내 용	설계업무구분		
			가	나	다
일반사항	개략 시방서	일반 시방 및 특기시방서(초안) 작성			
	개략 공사비 계산서	기본설계 도서에 따라 개략공사비 산정			
	설계 설명서				○
도면	도면 목록표				○
	조경배치도	법정 면적과 계획면적의 대비, 조경계획 및 식재 상세도	○	○	○
	식재평면도				○
	단면도				○

그림 64 허가도서작성기준(토목, 조경)–6

세움터

소관부처	건설교통부
사무명	착공신고(허가)
근거법규	1. 건축법 법률 제16조 1항 2. 건축법 시행규칙 제14조
처리기관	특별시/광역시/시/군/구
접수처리	1. 접수: 특별시/광역시, 시/군/구 2. 처리: 특별시/광역시, 시/군/구(1일) 3. 계: (1일)
구비서류	1. 「건축법」 제9조의2에 따른 건축관계자 상호간의 계약서 사본(해당사항이 있는 경우에 한합다) 2. 흙막이 구조도면(법 제9조제1항에 따라 신고를 하여야 하는 건축물로서 지하 2층 이상의 지하을 설치하는 경우에 한합니다)
기타	[유의사항] - 건축법 제8조제8항/제80조제1호: 1. 허가를 받은 날 또는 신고를 한 날부터 1년 이내에 공사에 착수하지 아니하면 허가가 취소됩니다만, 허가권자가 정당한 이유가 있다고 인정하는 경우에는 1년의 범위 안에서 그 공사의 착수기을 연장할 수 있습니다. 2. 착공신고를 하지 아니하고 공사에 착수하면 200만원 이하의 벌금에 처하여집니다.
자치법규	- 시 도 - 시/군/구 자치법규보기 건축 | 주택 | 도시

그림 65 착공을 위한 관련내용(세움터)

착공신고	1. 착공신고서 ○ 착공신고서 ○ 건축관계자 상호간 계약서 사본 - 건축물 설계계약서 사본 - 건축물 감리계약서 사본 - 건축물 표준도급 계약서 사본 ○ 건설업등록증 사본 ○ 건설업등록수첩 사본 ○ 사업자등록증 사본 ○ 사용인감계 ○ 인감증명서 ○ 법인등기부등본 ○ 납세증명서(국세,지방세) ○ 현장대리인계 ○ 건설기술자 재직 증명서(자격증 사본포함) ○ 건설기술자 경력 증명서 ※ 건설업면허대상 건축물에 한함(자기공사 제외) 2. 유해.위험방지 계획서(대상 건축물) ○ 대상 : 지하10m이상 지하굴착 2층이상의 지하굴착 3. 비산먼지 및 특정공사 필증첨부(대상 건축물) ○ 대상 : 연면적 1,000㎡이상 건축물 - 비산먼지발생사업 필증 사본 - 특정공사사전신고 필증 사본 - 건설폐기물배출신고 필증 사본	건축법 제16조 동법시행규칙 제14조
착공신고	4. 착공신고 도면 ○ 구조도 - 구조내력상 중요한 부분의 평면 및 단면 - 주요부분의 상세도면 ○ 실내 설비도 - 벽 및 반자의 마감의 종류 - 각 층별 창호도 ○ 건축 설비도 - 냉.난방설비, 위생설비, 통신설비, 전기설비 통신설비, 승강기설비등 건축설비 ○ 토지굴착 및 옹벽도(해당 건축물) - 지하매설구조물 현황 - 흙막이 구조도 - 단면 상세도 - 옹벽 구조도 ○ 소방 설비도(해당 건축물)	건축법시행규칙 제14조 제1항 (별표 4의 2)

그림 66 착공신고 및 목록-1

<table>
<tr>
<td>건축관계자변경신고
(건축주,감리자,시공자)
⇩</td>
<td>1. 건축관계자변경 신고서
○ 건축주 변경
- 건축관계자변경 신고서
- 변경전 건축주 명의변경 동의서
- 변경전 건축주 인감증명서
- 토지등기부 등본
○ 공사감리자 변경
- 건축관계자변경 신고서
- 건축물 감리계약서 사본

○ 공사시공자 변경
- 건축관계자변경 신고서
- 건축물 표준도급 계약서 사본
- 건설업등록증 사본
- 건설업등록수첩 사본
- 사업자등록증 사본
- 사용인감계
- 인감증명서
- 법인등기부등본
- 납세증명서(국세,지방세)
- 현장대리인계
- 건설기술자 재직 증명서(자격증 사본포함)
- 건설기술자 경력 증명서
※ 건설업면허대상 건축물에 한함(자기공사 제외)</td>
<td>건축법시행규칙
제11조</td>
</tr>
</table>

그림 67 착공신고 및 목록-2

[별지 제13호서식] <개정 2003.11.21, 2005.10.20, 2006.5.12, 2007.3.19>

(앞 쪽)

착 공 신 고 서			
신고인(건축주)			
주 소	(전화번호:)		
허가(신고)번호		허 가(신 고)일	
대 지 위 치		지 번	
착 공 예 정 일			

구분	항목	내용	항목	내용
① 설 계 자	성 명	(서명 또는 인)	면 허 번 호	
	사무소명		등 록 번 호	
	주 소	(전화번호 :)	도급금액	원
② 공사시공자	성 명	(서명 또는 인)	도 급 금 액	원
	회 사 명		도급계약일자	
	생년월일 (법인등록번호)		면 허 번 호	
	주 소	(전화번호:)		
③ 공사감리자	성 명	(서명 또는 인)	면 허 번 호	
	사무소명		등 록 번 호	
	주 소	(전화번호 :)	도급금액	원

④건축물 석면함유 유무 (증축·개축·대수선인 경우)	천장재( ), 단열재( ), 지붕재( ), 보온재( ), 기타( ), 해당없음( )
⑤관계전문기술자	

분 야		자 격 증	자 격 번 호	주 소
[ ]	서명 또는 인			
[ ]	서명 또는 인			
[ ]	서명 또는 인			
[ ]	서명 또는 인			

「건축법」 제16조제1항 및 동법 시행규칙 제14조의 규정에 의하여 위와 같이 착공신고서를 제출합니다.

년 월 일

신고인(건축주) (서명 또는 인)

특별시장·광역시장·시장·군수·구청장 귀하

구비서류

1. 「건축법」 제9조의2에 따른 건축관계자 상호간의 계약서 사본(해당사항이 있는 경우에 한합니다)
2. 흙막이 구조도면(법 제9조제1항에 따라 신고를 하여야 하는 건축물로서 지하 2층 이상의 지하층을 설치하는 경우에 한합니다)

210mm×297mm(보존용지(2종) 70g/㎡)

그림 68 착공신고서-1

(뒤 쪽)

착 공 안 내			
제출하는곳	특별시, 광역시, 시·군·구	처 리 부 서	건축허가 부서
수 수 료	없 음	처 리 기 간	1 일

근거법규	
건축법 제16조제1항	「건축법」 제8조·제9조 및 제15조제1항의 규정에 의하여 허가를 받거나 신고를 한 건축물의 공사를 착수하고자 하는 경우에는 허가권자에게 신고하여야 합니다.

유 의 사 항	
「건축법」 제8조제8항·제80조제1호	1. 허가를 받은 날 또는 신고를 한 날부터 1년 이내에 공사에 착수하지 아니하면 허가가 취소됩니다. 다만, 허가권자가 정당한 이유가 있다고 인정하는 경우에는 1년의 범위 안에서 그 공사의 착수기간을 연장할 수 있습니다. 2. 착공신고를 하지 아니하고 공사에 착수하면 200만원 이하의 벌금에 처하여집니다.

작 성 방 법

1. ①~③ : 다수인인 경우 ○○○외 ○인으로 기재하며, "외 ○인"의 현황도 제출합니다.
2. ④ : 「건축법」 제59조의2의 규정에 의하여 대지의 안전, 건축물의 구조상 안전, 건축설비의 설치 등에 대한 협력을 받은 관계전문기술자를 기재합니다.

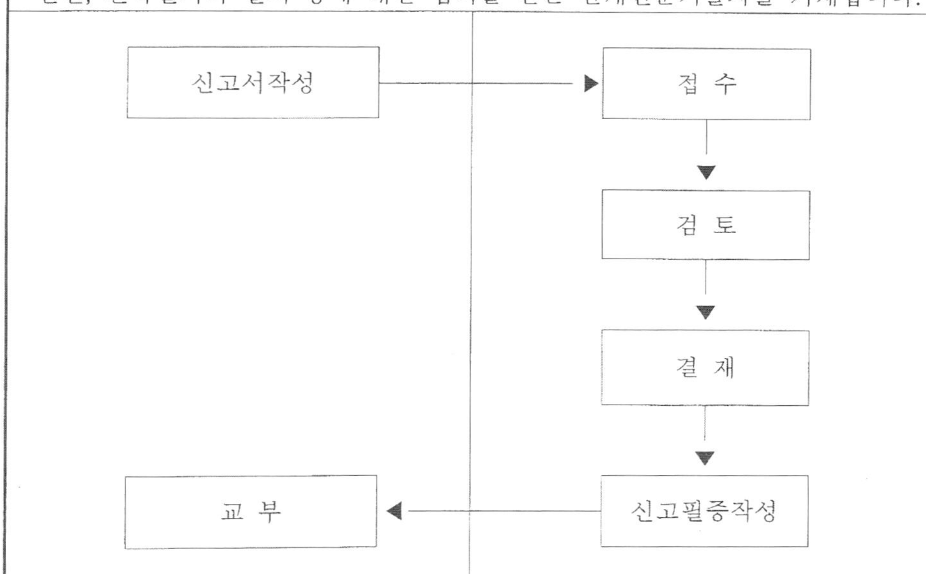

그림 69 착공신고서-2(뒷면)

[별첨 1]

건축공사 감리요령

■ 공사감리업무구분

분류기호	감 리 대 상 규 모
가	주거용 건축물로서 연면적이 661제곱미터이하이거나 기타 건축물로서 연면적이 495제곱미터이하인 건축물의 공사감리
나	바닥면적의 합계가 5천제곱미터미만인 건축물의 공사감리와 연속된 5개층미만으로서 바닥면적의 합계가 3천제곱미터미만인 건축물로 "가"를 제외한 건축물의 공사감리
다	바닥면적의 합계가 5천제곱미터이상인 건축물과 연속된 5개층 이상으로서 바닥면적의 합계가 3천제곱미터이상인 건축물로 "라"를 제외한 건축물의 공사감리
	아파트(20세대미만)의 공사감리
라	다중이용건축물의 공사감리

그림 70 감리요령, 업무구분-1

[별지 제21호서식] <개정 2005.7.18, 2006.5.12> (3면 중 제1면)

<table>
<tr><td colspan="5">감리보고서</td></tr>
<tr><td>신 청 구 분</td><td colspan="2">☑ 감리중간보고</td><td colspan="2">☐ 감리완료보고</td></tr>
<tr><td>허 가 번 호</td><td colspan="2">2007-</td><td>허 가 일 자</td><td>2007년8월24일</td></tr>
<tr><td>대 지 위 치</td><td colspan="2">인천광역시 중구 송학동3가</td><td>지 번</td><td>2-35</td></tr>
<tr><td>구 분</td><td colspan="2">건 축 공 정</td><td colspan="2">동명칭 및 번호</td></tr>
<tr><td rowspan="4">중 간 보 고
※해당항목에 √를 표시하시기 바랍니다.</td><td colspan="2">☑ 기초공사 철근배근 완료</td><td colspan="2">가동</td></tr>
<tr><td colspan="2">☐ 지붕슬래브배근 완료</td><td colspan="2"></td></tr>
<tr><td colspan="2">☐ [층] 바닥슬래브배근 완료</td><td colspan="2"></td></tr>
<tr><td colspan="2">☐ 거푸집 또는 주춧돌 설치 완료</td><td colspan="2"></td></tr>
<tr><td rowspan="2">완 료 보 고</td><td>공사감리기간</td><td></td><td colspan="2" rowspan="2"></td></tr>
<tr><td>공사완료일자</td><td></td></tr>
<tr><td rowspan="9">공사감리자·관계전문기술자 확인 및 의견</td><td colspan="3">확 인 자</td><td>의 견</td></tr>
<tr><td colspan="3">[공사감리자] (서명 또는 인)</td><td>적법함</td></tr>
<tr><td colspan="3"></td><td></td></tr>
<tr><td colspan="3"></td><td></td></tr>
<tr><td colspan="3"></td><td></td></tr>
<tr><td colspan="3"></td><td></td></tr>
<tr><td colspan="3"></td><td></td></tr>
<tr><td colspan="3"></td><td></td></tr>
<tr><td colspan="3"></td><td></td></tr>
<tr><td colspan="5">「건축법」 제21조 및 동법 시행규칙 제19조의 규정에 의하여 위와 같이 공사감리보고서를 제출합니다.

2007년9월25일

보고인(건축주) (서명 또는 인)

인천광역시 중구청장 귀하</td></tr>
<tr><td colspan="5">구비서류 : 없음
※공사감리보고서는 사용승인신청시 사용승인신청서와 함께 제출하면 됩니다.</td></tr>
</table>

210㎜×297㎜(보존용지(2종) 70g/㎡)

그림 71 감리보고서(중간 -1)

(3면 중 제2면)

구 분		조 사 내 용	「건축법」(조례)기준	완공 후 현황
현장·조사	대지 및 도로	대지의 안전조치 등	제30조	☑ 적합 ☐ 부적합 ☐ 해당없음
		토지굴착부분에 대한 조치 등	제31조	☑ 적합 ☐ 부적합 ☐ 해당없음
		대지안의 조경	( )%이상	( )% ☑ 해당없음
		건축선 지정	제36조	☑ 적합 ☐ 부적합 ☐ 해당없음
		건축선에 의한 건축제한	제37조	☑ 적합 ☐ 부적합 ☐ 해당없음
	피난 시설	직통계단의 설치	제39조	☐ 적합 ☐ 부적합 ☑ 해당없음
		피난·특별피난·옥외피난계단의 설치	제39조	☐ 적합 ☐ 부적합 ☑ 해당없음
		관람석 등으로부터의 출구설치	제39조	☐ 적합 ☐ 부적합 ☑ 해당없음
		건축물 바깥쪽으로의 출구설치	제39조	☐ 적합 ☐ 부적합 ☑ 해당없음
		옥상광장의 설치	제40조	☐ 적합 ☐ 부적합 ☑ 해당없음
		방화구획	제39조	☐ 적합 ☐ 부적합 ☑ 해당없음
		계단설치기준 및 구조	제39조	☐ 적합 ☐ 부적합 ☑ 해당없음
		거실의 반자·채광·환기	제39조	☐ 적합 ☐ 부적합 ☑ 해당없음
		거실의 바닥	제39조	☐ 적합 ☐ 부적합 ☑ 해당없음
		경계 및 간막이벽 구조	제39조	☐ 적합 ☐ 부적합 ☑ 해당없음
		건축물에 설치하는 굴뚝	제39조	☐ 적합 ☐ 부적합 ☑ 해당없음
	내화 구조	건축물의 내화구조	제40조	☐ 적합 ☐ 부적합 ☑ 해당없음
		대규모건축물의 방화벽 등	제40조	☐ 적합 ☐ 부적합 ☑ 해당없음
	건축 재료	건축물의 내장재료	제43조	☐ 적합 ☐ 부적합 ☑ 해당없음
	지하층	지하층 구조	제44조	☐ 적합 ☐ 부적합 ☑ 해당없음
	용도 제한	용도지역 및 용도지구 안에서의 건축물의 건축제한 등	「국토의 계획 및 이용에 관한 법률」 제76조	☑ 적합 ☐ 부적합 ☐ 해당없음
	건폐율 용적률	건폐율	(70)%이하	(52.97)%이하
		용적률	(240)%이하	(136.19)%이하
	대지 안의 공지	건축선으로부터 이격거리	제50조	☑ 적합 ☐ 부적합 ☐ 해당없음
		인접대지경계선으로부터 이격거리	제50조	☑ 적합 ☐ 부적합 ☐ 해당없음
	높이 제한	가로구역별 및 도로에 의한 높이제한	제51조	☑ 적합 ☐ 부적합 ☐ 해당없음
		일조확보를 위한 높이제한	제53조	☐ 적합 ☐ 부적합 ☑ 해당없음

210㎜×297㎜(보존용지(2종) 70g/㎡)

그림 72 감리보고서(중간 -2)

(3면 중 제3면)

구 분		조 사 내 용	건 축 법 (조례)기준	완공후 현황
현장 조사	건축 설비	승용승강기의 설치	제57조	☐ 적합 ☐ 부적합 ☑ 해당없음
		승용승강기의 구조	제57조	☐ 적합 ☐ 부적합 ☑ 해당없음
		비상용승강기의 설치	제57조	☐ 적합 ☐ 부적합 ☑ 해당없음
		비상용승강기의 승강장 및 구조	제57조	☐ 적합 ☐ 부적합 ☑ 해당없음
		배연설비의 설치	제55조	☐ 적합 ☐ 부적합 ☑ 해당없음
		난방설비의 적합여부	제55조	☐ 적합 ☐ 부적합 ☑ 해당없음
		열손실방지 조치	제59조	☐ 적합 ☐ 부적합 ☑ 해당없음
		에너지절약계획서의 이행여부	제59조	☐ 적합 ☐ 부적합 ☑ 해당없음
	도시 설계	지구단위계획에의 적합여부	「국토의 계획 및 이용에 관한 법률」 제49조 내지 제55조	☑ 적합 ☐ 부적합 ☐ 해당없음
		공개공지의 확보	(　　)%이상	(　　)% ☑ 해당없음
장애인 편의시설		관계법령에서 의무화된 시설		☐ 적합 ☐ 부적합 ☑ 해당없음
기타사항		상기사항을 현장 조사한바 적법함		
종합의견		상기사항을 현장 조사한바 적법함		
유의사항		중간검사는 그 검사 당시의 공사부분까지의 현황을 기재합니다.		

210㎜ × 297㎜(보존용지(2종) 70g/㎡)

그림 73 감리보고서(중간 -3)

[별지 제21호서식] <개정 2005.7.18, 2006.5.12> (3면 중 제1면)

감리보고서				
신 청 구 분	☐ 감리중간보고		☑ 감리완료보고	
허 가 번 호	2007-		허 가 일 자	2007년8월24일
대 지 위 치	인천광역시 중구 송학동 ○가		지 번	2-35
구 분	건 축 공 정		동명칭 및 번호	
중 간 보 고 ※해당항목에 √를 표시하시기 바랍니다.	☐ 기초공사 철근배근 완료			
	☐ 지붕슬래브배근 완료			
	☐ [층] 바닥슬래브배근 완료			
	☐ 거푸집 또는 주춧돌 설치 완료			
완 료 보 고	공사감리기간	2007년9월4일 ~ 2008년1월23일	가동	
	공사완료일자	2008년1월23일		
공사감리자 · 관계전문기술자 확인 및 의견	확 인 자		의 견	
	[공사감리자] (서명 또는 인)		적법함	

「건축법」 제21조 및 동법 시행규칙 제19조의 규정에 의하여 위와 같이 공사감리보고서를 제출합니다.

2008년1월23일

보고인(건축주) (서명 또는 인)

인천광역시 중구청장 귀하

구비서류 : 없음
※공사감리보고서는 사용승인신청시 사용승인신청서와 함께 제출하면 됩니다.

210㎜×297㎜(보존용지(2종) 70g/㎡)

그림 74 감리완료보고서-1

(3면 중 제2면)

구 분		조 사 내 용	「건축법」(조례)기준	완공 후 현황
현장 조사	대지 및 도로	대지의 안전조치 등	제30조	☑ 적합 ☐ 부적합 ☐ 해당없음
		토지굴착부분에 대한 조치 등	제31조	☑ 적합 ☐ 부적합 ☐ 해당없음
		대지안의 조경	(　)%이상	(　)% ☑ 해당없음
		건축선 지정	제36조	☑ 적합 ☐ 부적합 ☐ 해당없음
		건축선에 의한 건축제한	제37조	☑ 적합 ☐ 부적합 ☐ 해당없음
	피난 시설	직통계단의 설치	제39조	☑ 적합 ☐ 부적합 ☐ 해당없음
		피난 · 특별피난 · 옥외피난계단의 설치	제39조	☐ 적합 ☐ 부적합 ☑ 해당없음
		관람석 등으로부터의 출구설치	제39조	☐ 적합 ☐ 부적합 ☑ 해당없음
		건축물 바깥쪽으로의 출구설치	제39조	☑ 적합 ☐ 부적합 ☐ 해당없음
		옥상광장의 설치	제40조	☑ 적합 ☐ 부적합 ☐ 해당없음
		방화구획	제39조	☐ 적합 ☐ 부적합 ☑ 해당없음
		계단설치기준 및 구조	제39조	☑ 적합 ☐ 부적합 ☐ 해당없음
		거실의 반자 · 채광 · 환기	제39조	☑ 적합 ☐ 부적합 ☐ 해당없음
		거실의 바닥	제39조	☑ 적합 ☐ 부적합 ☐ 해당없음
		경계 및 간막이벽 구조	제39조	☑ 적합 ☐ 부적합 ☐ 해당없음
		건축물에 설치하는 굴뚝	제39조	☐ 적합 ☐ 부적합 ☑ 해당없음
	내화 구조	건축물의 내화구조	제40조	☑ 적합 ☐ 부적합 ☐ 해당없음
		대규모건축물의 방화벽 등	제40조	☐ 적합 ☐ 부적합 ☑ 해당없음
	건축 재료	건축물의 내장재료	제43조	☑ 적합 ☐ 부적합 ☐ 해당없음
	지하층	지하층 구조	제44조	☑ 적합 ☐ 부적합 ☐ 해당없음
	용도 제한	용도지역 및 용도지구 안에서의 건축물의 건축제한 등	「국토의 계획 및 이용에 관한 법률」 제76조	☑ 적합 ☐ 부적합 ☐ 해당없음
	건폐율 용적률	건폐율	(70)%이하	(52.97)%이하
		용적률	(240)%이하	(136.19)%이하
	대지 안의 공지	건축선으로부터 이격거리	제50조	☑ 적합 ☐ 부적합 ☐ 해당없음
		인접대지경계선으로부터 이격거리	제50조	☑ 적합 ☐ 부적합 ☐ 해당없음
	높이 제한	가로구역별 및 도로에 의한 높이제한	제51조	☑ 적합 ☐ 부적합 ☐ 해당없음
		일조확보를 위한 높이제한	제53조	☐ 적합 ☐ 부적합 ☑ 해당없음

210㎜×297㎜(보존용지(2종) 70g/㎡)

그림 75 감리완료보고서-2

(3면 중 제3면)

구 분		조 사 내 용	건 축 법 (조례)기준	완공후 현황
현장 조사	건축 설비	승용승강기의 설치	제57조	☐ 적합 ☐ 부적합 ☑ 해당없음
		승용승강기의 구조	제57조	☐ 적합 ☐ 부적합 ☑ 해당없음
		비상용승강기의 설치	제57조	☐ 적합 ☐ 부적합 ☑ 해당없음
		비상용승강기의 승강장 및 구조	제57조	☐ 적합 ☐ 부적합 ☑ 해당없음
		배연설비의 설치	제55조	☐ 적합 ☐ 부적합 ☑ 해당없음
		난방설비의 적합여부	제55조	☑ 적합 ☐ 부적합 ☐ 해당없음
		열손실방지 조치	제59조	☑ 적합 ☐ 부적합 ☐ 해당없음
		에너지절약계획서의 이행여부	제59조	☐ 적합 ☐ 부적합 ☑ 해당없음
	도시 설계	지구단위계획에의 적합여부	「국토의 계획 및 이용에 관한 법률」 제49조 내지 제55조	☑ 적합 ☐ 부적합 ☐ 해당없음
		공개공지의 확보	( )%이상	( )% ☑ 해당없음
장애인 편의시설		관계법령에서 의무화된 시설		☐ 적합 ☐ 부적합 ☑ 해당없음
기타사항		내화구조로 적법하게 시공 되었음		
종합의견		상기사항을 현장 조사한바 적법함		
유의사항		중간검사는 그 검사 당시의 공사부분까지의 현황을 기재합니다.		

210㎜×297㎜(보존용지(2종) 70g/㎡)

그림 76 감리완료보고서-3

[별지 제17호서식] <개정 2003.11.21, 2005.7.18, 2006.5.12, 2007.3.19>

(8면 중 제1면)

(임시)사용승인신청서

신청구분	사용승인	☑전체	☐일부	가설건축물존치기간	년 월 일까지
	임시사용승인	☐전체	☐일부	임시사용신청기간	년 월 일까지
허가(신고)번호	2007-			①공사착공일	2007년09월04일까지
신청인(건축주)					
주소	인천광역시 남구 주안동			(전화번호 :)	
대지위치	인천광역시 중구 송학동 ○가			지번	2 - 35
용도지역	일반상업지역	용도지구	역사문화미관지구/방화지구	용도구역	제1종지구단위계획구역
등기촉탁 희망여부		☐희망함		☑희망하지 않음	

「건축법」 제18조 및 동법시행규칙 제16조 · 제17조의 규정에 의하여 위와 같이 (임시)사용승인신청서를 제출합니다.

2008년02월29일

신청인(건축주) (서명 또는 인)

인천광역시 중구청장 귀하

구비서류

1. 「건축법」 제21조1항에 따른 공사감리자를 지정한 경우 : 공사감리완료보고서
2. 「건축법」 제8조1항에 따라 허가를 받아 건축한 건축물의 건축하가도서에 변경이 있는 경우 : 설계변경사항이 반영된 최종 공사완료도서
3. 「건축법」 제9조1항에 따른 신고를 하여 건축한 건축물 : 배치 및 평면이 표시된 현황도면
4. 「액화석유가스의 안전관리 및 사업법」 제29조제2항에 따라 액화석유가스의 사용시설에 대한 완성검사를 받아야 할 건축물인 경우 : 액화석유가스 완성검사필증

※ 임시사용승인·사용승인(일부)·대수선 행위에 대한 사용승인을 신청하는 경우 Ⅰ.전체개요는 기재하지 아니하여도 됩니다. 사용승인신청서의 건축주 명의는 건축물대장상의 최초소유자란에 기재가 되어 소유권 등기시 소유자 확인의 근거가 되므로 건축주를 변경할 사유가있으면 사용승인 신청 전에 건축주 명의변경 신고를 하시기 바랍니다.

Ⅰ. 전체개요

대지면적(㎡)	178.5	건축면적(㎡)	94.55
건폐율(%)	52.97	연면적(㎡)	277.48
용적률산정용 연면적(㎡)	243.1	용적률(%)	136.19

②건축물명칭	가동	주건축물수	1동	부속건축물	동 ㎡
③주용도	단독주택	호(가구)수	1가구 ☐호 ☑가구	총주차대수	2대
주택을 포함하는 경우 호(가구)당 평균전용면적(㎡)					243.1
④오수정화시설		형식	기타오수처리시설	용량	3㎥

주차장	구분	옥내	옥외	인근	면제
	자주식	2대 23㎡	대 ㎡	대 ㎡	대
	기계식	대 ㎡	대 ㎡	대 ㎡	

일괄신고내용	대수선	위치변경	기타

210㎜×297㎜(보존용지(2종) 70g/㎡)

그림 77 임시사용승인신청서

실시설계의 도서작성

가. 건축

종 류			축 적	설계업무구분		
				가	나	다
일반사항	공사시방서			○	○	○
	설개개요			○	○	○
	각 공종별 공사비 내역서					○
	각종 계산서			○	○	○
	심의에서 각종 인허가 관련자료			○	○	○
일반도면	표지			○	○	○
	도면목록표			○	○	○
	안내도			○	○	○
	구적도			○	○	○
	지적도			○	○	○
	면적산출표			○	○	○
	대지 종·횡단면도			○	○	○
	배치도		1/100이상	○	○	○
	주차계획도		1/100이상			○
	평면도		1/100이상	○	○	○
	입면도(2면 이상)		1/100이상	○	○	○
	단면도(종·횡단면도 등)		1/100이상	○	○	○
상세도면	수직동선 관련 상세도	코아 평면상세도	1/5~1/50			○
		계단 평·단면상세도	1/5~1/50	○	○	○
		승강기.샤프트 평·단면상세도	1/5~1/50			○
		주차 경사로 평·단면상세도	1/5~1/50			○
		주차 리프트 평·단면상세도	1/5~1/50			○

그림 78 실시설계 도서작성기준(건축)-1

종 류			축 적	설계업무구분		
				가	나	다
상세 도면	부분 상세도	주요부분 상세도	1/5~1/50	○	○	○
		주출입구부분 평,입,단면상세도	1/5~1/50			
		부출입구부분 평,입,단면상세도	1/5~1/50			
		샷다 상세도	1/5~1/50			
		핏트 상세도	1/5~1/50			
		발코니 상세도	1/5~1/50			○
		출입구 상세도	1/5~1/50			○
		지상층 외벽 입면 · 단면 상세도	1/5~1/100			○
		지하층 단면 상세도	1/5~1/100			
		주요부분 내벽 상세도	1/5~1/100			
	창호도	창호 일람표	1/5~1/50			○
		창호 평면도	1/5~1/50			○
		창호 상세도	1/5~1/50			
		창호 입면도	1/5~1/50			
		창호 잡철물 목록	1/5~1/50			
	천정도	각층 천정 평면도	1/5~1/50			
		천정 상세도	1/5~1/50			
		부분 상세도	1/5~1/50			
		천장 관련 설치 상세도	1/5~1/50			
	내부 상세도	로비바닥패턴도	1/5~1/50			
		로비 전개도	1/5~1/50			
		주요실 전개도	1/5~1/50			
		승강기 Hall 전개 상세도	1/5~1/50			
		화장실 전개 상세도	1/5~1/50			
		칸막이 전개도 및 상세도	1/5~1/100			
	실내부위	실내마감 상세도	1/5~1/50			
	부품도	각 부품도	1/2~1/50			
기타	정화조	건축용 평 · 단면도	1/5~1/100			○
		각종 설비도				
		계산서				
	특수분야 도면	소음 · 방진, 무대 · 조명, 주방, 음향, 전시, 미술장식품 등		별도업무		

그림 79 실시설계 도서 작성기준(건축)-2

나. 구조

종 류			축 적	설계업무구분		
				가	나	다
일반사항		구조계산서 (법령에 의거 작성을 요하는 건축물)		○	○	○
		시방서		○	○	○
		설계설명서				○
도면		도면목록표		○	○	○
		구조 평면도	1/30~1/200	○	○	○
		구조 단면도	1/30~1/200	○	○	○
		기초일람표	1/30~1/100	○	○	○
		앵커배치도 및 Base Plate 설치도	1/30~1/100			○
		기둥 일람표	1/30~1/100	○	○	○
		보 일람표	1/30~1/100	○	○	○
		슬래브 일람표	1/30~1/100	○	○	○
		옹벽 일람표	1/30~1/100	○	○	○
		계단배근 일람표	1/30~1/100	○	○	○
		잡배근 일람표	1/30~1/100	○	○	○
		주심도	1/30~1/200	○	○	○
상세도	계단 및 코아 상세도	계단 상세도	1/30~1/50	○	○	○
		경사로 상세도	1/30~1/50			○
		코아 상세도	1/30~1/50			○
	접 합 상세도	기둥접합 상세도	1/5~1/50			○
		보접합 상세도	1/5~1/50			○
		BraceE접합 상세도	1/5~1/50			○
		Deck Plate 설치도	1/5~1/50			○
		Stud Bolt 설치도	1/5~1/50			○
		Anchor Bolt 상세도	1/5~1/50			○
	잡 상세도		1/5~1/50			
	가구도		1/5~1/50			
	각부구조 상세도		1/5~1/50			
	기 타 상세도	보 Opening 위치도	1/5~1/50			
		캐노피	1/5~1/50			
		파라펫	1/5~1/50			
		Truss	1/5~1/50			

그림 80 실시설계도서작성기준(구조)-3

다. 기계

종 류		내 용	축 적	설계업무구분		
				가	나	다
일반 사항	시방서	당해 공사에 요구되는 일반 및 특기 사항을 상세히 기술		○	○	○
	공사비내역서	시방 및 도면에 따라 세부공사비를 산정하여 작성				○
	부하계산서	설계기준에 따라 세부 부하 계산		○	○	○
	설계설명서	설계과정에서 확정된 내용 정리				○
도면	도면 목록표	도면목차, 번호 등을 알아보기 쉽도록 표기		○	○	○
	장비일람표	주요장비의 사항을 알아보기 쉽도록 표기				○
	옥외배관 평면도	옥외에서의 급배수, 도시가스, 유틸리 등의 인입, 인출과 관경 및 위치 등을 표시	1/100이상	○	○	○
	각 설비 계통도	각 설비별 계통 표시		○	○	○
	각 설비 평면도	공조, 환기, 위생, 소화설비 등에 대한 내용 등을 표시	1/100이상	○	○	○
	기계실 및 공조실 확대평면도	각 설비별 기계실 배관에 대한 확대평면도	1/5~1/50			
	화장실확대평면 상세도	화장실 배관 등에 대한 확대평면	1/5~1/50			
	저수조, 고가수조 배치 및 상세도	설치기준을 표시, 평・단면도	1/5~1/50			
	설비용핏트 상세도	설치 및 유지보수 등을 위한 적절한 공간 검토 확인	1/5~1/50			
	연도 상세도	보일러 및 발전기등의 연도상세	1/5~1/50			
	각종 장비 상세도		1/5~1/50			
	자동제어도면 (별도)	구성도				
		장비, 밸브, 관제점, 패널 일람표				
		계통도 및 평면도				

그림 81 실시설계도서작성기준(기계)-4

라. 전기

종 류		내 용	축 적	설계업무구분		
				가	나	다
일반사항	시방서	당해 공사에 요구되는 일반 및 특기 사항을 상세히 기술		○	○	○
	공사비 내역서	물량산출 및 내역서				○
	각종 부하계산서	변압기용량, 부하, 조도, 발전기 용량		○	○	○
	설계 설명서					○
	도면 목록표	도면 목차, 번호등을 알아보기 쉽도록 표기		○	○	○
	장비일람표	주요장비의 사양을 표기				○
도면	도면 목록표	도면목차, 번호 등을 알아보기 쉽도록 표기		○	○	○
	인입 배치도	전력 배치도	1/100이상	○	○	○
		통신 배치도	1/100이상	○	○	○
		소방 배치도	1/100이상	○	○	○
	계통도	전력간선 계통도				○
		통신 계통도				
		소방계통도				○
	평면도	전기실 장비설치 평면도	1/100이상			○
		기계실 장비설치 평면도	1/100이상			○
		전력 설비 평면도	1/100이상	○	○	○
		조명 설비 평면도	1/100이상			○
		통신 설비 평면도	1/100이상	○	○	○
		방범 설비 평면도	1/100이상			○
		소방 설비 평면도	1/100이상	○	○	○
		방송 설비 평면도	1/100이상			○
	상세도	조명기구 상세도	1/5이상			
		설비용 핏트 상세도	1/5이상			
		피뢰침 상세도	1/5이상			
		접지 설비 상세도	1/5이상			
		TV안테나 설치 상세도	1/5이상			

그림 82 실시설계도서작성기준(전기)-5

바. 조경

종 류		내 용	축 적	설계업무구분		
				가	나	다
일반사항	공사시방서	당해 공사에 요구되는 일반 및 특기 사항을 상세히 기술		○	○	○
	공사비 내역서	물량산출 및 내역서				○
	설계설명서					○
도면	도면목록표	도면 목차, 번호등을 알아보기 쉽도록 표기		○	○	○
	배치도	공사계획 및 시설물배치도	1/100이상	○	○	○
	평면도	배식 평면도 및 수량 집계	1/100이상			○
		포장계획 평면도	1/100이상			○
		시설물 평면도	1/100이상			○
	입면도	식재 입면도 및 플랜터 전개도	1/100이상			○
	상세도	포장 평 · 입 · 단면 상세도	1/10이상			
		지주목 상세도	1/10이상			
		식재 및 수목보호용 덮개상세도	1/10이상			
		조명등 상세도	1/10이상			
		플랜터 상세도	1/10이상			
		시설물 상세도	1/10이상			

그림 83 실시설계도서작성기준(조경)–7

마. 토목

종 류		내 용	축 적	설계업무구분		
				가	나	다
일반 사항	공사 시방서	당해 공사에 요구되는 일반 및 특기 사항을 상세히 기술		○	○	○
	공사비 내역서	시방 및 도면에 따라 세부공사비를 산정하여 작성				○
	설계설명서					○
도면	주요 평면도		필요축적	○	○	○
	대지 종·횡단면도		필요축적	○	○	○
	토공사 평·단면도		1/5~1/100			○
	흙막이 상세도	굴토깊이 10M 미만	1/5~1/50	○	○	○
	포장상세도		1/5~1/50			○
	보도블럭 및 측구 상세도		1/5~1/100			
	옹벽 평·단면 전개도		1/5~1/100			○
	옹벽 상세도		1/5~1/100			○
	담장 입·단면도		1/5~1/100			
	담장 상세도		1/5~1/100			
	방음벽 상세도		1/5~1/100			
	지하매설 구조물 현황		1/5~1/100	○	○	○
	우·오수배수 상세도	우·오수배수 처리 노선 상세도(평면도, 종·횡단면도) 및 구조물 상세도	1/5~1/100			

그림 84 실시설계도서작성기준(토목)-6

<table>
<tr><td rowspan="1">사용승인</td><td>1. 사용승인신청서
○ 사용승인신청서
○ 사용승인조사 및 검사조서
○ 동별개요
○ 층별개요
○ 일반건축물 소유자 현황
○ 집합건축물 소유자 현황(공동주택 해당)
○ 집합건축물 전유/공유 면적표(공동주택 해당)
○ 감리보고서(기초,지붕)
○ 감리완료보고서
○ 소방시설완공검사필증(해당 건축물)
○ 정보통신공사용검사 필증
○ 승강기검사결과(해당 건축물)
○ 기타 사용승인에 따른 필증서류(필요시)

2. 건축물사용승인 점검 확인서
○ 대상 : 주거지역내 4층 이하, 1,000㎡이하의 건축물은 안산건축사협회에 사용승인 점검 후 신청
- 건축물사용승인 점검 확인서
- 건축공사장 점검 확인서
※ 안산건축사협회의 직인 확인(배정,확인)

3. 사용승인 도면
○ 건축개요도(변경내용 기재)
○ 배치도
○ 평면도
○ 입면도
○ 단면도
※ 건축법 제10조 제2항의 규정에 의한 사용승인 시 일괄 사용승인처리 대상인 경우만 도면첨부

4. 건축물대장 및 부설주차장 관리대장
○ 건축물대장기재신청서
○ 건축물사용승인 내역
○ 건축물대장(갑지)
○ 건축물현황 도면(을지)
○ 건축물 부설주차장 관리대장</td><td>건축법 제18조
동법시행규칙 제16조</td></tr>
</table>

그림 85 사용승인목록-1

[별지 제24호서식] <개정 2001.9.28, 2005.7.18, 2006.5.12> (2면 중 제1면)

사용승인조사 및 검사조서				
건 축 주				
대 지 위 치	인천광역시		지 번	2 - 35
허 가 번 호	2007-		허 가 일 자	2007년8월24일
조사/검사자	성 명	서명 또는 인	면 허 번 호	
	사무소명	건축사사무소	등 록 번 호	
조사/검사일	2008년1월23일		설 계 일	2008년1월23일

「건축법」 제23조 및 동법 시행규칙 제21조의 규정에 의하여 아래와 같이 사용승인조사 및 검사조서를 제출합니다.

2008년2월29일

제출인 (서명 또는 인)

인천광역시 중구청장 귀하

구 분		조 사 내 용	「건축법」(조례)기준	완공 후 현황
현장 조사	대지 및 도로	대지의 안전조치 등	제30조	☑ 적합 ☐ 부적합 ☐ 해당없음
		토지굴착 부분에 대한 조치 등	제31조	☑ 적합 ☐ 부적합 ☐ 해당없음
		대지안의 조경	( )%이상	( )% ☑ 해당없음
		건축선 지정	제36조	☑ 적합 ☐ 부적합 ☐ 해당없음
		건축선에 의한 건축제한	제37조	☑ 적합 ☐ 부적합 ☐ 해당없음
	피난 시설	직통계단의 설치	제39조	☑ 적합 ☐ 부적합 ☐ 해당없음
		피난 · 특별피난 · 옥외피난계단의 설치	제39조	☐ 적합 ☐ 부적합 ☑ 해당없음
		관람석 등으로부터의 출구 설치	제39조	☐ 적합 ☐ 부적합 ☑ 해당없음
		건축물 바깥쪽으로의 출구 설치	제39조	☑ 적합 ☐ 부적합 ☐ 해당없음
		옥상광장의 설치	제40조	☑ 적합 ☐ 부적합 ☐ 해당없음
		방화구획	제39조	☐ 적합 ☐ 부적합 ☑ 해당없음
		계단설치기준 및 구조	제39조	☑ 적합 ☐ 부적합 ☐ 해당없음
		거실의 반자 · 채광 · 환기	제39조	☑ 적합 ☐ 부적합 ☐ 해당없음
		거실의 바닥	제39조	☑ 적합 ☐ 부적합 ☐ 해당없음
		경계 및 칸막이벽 구조	제39조	☑ 적합 ☐ 부적합 ☐ 해당없음
		건축물에 설치하는 굴뚝	제39조	☐ 적합 ☐ 부적합 ☑ 해당없음

210mm × 297mm(보존용지(2종) 70g/㎡)

그림 86 사용승인조사 및 검사조서-1

(2면 중 제2면)

구 분		조 사 내 용	「건축법」(조례)기준	완공 후 현황
현장조사	내화구조	건축물의 내화구조	제40조	☑ 적합 ☐ 부적합 ☐ 해당없음
		대규모건축물의 방화벽 등	제40조	☐ 적합 ☐ 부적합 ☑ 해당없음
	건축재료	건축물의 내장재료	제43조	☑ 적합 ☐ 부적합 ☐ 해당없음
	지하층	지하층 구조	제44조	☑ 적합 ☐ 부적합 ☐ 해당없음
	용도제한	용도지역 및 용도지구 안에서의 건축물의 건축제한 등	「국토의 계획 및 이용에 관한 법률」 제76조	☑ 적합 ☐ 부적합 ☐ 해당없음
	건폐율 용적율	건페율	(70)%이하	(52.97)%이하
		용적율	(240)%이하	(136.19)%이하
	대지안의 공지	건축선으로부터 이격거리	제50조	☑ 적합 ☐ 부적합 ☐ 해당없음
		인접대지경계선으로부터 이격거리	제50조	☑ 적합 ☐ 부적합 ☐ 해당없음
	높이제한	가로구역별 및 도로에 의한 높이제한	제51조	☑ 적합 ☐ 부적합 ☐ 해당없음
		일조확보를 위한 높이제한	제53조	☐ 적합 ☐ 부적합 ☑ 해당없음
	건축설비	승용승강기의 설치	제57조	☐ 적합 ☐ 부적합 ☑ 해당없음
		승용승강기의 구조	제57조	☐ 적합 ☐ 부적합 ☑ 해당없음
		비상용승강기의 설치	제57조	☐ 적합 ☐ 부적합 ☑ 해당없음
		비상용승강기의 승강장 및 구조	제57조	☐ 적합 ☐ 부적합 ☑ 해당없음
		배연설비의 설치	제55조	☐ 적합 ☐ 부적합 ☑ 해당없음
		난방설비의 적합여부	제55조	☑ 적합 ☐ 부적합 ☐ 해당없음
		열손실방지 조치	제59조	☑ 적합 ☐ 부적합 ☐ 해당없음
		에너지절약계획서 이행 여부	제59조	☐ 적합 ☐ 부적합 ☑ 해당없음
	도시설계	지구단위계획에의 적합여부	「국토의 계획 및 이용에 관한 법률」 제49조 내지 제55조	☑ 적합 ☐ 부적합 ☐ 해당없음
		공개공지의 확보	( )%이상	( )% ☑ 해당없음
장애인 편의시설		관계법령에서 의무화된 시설		☐ 적합 ☐ 부적합 ☑ 해당없음
기타 사항		내화구조로 적법하게 시공 되었음		
종합의견		상기사항을 현장 조사한바 적법함		

210㎜×297㎜(보존용지(2종) 70g/㎡)

그림 87 사용승인조사 및 검사조서-2

구분	신축	증축	개축	재축	이축(이전)	대수선	용도변경	건축물 사용승인 내역	처리기간
									접수일로부터 7일

대지위치	인천광역시 중구 송학동○가	대표지번 및관련지번		건축물 명칭및 번호	가동		
특이사항		대지면적	178.50㎡	건축면적	94.55㎡	건폐율	52.97%
연면적	277.48㎡	용적률산정용 연 면 적	243.10㎡	용적률	136.19%	지역	일반상업지역

지 구	역사문화미관지구	구역	제1종지구단위계획구역	주구조	철근콘크리트	주용도	단독주택(1가구)	층수	지하1층 지상3층
높 이	12.47 m	지붕	경사지붕	부속건축물	㎡	허가일자	2007.08.24.		
착공일자	2007.09.04.	승인일자	2008. .	조경면적	㎡	기타사항			

구분		층별	구조	세부용도	면적(㎡)	호수(가구)	비고
건축물현황	주건축물	지하층	철근콘크리트	주차장	34.38		
		1 층	철근콘크리트	단독주택(1가구)	91.50	1가구	
		2 층	철근콘크리트	단독주택	94.20		
		3 층	철근콘크리트	단독주택	57.40		
	부속건축물						

주차장					승강기		구분	성명(명칭)	면허(등록)번호
구 분		자주식	기계식	관련지번	승용	대			
옥내	대수	2 대	대		비상용	대	건축주		
	면적	23.00 ㎡	㎡		오수정화시설		설계자	건축사	
옥외	대수	대	대		형식	호기성 생물학적방법	공사감리자	건축사	
	면적	㎡	㎡		용량	3t	공사시공자(현장관리인)		

구 분	성 명 (명칭)	(주민등록)번호	주 소	소유권지분	비고
건축주 현 황			인천 남구	1/1	

건축물대장의 기재 및 관리등에 관한규칙 제5조제1항의 규정에 의하여 위와 같이(일반/집합) 건축물 사용승인내역을 통보하오니 건축물대장을 작성하여 주시기 바랍니다.

2008 . 02 . .

인천 중구청 귀 하

※ 첨부서류 : 건축물현황도 (배치도, 평면도 1부)

그림 88 건축물사용승인내역

[별지 제7호 서식]

건 축 물 대 장 기 재 신 청 서							처리기간 7일
대지위치	인천 광역시 중구 송학동 ○가			지 번		건축물 명칭 · 번호	가동
지 역	일반상업지역	지구 · 구역		역사문화미관지구,제1종지구단위계획구역			
대지면적	178.50㎡	연 면 적	277.48㎡	건축물 주구조	철근콘크리트	착공일자	2007.09.04.
건축면적	94.55㎡	용적률산적용 연 면 적	243.10㎡	건축물 지 붕	경사지붕	기 타 사 항	
건 폐 율	52.97%	용 적 율	136.19%	주용도	단독주택(1가구)		
층 수	지하1층, 지상3층	부 속 건 축 물	동 ㎡	높 이	12.47m		

구 분		층별	구 조	용 도	면 적(㎡)	비 고
건축물현황	건축물	지하층	철근콘크리트	주차장	34.38	1가구
		1 층	철근콘크리트	단독주택(1가구)	91.50	
		2 층	철근콘크리트	단독주택	94.20	
		3 층	철근콘크리트	단독주택	57.40	
	부속건축물					

주 차 장				승 강 기		구 분	성 명 또 는 명 칭	면허(등록)번호
구 분		자 주 식	기 계 식	승 용	대			
옥내	대수	2 대	대	비상용		건 축 주		
	면적	23.00 ㎡	㎡	오수 정화시설		설 계 자	건축사	
옥외	대수	대	대	형 식	호기성 생물학적방법	공사감리자	건축사	
	면적	㎡	㎡	용 량	3t	공사시공자 (현장관리인)		

※ 일반건축물대장의 기재를 신청하는 경우에만 작성 하십시오

구 분	성명(명칭)	주민등록번호 (부동산등기용등록번호)	주 소	소유권지분
소 유 자 현 황			인천 남구	1/1

※ 집합건축물대장의 기재를 신청하는 경우에는 뒤쪽을 작성하여야 합니다.

건축물대장의 기재 및 관리 등에 관한규칙 제5조 제2항의 규정에 의하여 위와 같이 (일반 · 집합)건축물대장의 기재를 신청합니다.

2008 년 02월 일

(서명 또는 인)

인천 중구청 귀 하

구비서류 : 건축물현황도 1부 ※이 신청에 의하여 기재된 소유자의 변경은 등기필증 또는 등기부등본에 의해서만 가능합니다.	수 수 료 없 음

그림 89 건축물대장기재신청서-1

호 수						
① 호 명 칭						
구 분	(주·부속) 건축물구분	층 별	구 조	용 도	면 적 (㎡)	비 고
전유부분						
공동부분						
구 분	성 명 (명칭)		주민등록번호 (부동산등기용등록번호)	주 소		소유권지분
소 유 자 현 황						
② 호 명 칭						
구 분	(주·부속) 건축물구분	층 별	구 조	용 도	면 적 (㎡)	비 고
전유부분						
공용부분						
구 분	성 명 (명칭)		주민등록번호 (부동산등기용등록번호)	주 소		소유권지분
소 유 자 현 황						
③ 호 명 칭						
구 분	(주·부속) 건축물구분	층 별	구 조	용 도	면 적 (㎡)	비 고
전유부분						
공용부분						
구 분	성 명 (명칭)		주민등록번호 (부동산등기용등록번호)	주 소		소유권지분
소 유 자 현 황						

그림 90 건축물대장기재신청서-2

건축물 부설주차장 관리대장

건축허가일	2007. 08. 24.	사용승인일	2008 년 월 일
건축허가번호	2007-		
대 지 위 치	인천광역시 중구		
건축주 주소	인천 남구 주안동	성 명	
대 지 면 적	178.50㎡	지 역 지 구	일반상업지역/역사문화미관지구
건 축 면 적	94.55㎡	연 면 적	277.48㎡

면적	층별 / 구분	지하층	1 층	2 층	3 층	옥탑층	층	층	합 계
	면 적	34.38	91.50	94.20	57.40				277.48
	용 도	주차장	단독주택 (1가구)	단독주택	단독주택				

주차면적 및 대수	구 분	계		옥 외	옥 내			주차방식	
					지하층	층	층		
	주차대수	법정	2대	대	2대				기계식 대
		현황	2대	대	2대				자주식 2대

조사 및 조치내용	조사일시	조 사 내 용	조 치 내 용	확 인		
				담 당 자	계 장	과 장

그림 91 건축물부설주차장 관리대장-1

주 차 장 배 치 도

주차장법 시행령 제5조 2의 규정에 의하여 부설주차장 설치계획서를 제출합니다.

2008년 02월 일

신청인 (서명 또는 인)

인천 중구청 귀하

그림 92 건축물부설주차장 관리대장-2

[별지 제1호서식]

일 반 건 축 물 대 장 (갑)

고유번호						장 번 호	1 -

대지위치	인천광역시 중구 송학동 ○가			지 번		명칭 및 번호	가동	특이사항	
※대지면적	178.50㎡	연 면 적	277.48㎡	지※역	일반상업지역	지※구	역사문화미관지구	구※역	1종지구단위 계획구역
건축면적	94.55㎡	용적률산정용 연면적	243.10㎡	주구조	철근콘크리트	주용도	단독주택(1가구)	층 수	지하1층 지상 3 층
※건 폐 율	52.97%	※용 적 률	136.19%	높 이	12.47m	지 붕	경사지붕	부속건축물	㎡

건 축 물 현 황

구분	층별	구 조	용 도	면적(㎡)
	지하층	철근콘트리트	주차장	34.38
	1 층	철근콘크리트	단독주택(1가구)	91.50
	2 층	철근콘크리트	단독주택	94.20
	3 층	철근콘크리트	단독주택	57.40
		계		277.48

소 유 자 현 황

성명(명칭) 주민등록번호 (부동산등기용등록번호)	주 소	소유권 지 분	변동일자 / 변동원인
	인천 남구	1/1	

※ 항목은 총괄표제부가 있는 경우에는 기재하지 아니합니다.

그림 93 일반건축물대장(갑)-1

고유번호										장 번 호	2 -
구 분	성명 또는 명칭	면허(등록)번호	※주 차 장				승강기	승 용	대	허 가 일 자	2007.08.24.
건 축 주			옥내	자주식	2대	23.00m^2		비상용	대	착 공 일 자	2007.09.04.
설 계 자				기계식	대	m^2	※오수정화시설	형 식	호기성 생물학적 방법	사용승인일자	2008. . .
공사감리자			옥외	자주식	대	m^2				관 련 지 번	
공사시공자(현장관리인)				기계식	대	m^2		용 량	3t		

변동사항				
변동일자	변동내용 및 원인	변동일자	변동내용 및 원인	기 타 기 재 사 항
				-2007-건축과-신축허가-19

※ 항목은 총괄표제부가 있는 경우에는 기재하지 아니합니다.

그림 94 일반건축물대장(갑)-2

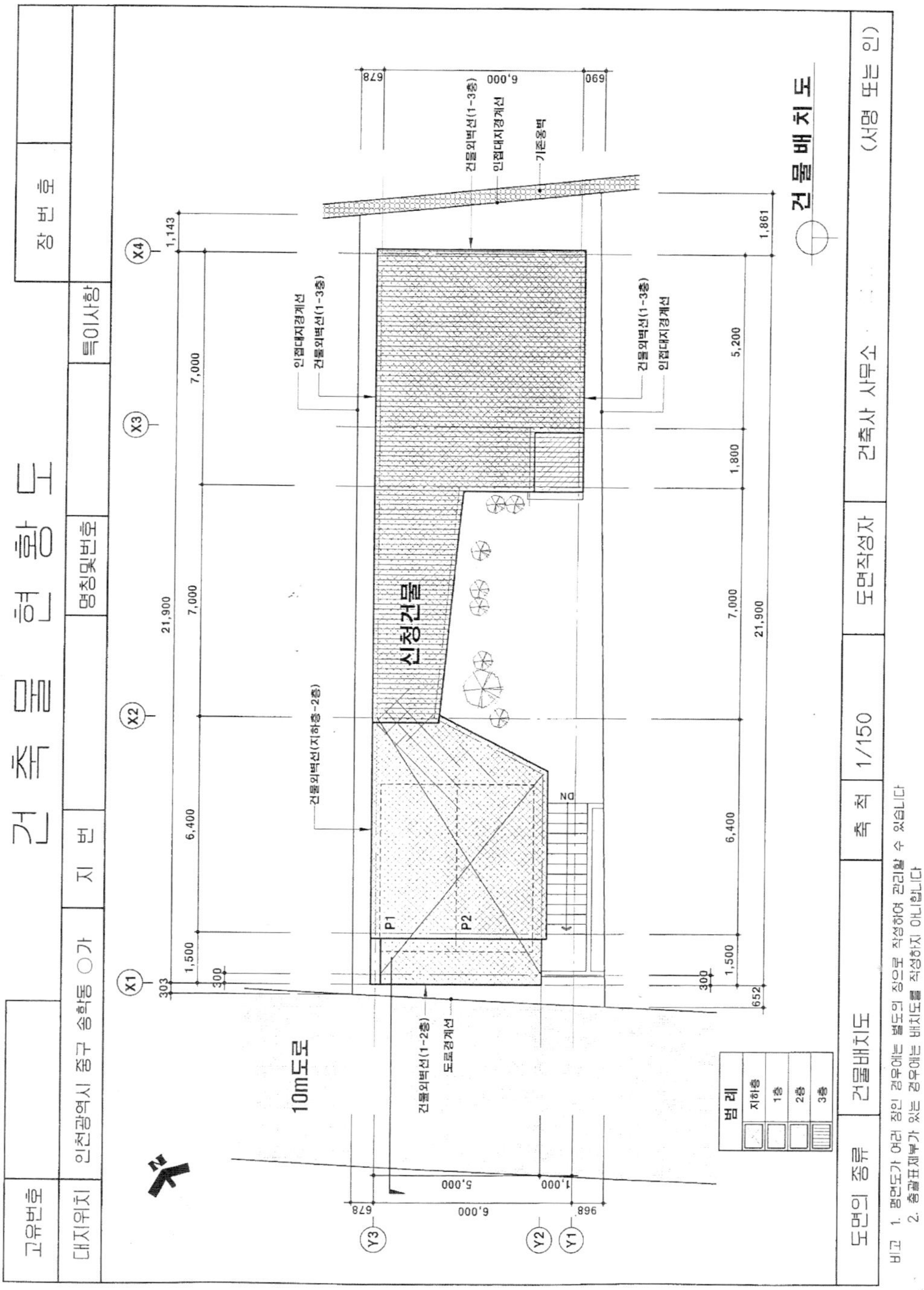

그림 95 건축물현황(배치도)-1

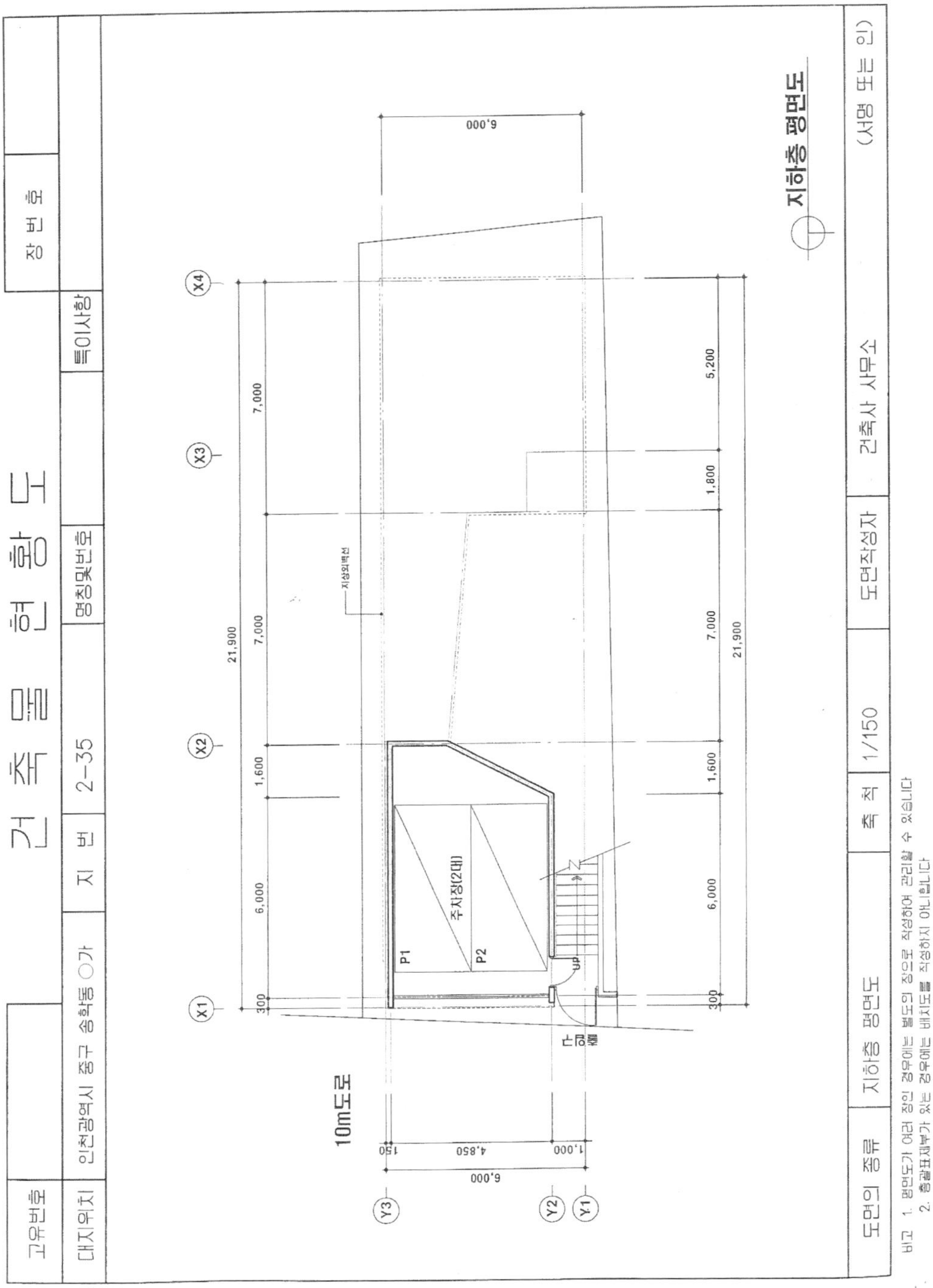

그림 96 건축물현황(지하1층)-2

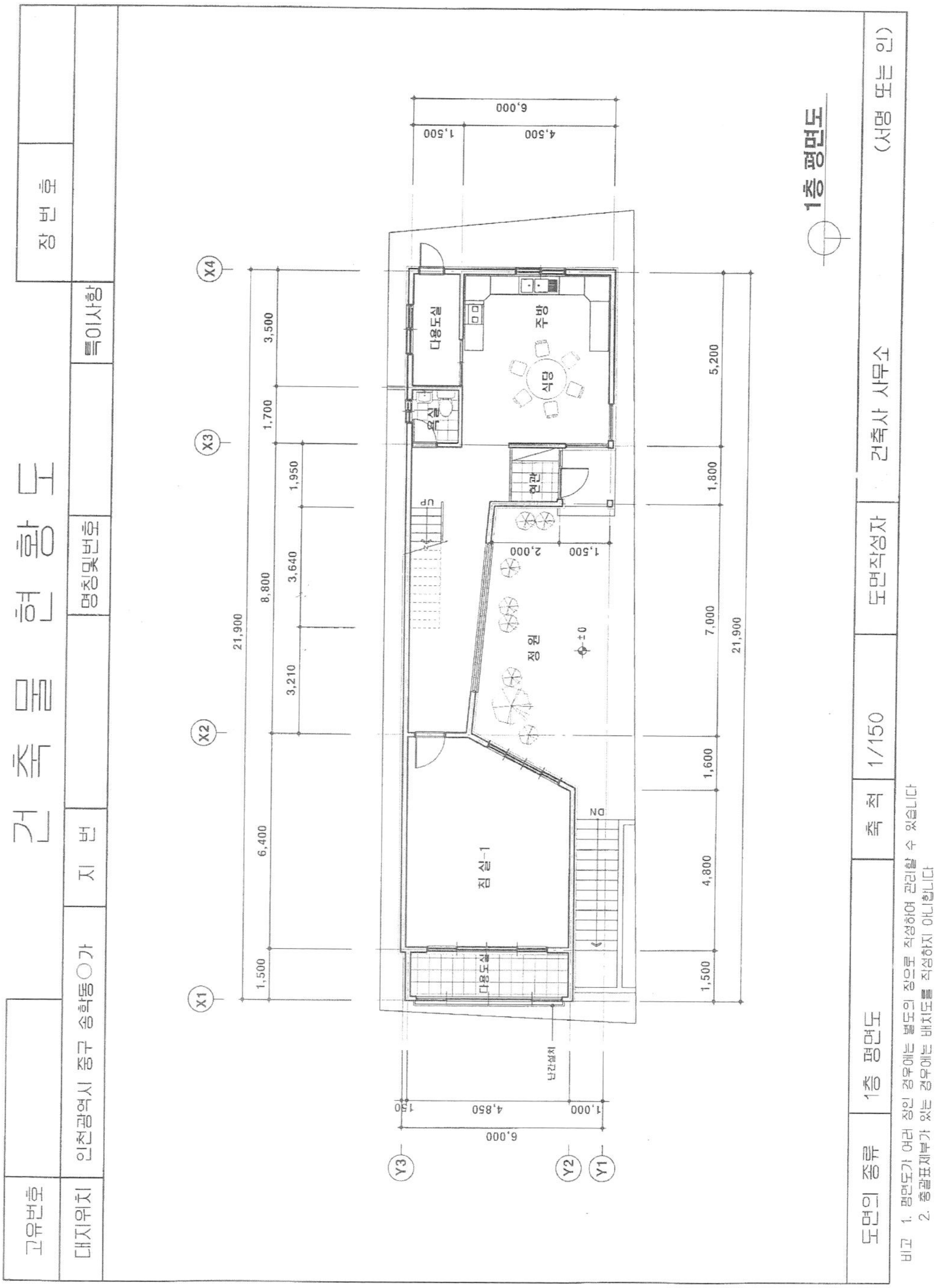

그림 97 건축물현황(지상1층)-3

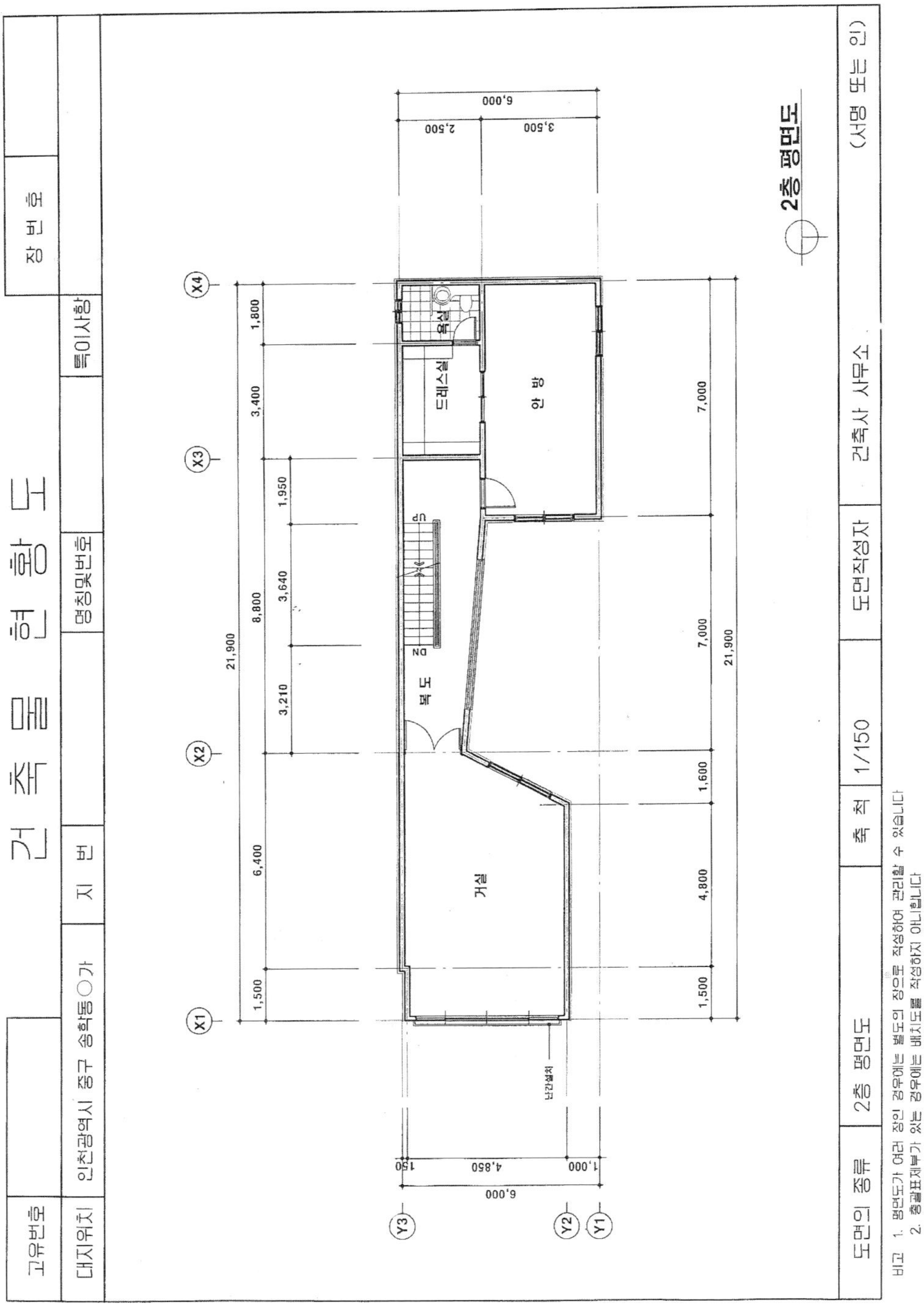

그림 98 건축물현황(지상2층)-4

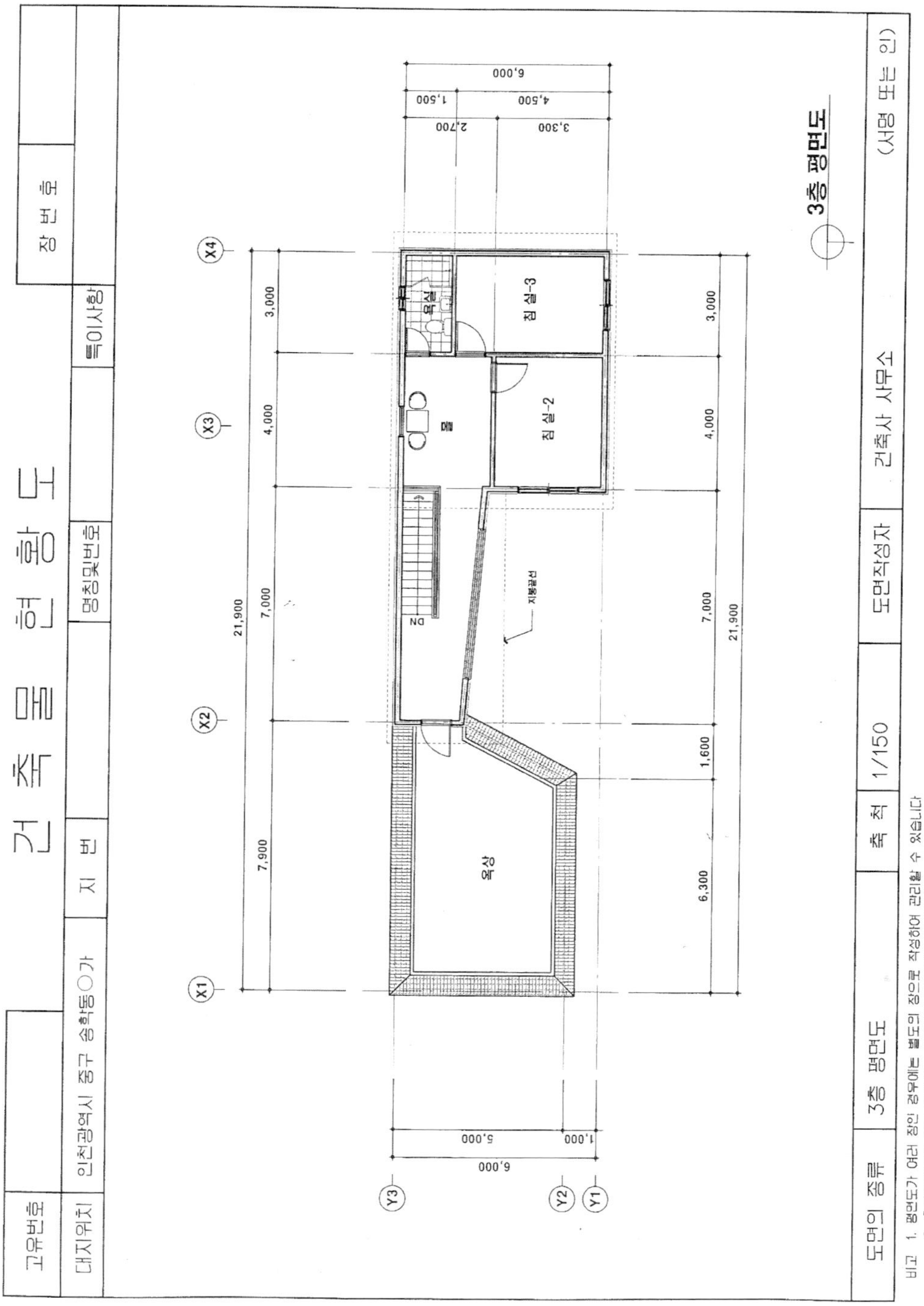

그림 99 건축물현황(지상3층)-5

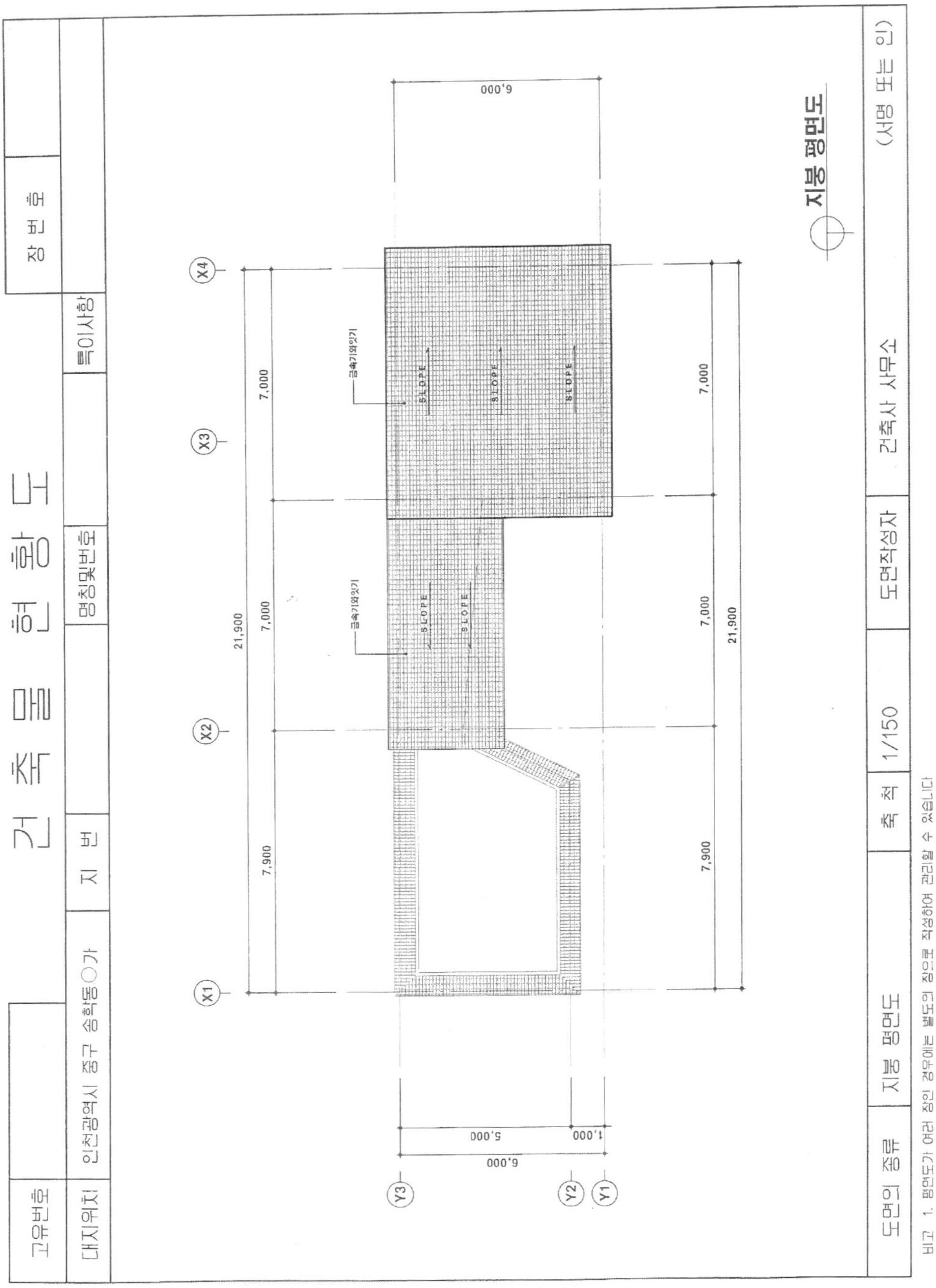

그림 100 건축물현황(지붕층)-6

03_ 실무작품 및 사례연구

1. 사례연구 및 연습

1. 설계설명서 작성을 위한 사례연구

1) 건축개요

- 설계개요
- 명칭 : 00대학교 어학원 신축공사
- 대지위치 : 서울 00구 00동 172번지

- 지역지구 : 일반주거지역
- 건축면적 : 1,709.56㎡
- 연면적 : 6,822.57㎡
- 구조 : 철근콘크리트조
- 최고 높이 :23.3M
- 외부마감 : 화강석마감, 알루미늄쉬트, Thk24 칼라복층유리
- 주차개요 : 9대(교수동전용)

2) 층별 면적표

표 1 층별면적표

층별	용도	면적		비고
		m^2	평	
지하1층 (기계실)	기계실	75.57	22.86	
	공유면적	28.80	8.71	
	지하저수조	–	–	바닥면적에서 제외
	소 계	104.37	31.57	
지상1층 (어학원)	국제회의/시청각실	200.21	60.56	
	멀티미디어실	132.87	40.19	
	어학매체실	106.18	32.12	
	어학원지원실	45.90	13.88	
	관리실	10.72	3.24	
	공유면적	676.61	204.67	
	소 계	1,172.49	354.68	
지상2층 (어학원)	회화강의실	466.66	141.16	360.00×6실, 35.28×5실, 37.13×2실
	LAB 실	253.18	76.59	126.59×2실
	어학특강실	121.54	36.77	
	원장실	25.52	7.72	
	부장실	49.14	14.86	24.57×2실
외국인교수실	25.52	7.72		
	공유면적	474.97	143.68	
	소 계	1,416.53	428.50	
지상3층 (어학원)	회화강의실	466.66	141.16	36.00×6실, 35.28×5실, 37.13×2실
	어학특강실	374.72	113.35	126.59×2실, 121.54×1실
	외국인교수실	322.26	97.48	24.57×10실, 25.52×3실
	공유면적	523.09	158.23	
	소 계	1,686.73	510.24	

층별	용도	면적		비고
		m^2	평	
지상4층(영어과)	강의실	217.13	65.68	72.00×2실, 73.13×1실
	어학실	143.69	43.47	73.13×1실, 70.56×1실
	캡션실	68.25	20.65	
	PC실	68.25	20.65	
	Writing LAB실	67.20	20.33	
	영어과사무실	46.31	14.01	
	자료실	24.26	7.34	
	세미나실	25.36	7.67	
	강사대기실	35.28	10.67	
	내국인교수실	173.89	52.60	24.57×5실, 25.52×2실
	교수휴게실	24.57	7.43	
	외국인교수실	123.80	37.45	24.57×4실, 25.52×1실
	공유면적	523.09	158.23	
	소 계	1,541.08	466.18	
지상5층 (UNN, 국제교류센터)	강의실/어학실	125.78	38.05	62.89×2실
	강의실	122.44	37.04	40.64×2실, 41.16×1실
	세미나실	29.40	8.89	
	교수연구실	124.75	37.74	24.57×3실, 25.52×2실
	업무지원실	46.31	14.01	
	회의/상담실	24.26	7.34	
	소장실	35.28	10.67	
	공유면적	393.15	118.93	
	소 계	901.37	272.66	
	총 계	6,822.57	2,063.83	

2 건축계획

2-1. 대지현황분석

■ 기존대지분석

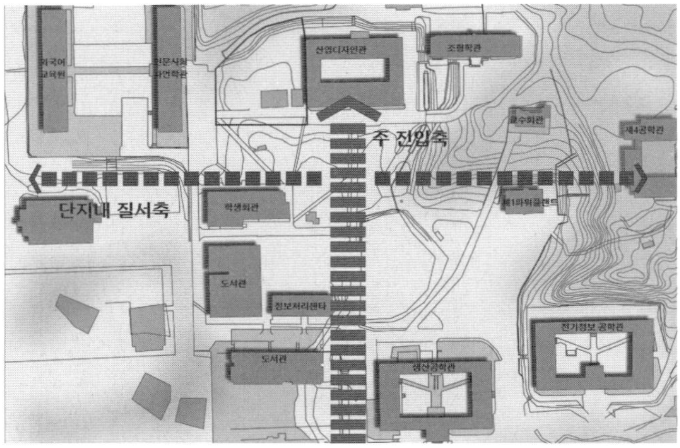

- 지 형 : 대지내 완만한 경사지, 자연수림대 풍부
- 축 : 남향배치를 중심으로 축형성, 향학로에 의한 강한 진입축
-입지조건 : 인문사회학부 권역에 입지, 향후 우측부에 예인의 광장 조성

■ 마스터플랜상 동선도

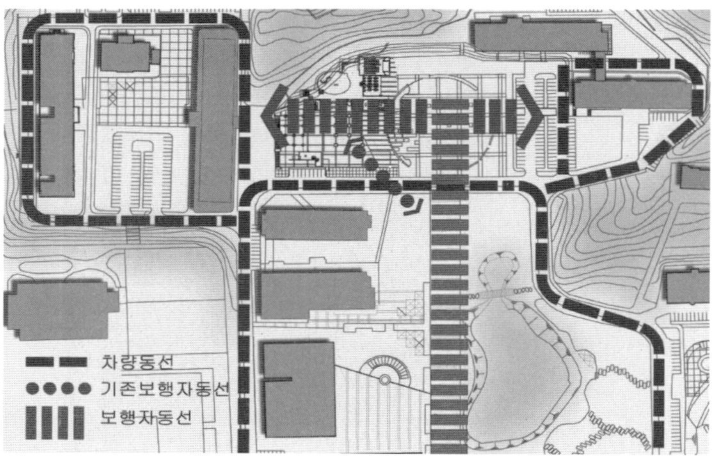

-보행자동선 : 향학로를 주축으로 서비스보행동선 형성
- 차량동선 : 본관, 조형학부를 거쳐어학원, 제1공학부를 순환하는 시스템으로 구성

■ 축, 향 조망도

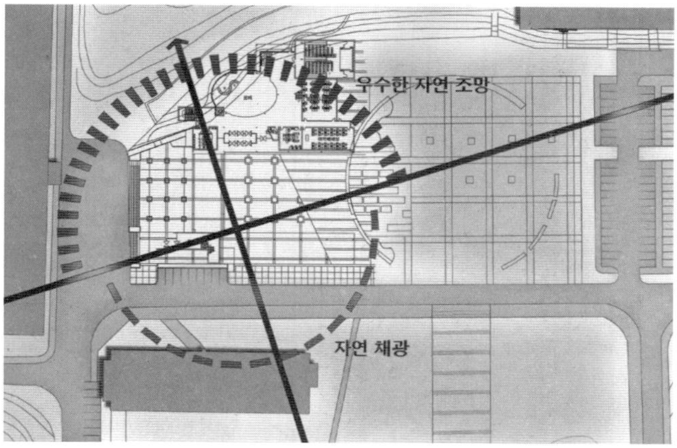

-남동측 : 예인의 광장과 학우의 광장으로 개방된 시야 확보
- 서측 : 인문사회학부건물로 시야 막힘
- 북측 : 다소완만한 경사지에 자연조망 풍부

2-2. 계획의 개념

■ 계획의 기본방향

- 학과의 특성을 고려하여 과별 조닝(Zoning)계획
- 일반강의실, 특별강의실, 교수실, 업무지원실 기능을 분석하여 합리적 실배치
- 적정한 여유공간 확보와 모듈을 적용한 계획으로 가변성 고려
- 장애자를 고려한 엘리베이터, 화장실, 램프 설치
- 실내 · 외 휴게공간을 설치하여 정보교환과 휴게공간 마련

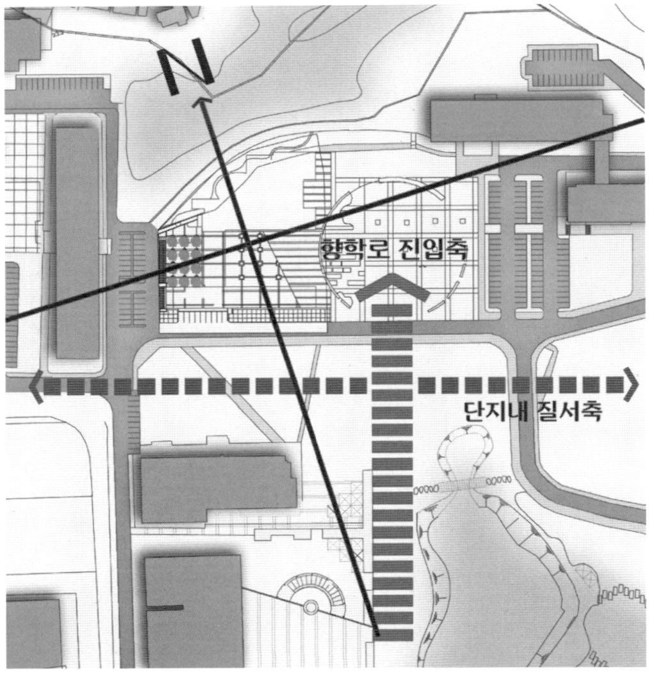

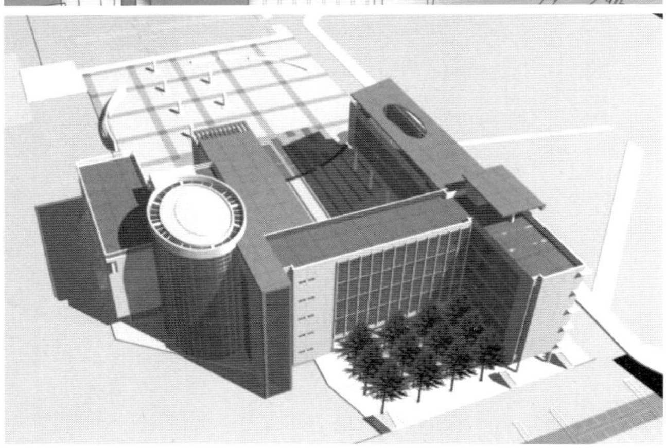

■ 캠퍼스 마스터 플랜과의 조화

- 기존 캠퍼스 배치축을 도입하고, 외부공간과의 연계성 확보
- 캠퍼스의 성장, 변화에 대비한 배치

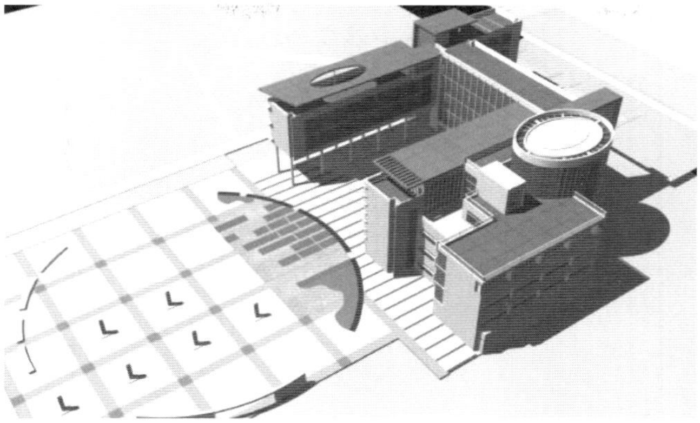

■ 인지성과 남향배치

- 주진입축상에서정면성 확보
- 경관의 다양성 확보와 교수동의 남향배치

■ 개방성과 쾌적성

- 캠퍼스의 시각적 개방성 확보 및 외부공간 형성
- 사용자의 편리성과 쾌적한 이용공간 조성을 위한 종합적이고입체적인 매스계획

■ 효율성과 합리성

- 실별 용도와 연관성을 고려한 합리적인 공간구성
- 적절한 기능 배분 및 증축을 고려한 배치계획

■ 배치대안비교

표 2 배치대안비교표

	대안1	대안2	대안3	대안4	대안5	대안6
장래종합기본계획과의 조화	○	△	△	△	△	△
토지이용효율의 극대화	○	○	△	○	○	△
외부 접근성	○	△	○	△	○	○
각 시설의 연계성	○	○	○	○	△	△
내,외부공간의 연계성	○	△	○	○	×	△
일조 및 조망	○	×	△	△	△	×
기능 분리	○	○	△	○	○	△
남향실 확보	○	△	△	△	△	△
학과별 공간 구분	○	△	△	○	○	△
관리 기능	○	○	○	△	△	○
외부공간 활성화	○	×	△	○	△	△
추후 증축시 확장성		△	○	△	△	△
장점	- 교수연구실 부분의 독립 - 충분한 남향실 확보 - 주변 외부공간의 연계성 확보 - 기능의 독립성 확보 - 추후 예인의 광장과의 연계성 확보	- 경제적인 코아 - 기능의 집중화	- 개방된 외부공간 - 명확한 기능분리	- 기존건물군과 같은 증정형배치 - 독립된 외부공간	- 명확한 기능 분리	- 명확한 기능분리

	대안1	대안2	대안3	대안4	대안5	대안6
단점		- 동선의 혼란 - 무질서한 공간 - 일조 및 조망권 미약	- 토지의 효율적 이용이 어려움 - 남향실 부족 - 외부공간의 결여 - 실기능 분리 불합리	- 각 실간 동선이 길어짐 - 추후 예인의 광장 과의 연계성 부족	- 추후 예인의 광장과의 연계성 부족 - 일조 및 조망권 미약	- 전체매스의 주부관계 부족 - 일조 및 조망권 미약 - 추후 예인의 광장과의 연계성 부족
종합	계획안 선정					

2-3. 배치 개념

■ 외부공간계획

• 기존배치상 외부공간계획

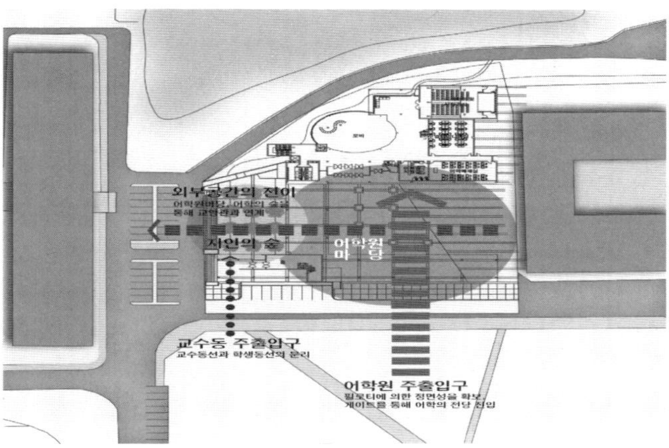

- 주진입축에 필로티에 의한 게이트를 형성, 어학의 전당으로 진입
- 어학원 마당, 지인의 숲을 통한 외부공간의 전이마스터플랜상 외부공간계획

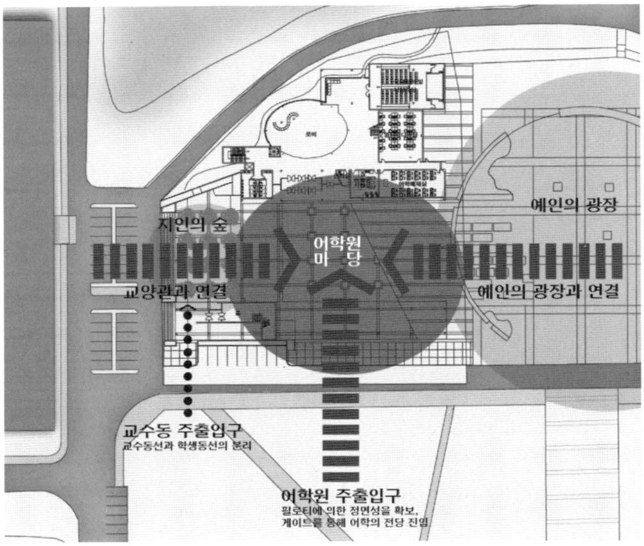

- 학우의 광장을 연계한 필로티에 의한 출입구를 유지함과 동시에 예인의 광장에서의 진입을 동시에 수용함
- 각 광장에 의해 인문산회작연학관과 예인의 광장을 연결함

■ 외부동선계획

• 차량동선계획

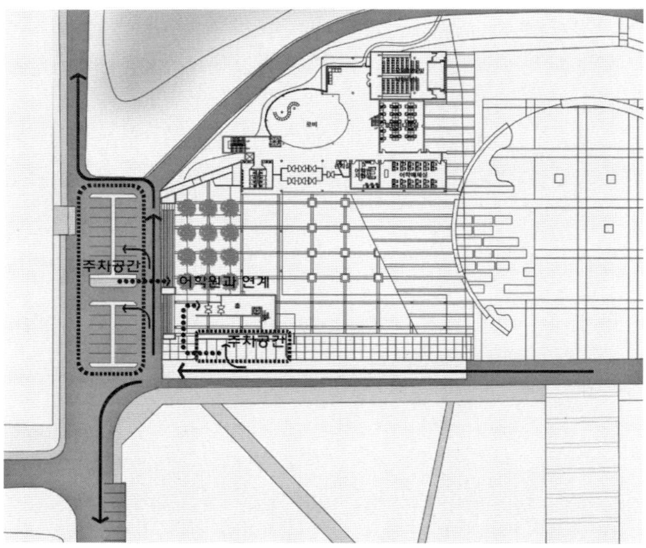

- 교수실과 연계된 주차공간 확보
- 기존 주차장에서 어학원으로 진입이 용이한 동선계획

• 보행자동선계획

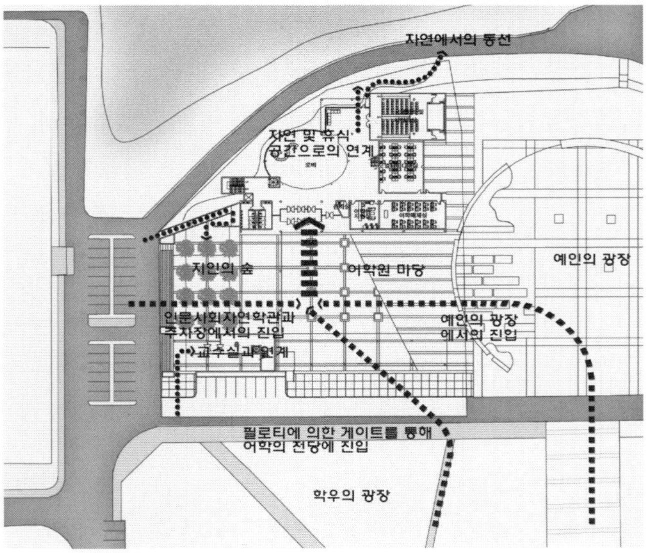

- 각 광장의 연계로 주보행동선의 연결
- 진입의 개방성 : 인문사회자연학관, 학우의 광장, 예인의 광장에서 진입 가능
- 장애자 보행용 램프 설치
- 자연공간/휴식공간으로의 보행연결

■ 기능별 공간계획 및 조닝계획

• 기능별 공간계획

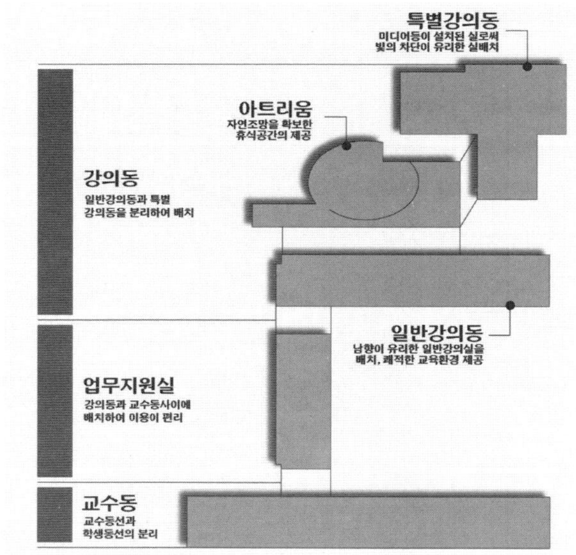

– 강의동 : 자연채광이 요구되는 일반강의동을 남향 배치한다. 반면 미디어 등의 설치로 빛의 차단이 유리한 특별강의동을 북향 배치, 설비공조 조닝

– 아트리움 : 수려한 자연조망을 확보한 유식공간의 제공

– 교수동 : 남향배치하여 쾌적성을 최대화하며, 주차장으로부터 진입용이와 동선의 분리를 위하여 출입구의 별도 배치

– 업무지원실 : 강의동과 교수동 사이에 배치하여 업무 행정지원이 용이

• 단면조닝계획

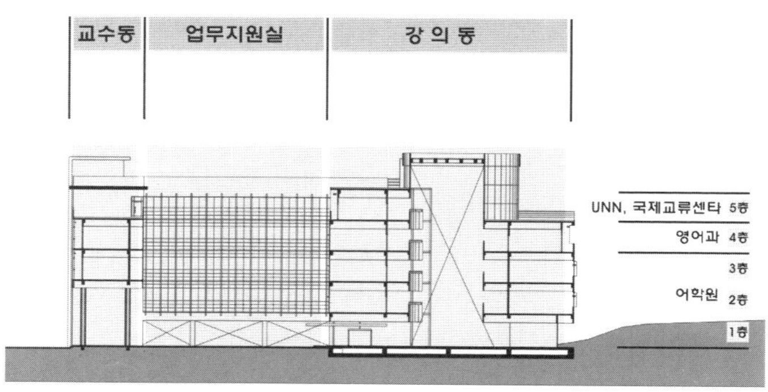

- 적정한 여유공간(로비, 홀)의 확보로 가변성있는 공간 계획
- 교수실, 업무지원실, 일반강의실, 특별강의실 기능을 분석하여 수직조닝계획
- 교수실의 전면 남향 배치와 발코니 제공으로 연구실의 환경을 최적화하고 별도의 출입구를 두어 동선분리

■ 증축계획
- 각 조닝별 수직증축 고려
- 강의실과 교수실의 증축을 고려하여 증축시에도 효율적인 기능분리와 유기적인 관계 유지

• 증축계획도

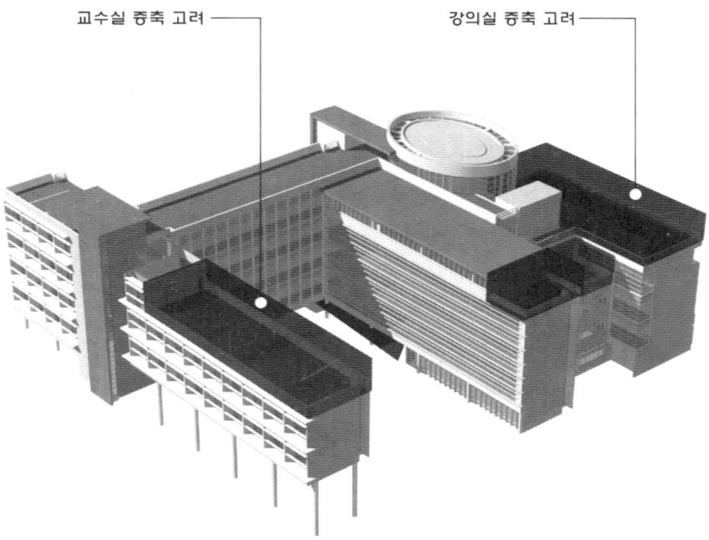

• 아뜨리움 투시도

• 부분투시도

2-4. 평면계획 및 모듈계획

■ 평면계획

-기계실과 지하 저수조 설치
- 로비에 적정여유공간을 확보하여 전시 및 휴게공간으로 가변성을 부여
- 아뜨리움을 Void시켜 시야개방과 공간의 연계성 확보
- 교수동에 별도의 출입구를 설치하여 동선분리 유도
- 남측전면에 원장실, 교수실을 배치하여 쾌적한 환경 부여
- 자연채광이 유리한 회화강의실을 강의동 전면에 배치, 반면 북향이 유리한 미디어등의 특별 강의실을 후면에 배치
- 아뜨리움에 의해 수려한 자연조망이 확보되며, 자연채광의 유입
- 교수동에 별도의 코아를 두어 동선분리유도
- 업무지원실을 교수동과 강의동 사이에 배치하여 이용효율의 극대화
- 옥외휴게공간을 두어 학생들의 휴식공간제공
- 일반강의동과 특별강의동의 기능별 배치
- 교수동에 교수휴게실 배치
- 교수동과 강의동에 독립된 옥상휴게공간의 배치
- 층축을 고려한 공간 확보

■ 내부동선계획

• 과별 동선 분리
  - 각 과를 층별로 구분하여 동선을 명확히 분리
  - 동 별로 교수실, 업무지원실, 강의실로 분리하여 동선혼란을 막음

• 단순동선으로 이용자의 편의성 도모
  - 교수동과 강의동이 명확히 분리되며 업무지원실을 코아에 근접 배치

• 아뜨리움 및 코아계획
  - 동선의 결절점에 코아 및 학생고용시설 확보
  - 로비공간에서의 전체동선의 간결하고 명확한 인지성 확보

■ 모듈계획

• 접근성

– 모듈을 기본으로하여 각 실이 용도에 적응하게 됨

• 가변성

– 복도측 이외에 각 실 사이의 벽을 경량칸막이벽으로 계획

– 모듈에 따른 가변성, 증축성 확보

• 합리적인 공간 사용의 효율성을 위하여 모듈계획

– 실별 소요면에 의한 설정 및 가구 배치

– 구조 시스템과의 합리적인 관계

– 설비시스템 및 천정조명 시스템의 고려

• 모듈계획표

	교수실	회화강의실	강의실
구조 모듈	7.9×6.0	9.6×7.2	9.6×7.2
기본 단위공간	3.9×6.0	4.8×7.2	9.6×7.2
소요 단위면적	23.4	34.6	69.12

2-5. 입면계획 및 재료계획

■ 입면계획

– 전체적으로 안정감있는 규모계획으로 주변환경과의 조화

– 통일감있는 디자인 요소로 전체입면에 일체감 부여

– 전체 캠퍼스 환경과 조화로우며, 미래지향적인 조형미 선택

– 매스의 분절 및 조합, 형태와 색상의 조화로 입면에 변화와 리듬감 부여

• 강의실동 입면

– 정면성 : 주출입구의 강조로 전체형태 및 기능에 안정감 부여

– 기능성 : 정남향에 의한 정오일사에 대비한 수평루버의 도입

• 업무지원실측입면

– 기능성 : 동서향에 의한 오후일사에 대비한 수직루버의 도입으로 쾌적한 환경 제공

■ 재료 계획

• 외부마감재료

- 강의동　외벽 : 화강석 마감
  창문 : Thk24 칼라복층유리
- 아뜨리움　상부 : 알루미늄쉬트
  창문 : Thk24 칼라복층유리
- 교수동　외벽 : 화강석마감
  계단실 : 알루미늄판넬
  창문 : Thk24 칼라복층유리

• 실내재료 마감표

분류	실명	바닥	벽	천정
강의시설	강의실	비닐무석면타일	수성페인트	무석면텍스
	시청각실	비닐무석면타일	수성페인트	암면텍스
	멀티미디어실	비닐무석면타일	수성페인트	암면텍스
	어학매체실	비닐무석면타일	수성페인트	암면텍스
	PC실	비닐무석면타일	수성페인트	암면텍스
	LAB실	비닐무석면타일	수성페인트	암면텍스
	캡션실	비닐무석면타일	수성페인트	암면텍스
	어학실	비닐무석면타일	수성페인트	암면텍스
업무지원 및 교수 연구실	사무실	비닐무석면타일	수성페인트	무석면텍스
	교수연구실	비닐무석면타일	수성페인트	무석면텍스
공유시설	홀	화강석물갈기	화강석물갈기	암면텍스
	화장실	자기질타일	도기질타일	암면텍스
	계단실	비닐무석면타일	다채무늬도료	다체무늬도료
	기계실	에폭시페인트	수성페인트	수성페인트

2-6. 단면계획

■ 단면계획의 개념

- 대지내 지형을 고려한 건물배치
- 남향배치로 쾌적한 환경조닝
- 강의동과 교수동의 분리
- 학과별 층별조닝

- 아트리움을 통한 자연환기시스템
- 공조를 위한 합리적인 층고설절
- 장애자용, 교수전용 엘리베이터 각각 별도 설치

2-7. 조경계획

■ 광장의 조경계획
- 예인의 광장과 연계된 조경계획
- 낙엽교목으로 벚나무를 식재하여 휴게공간의 특징 부여
- 좌측의 주차장과 어학원이 버퍼존(Buffer Zone)의 기능
- 예인의 광장과 인문사회자연학관을 연계한 동선의 연결, 흐름을 유지

• 조경 단면도

2-8. 도예실습동계획

• 계획의 기본방향
- 지형적 여건을 이용한 진입 및 개구부의 레벨을 다르게 배치
- 기존건물(조형관)과의 연계설을 고려한 위치설정
- 마스터플랜상 향후 건축예정인 제2조형관을 고려한 배치

• 캠퍼스 마스터플랜
- 조형관과 향후 건축예정인 조형2관 사이에 위치

• 축, 향, 조망
- 남서측 : 조형관 건물로 시야차단
- 서측 : 향후 조성예정인 예인의 광장으로 개방된 시야확보
- 동측 : 무성한 수림대, 자연조망 풍부

• 동선계획
- 보행자 동선 : 조형관과 연계성 확보
- 차량동선 : 조형학부의 순환로 형성

• 설계개요
- 명 칭 : oooo대학교 도예실습동 신축공사
- 대지위치 : 서울시 노원구 공릉동 172번지

- 지역지구 : 일반주거지역
- 건축면적 : 447.44㎡ (135.35평)
- 연면적 : 598.38㎡ (181.01평)
- 구조 : 철근콘크리트조
- 규모 : 지상2층

• 면적개요
- 지상1층 : 447.44㎡ (135.35평)
- 지상2층 : 149.94㎡ (45.36평)
- 합계 : 598.38㎡ (180.71평)

• 평면계획
- 입구를 전면에 배치하여 진입성 확보
- 남향배치로 빛의 유입유도
- 최소한의 단위공간 구성
- 기능적 공간 분리
- 외부공간에 활용성 극대화

• 층별면적표

층별	용도	면적		비고
		m^2	평	
지상1층	대학원실기실	59.40	17.97	
	특수재료성형실	39.60	11.98	
	가스가마소성실	179.28	54.23	
	전기가마소성실	71.28	21.56	
	제토실	29.70	8.98	
	공유면적	68.18	20.62	
	소계	447.44	135.35	
지상2층	대학원유약실험실	29.70	8.98	
	대학원실기제토실	29.70	8.98	
	유약실험실	49.50	14.97	
	공유면적	41.04	12.41	
	소계	149.94	45.36	
	합계	597.38	180.71	

3 건축구조 및 관련계획

3-1. 구조

- ○○대학교 어학원 건물은 다가오는 미래를 대비한 글로벌 인재를 육성하기 위한 전문 어학 관련 시설로서 주위환경과 조화된 건축 디자인 요소부각 및 공간 효율성의 극대화를 구조적으로 해결하면서, 구조적인 안정성 및 사용성의 향상을 꾀하는 합리적이고 경제적인 구조시스템을 적용

■ 구조기본개념
- 건물의 사용성과 안정성을 확보하는 구조계획 및 설계
- 건축디자인과 구조방식의 결합을 통한 현대적 건물로서의 이미지 부각
- 구조계획에 따른 합리적인 구조부재 및 재료의 적용
- 건설비 및 시공성 등을 고려한 경제적인 설계
- 공간의 FLEXIBILITY를 고려한 하중적용

■ 설계하중
• 고정하중 : 골조 및 바닥, 천정마감, 외벽, 저장탱크 및 기계, 전기, 설비등의 자중
• 적재하중 : 건축물 하중기준 및 해설에 기준하여 적용
  - 교실과 해당 복도 : 300kgf/㎡
  - 로비 : 500kgf/㎡
  - 어학원, LAB실 : 500kgf/㎡
  - 교수실, 사무관련실 : 300kgf/㎡
  - 옥외휴게공간 : 500kgf/㎡
■ 풍하중 : 주골조 및 외벽 글래딩 설계용 풍하중 산정(건축물하중기준 및 해설)
■ 지진하중 : 건축물하중기준에 따른 하중적용 및 동적 해석수행
• 설계적용 규준
  - 건축법(건축물의 구조기준등에 관한 규칙)- 국토해양부
  - 건축물 하중기준 및 해설 - 대한건축학회 2000
  - 콘크리트 구조설계 기준 - 대한건축학회 2000
  - 구조물 기초설계기준 - 국토해양부

- AC318-83,89,95,99 CODE 참조

■ 구조시스템 결정

■ 지상층 : 철근콘크리트의 모멘트 골조방식 + 전단벽 구조방식 적용

- 기둥간격 7.2~9.6m × 6.0~96m의 기본 모듈에 따른 가장 경제적이고 합리적인 구조방식으로 철근콘크리트 구조를 채택
- 코아(CORE)부분은 철근콘크리트 전단벽 구조를 적용하여 풍하중 및 지진하중 등에 유리한 구조시스템으로 유도함
- 전체적으로 6.0~9.6m의 경제적인 스팬일므로 철근콘크리트 보의 춤은 응력과 사용성을 감안하여 700mm로 계획함

■ 지하층 : 철근콘크리트의 모멘트 골조 방식

- 바닥 슬래브는 TWO- WAY 또는 ONE-WAY로 하여 수직하중을 지탱하고 토압 및 수압 등의 축압지지를 위하여 다이아 프램 슬래브의 역할을 할수 있도록 두께18cm로 계획함
- 지하외벽은 지질조사 보고서를 바탕으로 토압과 수압에 저항 할 수 있는 적정한 두께 및 배근을 채택함

3-2. 전기설비계획

■ 설계개요 및 기본방향

• 설계개요

- 본 설계는 ○○대학교 어학원 신축공사로서 전기설비의 안정성, 신뢰성, 경제성, 운영성, 미래지향성, 환경친화성등에 중점을 두어 계획하기로 한다.

■ 안정성/신뢰성

- 전기사고의 사전예방 및 사고시 계통상 파급구간 최소화
- 인적 물적 피해가 발생하지 않도록 효과적이고 안정적인 설계
- 견고하고 안전한 설비 선정
- 고 신뢰성 기기 선정 및 조작이 용이한 시스템 구축

■ 경제성. 운용성

- 에너지 절약형 고효율 설비 선정
- 호환성 및 확장성을 고려한 설비설계

- 최적의 용량 및 규격을 선정
- 보수 및 유지관리 효율을 극대화

■ 미래지향성/ 환경친화성
- 21세기 정보통신의 성향 및 호환에 대한 여건 고려
- 주위환경 및 실내 환경과의 조화로운 창출
- 자원의 효율적인 활용과 환경보호

• 전기설비의 구분 및 범위

■ 강전설비
- 수변전 설비
- 비상발전기 설비
- 전력간선 설비
- 동력 설비
- 전등 및 전열 설비
- 피뢰침 및 접지 설비

■ 소방설비
- 자동화재 탐지 설비
- 유도등 설비
- 기타소화 설비

■ 약전 설비
- 정보통신 설비
- CATV 설비
- 전관방송 설비
- CCTV 설비
- 무대기계 및 무대음향 설비

• 강전 설비의 세부계획

■ 수변전 설비
- 전력인입은 기존, 전기실로부터 고압으로 전기실까지 2회선 수전계획 수립

- 변압기는 MOLD 변합기를 사용하고 변압기반에 내장한다.

■ 비상발전기 설비
- 한전 전원 정전시 공학관 중요부하에 신속하게 전원을 공급한다.
- 화재 발생시 소방범등에 필요한 소방부하를 부담할 수 있는 용량으로 시설하여 인명 및 재산피해를 최소로 줄이도록 한다.

■ 전력간선 설비
- 간선은 거기를 최소화하여 선로 전압강하를 최소화 한다.
- 간선의 전압강하는 내선규정 기준에 적합하여야 한다.

■ 동력설비
- MCC는 자립형 유니트 인출방식으로 구성하여 개.보수 및 점검이 유리하도록 한다.
- 기동방식은 직입기둥(15HP미만) 및 Y-△기둥(15HP이상)방식으로 한다.
- 전동기는 과부하로 인한 소손방지를 위하여 과전류 보호 계전기(전자식)을 설치한다.

■ 전등 및 전열설비
- 형광등 안정기는 전자식 안정기를 사용하며 고조도 반사갓 및 슬림형 램프를 상용한다.
- 조도는 한국산업 규격에 명시된 조도기준(KSA-3011)에 준하여 계획한다.
- 점열회로는 창측과 내측을 구분하여 회로를 구성하며 점면회로에 6등 이내가 되도록 한다.

■ 피뢰침 및 접지 설비
- 피뢰침은 건물의 최상층에 고전압 펄스식 피뢰침을 설치한다.
- 접지 설비는 개별 접지를 원칙으로 하며 전기설비 기술기준 및 내선규정에 의거 설치한다.

• 약전 설비의 세부계획

■ 전화 및 LAN 설비
- 전화 및 LAN용 배선 및 간선은 UTP CABLE CATEGORY-5를 사용한다.
- 전화 및 LAN용 수구는 8PIN 모듈로잭형을 사용한다.

■ CATV설비

- 공영방송, 위성방송의 다양한 영상정보를 CATV 선로를 통하여 가입자에게 제공하는 시스템으로 CATV단말기를 이용하여 원하는 채널은 선택하여 양호한 수신 서비스 및 쌍방향 정보통신을 구현할 수 있도록 효과적으로 구성한다.

■ 전관방송 설비

- 1층 사무실에서 전체 방송 및 층별 방송이 가능 하도록 한다.
- 옥외에도 방송을 위하여 SPEAKER를 설치 한다.

■ CCTV설비

- 최첨단 DIGITAL 영상저장방식 채용 및 장시간 녹화 가능한 구조로 한다.

• 소방 설비의 세부계획

■ 자동화재탐지 설비

- 소방설비는 소방법 시행령 및 소방기술기준에 의하여 설치한다.
- 발신기의 설치위치는 피난계단의 입구 또는 대피로와 연결되는 복도등에 설치하여 화재 발생시 용이하게 접근하여 조작 할 수 있도록 한다.
- 지구경종 경보방식은 전층에 경보가 되도록 회로를 구성하며, 화재신호가 유입되었을 경우 비상방송반과 연동으로 빙상방송신호가 출력되도록 하며 방송선택 스위치에 의하여 원격으로 방송할 수 있도록 한다.

■ 유도등 설비

- 본 건축물의 전층에 설치하고 피난출입구에는 피난구 유도등, 피난통로에는 통로유도등을 구분하여 설치한다.
- 평사시는 일반방송, 화재시에는 비상방송으로 자동 전환이 되게 하며 자동화재 탐지설비의 수신반과 연동한다.

■ 비상조명등 설비

- 본 건축물의 전층의 거실 및 통로, 계단에 설치한다.
- 화재 발생시 비상전원에 의하여 자동으로 작동 되게하며 인간의 행동 특성인 지광본능을 이용하여 거실, 복도, 계단 및 기타의 통로부분으로 자연스러운 피난을 유도한다.

3-3. 에너지절약계획

■ 개요

여러 가지 부하특성으로 구성되는 건물이므로 실내환경을 쾌적하게 유지하면서 건물전체의 총체적 에너지 절약을 하기 위해서는 건물내의 모든 설비 시스템을 효율적인 시스템이 되도록 구성함은 물론 유지관리에 필요한 다양한 프로그램과도 상호 호환성이 되도록 구성한다.

■ 기계설비 에너지절감 계획

- 3층 까지 직수를 사용하여 전력에너지 절약
- 중간기에 외기냉방을 실시하여 에너지 절약
- 중앙집중식 냉 · 난방방식으로 하여 에너지 절약
- 자동제어의 의한 적정 실내 온습도 감시로 에너지 절약
- 각실의 용도 및 사용 시간대에 적응하도록 냉난방을 구역화하여 반송 동력절감
- 고효율 정비선정

■ 전기설비 에너지절감 계획

■ 동력설비

- 전동기별 부하를 MCC 내부단자에 역을개선용 콘덴서를 시설-역율95%이상 유지
- 적절한 기동 방식을 채택하여 초기 기동시 증가하는 무효 전력분 감소
- 15HP미만 : 직입기동 방식
- 15HP이상 : Y-△기동방식

■ 전력간선 설비

- 적은 단면에도 허용 전류를 충족 시킬 수 있는 CV CABLE을 사용-전력손실 최소화
- 각 상별 부하 배분을 동등하게 유지- 전력 손실을 감소
- 분전반을 부하군의 중심부에 선정- 전압강화 최소화

■ 조명설비

- 자연광을 적극적으로 이용하고 점멸 구분을 세분화
- 전력 소모가 적은 고효율 LAMP(26mm삼파장)채택
- 등기구를 사용(조명효율을 증대)

- 옥회등(TME SW. 및 자동 점멸제어)
- 유도등 회로(3선식배선 방식)

3-4. 토목계획

■ 설계개요

■ 설계의 기본방향

- ○○대학교 어학원 설계의 목적에 적합하고 현장여건을 고려한 합리적이고 경제적인 설계가 될 수 있도록 하는데 있다.
- 건물 계획고와 최대한 조화있는 부지 계획고를 결정함으로서 토공사의 경제성을 유도하고 배수(우, 오수처리), 상수공급 및 주변도로 포장계획을 수립하여 합리적인 설계가 되도록 한다.

■ 설계의 주안점

- 신축부지 주변의 토지현황 및 제반 여건상 기존의 기반 시설을 고려하여 상호연계가 원활하도록 계획한다.
- 상수도 및 하수도 설계는 기존 상 · 하수도 관망도를 참고하여 지침에서 요구되는 모든 사항을 상, 하수도 신설 기준에 의거 적합하도록 계획한다.
- 부지내의 배수는 우 · 오수 분류식으로 계획한다.
- 우수량은 산정은 합리식을 적용하여 산정한다.
- 포장 설계방법은 TA 설계법을 적용하여 산정한다.
- 차도 및 주차장은 아스팔트 콘크리트 포장으로 계획한다.

■ 기본계획 및 방침

- 기본방향 : 기존 지형을 최대한 고려하여 절, 성토의균형을 이루도록 하는 것을 기본으로 계획
- 토량 이동 : 토량이동은 평면상 직선거리로 하고, 토량운반거리는 가능한 최단거리가 되도록 계획 · 성토 다짐 : 단지내 성토량의 배분은 도쟈(DOZER) 정지작업으로만 산정하고, 도로는 노상, 노체를 구분하여 설계된 성대다짐도(실내 다짐도의 95%)가 되도록 다짐시공한다.

■ 배수계획

- 우수처리 계획
  - 우수 유출량 : 우수량(Q)산정은 합리식을 적용하여 결정한다.(Q=1/360×C×1×A)

- 강우 강도식 : 부지내의 신속한 우수배제 및 우수관로의 유지보수 및 안정성을 고려하여 10년확률 강우 강도를 적용한다.(10=497/√ T +0.15)-우수처리 방안 : 우수처리는 오수와 구분하여 처리하는 분류식으로 하며, 방류는 부지내 또는 인접되어 매설된 하수관거에 연결하는 것으로 한다.
- 유 속 : 본 계획에서 적용하는 기준공식은 원형관의 경우 KUTTER공식, 암거의 경우 MANNING공식을 적용하며, 우수관로내의 유속은 최소0.8M/sec ~ 최대 3.0m/sec 이내로 한다.
- 유 량 : 우수에 의한 우수관로가 처리하는 유량의 산정은 Q = AXV로 산정한다.
  여기서, A : 유수 단면적(㎡), V = 평균유속(m/sec)

• 오수처리 계획
  - 기본방향 : 부지에 인접한 오수 차집관로가 있는 경우에는 오수관로를 통해 연결한 후 정화조에서 처리하며, 인접한 오수 차집관로가 없는 경우에는 별도의 오수처리시설(오수관로 및 정화조)을 설치한다.
  - 관거계획 : 콘크리트 흄관으로 계획이며, 최소관경은
  - 오수 관로 유속 : 최소 0.6m/sec ~ 최대 3.0m/sec 이내로 한다.

■ 포장 기본계획

• 포장계획
  - 아스팔트 토장을 원칙으로 하며, 설곕방법은 TA설계법으로 한다.
  - 동결깊이(Z) : Z = C√F = • 429 = 83.0cm
  - 보차도 경계석 및 도로 경계석 : 화강석
  - 보도 : 소형고압브럭(I.L.P)

• 포장 단면 : t = 62.5cm, 구조물 상부 : t =5cm

• 상수도 기본계획
  - 상수공급계획 : 상수 공급은 용인시 상수관에서 분기하여 공급하는 것으로 계획한다.
  - 상수관망계획 : 관망 결정은 시간최대 급수량으로 하며, 인접된 상수관망을 이용하여 계획한다.

4 공사계획

4-1 개략공정 및 추정공사비

■ 추정공사비

구분	금액	비고
순공사비	5,094,050,000	65%
간접비	2,742,950,000	35%(공과잡비, 이윤, 부가가치세)
총공사비	7,837,000,000	

■ 공사별 공사비

단위 : 원

구분	금액
1. 건축공사	4,101,000,000
2. 기계설비공사	1,761,000,000
3. 전기설비공사	1,247,000,000
4. 부대토목공사	101,000,000
5. 조경공사	627,000,000
총 액	7,837,000,000

4-2. 설계, 공사 예정공정표

■ 설계공정표

일 정 / 구 분	1			2			3			비 고
	10	20	30	10	20	30	10	20	30	
기본안 조정 및 확정										• 층별배치 협의 • 각실 기능별 배치협의
기 본 설 계										• 협력업체협의
민 · 허 가										• 건축 • 전기 • 토목 • 소방 • 기계 • 조경
실 시 설 계 (내 역 서 포 함)										• 발주자 검토 • 보완 설계
검 토 보 완										• 시공자 선정 • 감리자 선정
착공										

■ 공사 공정표

구분 \ 일 정	1	2	3	4	5	6	7	8	9	10	
준비 및 가설공사											
토 공 사											
철근콘크리트공사											
조 적 공 사											
방 수 · 타일 공사											
미 장 공 사											
창 호 · 유리 공사											
도 장 공 사											
수 장 공 사											
지붕 및 홈통공사											
잡 공사 및 정 리											
조 경 공 사											
기계 설비 공사											
전기 설비 공사											

4-3 건축법규 검토

항 목	관련법규	법규내용	설계적용	비고
건 폐 율	도시계획법	일반주거지역 : 100분의 60이하		
용 적 율	도시계획법	일반주거지역 : 100분의 60이상		
구조 안전의 확인	건축법38조 시행령32조	• 층수가 3층 이상 또는 연면적 1000㎡ 이상 • 높이가 13m이상이거나 처마높이 9m이상 • 기둥과 기둥사이가 10m이상인 건축물	적용	
지진에 대한 안전 여부 확인	건축법39조 시행령34조	• 6층 이상인 건축물 • 연면적 10,000㎡ 인 건축물 • 지진구역내의 건축물	적용	
건축물의 피난시설	건축법39조	• 보행거리 : 30m이하(주요구조부가 불연재료일때 50m) • 2개의직통 계단 설치대상 건출물 – 바닥면적 200㎡ 인 3층 이상의 거실 – 바닥면적 200㎡ 이상인 지하층의 거실	적용	
피난계단 설치	건축법39조 시행령35조	• 5층이상 또는 지하2층 이하의 층으로부터 피난층 또는 지상으로 통하는 직통계단은 피난계단 또는 특별피난계단으로 설치함	적용	
건축물 바깥쪽으로의 출구	건축법39조 시행령39조	• 건축물 바깥쪽으로의 출구설치기준 계단– 옥외출구 30m이하(내화구조, 불연재료일 때 50m) 거실– 옥외출구 60m이하(내화구조, 불연재료일 때 100m) • 경사로 설치기준–연면적5000㎡ 이상	적용	
방화구획	건축법39조 시행령46조	• 내화구조 또는 불연재료로 된 연면적 1,000㎡이상 • 10층 이하의 층 : 바닥면적 1,000㎡이내마다 구획 • 3층 이상의 층과 지하층 층마다 구획	적용	
부설주차장	주차장법시행령6조	• 시설면적 200㎡ 당 1대		

Tip - 설계설명서 차례(사례)

사례1

- 목 차 -

1 건축개요
  1-1. 설계개요
  1-2. 층별 면적개요
2 기본계획 방향
  2-1. 계획목표
  2-2. 기본방향
3 대지현황분석
4 건축계획
  4-1. 배치계획
  4-2. 평면 및 동선계획
  4-3. 입면계획
  4-4. 단면계획
5 설비계획
  5-1. 전기설비 계획
  5-2. 기계설비 계획
  5-3. 에너지 절약 계획
6 축소도면
  6-1. 배치도
  6-2. 평면도
  6-3. 입면도
  6-4. 단면도
7 관련법규 검토서
8 분야별 개략 공사비 집계표
9 설계, 공사 예정공정표

사례2

제 1. 계획의 전제

1. 계획의 배경 및 목적
   - 계획의 배경
   - 계획의 목적
2. 계획의 범위 및 과정
   - 계획의 범위

제 2. 현황 및 분석

1. 현황 및 분석
- 위치 및 주변 환경
- 도시계획 및 주변 환경
- 근린 지역 현황
- 토지 이용 현황
- 시설물 현황
- 동선 현황
  - 접근성
  - 내부 동성
- 관련 계획 및 법규

2. 자연 환경
- 지형 및 지세
- 상 · 하수도
- 기후 및 기상
- 식생 및 토양

3. 분석의 종합

제 3. 기본 구상

1. 기본방향
- 투지 조건에 맞는 교육 문화적 활동의 도입
- 지역 주민의 복지향상에 기여
- 보존과 개발 공간과의 조화 배려

2. 이용자 추정

3. 소요공간 추정
- 전제

  계획의 지표 및 방향을 설정하기 위하여 시설의 이용인구를 추정 및 설정하여야 한다.
- 계획 인구
- 시설 규모 산정

4. 공간 배분
- 공간 배분

  1) 안의 구성

  2) 안의 구상

5. 대안의 평가 및 산정
- 대안의 비교
- 대안의 평가
- 대안의 선정

제 4. 기본 계획

1. 토지 이용 계획
2. 동선 및 주차장 계획
3. 건물 활용 계획
   - 기존 건물 활용 계획
4. 조경 계획

제 5. 계획

- 계획의 개념
- 대지의 이용 계획
- 배치계획의 대안 및 평가
- 동선 순환 계획
- 조경 계획
- 구조 계획
- 음향 계획
- 기계 설비 계획
- 무대 설비 계획
- 부지 조성 계획
- 포장 계획
- 전기 설비 계획
- 에너지 절약 계획

제 6. 제안

- 배치도
- 평면도
- 입면도
- 단면도
- 면적 집계표
- 추정 공사비 계산서

제 7. 투자 및 운영관리 계획

1) 프리젠테이션 판넬 작품 사례

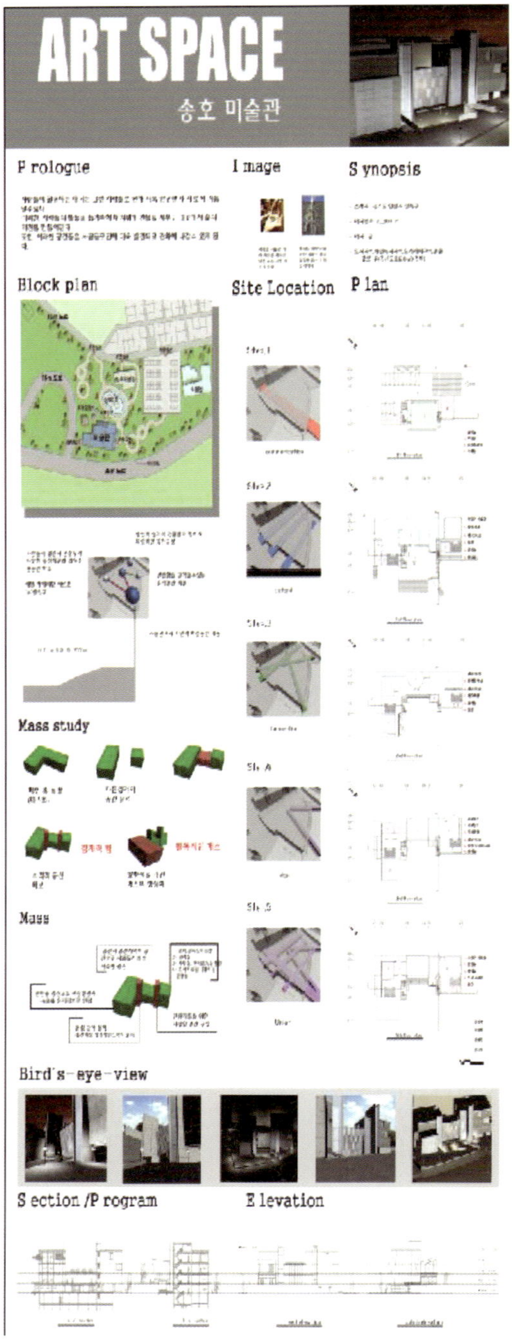

그림 1 학생작품사례(1)

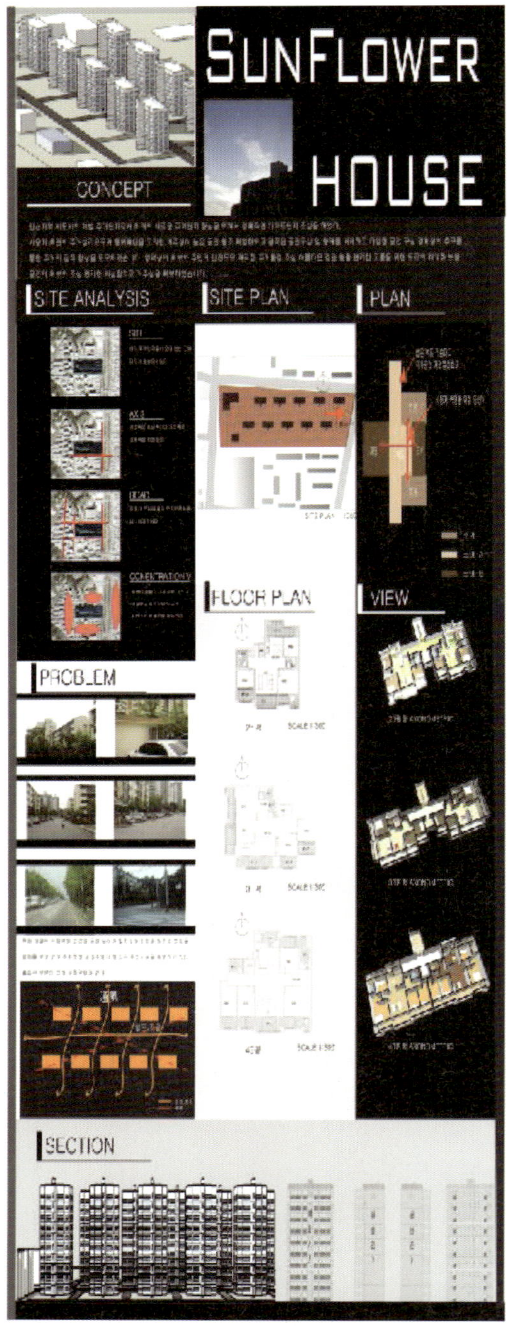

그림 2 학생작품사례(2)

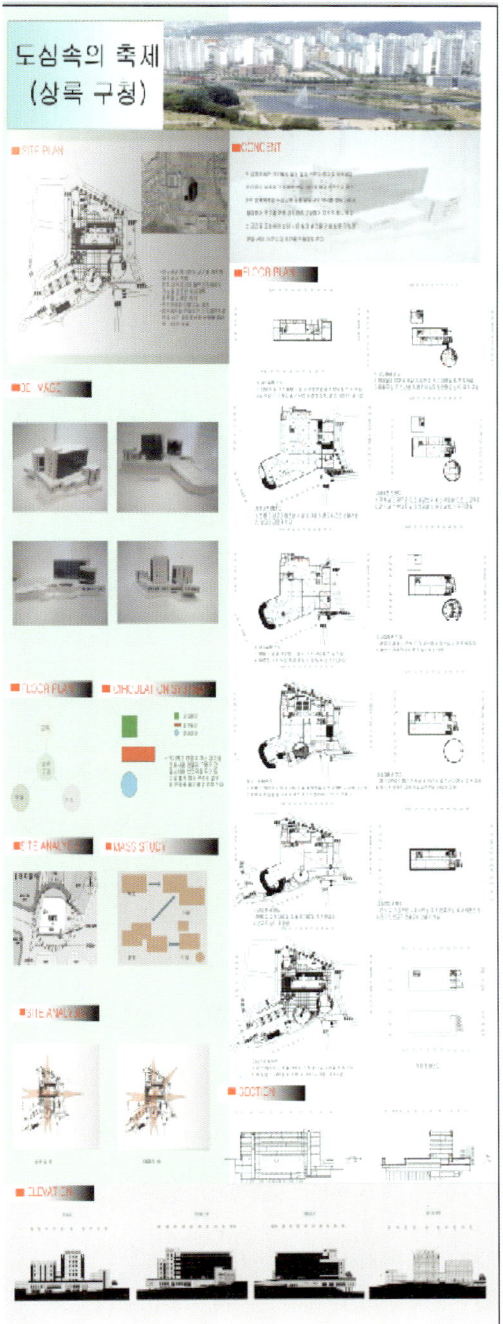

그림 3 학생작품사례(3)

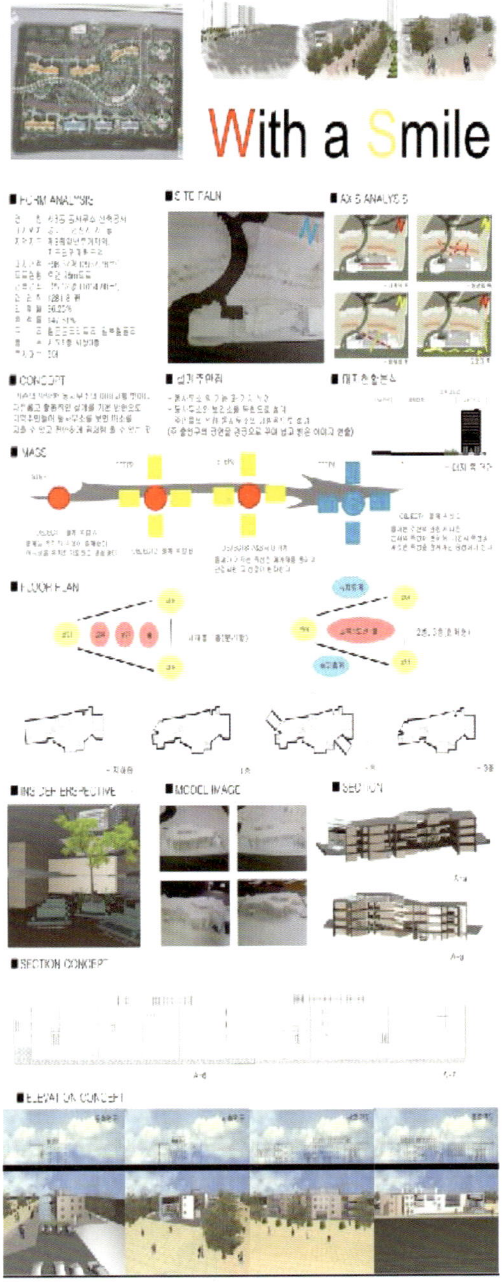

그림 4 학생작품사례(4)

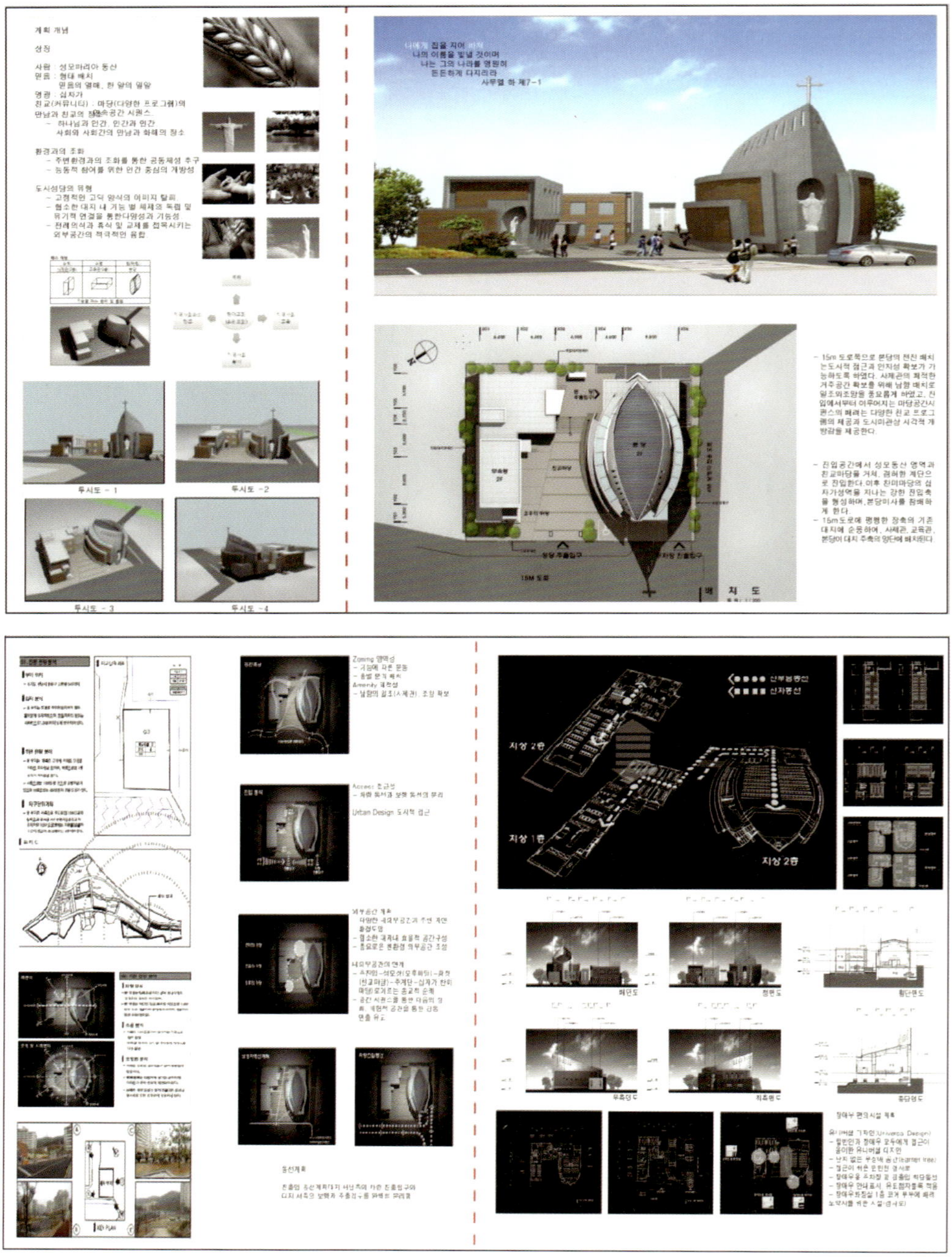

그림 5 기성작품사례(1)

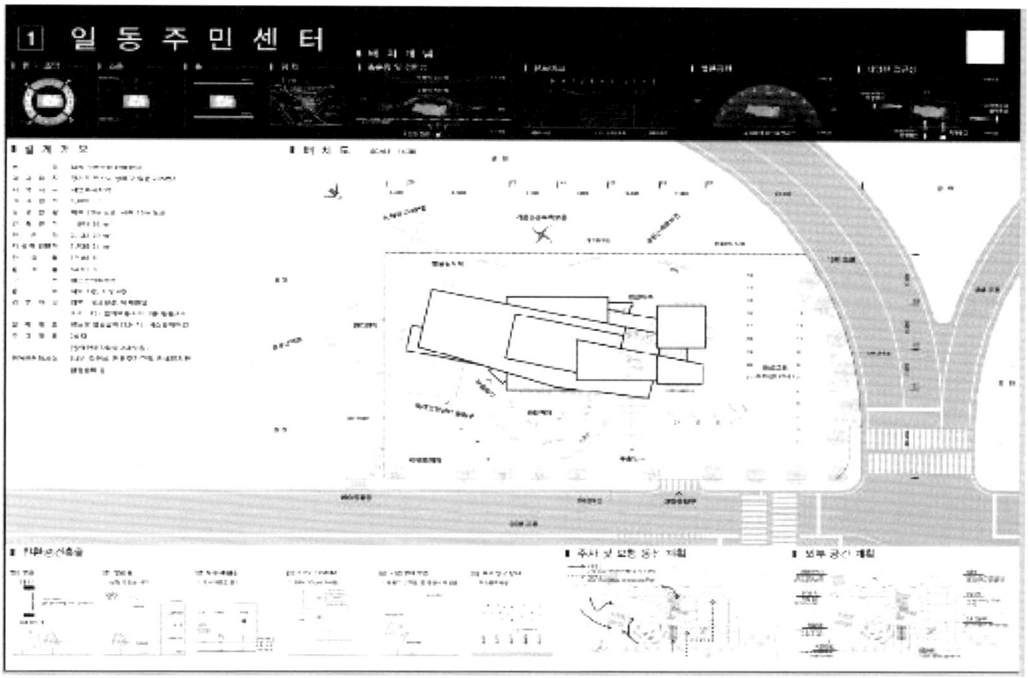

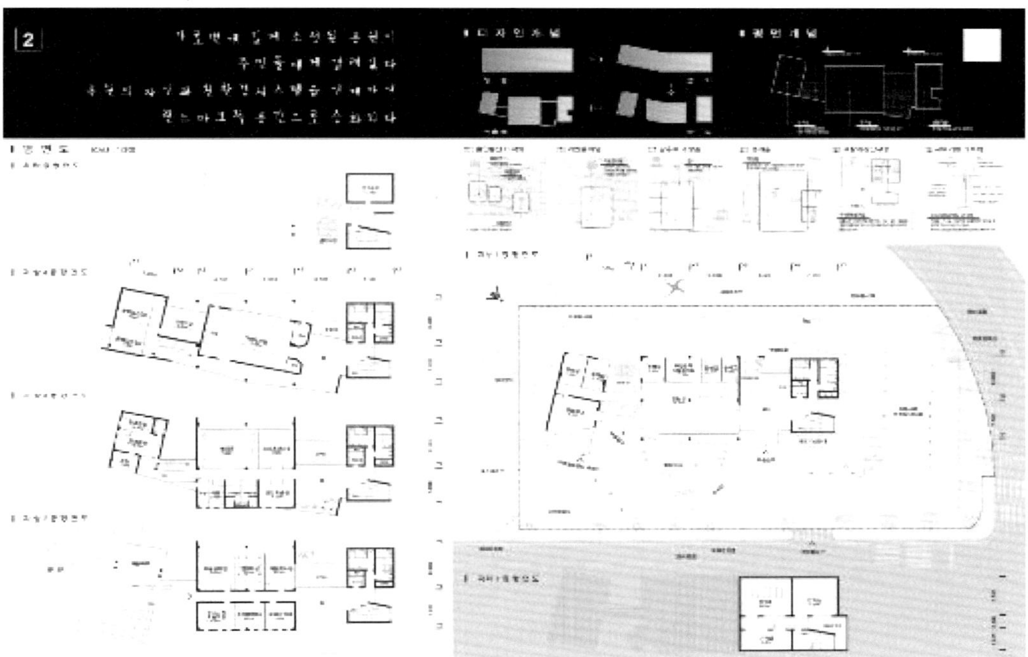

그림 6 기성작품사례(2)

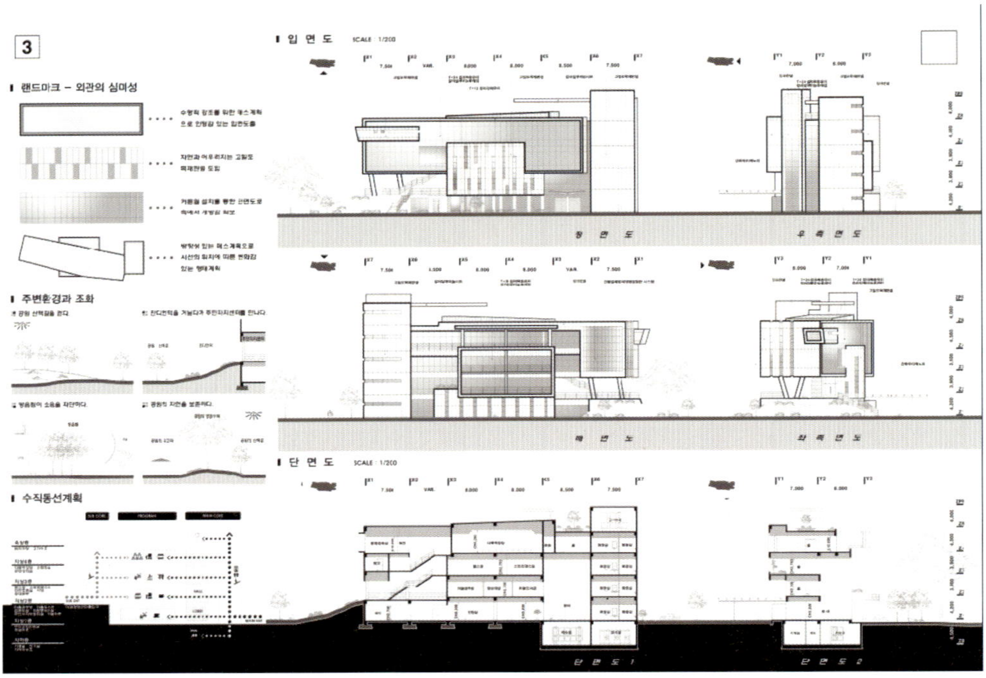

그림 7 기성작품사례(2)

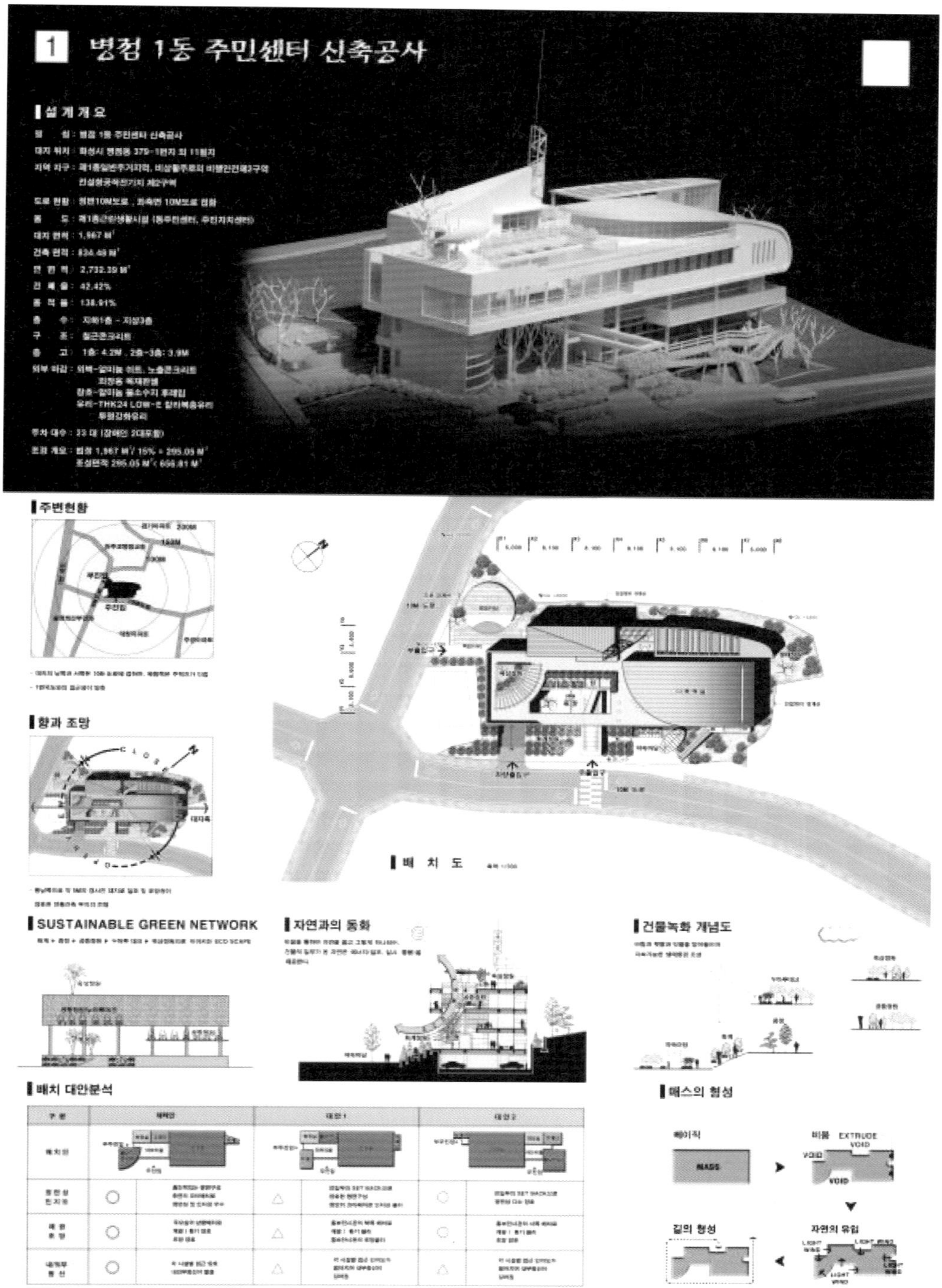
1 병점 1동 주민센터 신축공사
설계개요
주변현황
향과 조망
배치도
SUSTAINABLE GREEN NETWORK
자연과의 동화
건물녹화 개념도
배치 대안분석
매스의 형성
MASS
EXTRUDE
VOID
길의 형성
자연의 유입
LIGHT

그림 8 기성작품사례(3)

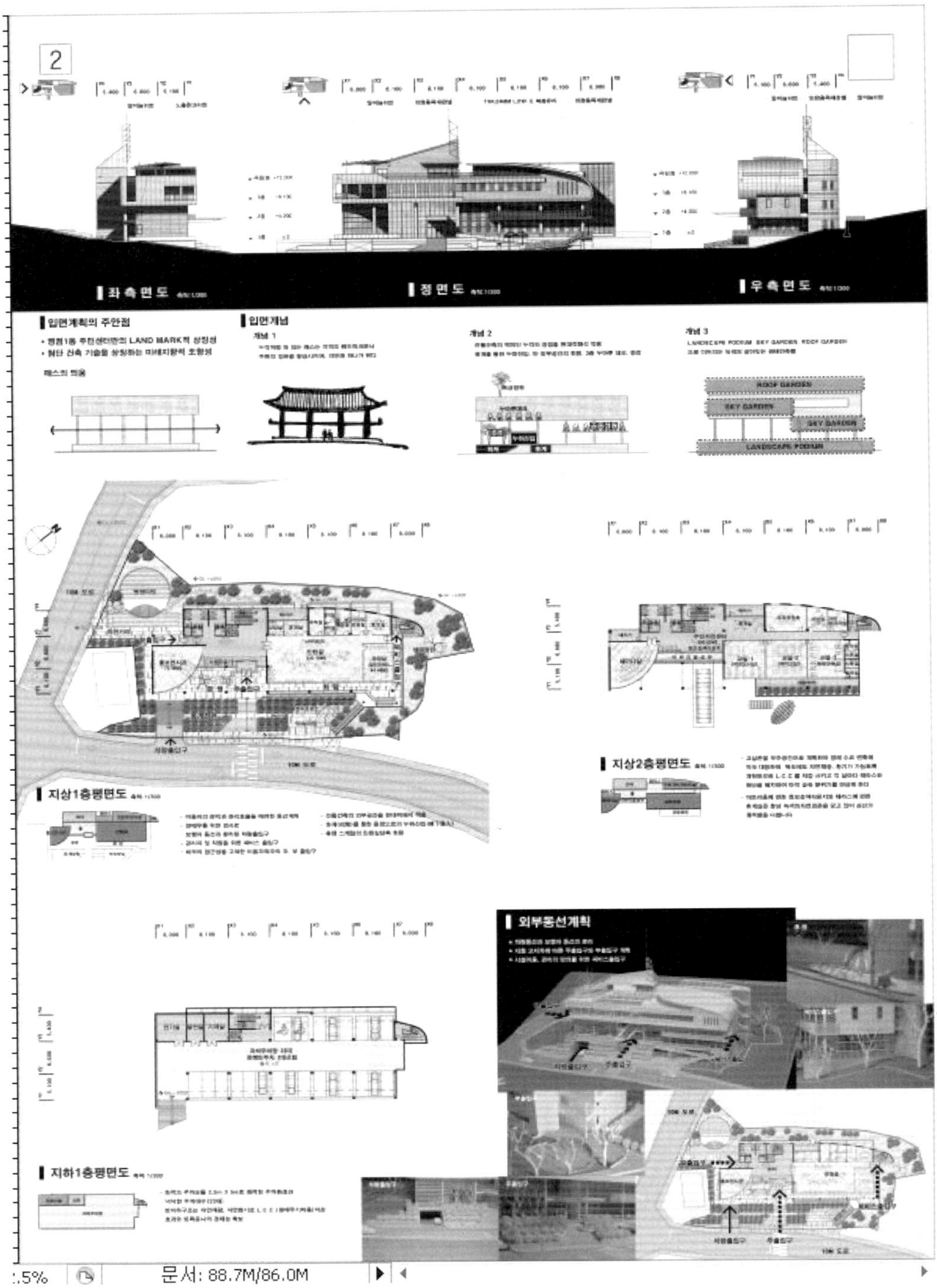
좌측면도
정면도
우측면도
입면계획의 주안점
입면개념
지상1층평면도
지상2층평면도
지하1층평면도
외부동선계획
문서: 88.7M/86.0M

그림 9 기성작품사례(3)

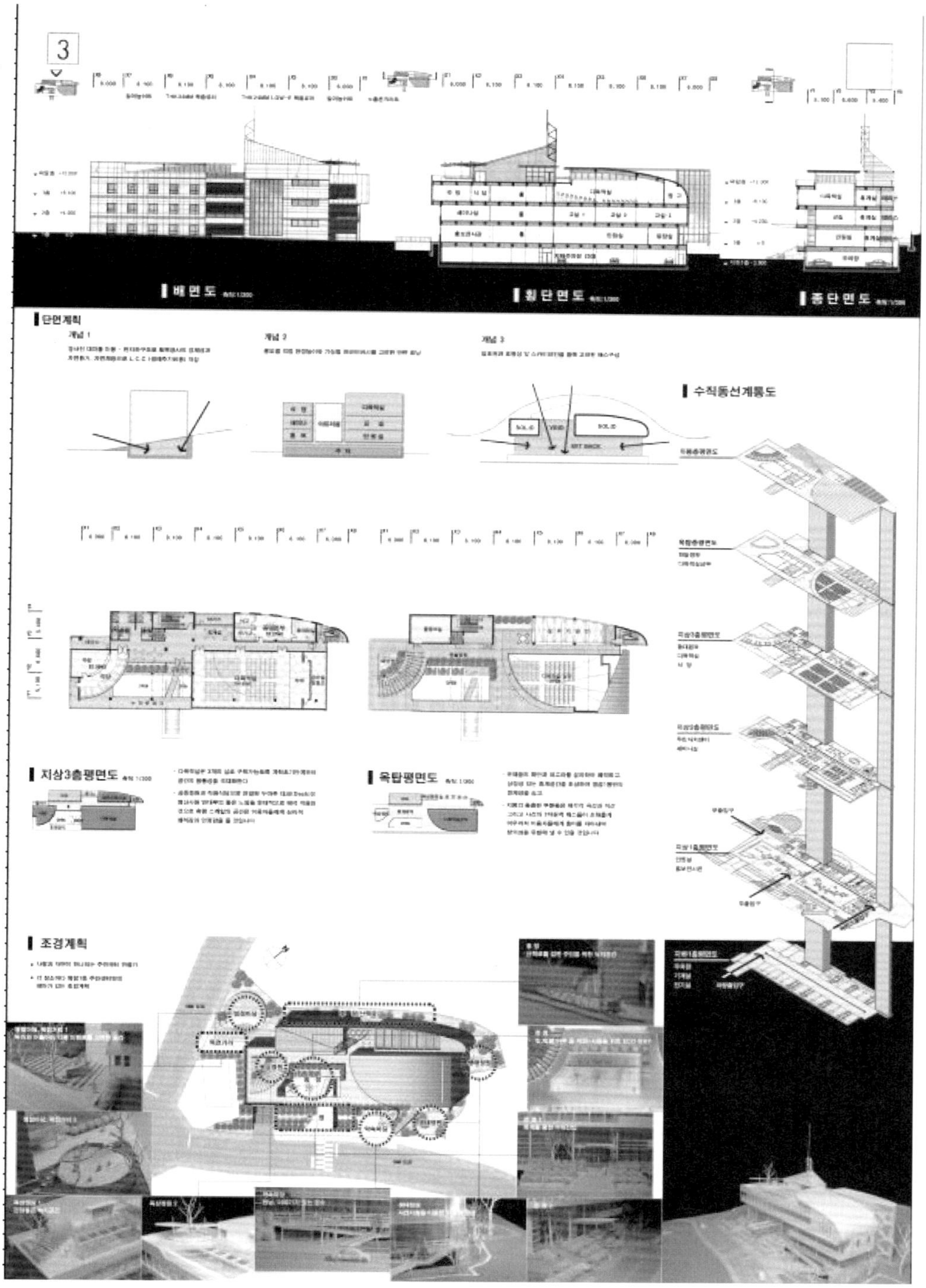

그림 10 기성작품사례(3)

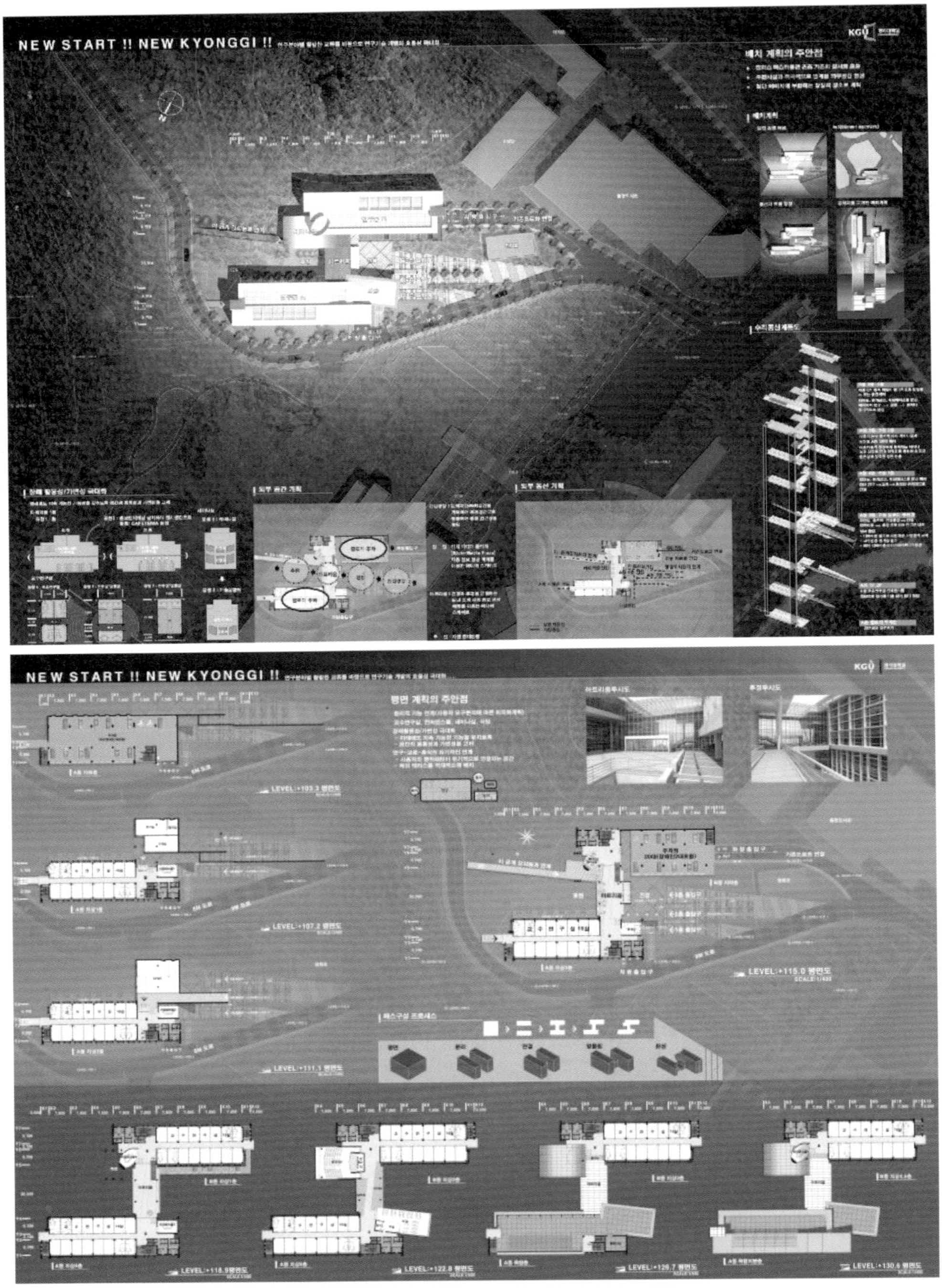

그림 11 기성작품사례(4)

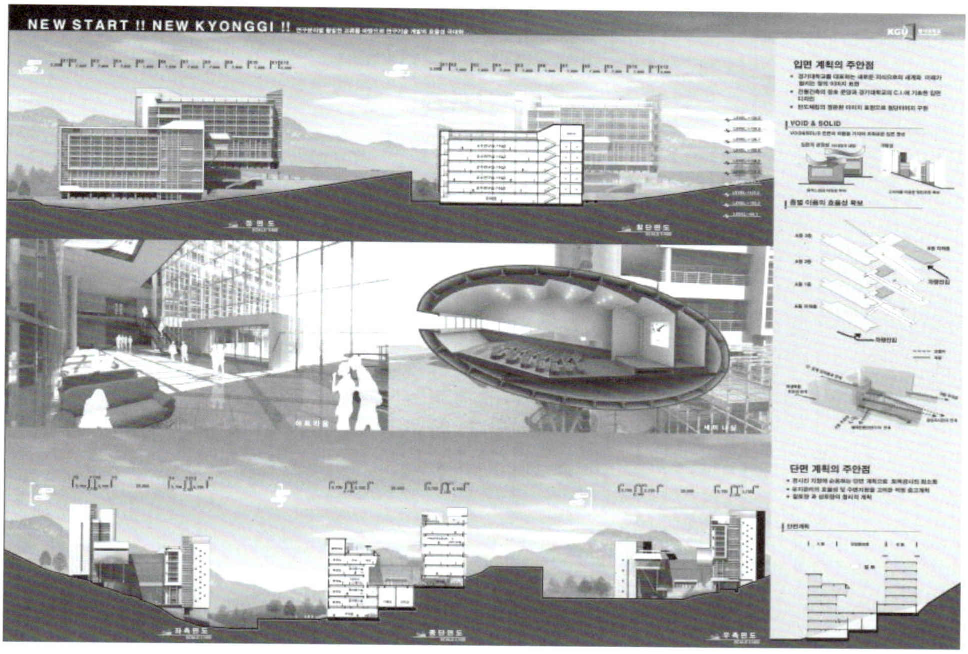

그림 12 기성작품사례(4)

그림 13 기성작품사례(4)

그림 14 기성작품사례(5)

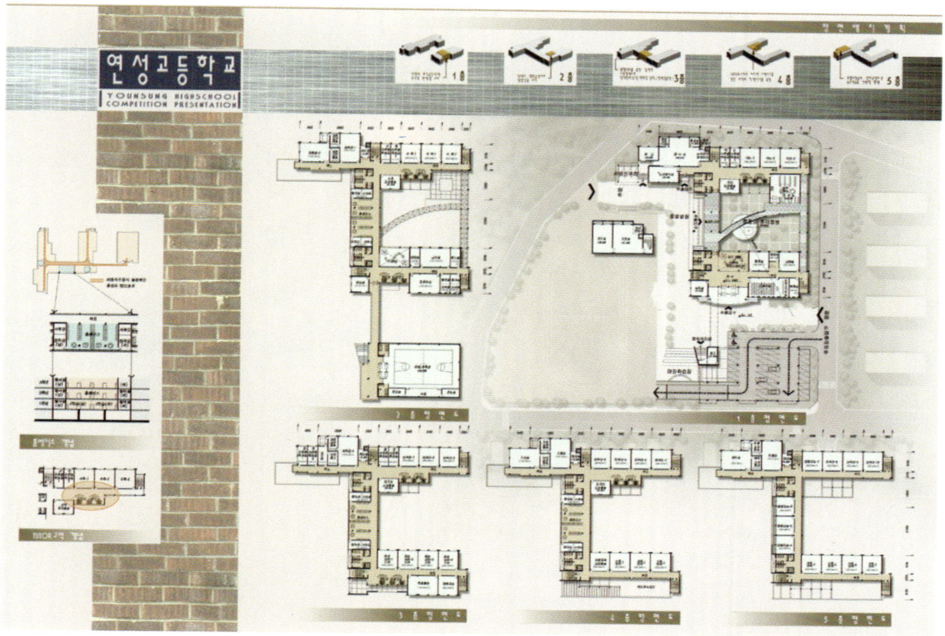

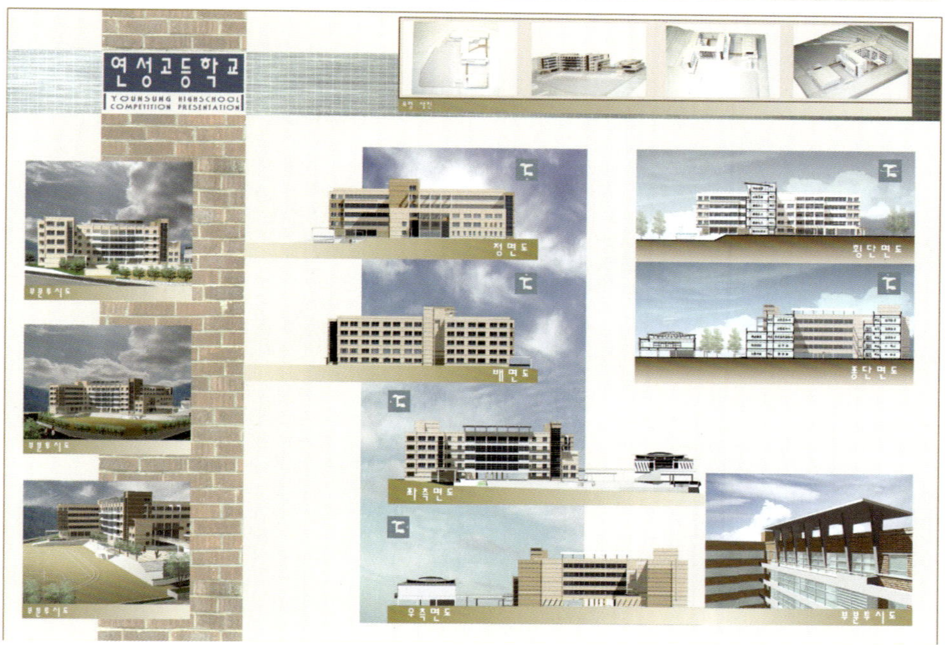

그림 15 기성작품사례(5)

그림 16 기성작품사례(6)

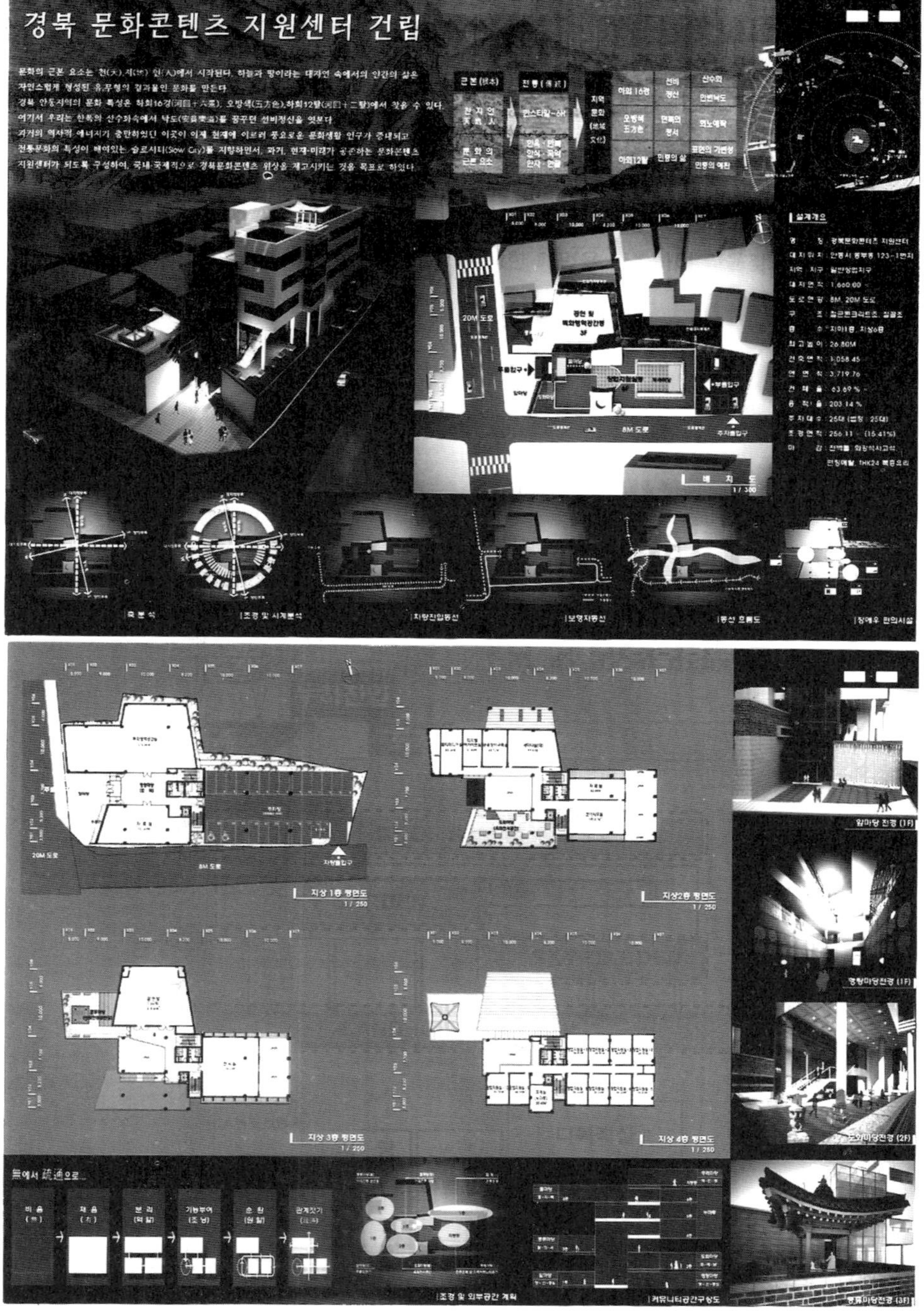

그림 17 기성작품사례(6)

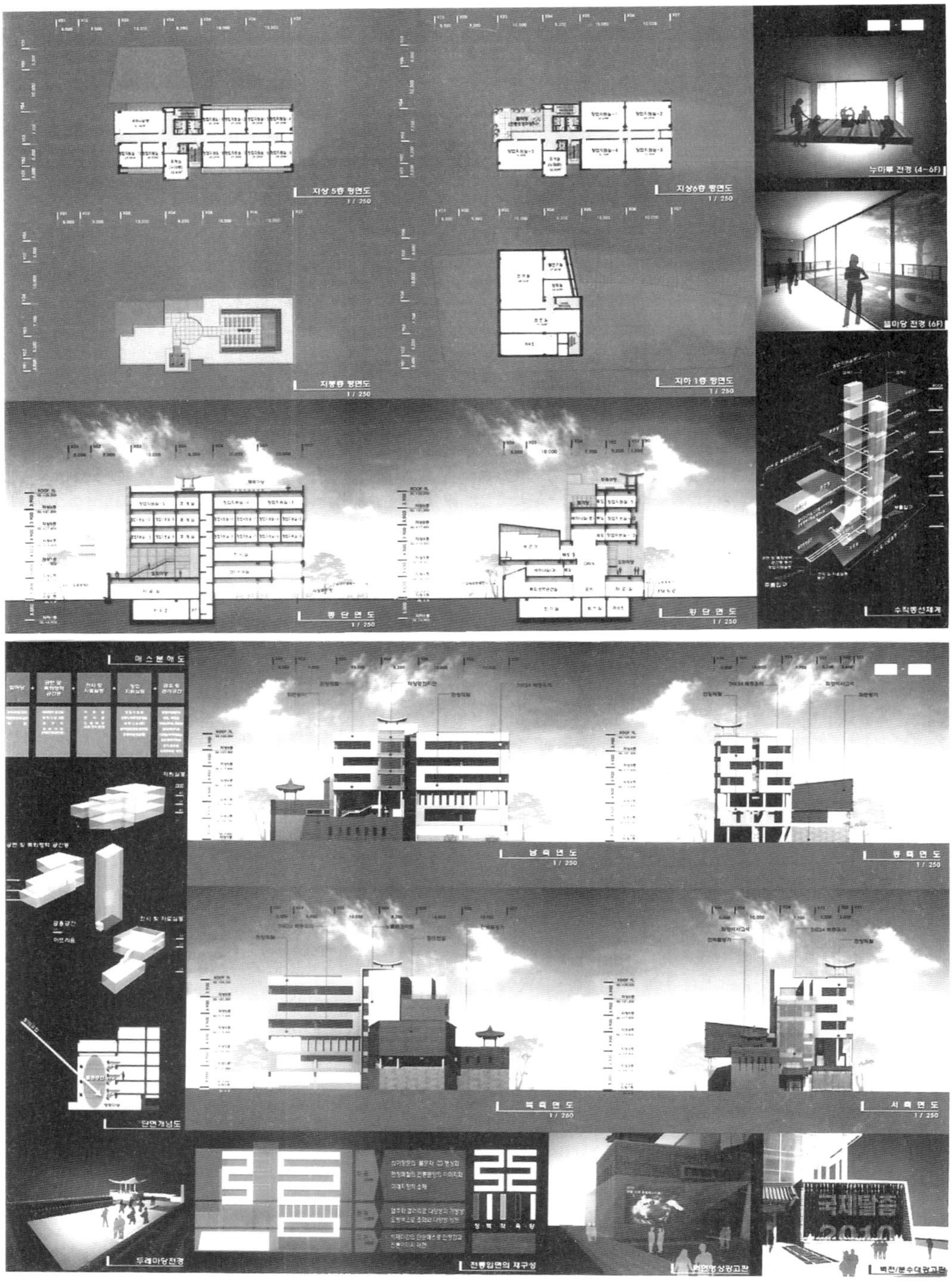

그림 18 기성작품사례(6)

2) 설계설명서

■ 병점 1동 주민센터

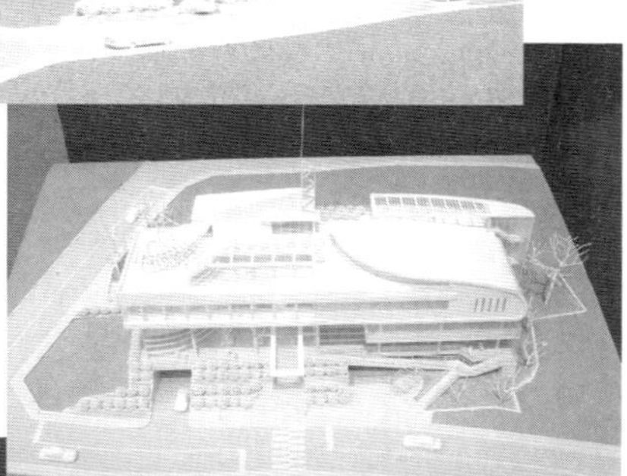

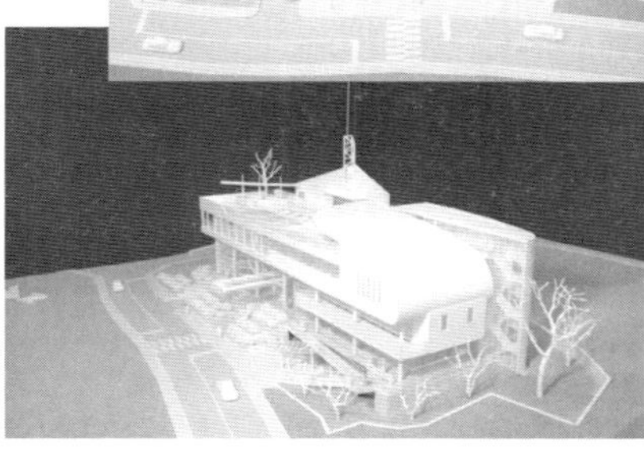

CONTENTS

01. 설계개요

1.1 건축개요

구 분		설 계 내 역	비 고
건물개요	명 칭	병점 1동 주민센터 신축공사	
	대지위치	화성시 병점동 379-1외 11필지	
	지역지구	제1종일반주거지역, 전술항공작전기지 제2구역	
	대지면적	1,967㎡	
	도로현황	정면 10M도로, 좌측면 10M도로 접함	
	연 면 적	2,732.39㎡	
	건축면적	834.48㎡	
	건 폐 율	42.42%	
	용 적 율	138.91%	
	구 조	철근콘크리트조	
	층 수	지하1층 ~ 지상3층	
	최고높이	20.70m	
외부마감	외벽 - 알미늄 쉬트, 노출콘크리트, 외장용 목재판넬 창호 - 알미늄 불소수지 후레임 유리 - THK24 LOW-E 칼라복층유리, 투명강화유리		
설비개요	냉 난 방	EHP SYSTEM(천정용 전기 히트 펌프 시스템)	
	공조방식	로비 : CAV+바닥급기+자연환기	
		VAV(내부)+FPU(외주)	
주차개요	23대 (장애인 2대포함)		
조경개요	법정면적	295.05㎡	
	실 조 경	656.81㎡	
기타사항			

1.2 각층별 세부용도 및 면적표

층 별	용 도	면적(㎡)	비고	층 별	용 도	면적(㎡)	비고
총 계		2,732.39					
지하1층	소 계	821.80		지상2층	소 계	596.29	
	주 차 장	677.22			자원봉사실	580.82	
	기계, 발전, 전기실	76.14			공용면적	15.47	
	공용면적	68.44		지상3층	소 계	698.57	
지상1층	소 계	615.73			식 당	82.59	
	민 원 실	343.16			다목적실	296.62	
	동장실(열린안방)	44.46			동대본부	78.37	
	홍보전시관	72.38			공용면적	240.99	
	공용면적	155.73		지상층 소계		1,910.59	

02. 계획요소의 조사분석

▍위 치

우리나라 교통의 대동맥인 1번 국도를 중심으로 서측으로 병점역이 위치하며 우측으로 병점1동 주민센터의 대지가 위치하고 있다.

▍역사 및 유래

옛 수원군 태촌면 지역으로, 옛부터 삼남으로 통하는 큰 길목이었다. 그리하여 고려시대부터 이곳에는 체사(遞使)나 행인들이 쉬었다가 가는 길목으로서 떡을 파는 떡장수들이 많았다고 한다. 따라서 이 마을을 떡전거리라 부르게 되었는데 한자로는 餅店(병점)이라 부르게 되었다.

▍화성시에 상징 요소

심볼마크
수도권의 핵심도시로 거듭나는 화성

미스터 파인
기분좋은 화성

미스 파인
기분좋은 도시환경

비둘기
평화로운 시민

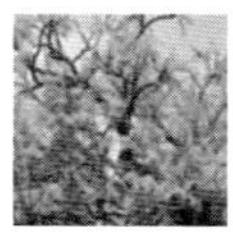

은행나무
순결하고 바른 시민

개나리
불굴의 투지의 시민

03. 대지현황분석

▍입지분석

- 화성시 행정구역 844㎢ 중 1.78㎢의 면적을 차지
- 08년 4월 현재 26,838명의 인구가 살고 있고 꾸준한 인구증가세를 보이고 있다.

▍주변현황

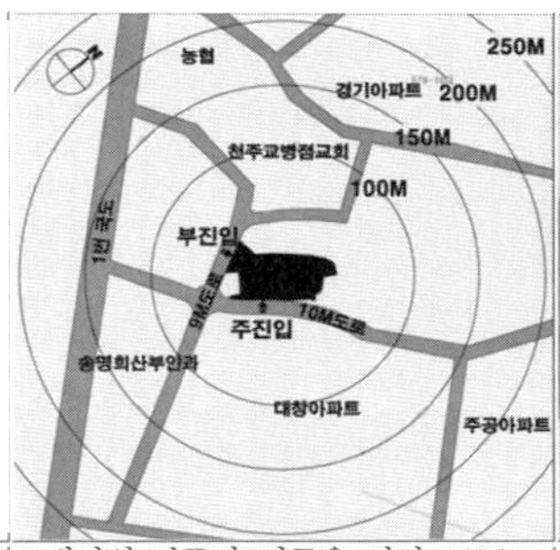

- 대지의 남쪽과 서쪽은 각각 10M 도로가 접함
- 1번국도와의 접근성이 양호

▍향과 조망

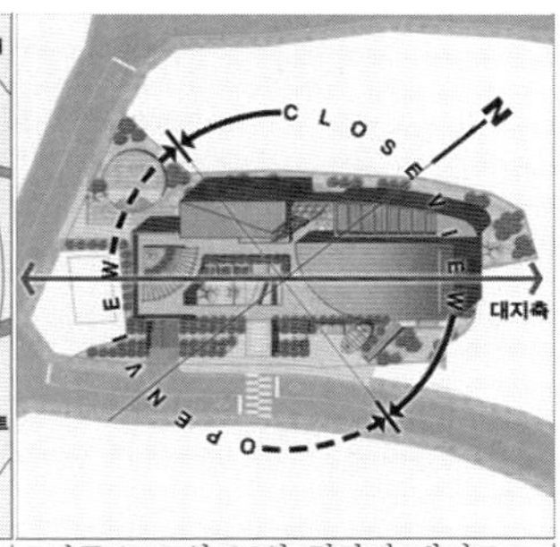

- 남쪽으로 약5M의 경사진 대지로 일조 조건 양호
- 주요시설의 남향 배치로 실의 이용률 극대화

Fine City HWASEONG 병 점 1 동 주 민 센 터 신 축 공 사

계획요소의 조사분석
대지현황분석

4

04. 건축계획

4.1 배치계획

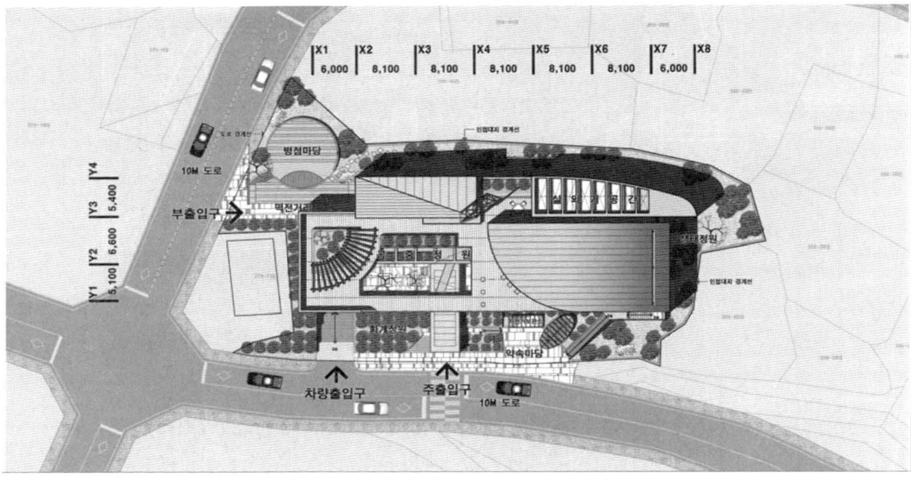

외부동선계획

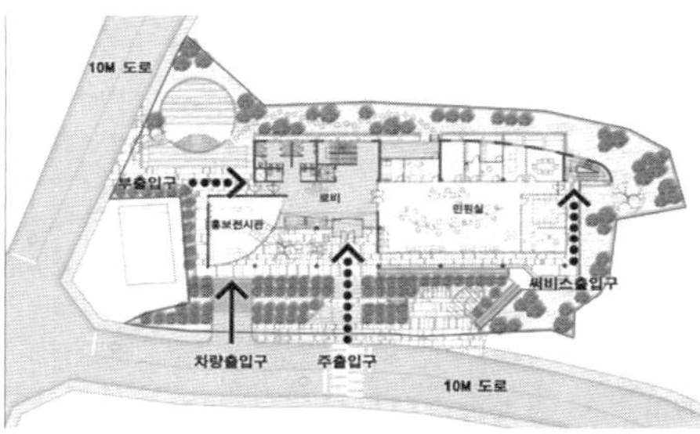

• 접근성(APPROACH) : 이용자의 접근성을 고려한 주출입구와 부출입구, 서비스 출입구와 차량출입구를 분리하여 유지관리의 효율성 확보

외부공간계획

• 대지의 고저차를 이용 전통건축의 외부공간을 현대적 해석 적용, 花階 ➜ 樓下進入(주출입구) ➜ 대청마루(아트리움) ➜ 후정

• 향과 조망 : 남향배치원칙과 대지의 고저차를 고려한 조망계획

• 일조권 후퇴부분과 북동쪽 마당은 자연경사를 이용한 친환경 생태정원으로 조성

• 건물의 유지관리를 고려한 4면의 보행통로 확보

• 병점(떡 전 거리)의 개념을 담은 다목적 야외 이벤트 마당

4.2 평면계획

3층 평면

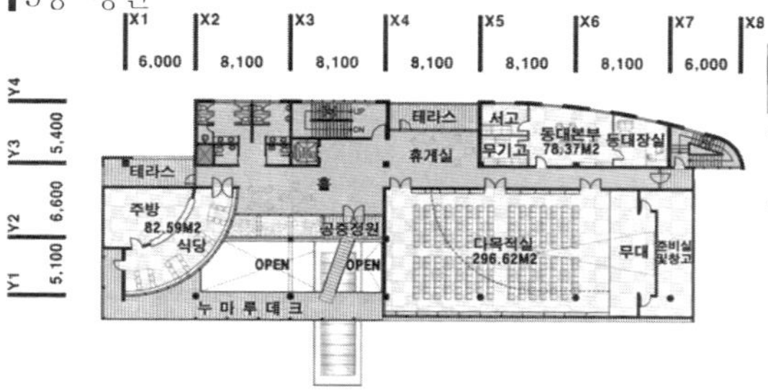

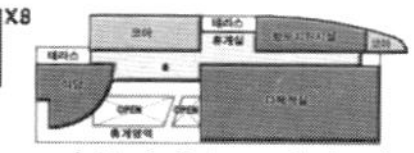

- 다목적실은 3개의 실로 구획가능토록 계획초기단계부터 공간의 융통성을 극대화한다
- 공중정원과 직원식당으로 연결된 누마루 데크(Deck)는 병산서원 만대루의 좋은 느낌을 현대적으로 해석 적용한 것으로 휴먼 스케일의 공간은 이용자들에게 심리적 쾌적감과 안정감을 줄 것입니다

2층 평면

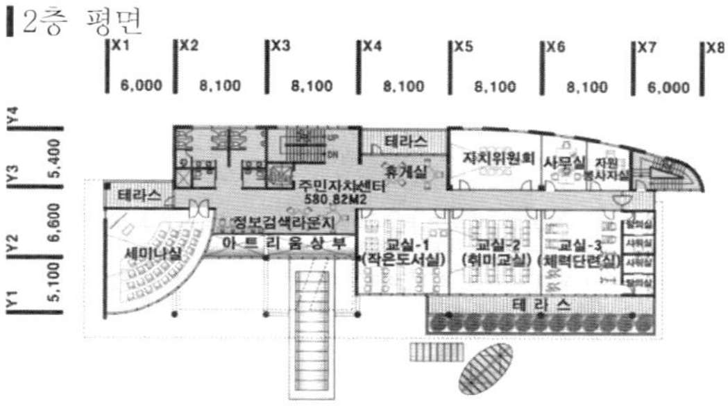

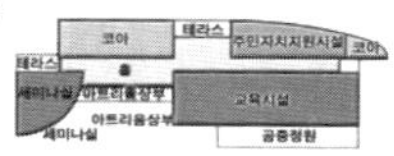

- 교실존을 무주 공간으로 계획하여 장래 수요변화에 적극대응하며, 복도에도 자연채광, 환기가 가능토록 계획하므로 L.C.C.를 저감 시키고 각 실마다 테라스와 화단을 배치하여 마치 숲속 분위기를 연상케 한다
- 아트리움에 면한 정보검색라운지와 테라스에 면한 휴게실은 항상 녹색의 자연경관을 담고 있어 심신의 쾌적함을 더합니다.

1층 평면

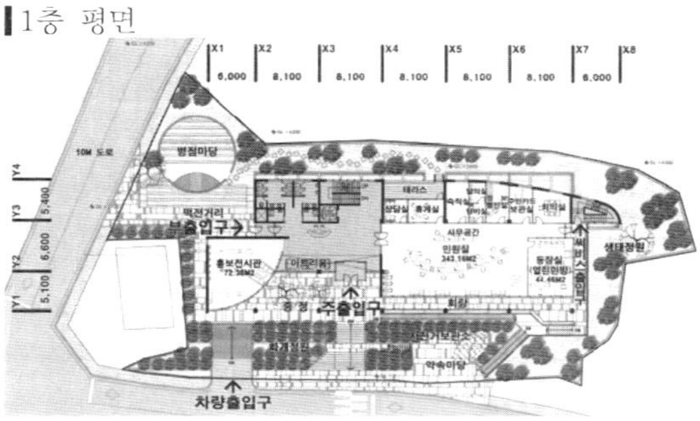

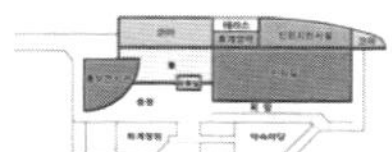

- 남향 배치원칙의 평면 조닝
- 이용자의 편익과 관리효율을 배려한 동선계획
  - 장애우를 위한 경사로
  - 접근성을 고려한 이용자위주의 주, 부출입구
  - 관리자 및 직원을 위한 써비스 출입구
  - 보행자동선과 분리된 차량출입구
- 전통건축의 외부공간을 현대적해석 적용
  - 花階를 통한 중정으로의 樓下進入
  - 휴먼 스케일의 민원실남측 회랑

지하층 평면

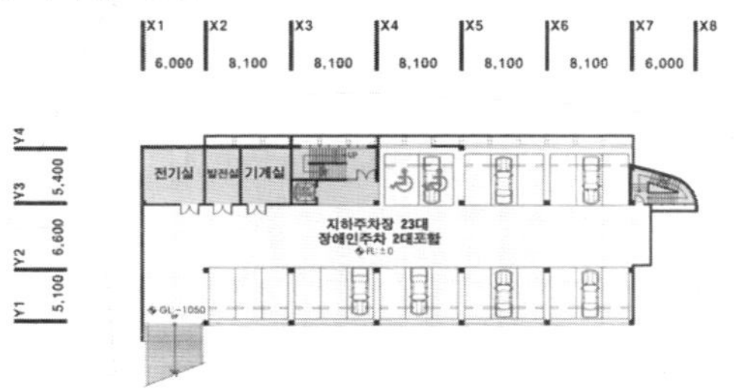

- 최적의 주차모듈 2.5m X 5m로 쾌적한 주차환경과 넉넉한 주차대수(23대)
- 반 지하구조는 자연채광, 자연환기로 L.C.C(생애주기비용)저감 효과와 토목공사의 경제성 확보

4.3 입면계획

정면도

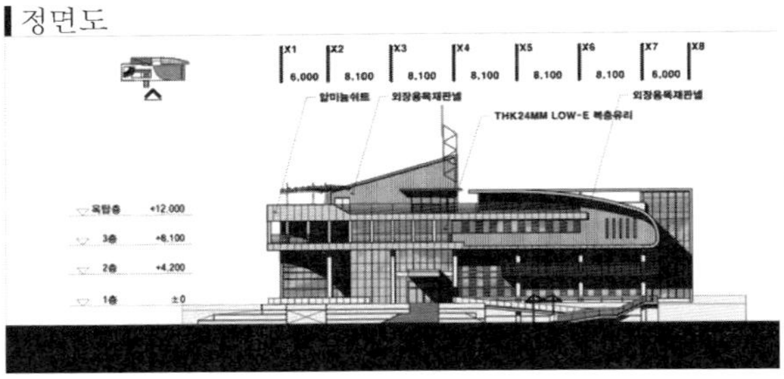

•누각처럼 떠 있는 매스는 지역의 랜드마크로서 주변의 경관을 향상시키며, 자연과 하나가 된다

좌측면도 **우측면도**

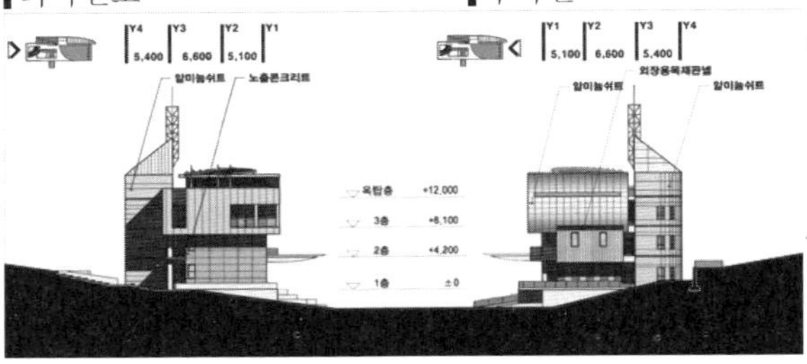

•전통건축의 백미인 누각의 장점을 현대적해석 적용
•花階를 통한 樓下進入, 반 외부공간의 회랑, 3층 누마루 데크, 중정

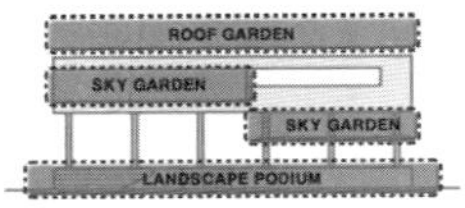

•LANDSCAPE PODIUM, SKY GARDEN, ROOF GARDEN으로 이어지는 녹색의 살아있는 생태건축물

4.4 단면계획

종단면도

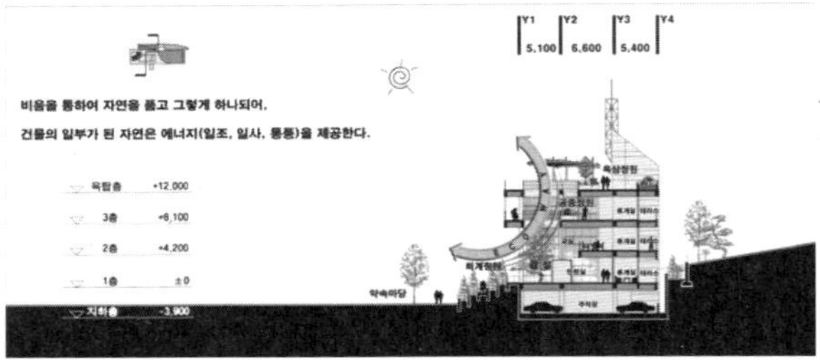

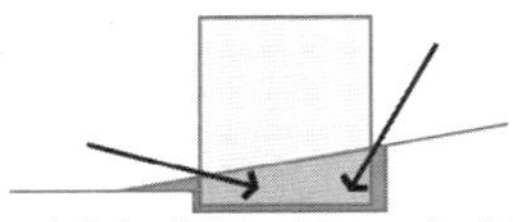

•경사진 대지를 이용 – 반 지하구조로 토목공사의 경제성과 자연환기, 자연채광으로 L.C.C.(생애주기비용) 저감

횡단면도

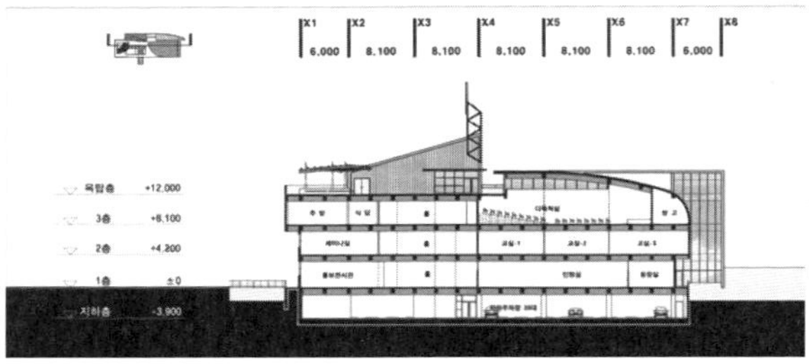

•용도별 적정 천정높이와 기능별 프라이버시를 고려한 단면 조닝

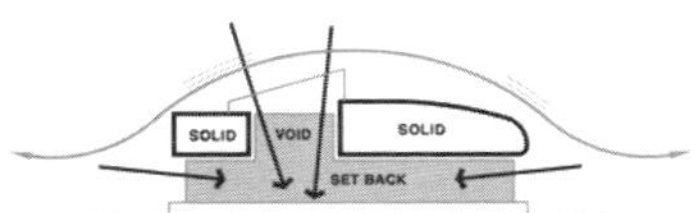

•일조권과 조형성 및 스카이라인을 함께 고려한 매스구성

05. 재료마감표

▌내부 재료마감계획

실 명	바 닥	벽	천 정
주차장	에폭시 레진모르터	아크릴페인트	흡음재 뿜칠
전기실/발전실/기계실	에폭시 라이닝	수성페인트	흡음재 뿜칠
홀/로비/홍보전시관/계단실	화강석 물갈기	인조대리석마감	알미늄 천장재
화장실	미끄럼방지용타일	자기질타일	알미늄 천장재
민원실/동장실(열린안방)	비닐계타일	석고보드 위 페브릭	THK12MM 흡음텍스
회의실	비닐계타일	석고보드 위 페브릭	THK12MM 흡음텍스
탕비실/탈의실	비닐계타일	몰탈 위 수성페인트	THK12MM 흡음텍스
정보통신실	O.A Floor 위 카펫타일	몰탈 위 수성페인트	THK12MM 흡음텍스
주민카드보관실/문서고	비닐계타일	몰탈 위 수성페인트	THK12MM 흡음텍스
숙직실/휴게실/상담실	비닐계타일	석고보드 위 페브릭	THK12MM 흡음텍스
자치위원회실/사무실/자원봉사자실	비닐계타일	석고보드 위 페브릭	THK12MM 흡음텍스
교실1/교실2	비닐계타일	석고보드 위 페브릭	THK12MM 흡음텍스
교실3(체력단련실)	고무매트	몰탈 위 수성페인트	THK12MM 흡음텍스
세미나실	비닐계타일	THK9MM프라스틱 흡음재	THK12MM 흡음텍스
다목적실	비닐계타일	THK9MM프라스틱 흡음재	THK12MM 흡음텍스
주방	미끄럼방지용타일	자기질타일	알미늄 천장재
식당	비닐계타일	몰탈 위 수성페인트	THK12MM 흡음텍스
동대본부/동대장실	비닐계타일	석고보드 위 페브릭	THK12MM 흡음텍스
서고/무기고	비닐계타일	몰탈 위 수성페인트	THK12MM 흡음텍스

▌외부 재료마감계획

외 벽	알미늄 쉬트, 노출콘크리트, 외장용 목재판넬, 알미늄 불소수지 후레임 THK24 LOW-E 칼라복층유리, 투명강화유리

06. 조경 및 외부공간계획

▌조경 및 외부공간 계획도

Fine City HWASEONG　병 점 1 동 주 민 센 터 신 축 공 사

재료마감표/
조경 및 외부공간계획

8

07. 구조 및 설비계획

7.1 구조계획

구조계획개념

안정성	· 모든 하중에 대한 안정성 검토 · 합리적 기초형식의 산정 · 내진, 내풍성능 확보	최적설계	· 합리적 구조시스템 선정 · 단순화, 모듈화된 설계 · 합리적 신공법 적용	경제성
시공성	· 가설공사 및 현장작업의 최소화 · 공기단축 및 기능인력의 확보 · 입증된 신기술 · 신공법 적용		· 수직 및 수평변위 최소화 · 구조물의 허용한계에 대한 검토 · 진동 및 소음 고려	사용성

구조형식	•철근콘크리트구조
적용기준	•구조설계방법 : 철근콘크리트구조 강도 설계법 •적용 및 참고 기준 : 건축구조설계기준 및 해설/2006 ACI318-05-CODE/2005
사용재료강도	•콘크리트 : fck=24MPa

구조해석

고정하중	•골조의 자중 및 마감하중 및 기타 설비하중 등을 고려하여 산정
활하중	•건축물 하중기준의 실별 최소 활하중을 기본으로 산정
풍하중	•지역(화성), 기본풍속(30m/s), 노풍도(A), 중요도계수(1.1), 풍속할증계수(1.0)
지진하중	•지역계수(0.11), 중요도계수(1.5), 동격계수(C=S/1.2 $\sqrt{T}$), 지반계수(1.5), 반응수정계수(3.5), 기본진동주기(T=0.0731(hn)3/4)

7.2 설비계획

기계설비계획

– 계획기본방향 : 경제적, 쾌적, 친환경적인 공공시설

경제성	쾌적성	안전성	친환경
L.C.C.를 고려한 장비선정	쾌적한 실내환경 조성	고효율인증 에너지 기자재 선정	자연조건을 이용한 설비

– 친환경 생태설비 계획으로 친환경 인증 및 이미지 향상

옥상녹화	자연환기	우수재활용
최상층 부하저감	중간기 부하저감	수자원 절약
•우수 이용 보온 및 살수, 중수처리 시스템 등 진보된 친환경 설비 적용		

위생/소방설비계획

위생설비 : 우수재활용, 중수활용	소방설비 : 성능위주의 방재계획
급수 : 시수직격 + 부스터펌프	•소방법규에 적합한 치밀한 소방설비로 안전성 확보
급탕(증기보일러) : 열 교환하여 상향공급	•이용자수 많은 곳은 신속한 피난 용이하도록 계획

전기 및 정보통신계획

– 계획기본방향 : 기술과 자연의 일체화를 통한 미래 방향제시

신기술/신공법	환경친화	에너지 관리	유지보수
· 첨단인프라 및 플랫폼 · 건축비용 절감 · 건물효율 극대화	· 친환경 시스템 구축 · 쾌적한 실내환경 조성 · 생태형 시스템 구축	· 태양열(광), 수자원 활용 지원 · 에너지 소비 자동제어	· IBS/TMS 구축 · 자동점검/자동대처 · 유지보수 용이/편의

미래지향적인 랜드마크적인 공간창출 / 친환경 에너지 절약형 건축물 / 유비쿼터스시대 적응성 확보

08. 관련법규 검토서

법규명 및 조항	대 상	법 적 기 준	설 계 기 준	비고
건폐율 화성시 도시계획조례 제52조	•제1종일반주거지역	•60%이하	42.42%	적법
용적율 화성시 도시계획조례 제57조	•제1종일반주거지역	•180%이하	138.91%	적법
대지안의 조경 건축법 제32조 화성시 건축조례 제24조	•연면적 합계가 2000㎡ 이상인 건축물	•대지면적의 15%이상	656.81㎡	적법
직통계단의 설치 건축법시행령 제34조	•3층이상의 층으로서 그 층의 거실의 바닥면적의 합계가 400제곱미터이상인 것.	•2개소 이상 설치 •거실의 각 부분으로부터 계단에 이르는 보행 거리가 30m 이하(주요구조부가 내화구조 또는 불연재료로 된 건축물은 50m이하)	2개소	적법
내화구조 건축법시행령 제56조	•3층이상의 건축물 및 지하층이 있는 건축물	•주요구조부를 내화구조로 하여야 함	적용	적법
대규모 건축물의 방화벽등 건축법시행령 제47조	•연면적이 1000㎡이상인 건축물	•방화벽으로 구획(각 구획의 바닥면적합계는 1000㎡ 미만)	1000㎡ 이내로 방화벽 구획	
부설주차장 설치기준 화성시 부설주차장 설치기준 제16조	•제1종근린생활시설	•시설면적 135㎡당 1대 (장애인주차 4%이상)	합계 23대 (장애인2대포함)	적법
건축물의 높이제한 건축법 제51조	•전면도로에의 건축물의 높이제한	•전면도로에 건축물까지 거리 18.8X1.5=28.2M	20.70M	적법
일조 등의 확보를 위한 건축물의 높이 제한 화성시 건축조례 제37조	•인접대지의 경계로부터 건축물의 높이제한	•높이 4미터 이하 : 1미터이상 이격	•정북방향으로의 인접대지경계선으로부터 건축물의 각 부분 높이의 2분의 1이상을 이격함	적법

09. 추정예상공사비 산출서 및 개략내역서

(단위 : 천원)

품 명	재료비	노무비	경 비	계	비고
건축공사	627,920	770,629	28,542	1,427,091	
토목공사	253,765	324,583	11,803	590,151	
기계공사	206,472	264,092	9,603	480,167	
조경공사	51,906	66,392	2,414	120,712	
전기공사	130,343	166,717	6,062	303,122	
통신공사	77,283	98,850	3,595	179,728	
소방공사	74,976	95,899	3,487	174,362	
제 경 비	898,557	1,149,317	41,793	2,089,667	
계	2,321,222	2,936,479	107,299	5,365,000	

■ 일동 주민센터

- 목 차 -

2

1 설 계 개 요

1.1 건축개요 및 시설면적표

구	분	설 계 내 역	비 고
건 물 개 요	사 업 명	일동 주민센터 건립공사	
	대 지 위 치	안산시 상록구 일동 706번지	
	지 역 지 구	자연녹지지역	
	대 지 면 적	3,000 ㎡	
	도 로 현 황	20m 도로, 15m도로	
	연 면 적	2,132.20 ㎡	
	건 축 면 적	596.53 ㎡	
	건 폐 율	19.88 %	
	용 적 률	64.51 %	
	구 조	철근콘크리트조	
	층 수	지하1층, 지상4층	
	최 고 높 이	17.90 m	
외 부 마 감		징크판넬, 고밀도목재판넬 T=24 칼라복층유리, 3중 방음유리	
설 비 개 요		냉난방설비 - 시스템에어컨(E.H.P) 급탕설비 - 전기순간온수기	
주 차 개 요		법정 : 21 대 설계 : 24 대 (장애인주차3대포함)	
기 타 사 항			

3

1.2 각층별 세부용도 및 면적표

층 별	용 도	면 적 (㎡)	비 고
총 계		2,132.20	
지하1층	소 계	196.96	
	저수조	59.50	
	전기실	52.50	
	기계실	32.30	
	공용부분	52.66	
1층	소 계	532.97	
	민원실	148.50	
	주민등록서류보관실	27.00	
	전산실	13.50	
	문서실	13.50	
	동장실	18.00	
	회의실	22.00	
	휴게실	19.25	
	창고	39.75	
	공용부분	231.47	
2층	소 계	395.17	
	주민자치위원회실	30.00	
	자원봉사자실	25.00	
	교육강사실	25.00	
	열린공부방	42.00	
	컴퓨터실	35.00	
	열린도서관	35.00	
	공용부분	203.17	
3층	소 계	501.97	
	헬스장	70.00	
	스포츠댄스실	42.00	
	단전호흡실	30.00	
	남녀샤워실	25.00	
	식당 및 주방	25.00	
	동대본부 민원실	36.00	
	동대장실	16.50	
	동대본부 창고	14.45	
	공용부분	243.02	
4층	소 계	505.13	
	다목적강당	153.00	
	소회의실	38.50	
	문화강좌실-1	38.50	
	문화강좌실-2	22.00	
	공용부분	253.13	

4

2 기본계획방향

2.1 계획의 전제

- 가로변 공원이 길게 늘어선 자리에 지역주민을 위한 공간이 구성되어야 하며 도로변 소음 해소, 주변자연환경과 조화를 이룰 수 있는 계획으로 고려되어야 함.
- 랜드마크적 위치 특성을 고려한 외관의 심미성 표출, 도로변의 개방감 확보, 친근하고 쾌적한 공간구성을 통해 시설기능의 최적화 모색.

2.2 계획의 개념

재생에너지 활용	• BIPV(건물일체형태양광 집열시스템) 기술 도입 • 적극적인 자원절약계획

기존생태 보존	• 기존 공원의 보존수목, 산책로, 정자등을 보존 • 자연과의 공감대 형성

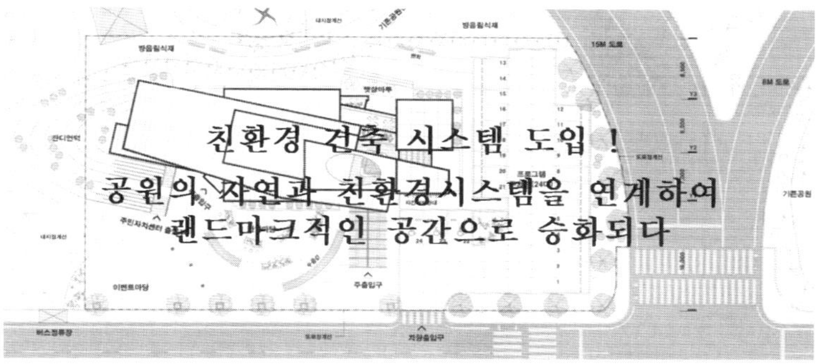

우수재활용 계획	• 우수저장조 및 투수성 포장재 계획 • 조경수, 청소용수 활용

향과 소음	• 건물 장축의 남향배치를 통해 에너지절약효과 확보 • 3중유리, 방음림식재를 통한 도로변 소음 차단

2.3 디자인 프로세스

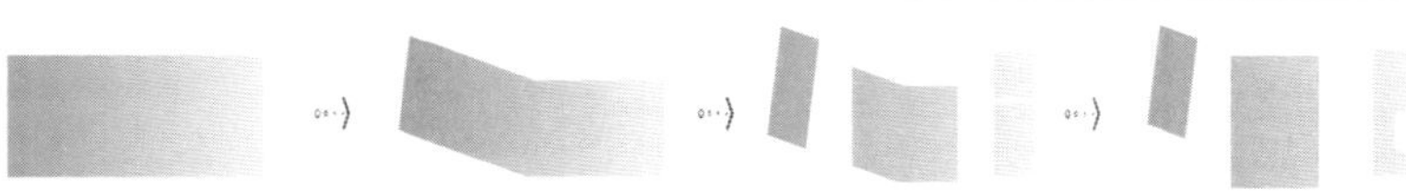

생 성	변 화	분 절	어 울 림

5

3 대지현황분석

3.1 광역현황분석

위치	접근성	주변현황
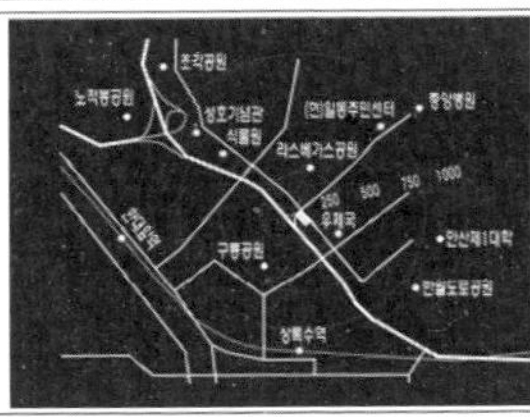		

3.2 대지현황분석

향, 조망	축	소음
	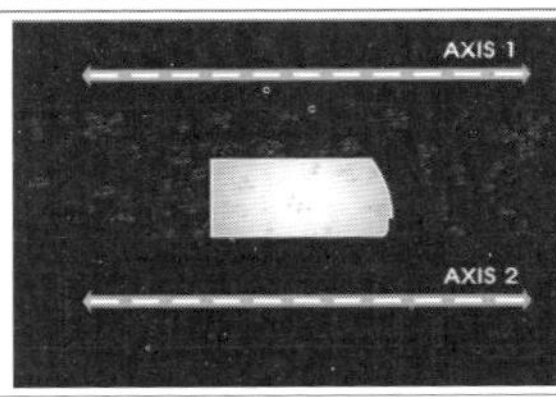	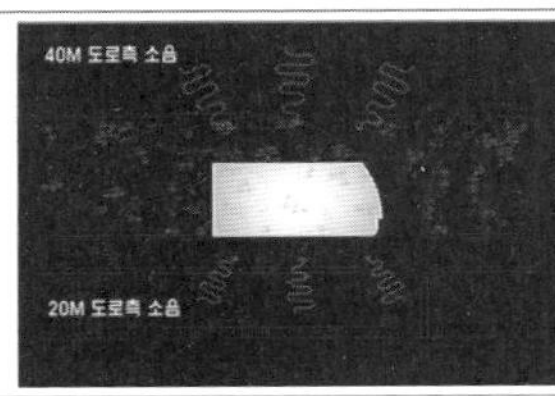

3.3 자연환경 및 인문환경 조건분석

기온	강수량	풍속	비고
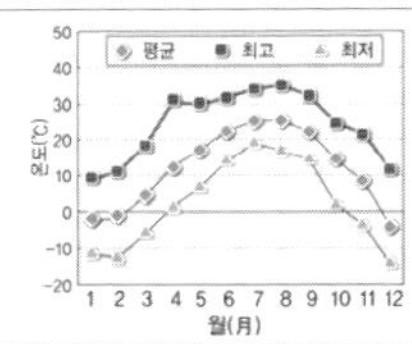	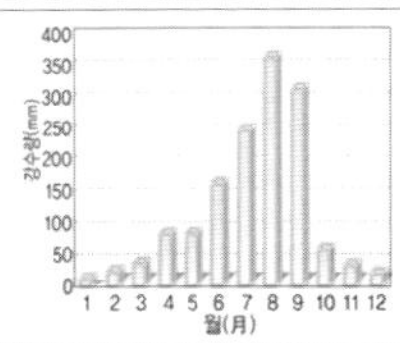	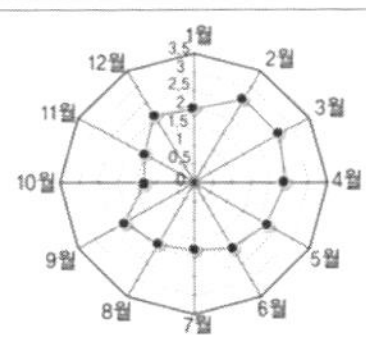	기상자료의 활용 - 시공계획참고 자료 - 동결지수 포장두께 산정

시마크	시화	시목	시조
		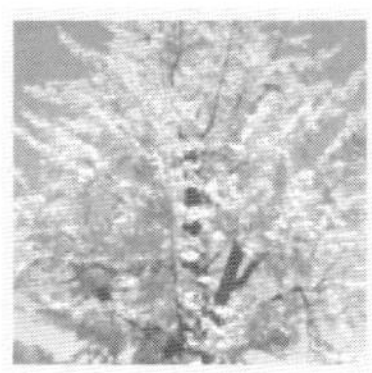	
• 첨단, 해양, 문화, 예술도시 상징	• 아름다움, 지혜, 용기, 번영 상징	• 영원, 번영 총화단결 상징	• 쾌적한 도시 평화염원

6

4 종합계획

4.1 배 치 도

4.1.1 배치대안분석

1 안	2 안	3 안 (선정안)
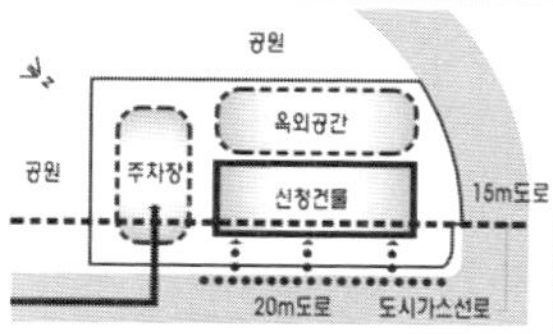	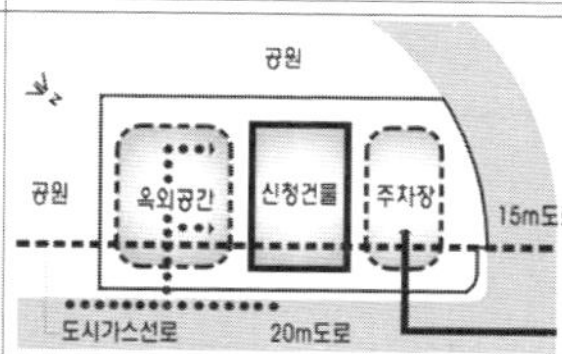	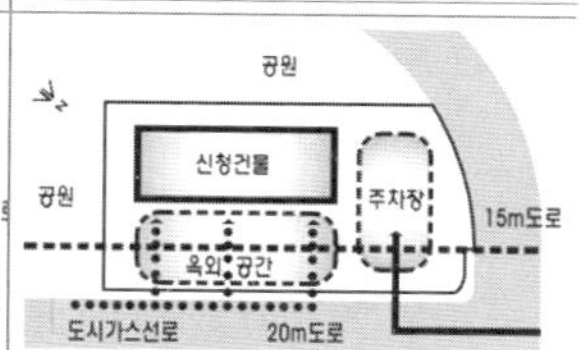
- 전면진입공간 부족 - 주차로 인해 공원과 단절됨 - 건물 장축의 남향 배치 - 주도변에서 위압감 조성 - 도시가스배관 간섭	- 건물 장축의 향 순응 - 도로변 인지성,정면성 결여 - 도시가스배관 간섭 - 도시축에 의한 축순응성 상실	- 건물 장축의 남향 배치 - 도로변 인지성,정면성 확보 - 도시가스배관 이격 - 도로변에서 다양한 접근성 - 공원 연계성 고려

4.1.2 스터디 모형 제작 및 분석

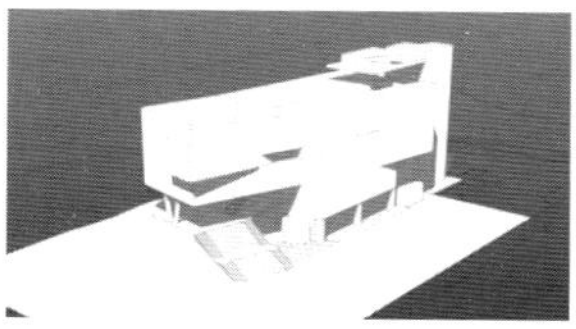
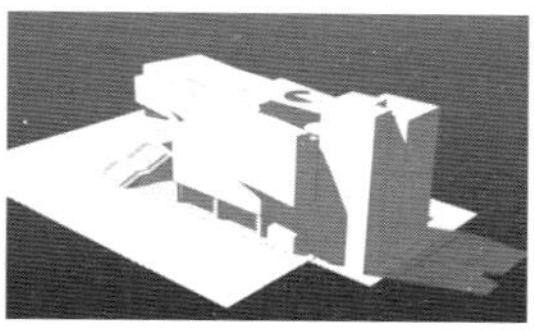

4.1.3 배치도

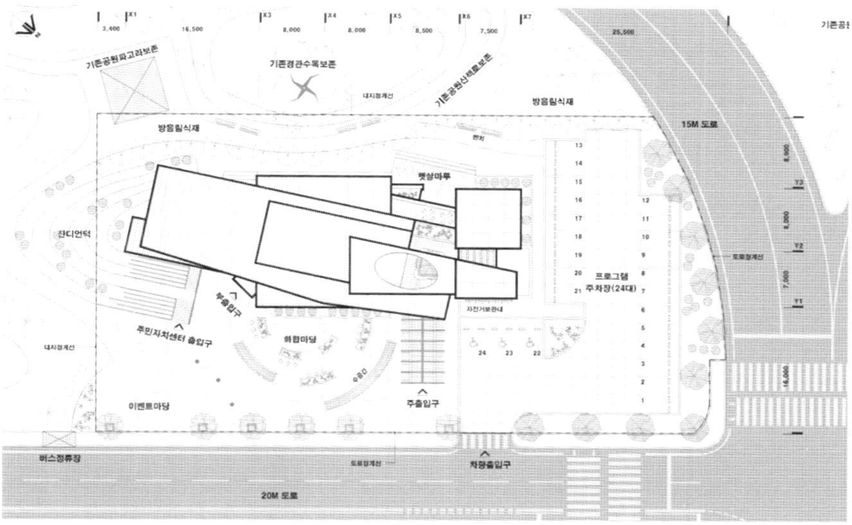

7

5 건축계획

5.1 평 면 도

5.1.1 지하1층 평면도

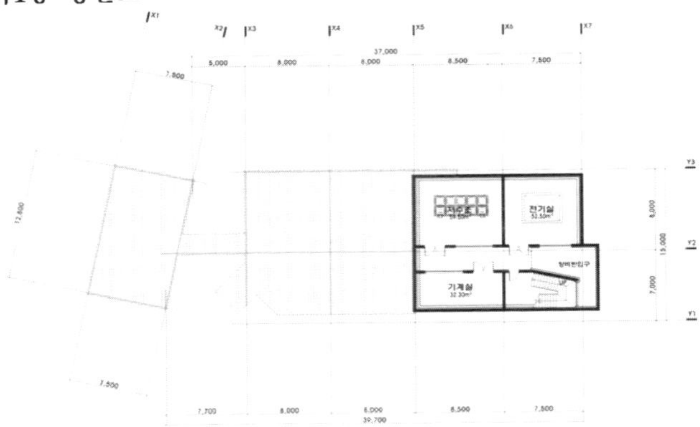

5.1.2 1층 평면도

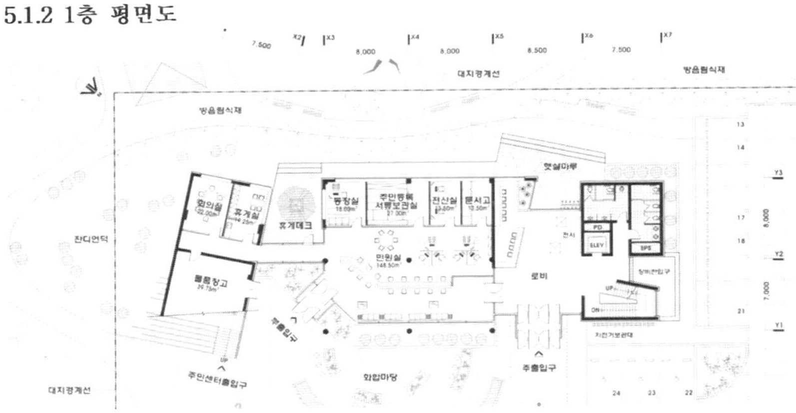

평면 개념

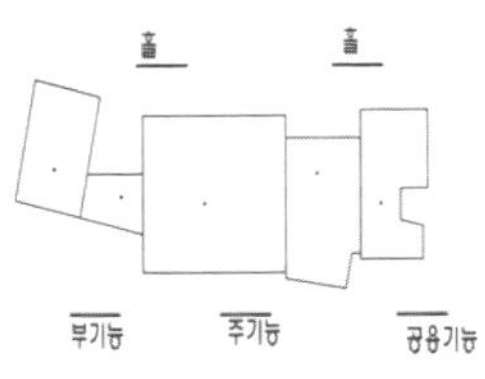

- 공용부분에 의한 평면적 기능분리
- 코아부의 분리를 통한 복합기능의 동선 혼란 해소

동사무소 업무기능 최적화

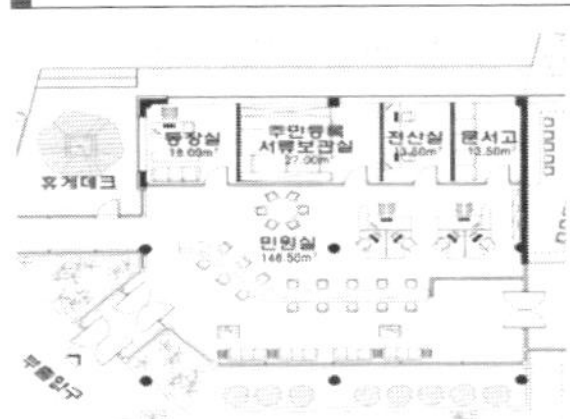

- 사무전산화시스템을 고려한 엑세스플로어 설치
- 별도 동사무소 출입구 설치

옥외공간과의 연계

- 잔디언덕에서 옥외공연을 감상하다
- 화합마당에서 담소를 나누다

8

5.1.3 2층 평면도

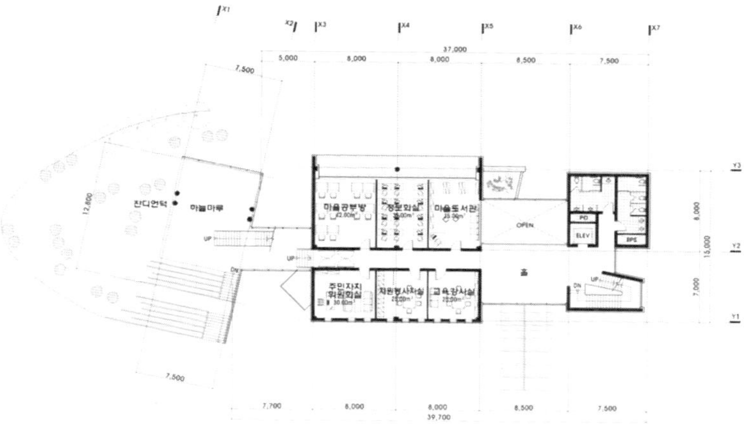

5.1.4 3층 평면도

공간의 효율성	잔디언덕	쾌적한 공용공간 구성
		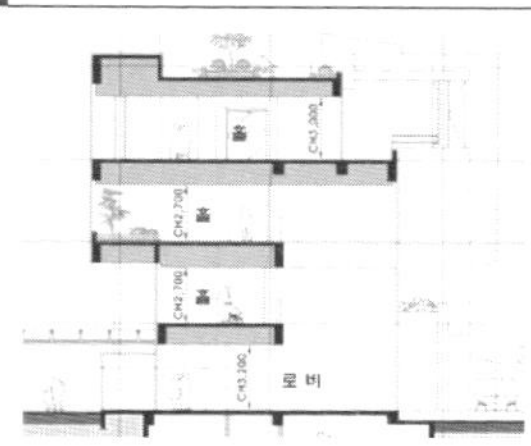
• 가변형칸막이를 설치 하여 실의 가변성확보 • 주요실을 남향배치 하여 쾌적성 확보	• 잔디언덕을 거닐다가 주민자치센터와 만나다 • 산책로와 연계된 잔디 언덕이 건물로 스며들다	• OPEN공간을 도입하여 공용부 개방감 확보 • 로비에 전시 및 인터넷 CD부스를 계획하여 재미있는 주민공간 구성

9

5.1.5 4층 평면도

5.1.6 지붕 평면도

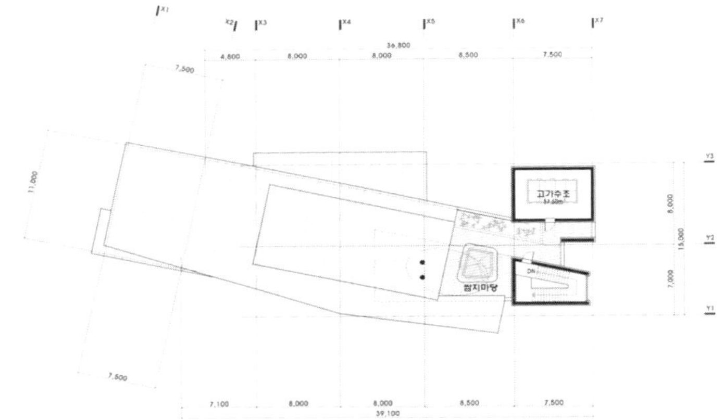

다목적강당	유지관리 효율성	쌈지마당 및 외부데크
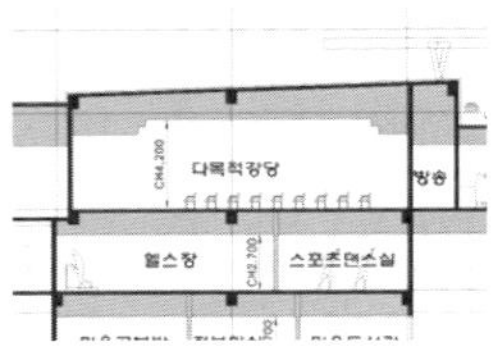	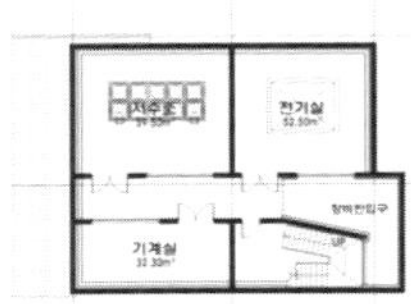	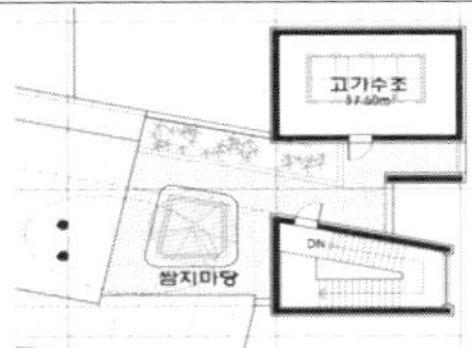
• 강당남측에 커튼월과 차단스크린을 설치 • 다양하고 쾌적한 복합공간으로 사용	• 저수조, 전기실 보수를 고려한 장비반입구 설치 • PD, EPS등의 설비공간을 확보하여 관리효율성 고려	• 지붕에 쌈지마당을 조성하여 휴게공간 확보 • 홀과 연계한 외부데크 공간 구성

10

5.2 입면도

5.2.1 정 면 도

- 공원과 도로에 의해 개방된 랜드마크적 부지성격을 고려하여 외관의 심미성 확보
- 주진입도로에서 인지성과 커튼월에 의한 개방감을 확보하고 수평성을 강조하여 안정감있는 매스 형태 표현

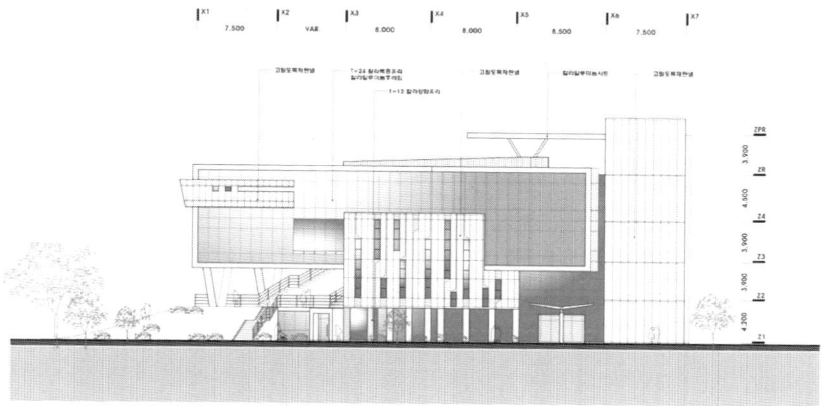

5.2.2 좌 측 면 도

- 수평적이고 수직적인 매스에 경사진 면을 계획하여 변화감 있고 방향성 있는 외관 도출
- 잔디언덕이 자연스럽게 건물에 스며들어 주변공원과 건축물과의 조화감 형성

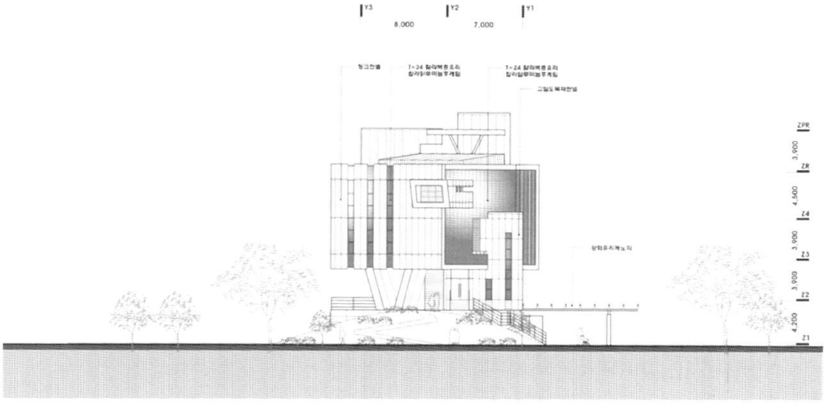

11

5.2.3 우 측 면 도

- 외부공간으로 길게 뻗은 출입구 캐노피를 설치하여 변화감있는 외부진입공간 구성
- 징크판넬과 고밀도목재판넬을 사용하여 모던하고 친근한 이미지 구현

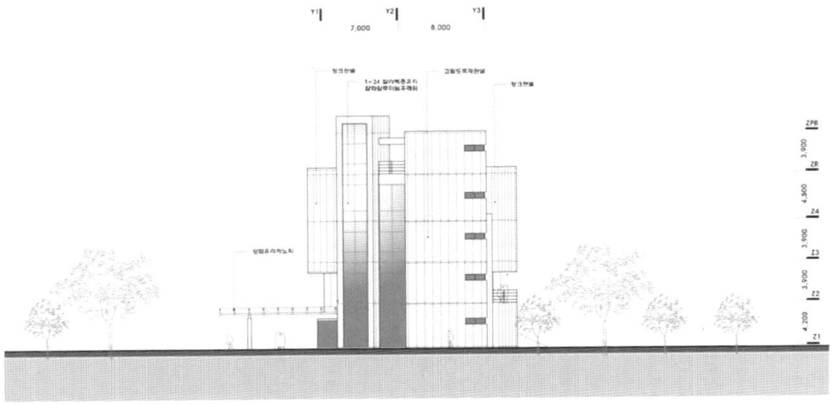

5.2.4 배 면 도

- 건물외벽과 일체화된 태양광집열판을 설치하여 디자인 요소로 활용하고 에너지 절약 효과 확보
- 남측면에 캐노피를 설치하여 적절한 채광성능을 확보하고 캐노피의 입면적 디자인요소로 활용

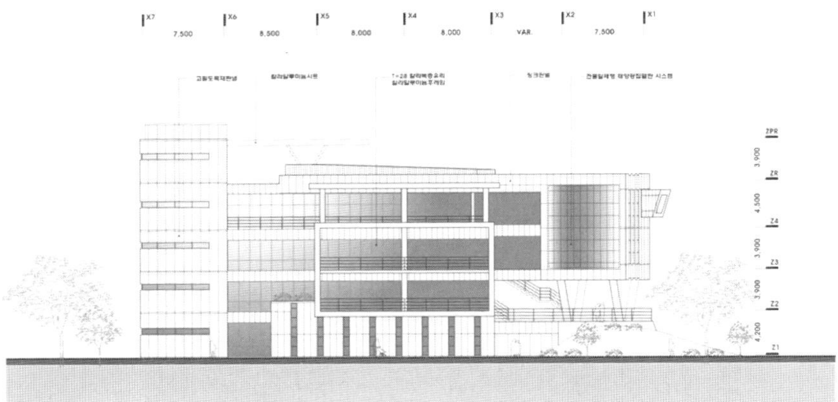

5.3 단면도

5.3.1 횡단면도

- 1층 4.2m, 2-3층 3.9m, 4층 4.5m의 층고를 계획하여 실의 기능성과 경제성을 고려한 층고 확보
- 다목적강당 천정의 형태에 변화를 주어 재미있는 공간을 구성하고 음향성능을 고려한 내부 마감재 계획

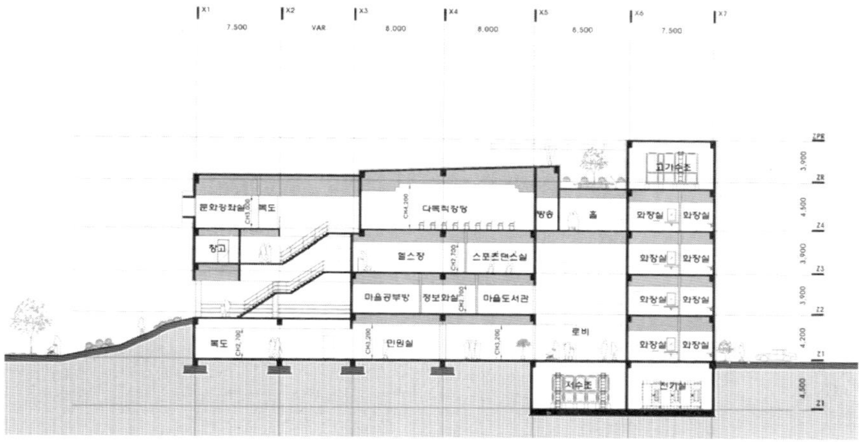

5.3.2 종단면도

- 커튼월을 설치하여 자연채광을 유입하고 공용부에 OPEN SPACE를 구성하여 개방감있고 쾌적한 공간 계획
- 다중이용시설의 이용동선 및 피난동선의 최적화를 위해 주계단 및 부계단을 최대한 이격하여 설치

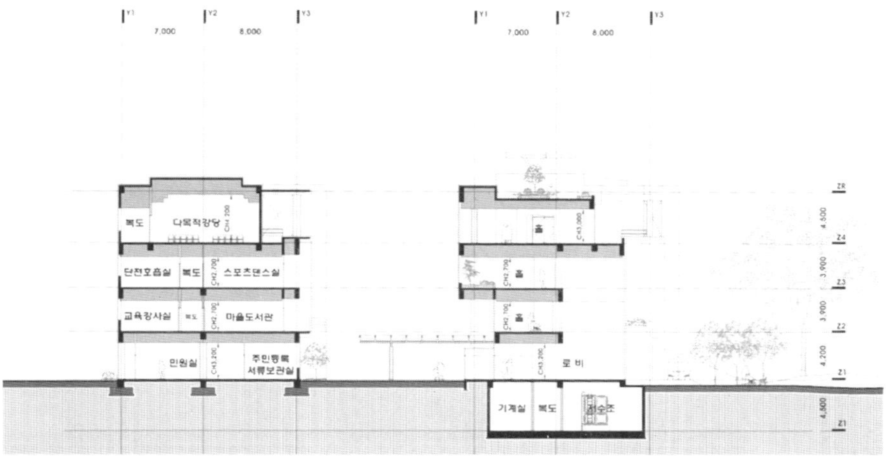

6 건축특화계획

잔디언덕을 거닐다가 자치센터와 만나다

- 잔디언덕이 건축물에 자연스럽게 스며들다
- 산책로와 연계된 잔디언덕이 공원과 조화를 이루다

인터넷 및 CD 부스에서의 휴식

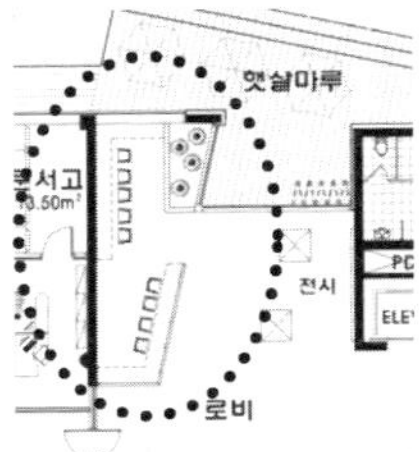

- 1층 로비부분에 인터넷CD부스, 전시공간 구성
- 주민들에게 즐겁고 쾌적한 공간을 제공하다

옥외 공연을 즐기며

- 잔디언덕에 앉아 공연을 즐기다
- 수공간과 어우러진 화합마당에서 담소를 나누다

랜드마크적인 건물외관 구성

- 공원과 도로로 둘러쌓인 열린 공간에서 상징적 건물로 승화되다
- 수평성이 강조된 안정적 매스 구성

7 장애인시설계획

주차

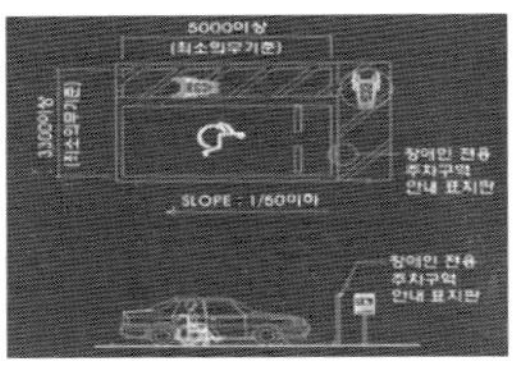

- 건물출입구에 인접하여 장애인주차 계획

화장실

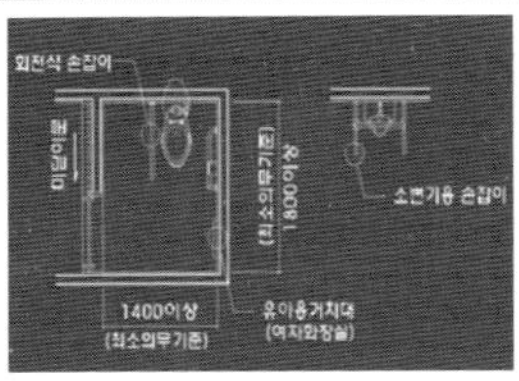

- 장애인화장실을 각층에 남녀 구분하여 설치

승강기

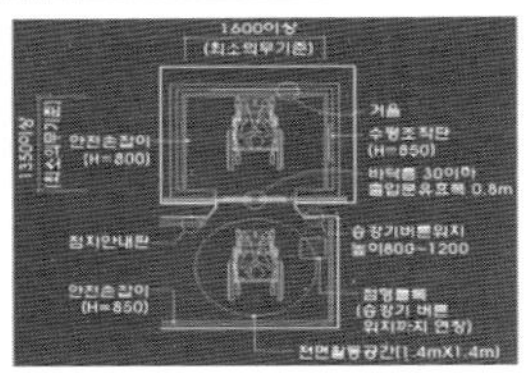

- 상부층 이용을 위한 장애인 승강기 설치

점자블럭

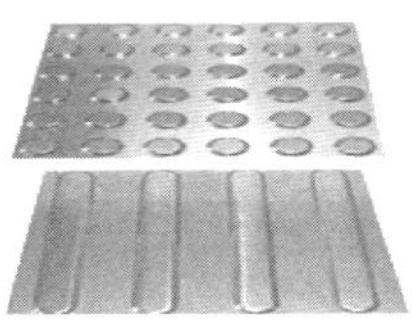

- 출입구,화장실,승강기에 점자블럭 설치

주출입구높이차제거

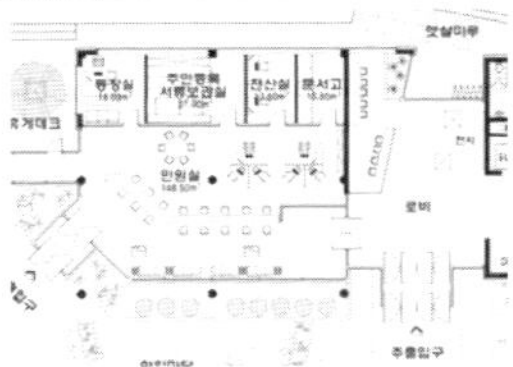

- 휠체어접근이 용이하게 주출입구 단차 제거

복도

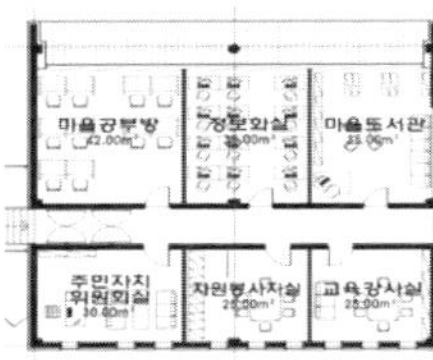

- 휠체어 회전을 고려한 복도를 계획

14

8 구조 및 시공계획

8.1 구조계획의 목표

계 획 성
· 입면 디자인의 다양한 요철
· 건물 유지관리를 고려한 구조 설계

경 제 성
· 최적 시스템 및 공법 선정
· 구조부재의 단순화/모듈화 설계
· 대안 검토를 통한 적정공법 선정

시 공 성
· 특화 기술 및 신기술, 신공법 적용
· 시공성을 고려한 구조형식 채택
· 모듈화, 단순화에 의한 시공성 향상

사 용 성
· 바닥 진동의 최소화
· 수직/수평 변위 최소화

안 전 성
· 내풍성능 확보
· 적정한 수평하중 저항시스템 선정

8.2 구조형식

구 분	철근 콘크리트 (RC)	철골구조 (STEEL)	철근철골콘크리트구조(SRC)
부재단면	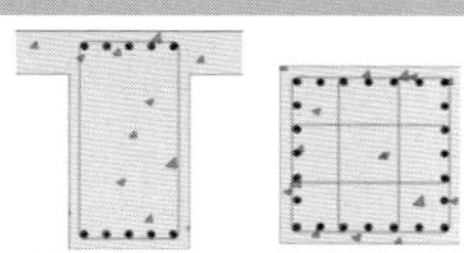	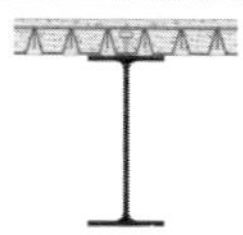	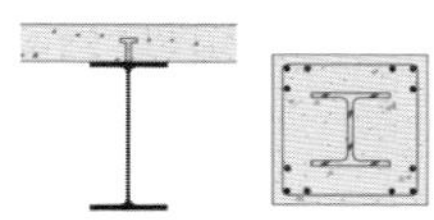
특 징	·중스팬 건물에 경제적 ·횡력에 대한 안전성 확보 유리 ·진동 및 내화·내구성 우수 ·건축조형미 우수 ·자중증가로 기초 부력에 유리	·중스팬 건물에 비경제적 ·진동 및 내화·내구성 불리 ·내화피복 필요 ·자중감소로 기초 부력에 불리	·지반의 허용지지력이 작은 경우에 유리함 ·배근작업의 단순화를 통한 시공성 우수
선 정	◉		

8.3 기초형식

구 분	독립 기초 (선정안)	MAT 기초
형 상	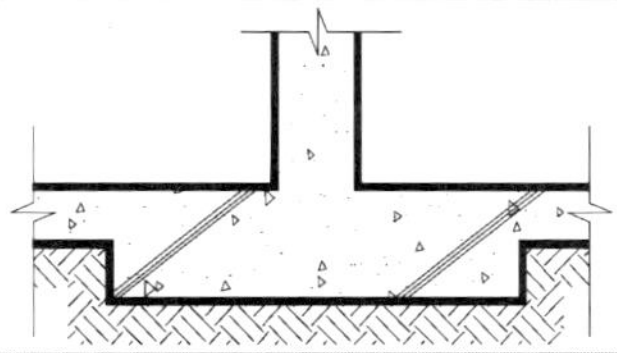	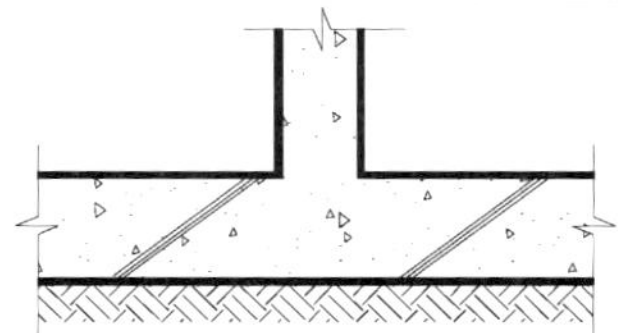
장 점	·허용지지력이 큰 경우 유리함 ·터파기 물량감소에 따른 공기단축 및 경제성 확보	·지반의 허용지지력이 작은 경우에 유리함 ·배근작업의 단순화를 통한 시공성 우수
단 점	·배근작업 및 터파기 작업의 공정이 증가	·구조물량 증가에 의한 경제성 불리 ·두께가 큰 경우 수화열에 의한 균열제어 필요
선정이유	·독립기초가 지반상태에 적합하고 공기 단축 및 경제성 확보	

15

8.4 설계하중

구 분	내 용		
고정하중	· 골조 자중 및 구조물에 영구히 부착되는 설비 및 물품의 중량		
활 하 중	종합민원실	다목적문화홀	사무실, 소회의실
	4.0 kPa	5.0 kPa	3.0 kPa
지진하중	· 지 역 계 수	· A = 0.11 (지진지역 1)	
	· 지 반 종 류	· S_C	
	· 중요도 계수	· I_E = 1.5 (내진등급 특)	
	· 동적 계수	· $Cs = S_D / [(R/I_E) \times T]$	
	· 밑면 전단력	· V = Cs × W	
풍 하 중	· 지 역	· 안산	
	· 설계기본풍속	· V_o = 30 m/sec	
	· 풍속할증계수	· kzt = 1.0 (평탄한 지형)	
	· 노 풍 도	· C	
	· 중요도 계수	· Iw= 1.1 (중요도 특)	
	· 구조골조용 풍하중	· Pf = Gf · (qz · Cpe1 - qh · Cpe2) · Wf = Pf × A	

8.5. 구조해석 및 안전성 검토

구분	내용
해석개요	▪ 바닥 슬래브를 면내 강성이 큰 수평 횡격막(Diaphragm)효과를 가지는 것으로 가정, 평면에서 슬래브의 Opening을 고려
정적해석	▪ 설계하중기준을 적용하여 안전하고 경제적인 구조가 될 수 있도록 함 ▪ 수직 · 수평하중에 대해 3차원 모델링을 통한 구조물의 처짐 및 변형 고려 ▪ P - Δ 효과에 의해 발생되는 2차응력을 고려하여 해석
동적해석	▪ 수평하중에 대해 3차원 동적해석을 수행하며 정적해석에 의한 결과와 조합하여 부재 설계에 적용 ▪ 설계용 응답 스펙트럼을 이용한 동적해석을 실시한 후 수정계수로 결과 보정 ▪ 구조체의 강성중심과 하중 작용점과의 편심에 의한 비틀림 등을 고려 ▪ 동적해석시 지진하중 산정순서 진동모드 계산 ➡ 모드별 유효무게 산정 ➡ 모드별 밑면전단력 산정 ➡ 모드별 층 지진하중 산정 ➡ 모드별 층간변위 산정 ➡ 모드별 층전단력, 전도모멘트 산정
수평변위의 제한	▪ 풍하중에 의한 수평변위 : H/500 이내 (H= 건물높이) ▪ 지진하중에 의한 최대 층간변위 : 0.01h 이내 (h= 건물층고)

16

9 재료마감계획

9.1 외부마감계획

징크판넬	외벽, 지붕	• 미관성,내구성,방수성,단열성
커튼월, 3중복층유리	외벽	• 미관성,단열성,경제성
고밀도목재판넬	외벽	• 미관성,친환경성,내부식성

9.2 내부마감계획

층별	실명	바닥	벽	천정
지하 1층	물탱크실	에폭시라이닝	친환경페인트	친환경 페인트
	전기실	에폭시라이닝	친환경페인트	친환경 페인트
1층	민원실	O.A Floor/카펫타일	석고보드/페브릭	친환경 흡음텍스
	동장실	비닐계타일	친환경페인트	친환경 흡음텍스
	회의실	비닐계타일	친환경페인트	친환경 흡음텍스
2층	주민자치위원회실	비닐계타일	석고보드/페브릭	친환경 흡음텍스
	컴퓨터실	O.A Floor/카펫타일	석고보드/페브릭	친환경 흡음텍스
	열린도서관	비닐계타일	석고보드/페브릭	친환경 흡음텍스
	교육강사실	비닐계타일	석고보드/페브릭	친환경 흡음텍스
3층	헬스장	목재플로어링	목재타공흡음판	친환경 흡음텍스
	스포츠댄스실	목재플로어링	목재타공흡음판	친환경 흡음텍스
	단전호흡실	목재플로어링	목재타공흡음판	친환경 흡음텍스
	식당	비닐계타일	석고보드/페브릭	알루미늄 천정재
4층	다목적강당	목재플로어링	목재타공흡음판	친환경 흡음텍스
	소회의실	비닐계타일	석고보드/페브릭	친환경 흡음텍스
공용	로비,홀	폴리싱타일	인조대리석	알루미늄 천정재
	화장실	미끄럼방지용 타일	자기질타일	친환경 흡음텍스

친환경성

- 친환경 자재를 사용하여 자연환경 보존
- 이용자들에게 쾌적감과 친근감을 줄 수 있는 천연재료 계획

유지관리성

- 사무공간 바닥은 엑세스플로어를 설치하여 사무전산업무 효율성 증대
- 외부데크등의 방수성, 내부식성 확보

기능성

- 실의 기능 및 용도를 고려한 마감계획을 수립하여 기능성 확보
- 단열성, 방수성 등을 확보하여 냉난방 효율성, 결로방지등을 고려

미관성

- 공용공간의 특성을 고려하여 미려하고 변화감 있는 마감재 계획
- 실내 칼라계획을 수립하여 변화감 있고 생기있는 시설 분위기 연출

17

10 조경, 주차, 외부공간 계획

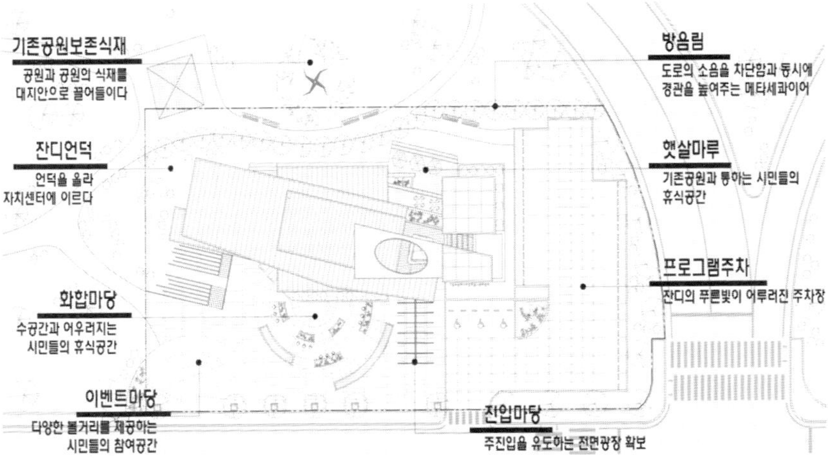

다양한 동선의 접근성

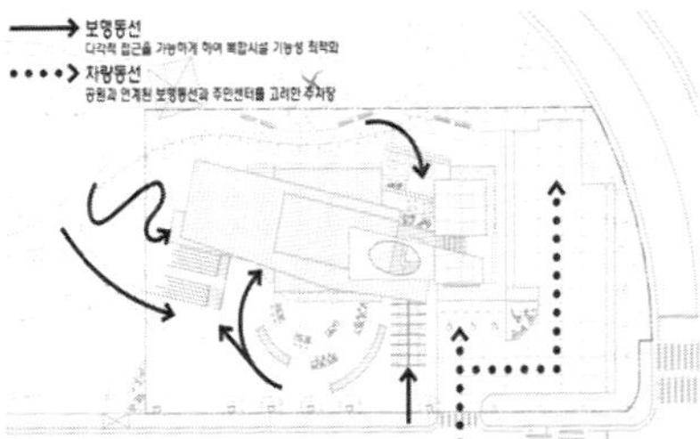

- 주출입, 동사무소출입, 주민자치센터 출입을 별도로 계획
- 복합기능을 고려한 다양한 동선체계

프로그램주차, 자전거보관대

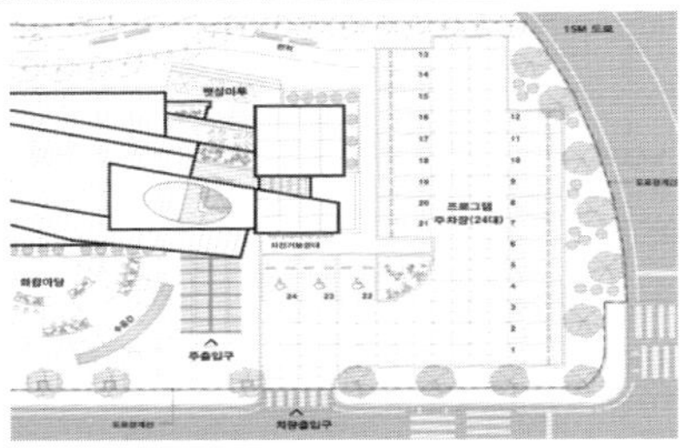

- 주차장에 잔디블럭을 설치하여 프로그램 주차공간 구성
- 주출입구부분에 자전거보관대 설치

화합마당, 수공간

- 진입공간에 경관수 식재 및 수공간 구성
- 화합마당에서 담소를 나누다

잔디언덕, 이벤트마당

- 잔디언덕을 거닐다 자치센터와 만나다
- 잔디언덕에 앉아 공연을 관람하다

18

11 신기술, 신공법

11.1 RIB-LATH FORM 공법

구분	내용	사진
공법개요	• 망상형의 아연도금철망라스에 리브를 설치한 비탈형 철망거푸집	
적용부위	• 지연조인트 설치 부위 • 보,벽체,슬래브 이어치기 부위 • 거푸집 형상이 복잡한 부위	
기대효과	• 공기 대폭 단축 - 부재의 경량화로 취급이 용이 - 작업성 향상 및 간단한 해체 • 원가절감 - 거푸집해체비, 폐자재비용 절감 • 가공성 용이 - 원형, 자주 꺾이는 직각부분 • 설치공간 최소화 - 현장의 재료적치공간의 최소화 • 콘크리트 품질 향상 - 거푸집 설치 후 배근검사, 청소작업 용이 - 균질한 콘크리트 강도 확보	

11.2 철근 커플러 공법

구분	내용	사진
공법개요	• 일반 배근 공정시 철근에 어떠한 변화(물리적,화학적)를 주지 않고 공장에서 생산된 그 상태로의 철근을 이음장치를 이용하여 철근끼리 맞대어 연결	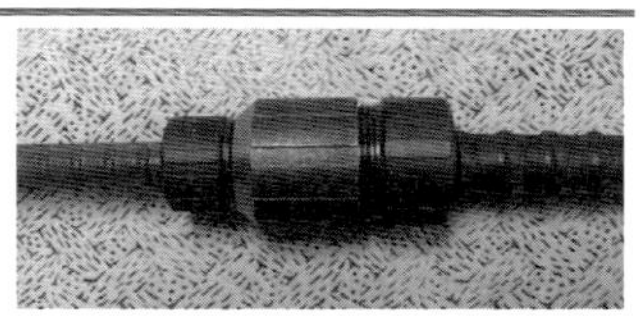
적용부위	• 기둥,보,슬라브,기초 철근 접합부 • 곡선부분 철근 접합부	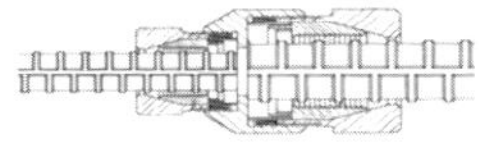
기대효과	• 이음시 특수기계 불필요 • 간결한 체결방식으로 인건비절감 • 현장 시공성 우수 • 이형 철근 및 밴드철근 시공가능 • 간단한 조임 확인 기능 확보 • 짧은 슬라브에도 사용이 가능 • 수직 및 횡 이음 가능 • 접합시 철근 신축 없음	

12 기계설비계획

12.1 냉 · 난방 열원설비 계획

1.1 냉,난방 열원설비[E.H.P]시스템에어콘

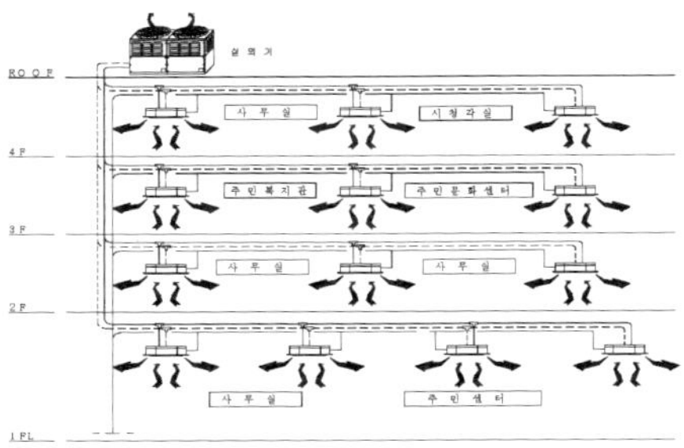

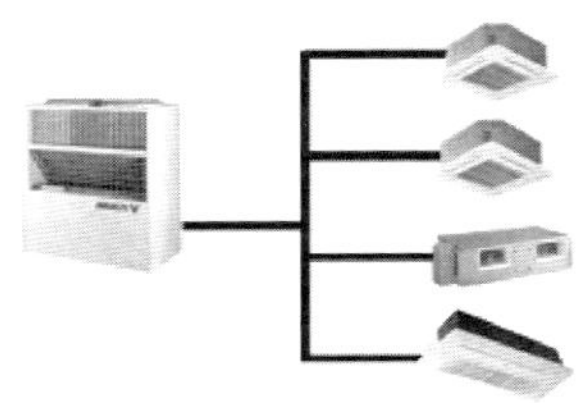

냉,난방 열원설비계획(E.H.P)	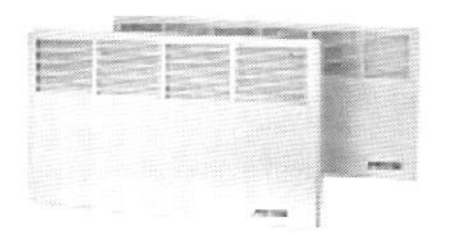
• 필요 사용시간대 및 용도에 따라 개별제어 • 운전관리요원 불필요한 시스템에어콘 적용 • 전기 열원 용도별 시스템 에어콘설치	공동화장실(전기방열기)

12.2 위생설비 계획

2.1 급수설비계획	2.2 급탕설비계획
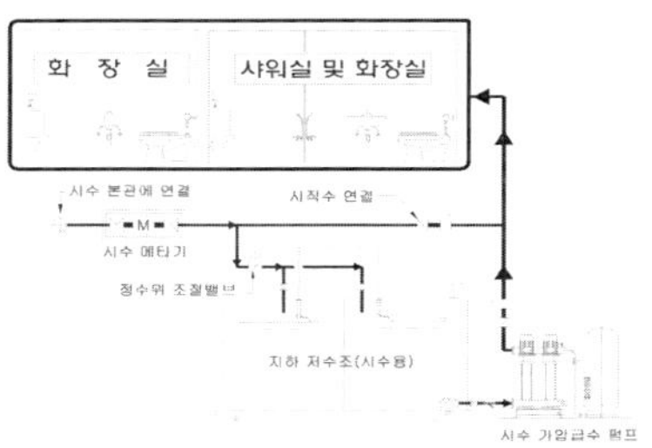	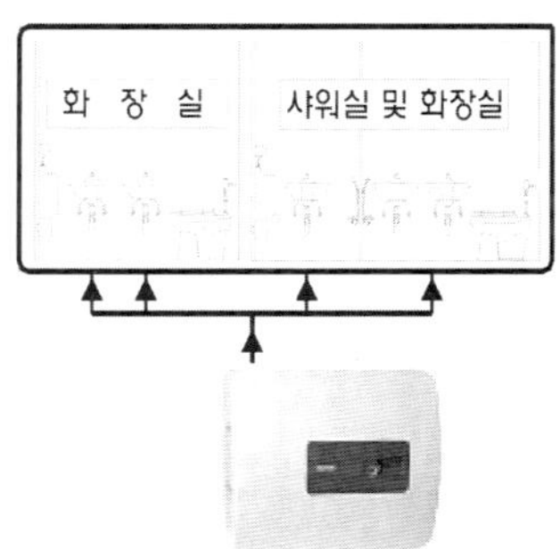
• 직수연결 겸용공급 방식 반송 동력 절감 • 급수가압펌프 인버터제어 에너지절약 • 내식성 수조 및 배관자재 적용	• 전기식 급탕가열저장식 • 저장기구에서 급탕 공급방식

12.3. 수자원 에너지 절감 계획

절수형대변기	전자식변기	절수설비수량비교
		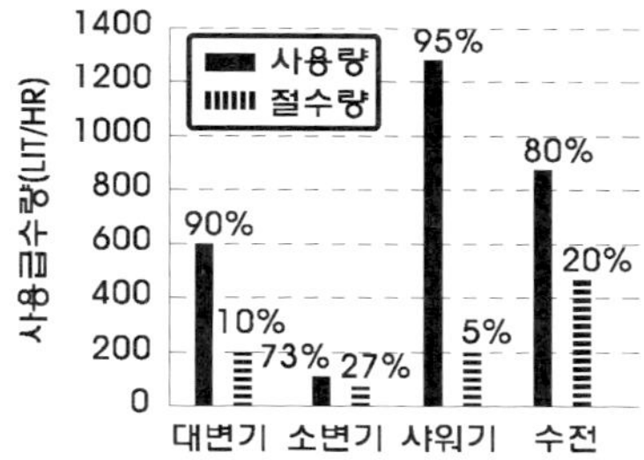
• 약50%절수절약	• 약25%절수절약	
절수형3단수전	절수형샤워기	
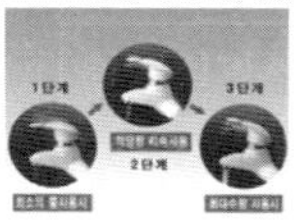		
• 약40%절수절약	• 약40%절수절약	• 절수설비적용으로 용수 사용량절감

12.4 환기설비 계획

월휀시스템	덕트시스템	환기제어시스템(전열교환기)
	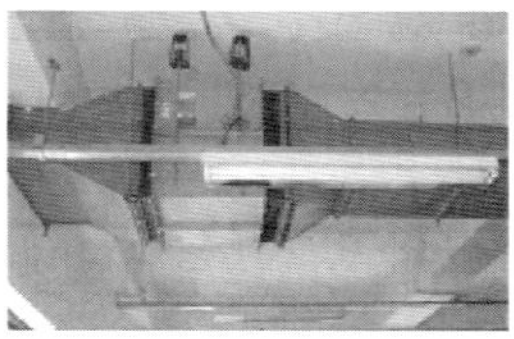	
• 휀외부댐퍼붙착형으로휀 오프시댐퍼닫힘과 외부 취기노출차단	• 기계 급,배기로 정압 콘트롤이 가장 용이함	• 폐열을 이용한 전열교환 방식 신선공기 유입하고 쾌적성 유지

12.5 소화설비 계획

자동확산소화기	ABC분말소화기	CO_2 소화기	옥내소화전	완강기

일반실적용		전기실,발전기실	전층 설치	피난층이상설치

• 기준:소방시설 설치유지 및 안전관리에 관한법률시행령 별표4

• 적용:전층에 해당 33m2이상 1단위 설치 20m마다 1개씩 설치

13 전기설비계획

13.1 계획의 방향

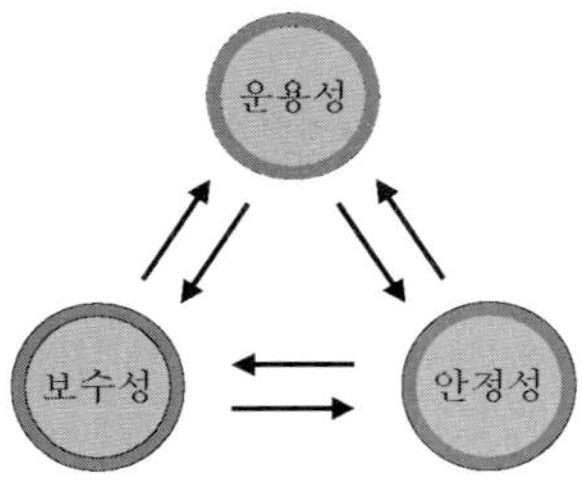

- 취급이 쉽고 안전하며 조작이 편리한 설비 채택
- 증설 및 개보수 시의 확장 및 연계성 확보
- 전원 및 화재에 대한 안정성 확보
- 화재의 조기발견 및 확대방지
- 효율적인 관리 운영
- 에너지 절약적이고 경제적인 설비 채택
- 시각적, 미적, 환경적인 측면에서 가장 쾌적하고 편안한 분위기를 연출할 수 있는 기기 및 시스템 선정

13.2 전력간선 설비 계획

구 분	주요 간선의 종류		내 용
	F-CV	F-FR-8	
구 조			• 케이블 선정시 증설을 위한 여유분 확보 • 분전반내 예비 차단기 확보 • 전압강하는 5%이하로 적용 • 순간 과도전압 및 개폐 아크 서지보호를 위한 서지보호기(SPD)설치 • 전산장비 전원용 UPS 설치 (BACK UP TIME 30분 이상)
특 징	난연성 케이블	내화성 케이블	
적용 장소	일반 전등, 동력 부하	비상 및 소방 부하	

13.3 동력 설비 계획

구 분	15kW 미만	15kW 이상	75kW 초과
기동방식	직입	Y-Δ	리액터

전자식 과전류 계전기 (4E)

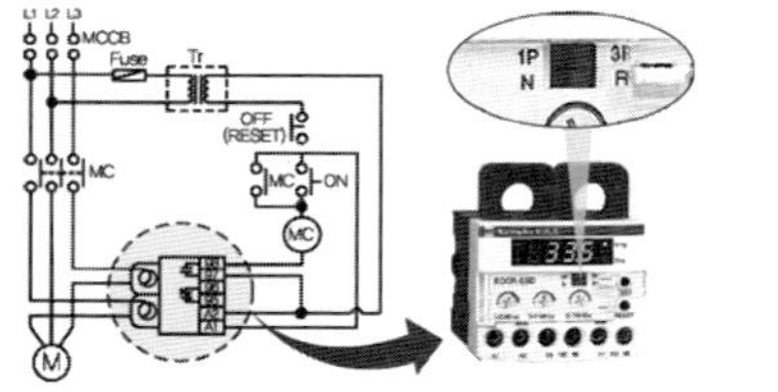

2개의 DIP SW가 있어 단상과 3상, N형과 R형을 각각 하나의 모델에서 DIP SW로 선택, 적용할 수 있어 유지보수에 경제적

과전류 보호

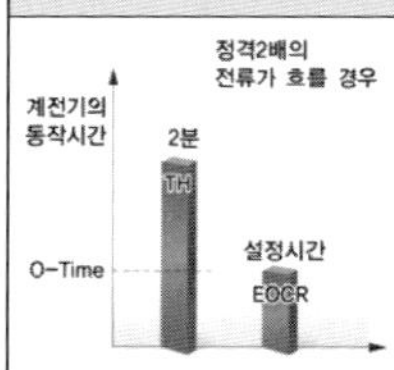

결상 보호

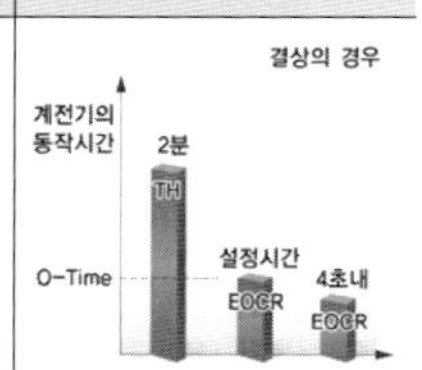

초절전형

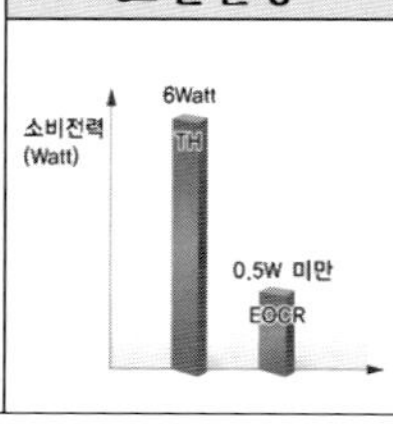

넓은 선로 범위

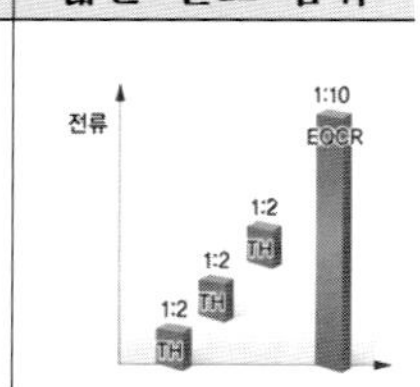

22

13.4 조명 및 전열 설비 계획

구 분	적용 램프	요구 조도	적용 조도	기구 외형
사무실	FL 2/32W 슬림형	300~600 [Lx]	400 [Lx]	
전산실	FL 2/32W 슬림형	300~600 [Lx]	400 [Lx]	
독서실	FL 2/32W 슬림형	300~600 [Lx]	200 [Lx]	
홀, 복도	EL 1/15W	150~300 [Lx]	200 [Lx]	

- KSA 3011 조도기준 적용 • 고효율 조명기기 적용
- 에너지 절감 자재 : 전구식 형광램프, 전자식 안정기 및 고조도 반사갓 적용
- 각실의 용도에 따라 벽부형 콘센트 및 시스템 박스 적용
- 화장실등 습기있는 부분은 방적형 콘센트 적용

13.5 정보통신 설비 계획

시스템 구성도	내 용
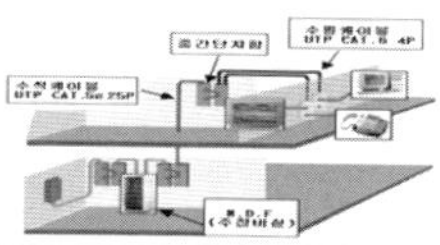	• 정보통신 설비 - 간선 케이블 : UTP CAT.5e 25P - 수평 케이블 : UTP CAT.6 4P • TV 공청 설비 : 공청 및 위성ANT 설치

13.6 방송 설비 계획

시스템 구성도	내 용
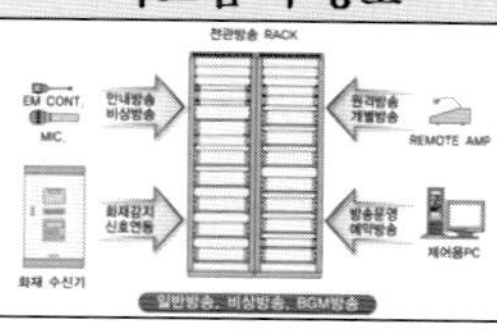	• 안내 방송, BGM 방송 및 비상 방송 구성 • 사용 지역별 별도 회로 구성 • 화재수신반과 연동하여 비상 상황에 대처

13.7 다목적 문화홀 A/V 설비 계획

시스템 구성도	내 용
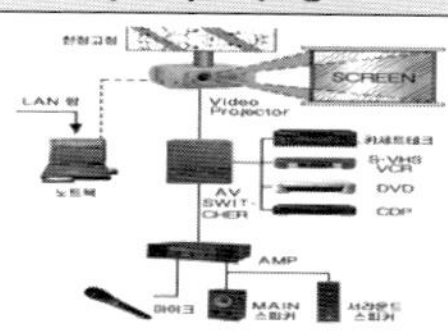	• 디지털장비 기반으로 운영의 효율성 도모 • 고른 음압 송출을 위한 스피커 적용 (미도달 부분에 보조 스피커 설치) • 고휘도의 빔프로젝터 적용

13.8 소방 설비 계획

시스템 외형도	내 용
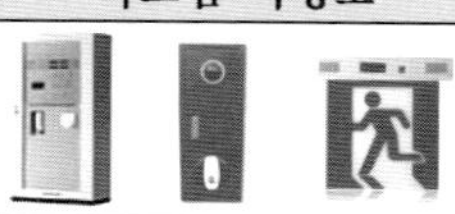	• 소방설치 유지 및 안전 관리에 관한 법률 시행령 및 화재 안전 기준에 적합한 소방 설비 적용

23

14 친환경계획

배치계획

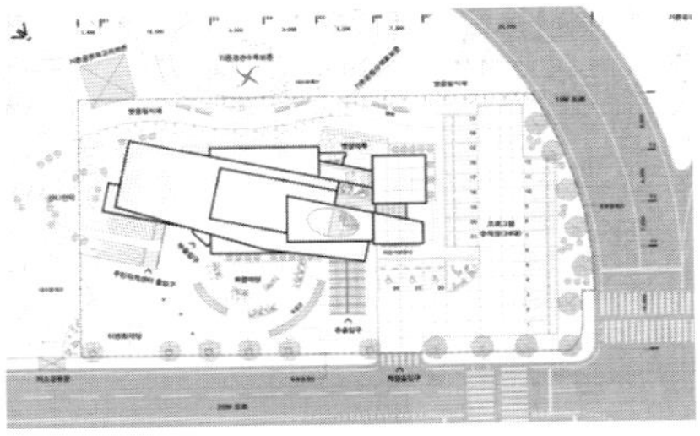

- 건물 장축의 남향배치를 통해 에너지절약 및 채광성능 향상
- 전면도로 진입부공지 확보

기존 생태 보존

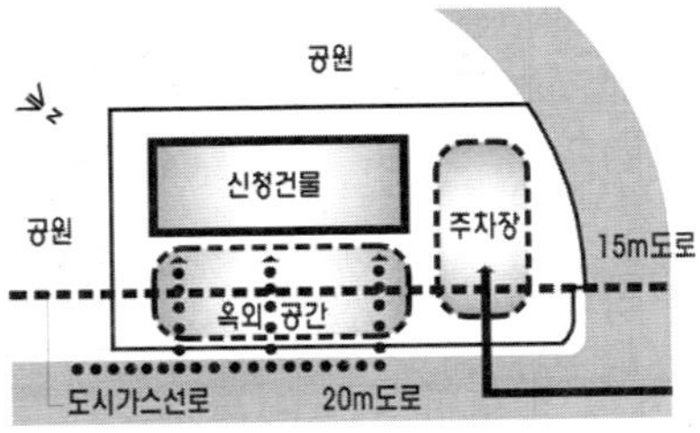

- 기존 보존수목, 산책로, 파고라등을 최대한 보존
- 기존 도시가스관로에서 이격

잔디언덕, 프로그램주차

- 잔디언덕이 건축물로 스며들다
- 주차장에 잔디블럭을 설치하여 프로그램 주차장 형성

BIPV(건물일체형 태양광집열)시스템

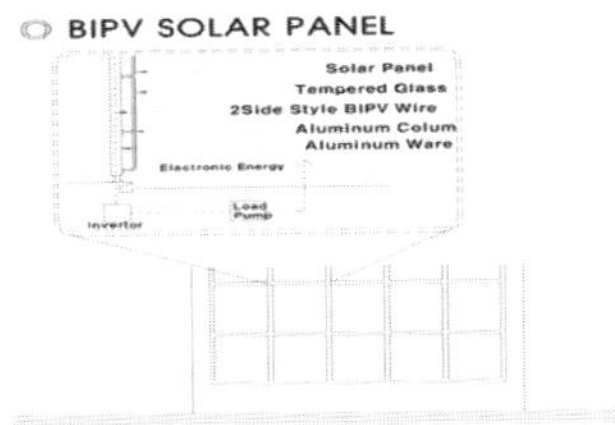

- 건물 남측면에 태양광집열판을 설치
- BIPV 시스템에 의한 건물입면 디자인요소로 활용

우수활용 계획

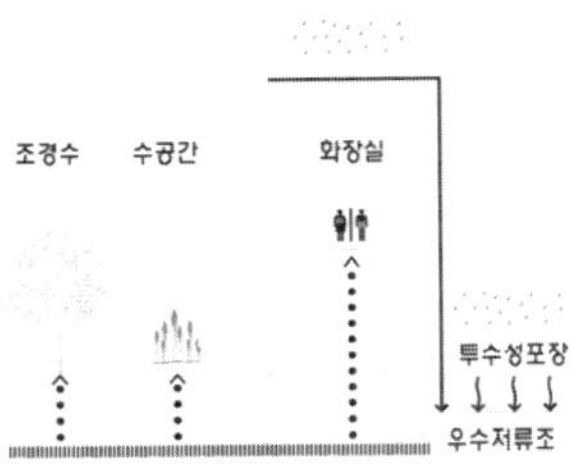

- 우수집수조를 설치하여 청소용수, 조경용수로 활용
- 투수성포장재 계획하여 자연환경 고려

3중 복층유리, 방음림 식재

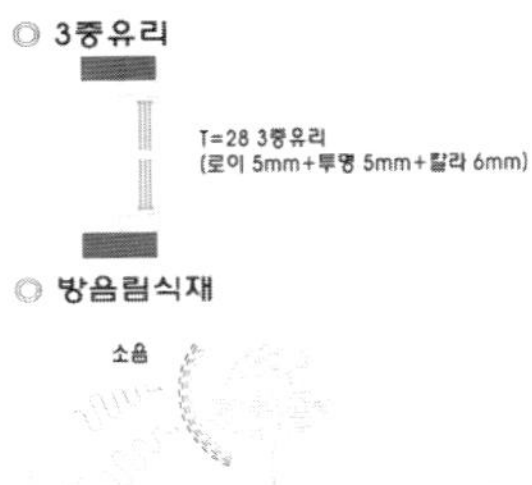

- 수인산업도로에서 발생하는 소음을 고려
- 방음림과 3중복층유리를 통한 방음처리

24

15 추정예상공사비 개략내역서

(단위 : 천원)

구분	공 종 명	재료비	노무비	경비	계	㎡당 금액	구성비
건축공사	소 계	2,374,997	804,062	34,794	3,213,853	1,507	0.791
	가설공사	48,553	231,342	5,712	285,607	134	0.070
	골조공사	1,526,324	127,747	4,977	1,659,048	778	0.408
	조적, 방수공사	384,587	332,815	22,188	739,590	347	0.182
	창호공사	271,493	20,143	292	291,928	137	0.072
	수장 공사	49,304	6,072	22	55,397	26	0.014
	마감공사	52,740	56,256	879	109,875	52	0.027
	기타잡공사	41,996	29,687	724	72,407	34	0.018
토목공사		14,332	8,896	26,193	49,421	23	0.012
조경공사		20,883	24,061	454	45,399	21	0.011
기계 설비공사		168,037	126,175	589	294,801	138	0.073
전기설비공사		97,014	107,560	6,327	210,901	99	0.052
통신공사		41,100	43,669	856	85,625	40	0.021
폐기물처리비					2,000		
합 계		2,716,364	1,114,422	69,215	3,902,000	1,830	0.960
제 경 비					162,000	76	0.040
총 공사 금액					4,064,000	1,906	1.000

25

16 기본 및 실시설계 공정표

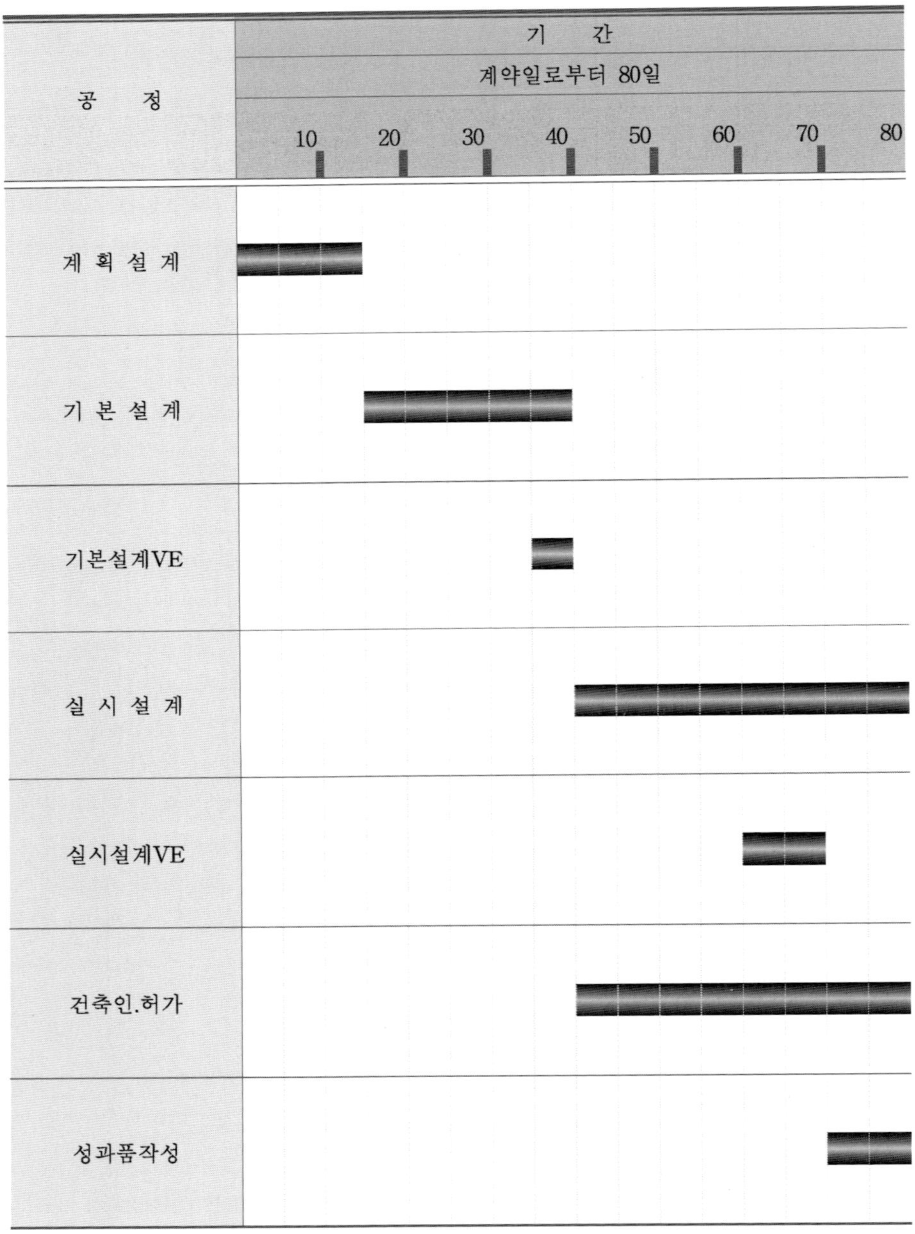

17 관계법규검토서

법 규 명 및 조 항	대 상	법 적 기 준	설계기준	비 고
시도시계획조례 제56조	건폐율	• 자연녹지지역 - 20%이하	19.88%	
시도시계획조례 제61조	용적률	• 자연녹지지역 - 80%이하	64.51%	
건축법 제51조	건축물의 높이제한	• 건축물 각 부분의 높이는 전면도로 반대쪽 경계선까지 거리의 1.5배미만	적합	
시건축조례 제54조	대지안의 공지	• 건축선으로부터 건축물까지 띄어야 하는 거리 - 1미터이상 (위에서 정하지 아니한 건축물) • 인접대지경계선으로부터 건축물까지 띄어야 하는 거리 - 0.5미터이상 (위에서 정하지 아니한 건축물)	적합	
건축법 제34조	직통계단의 설치기준	• 거실과 직통계단의 거리 - 30M 이하 (주요구조부가 내화구조 또는 불연구조일때 50미터이하)	적합	
건축법시행령 제27조	대지안의 조경	• 조경 등의 조치를 하지 아니할 수 있는 건축물 - 자연녹지지역에 건축하는 건축물	해당없슴	
건축법시행령 제56조	건축물의 내화구조	• 지상3층 이상 건축물 - 주요구조부는 내화구조로 함	적합	
시주차장조례 제15조	부설주차장 설치기준	• 시설면적 100제곱미터당 1대 • 장애인전용주차구획 - 부설주차장의 설치기준상 부설주차장 주차대수의 4퍼센트 이상	적합	
장애인 • 노인 • 임산부등의 편의증진 보장에 관한 법률 시행령	편의시설 설치기준	• 매개시설 - 주출입구접근로, 장애인전용주차구획 주출입구높이차제거 • 내부시설 - 출입구(문), 복도, 계단또는승강기 • 위생시설 - 대변기, 소변기(권장), 세면대(권장) • 안내시설 - 점자블록, 유도 및 안내설비(권장) 경보 및 피난설비(권장)	적합	

27

■ ○○대 종합연구동

대 학 교 종 합 연 구 동
열린 지식교류의 관문 이 되며, 대학교육의 특성화를 통해
세상으로 향해 열린 첨단 교육연구시설 을 목표로 한다

> CONTENTS

계 획 개 념

1. 건축개념

상 징 ○○ 학교를 대표하는 새로운 지식으로의 **세계와 미래로 열린 창**

교 류 연구분야별 활발한 교류를 바탕으로 연구기술개발의 **효율성** 극대화

미 래 미래의 환경변화에 적극 대처할 수 있는 **지속 가능한** 공간의 연속성

자 연 지형의 고저차를 적극 이용한 **친 환경 건축물** 배치로 토목공사의 최소화

New Start
New Kyonggi

"한국의 얼을 지닌 세계와 미래를 위한
창조적 인재를 양성하는 대학"

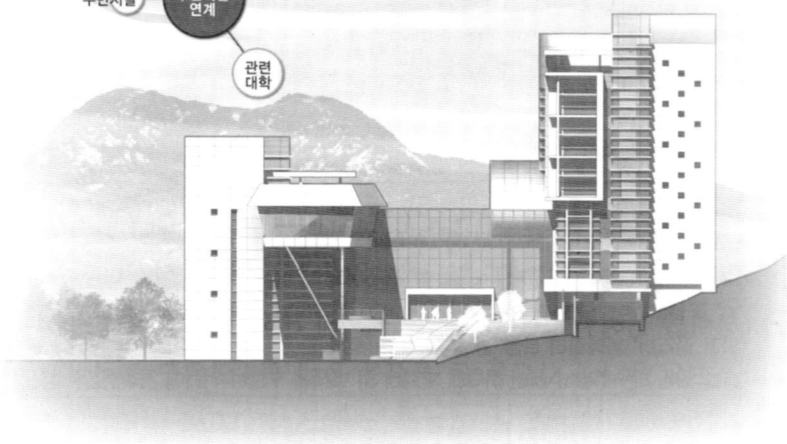

계 획 개 념

2. 계획의 주안점

▮상징성

• ○○ 학교를 대표하는 새로운 지식의 세계와 미래로 열린 창
•전통건축 창호 문양과 경기대학교의 C.I에 기초한 입면 디자인
•반도체칩의 정돈된 이미지 표현으로 첨단이미지 표현

▮연구, 교류, 휴식의 유기적인 연계

•사용자의 행위패턴이 유기적으로 연결되는 공간
•연구실 – 회의실 – 휴게공간 – 옥외 테라스를 적재적소에 배치

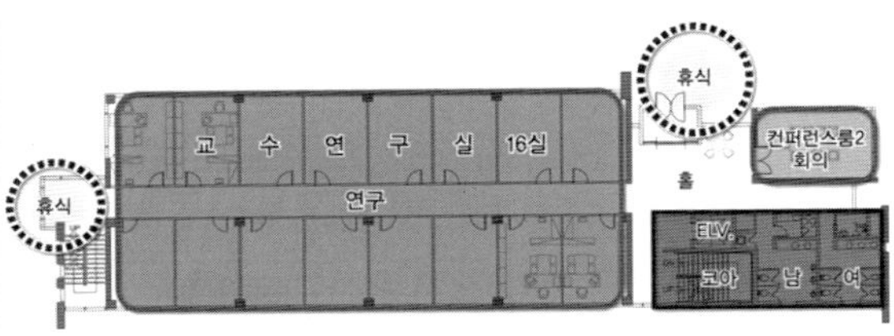

▮장래 활용성/가변성 극대화

•미래에도 지속 가능한 기능을 유지토록
•공간의 융통성과 가변성을 고려

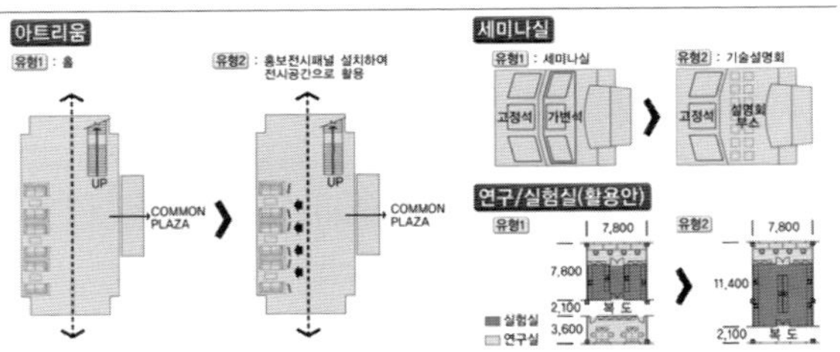

▮친 환경 건축물

•토목공사의 최소화로 기존수림보호
•매스의 분절로 고저 차에 순응하며 자연 에너지 및 열린 조망권 확보

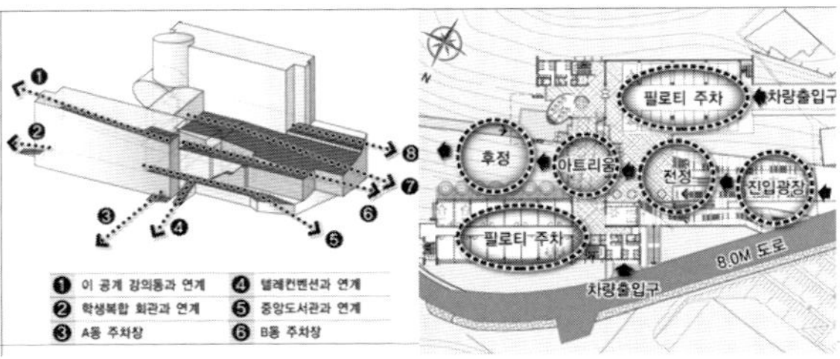

설 계 개 요

1. 건축개요

구 분		설계내역	비 고
건물개요	설 계 명	○○대학교 종합연구동 신축공사	
	대지위치	경기도 수원시 영통구 이의동 산 94-6(예지관 후면)	
	지역지구	학교시설 결정지구	
	도로현황	계획 부지 북서측 8.0M 단지내 도로	
	건축면적	1,623.62㎡	
	연 면 적	7,225.63㎡ (2,185.75 평)	
	구 조	철근 콘크리트 구조	
	규 모	지하 1층 지상 5층	
	최고높이	40.80m	
외부마감	외 벽	알미늄 복합 판넬, THK24MM LOW-E 칼라복층유리, 노출콘크리트	
	창 호	알미늄 불소수지 후레임	
	유 리	THK24MM LOW-E 칼라복층유리, 칼라강화유리	
설비개요	냉 난 방	비축열시스템, 흡수식 냉·온수기, 증기보일러	
	공조방식	로비 : CAV + 바닥급기 + 자연환기	
		VAV(내부) + FPU(외주부)	
주차개요		49대 (장애인 주차 4대포함)	
기 타		•승용승강기 2대	

설 계 개 요

2. 층별·용도별 면적개요

지침상면적 : 2,000 평 규모

지침상 계획 면적 : 2,069.58 평
아트리움 면적 : 116.17 평(제안사항)
실제 계획 면적 : 2,185.75 평

동별	층 별	용 도	면적(㎡) 단위(㎡)	(평)	비 고
A동	지상1층	교수 연구실(6.72평×16실=107.52평)	355.68	107.59	교수 연구실 : 80개실 (6.72평×80실=537.60평) 컨퍼런스실 : 3 개실 (9.80평×3실=29.40평) 화장실 : 6개실 샤워실 : 6개실
		컨퍼런스룸-1	32.40	9.80	
		공용면적	244.28	73.90	
		소 계	632.36	191.29	
	지상2층	교수 연구실(6.72평×16실=107.52평)	355.68	107.59	
		컨퍼런스룸-2	32.40	9.80	
		공용면적	244.28	73.90	
		소 계	632.36	191.29	
	지상3층	교수 연구실(6.72평×16실=107.52평)	355.68	107.59	
		교수 휴게소	32.40	9.80	
		공용면적	256.70	73.90	
		소 계	644.78	191.29	
	지상4층	교수 연구실(6.72평×16실=107.52평)	355.68	107.59	
		컨퍼런스룸-3	32.40	9.80	
		공용면적	256.70	73.90	
		소 계	644.78	191.29	
	지상5층	교수 연구실(6.72평×16실=107.52평)	355.68	107.59	
		공용면적	246.22	74.48	
		소 계	601.90	182.07	
A동합계			3,156.18	954.74	
아트리움	지하1층	기계, 전기, 발전실	172.98	52.32	세미나실 : 53.79평 미디어스페이스 : 10.71평 식 당 : 88석 아트리움 : 56평 (제안사항) 화장실 : 1실 샤워실 : 1실
		소 계	172.98	52.32	
	지상1층	아트리움	185.25	56.04	
		미디어스페이스	35.40	10.71	
		공용면적	163.36	49.42	
		소 계	384.01	116.17	
	지상3층	연결통로	79.35	24.00	
		식 당	165.02	49.92	
		세미나실	177.81	53.79	
		소 계	422.18	127.71	
아트리움 합계			979.17	296.20	
B동	지상1층	교수 연구실(6.72평×16실=107.52평)	355.68	107.59	교수 연구실 : 80개실 (6.72평×80실=537.60평) 컨퍼런스실 : 3 개실 (9.80평×3실=29.40평) 화장실 : 6개실 샤워실 : 6개실
		컨퍼런스룸 - 4	35.40	10.71	
		공용면적	240.97	72.89	
		소 계	632.05	191.19	
	지상2층	교수 연구실(6.72평×16실=107.52평)	355.68	107.59	
		공용면적	243.87	73.77	
		소 계	599.55	181.36	
	지상3층	교수 연구실(6.72평×16실=107.52평)	355.68	107.59	
		공용면적	238.90	72.27	
		소 계	594.58	179.86	
	지상4층	교수 연구실(6.72평×16실=107.52평)	355.68	107.59	
		컨퍼런스룸 - 5	35.40	10.71	
		공용면적	240.97	72.89	
		소 계	632.05	191.19	
	지상5층	교수 연구실(6.72평×16실=107.52평)	355.68	107.59	
		컨퍼런스룸 - 6	35.40	10.71	
		공용면적	240.97	72.89	
		소 계	632.05	191.19	
B동합계			3,090.28	934.80	
합 계			7,225.63	2,185.75	

계획요소의 조사분석

1. 대지 현황 분석

▌대지 광역 분석

• 경기도 수원의 북단에 위치
  영동고속도로 동수원 IC에 인접
  경기도청 및 수원시청으로부터 4.3㎞ 내에 위치

▌캠퍼스 마스터플랜 분석

• 계획부지는 캠퍼스 중심축에 위치
  각 조닝별 중심 거점 역할을 수행

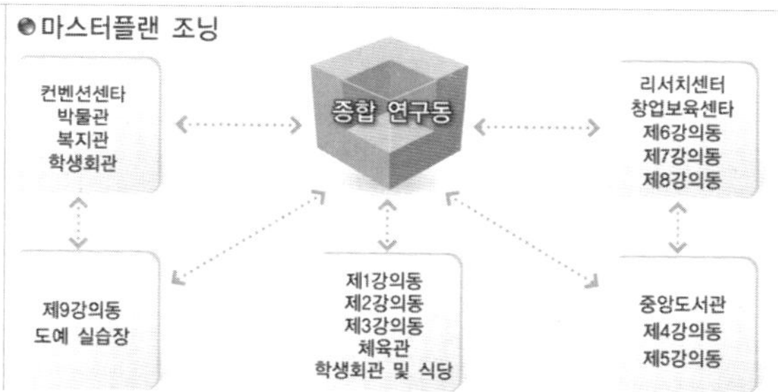

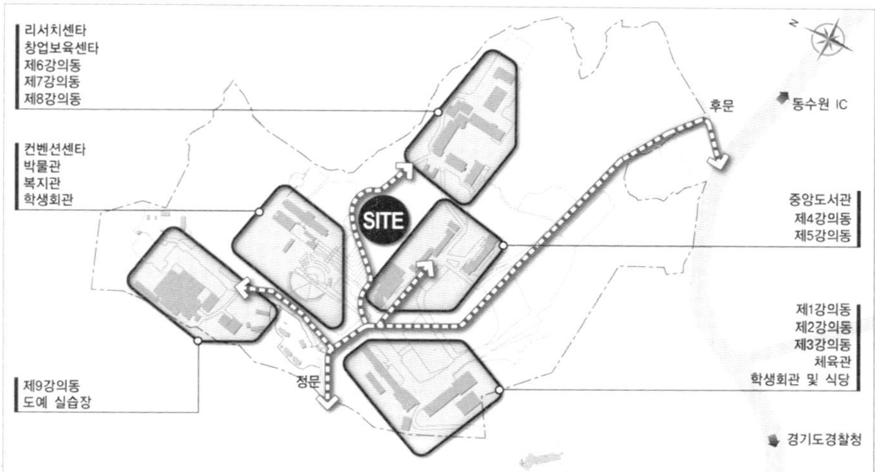

건 축 계 획

1. 배치계획

- 캠퍼스 마스터플랜 존중 기존의 질서와 조화
- 주변시설과 적극적으로 연계된 외부공간 형성
- 첨단 이미지에 부합하는 상징적 장소로 계획

배치대안분석

○:우수 △:보통 ×:불량

구 분	대안1	대안2	대안3(채택안)
형 태	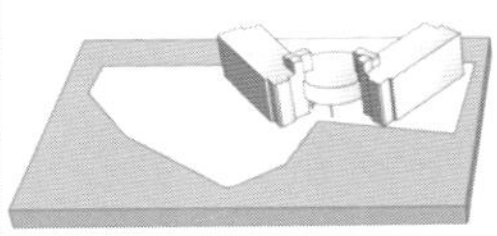	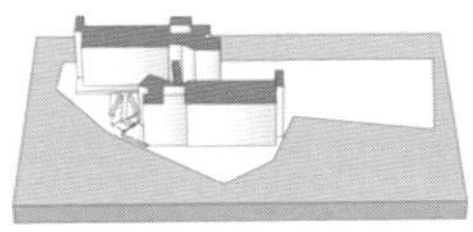	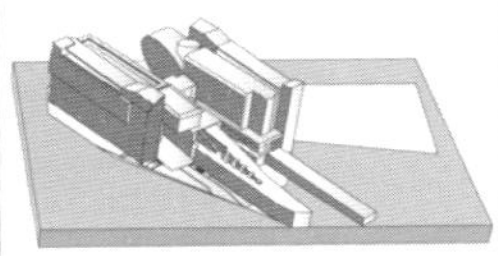
배 치	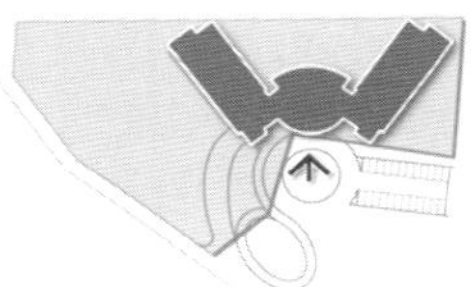	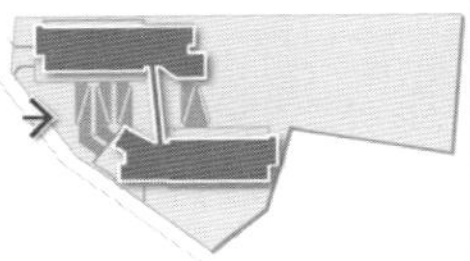	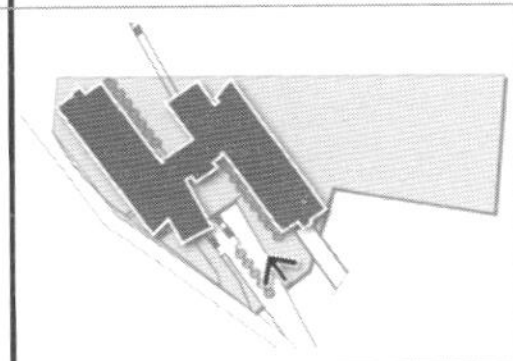
토 목 공 사 량	○	×	○
정면성과 상 징 성	○	○	○
외부공간의 다 양 성	△	○	○
주변과의 조 화	△	○	○
유지관리의 효 율 성	○	○	○
요 약	•대지의 정상부에 위치하며 중앙에 지원 시설 배치로 비교적 양호하나 접근성이 불리함	•정면성 및 접근성이 양호하나 토목공사량이 많음	•접근성, 정면성이 양호하고 토목공사량 최소화로 경제성과 친환경 건축물 가능

건 축 계 획

▮토지이용계획

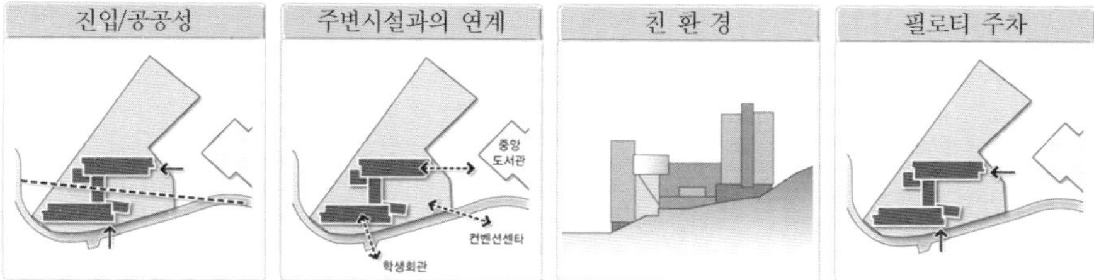

▮배치도

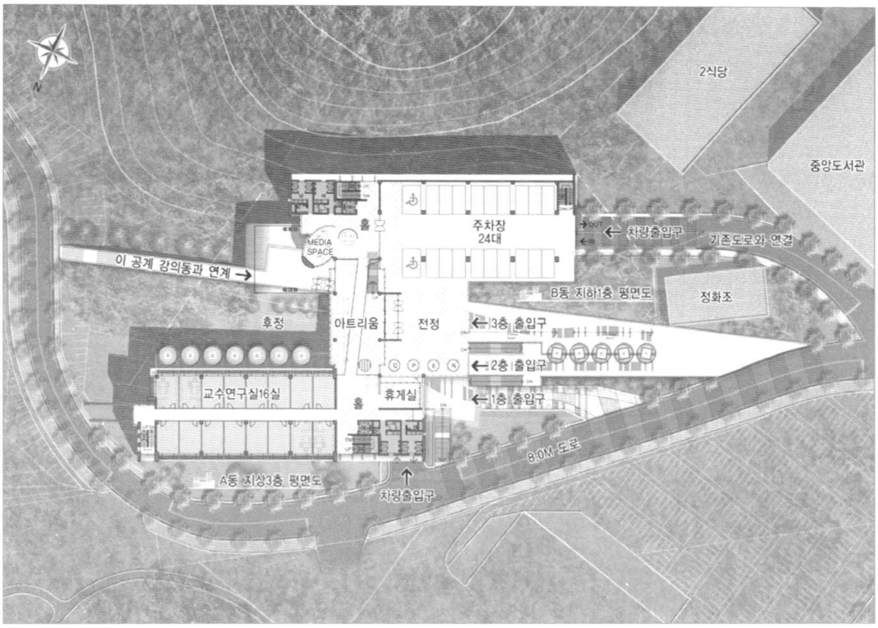

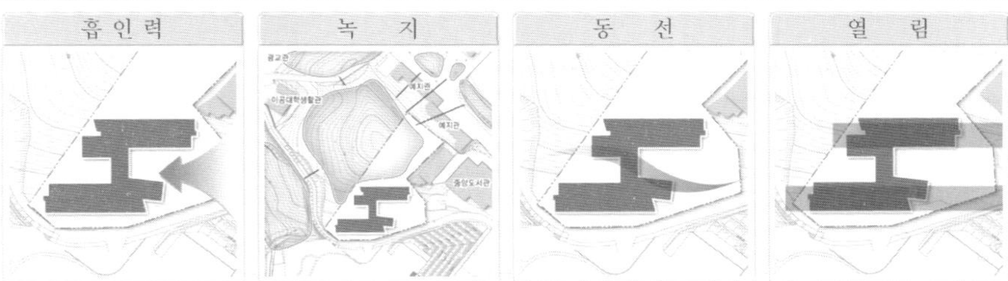

건 축 계 획

▮외부 공간 계획

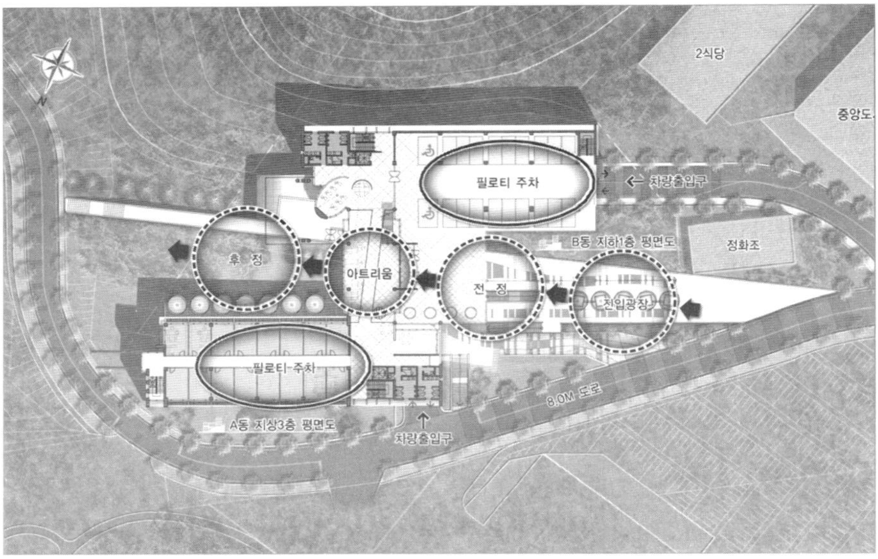

▮외부 동선 계획

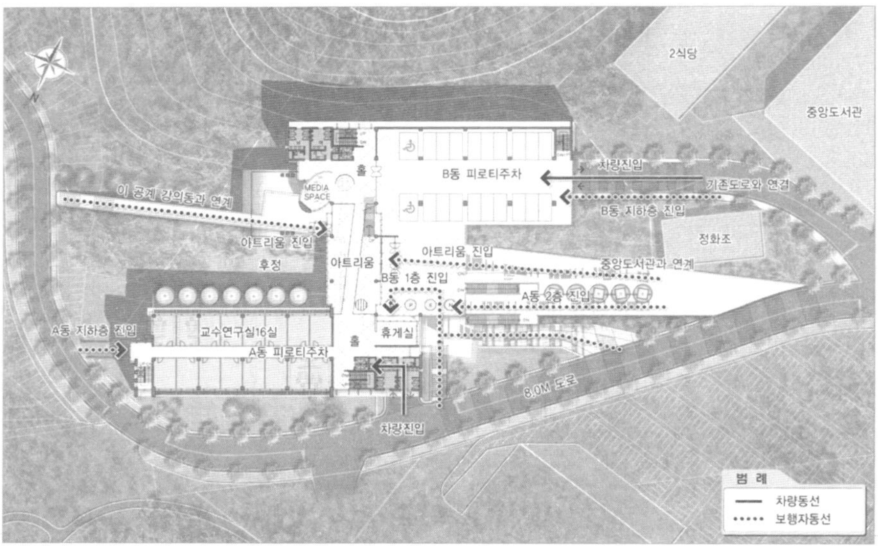

건 축 계 획

2. 평면계획

•합리적 기능연계(사용자 요구분석에 따른 최적화 계획) 교수 연구실, 컨퍼런스룸, 세미나실, 식당
•장래활용성/가변성 극대화
 – 미래에도 지속 가능한 기능을 유지토록 공간의 융통성과 가변성을 고려
•연구 – 교류 – 휴식의 유기적인 연계
 – 사용자의 행위패턴이 유기적으로 연결되는 공간
 – 옥외 테라스를 적재적소에 배치

LEVEL + 103.3 평면도(A동 지하1층)

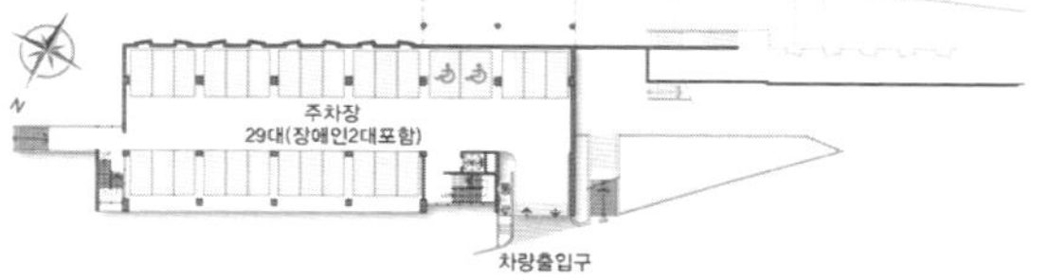

•주차장을 필로티로 계획
 자연채광 환기로 에너지 절감

•전면도로에서 직접 진입

LEVEL + 107.2 평면도 (A동 지상1층)

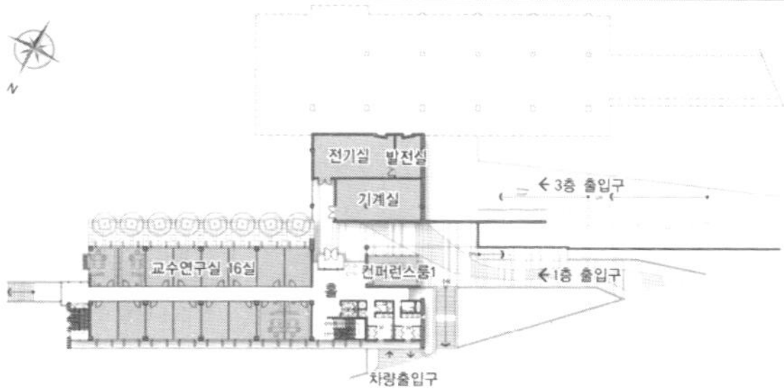

•북서측 연구실은 열린 시야를
 남동쪽 연구실은 자연수림으로의
 조망

•전면도로 경사를 이용 단차 없이
 진입

LEVEL + 111.1 평면도 (A동 지상2층)

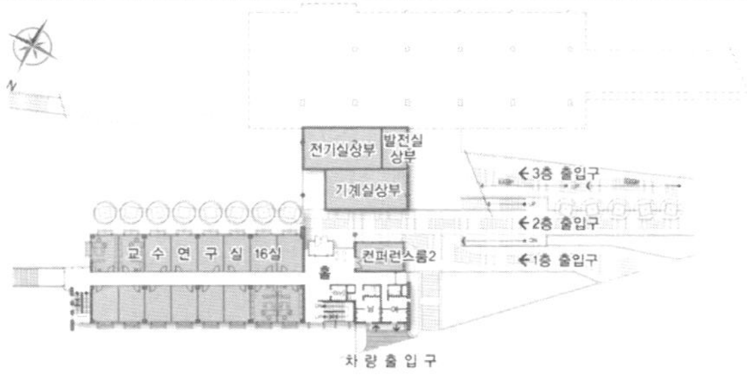

•북서측 연구실은 열린 시야를
 남동쪽연구실은 자연수림으로의
 조망

•진입 광장의 입체적인 녹지축을
 통한 진입

건 축 계 획

LEVEL + 115.0 평면도 (A동 지상3층), (B동 지하1층)

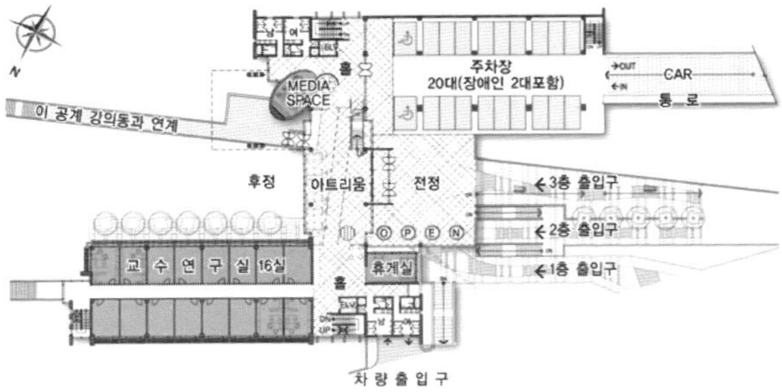

- 주 진입층으로 진입광장 → 전정 → 아트리움 → 후정으로 이어진 그린 네트워크 형성
- 분명한 영역 구분과 합리적인 용도 죠닝으로 각 실의 프라이버시 확보

LEVEL + 118.9 평면도 (A동 지상4층), (B동 지상1층)

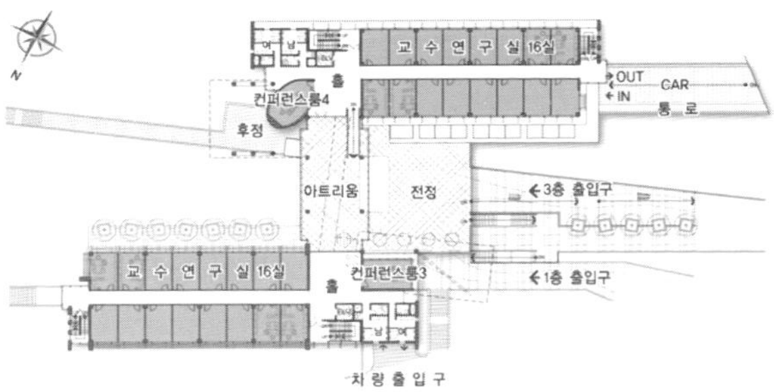

- 사용자의 행위 패턴이 유기적으로 연결될 수 있는 공간계획
- 회의실, 휴게공간, 옥외테라스를 분산 배치하여 연구 - 교류 - 휴식이 유기적으로 연결

LEVEL + 122.8 평면도 (A동 지상5층), (B동 지상2층)

- 사용자 요구 분석에 따라 세미나실과 식당을 A동 5층에 배치
- 아트리움의 정상부에 위치하는 세미나실과 식당을 연결 브릿지를 통하여 최적의 접근성과 양호한 경관 연출

건 축 계 획

LEVEL + 126.7 평면도 (A동 옥탑층), (B동 지상3층)

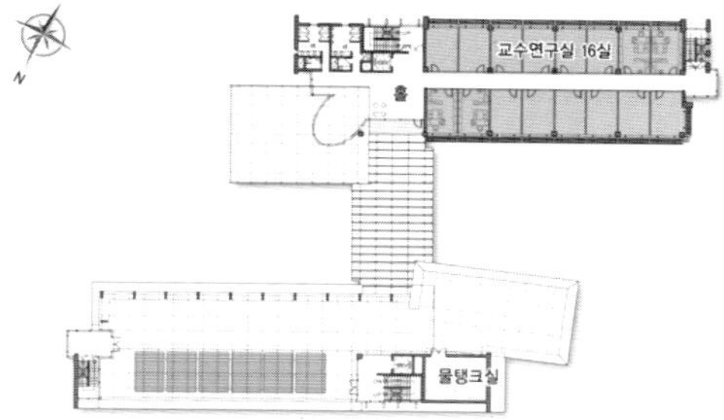

LEVEL + 130.6 평면도 (A동 옥탑지붕층), (B동 지상4층)

- 사용자의 행위 패턴이 유기적으로 연결될 수 있는 공간계획

- 회의실, 휴게공간, 옥외테라스를 분산 배치하여 연구 – 교류 – 휴식이 유기적으로 연결

LEVEL + 134.5 평면도 (B동 지상5층)

건 축 계 획

3. 입면계획

▮상징성

- 대학교를 대표하는 새로운 지식의 세계와 미래가 열리는 창의 이미지 표현
- 전통건축 창호 문양과 경기대학교의 C.I.에 기초한 입면 디자인
- 반도체칩의 정돈된 이미지 표현으로 첨단이미지 구현

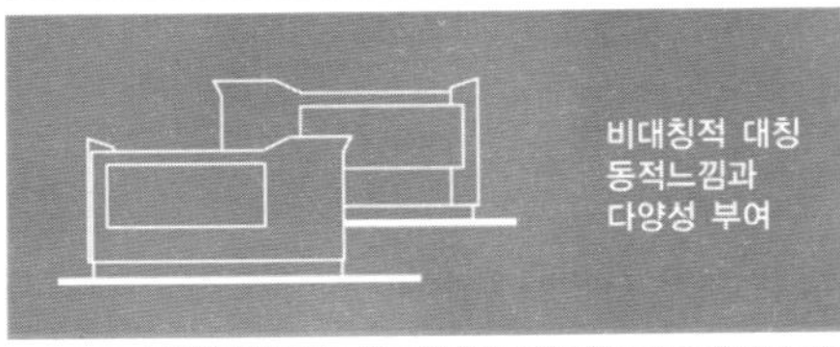

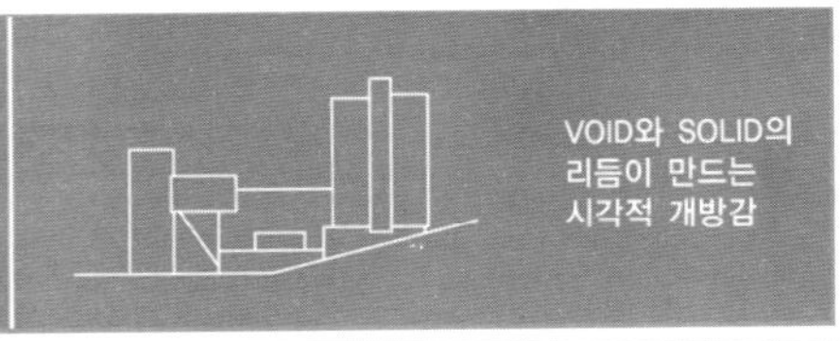

▮주변지형과 어울어진 스카이라인 형성

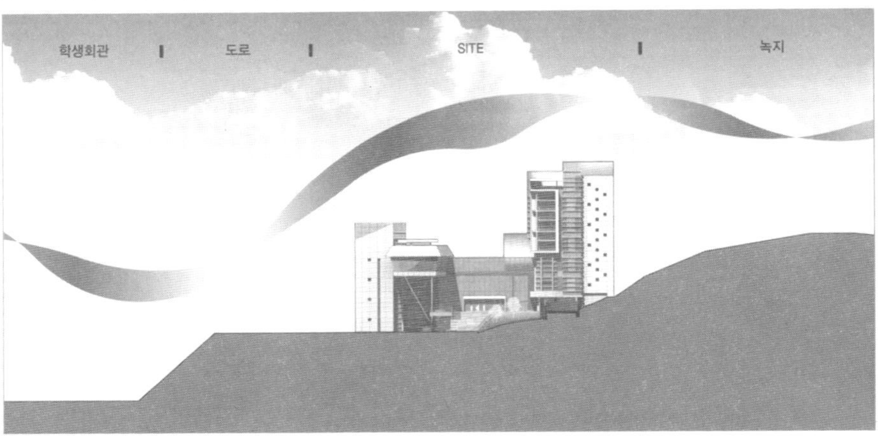

건 축 계 획

4. 단면계획

- 경사진 지형에 순응하는 단면계획으로 토목공사의 최소화
- 공간의 변화를 통한 체험의 다양성을 부여
- 유지관리의 효율성 및 주변지형을 고려한 적정 층고계획
- 절토량과 성토량의 합리적 계획

▮종 단면

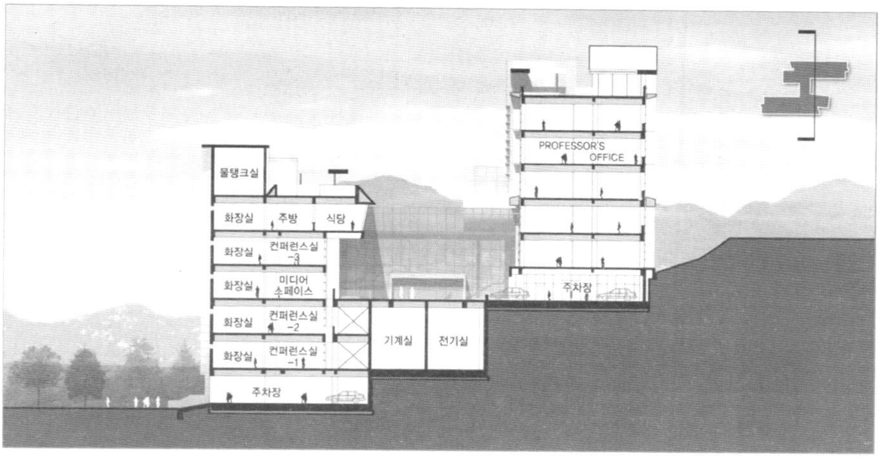

▮횡 단면

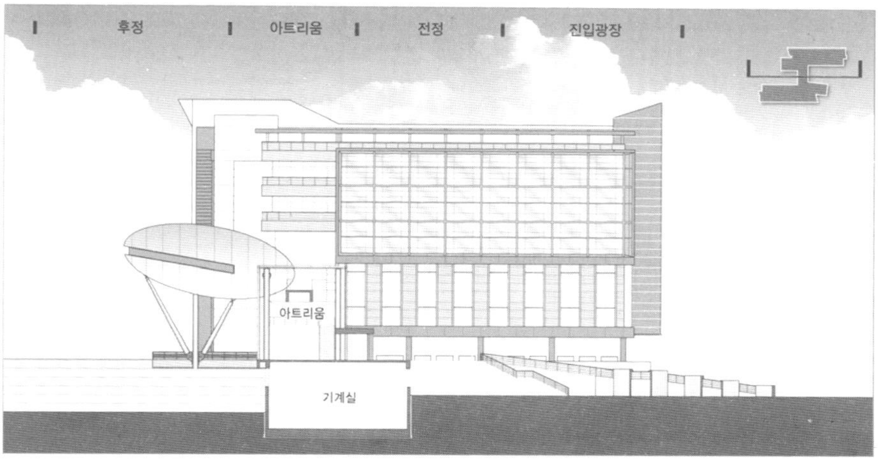

■ 도촌동 성당 당선작(설계사례)

천주교 수원교구 도촌동성당 신축공사
(교구심의 도면)

2009.03

천주교 수원교구 도촌동성당 신축공사 현상설계

설계 개요 | 현황 분석 | 도 면

01. 설계개요 및 층별 면적표

설계개요

구 분	내 용	비 고
사 업 명	천주교 수원교구 도촌동성당 신축공사	
대지위치	경기도 성남시 중원구 도촌동 649번지	
지역지구	성남 도촌지구 택지개발지구	
용 도	종교시설(성당)	
대지면적	1,185.00 m^2 (358.50평)	
건축면적	624.36 m^2 (188.87평)	
연 면 적	763.76 m^2 (231.04평)	
지상층연면적	763.76 m^2 (231.04평)	
건 폐 율	52.69 %	60 % 이하 (법정)
용 적 률	64.45 %	210 % 이하 (법정)
건축규모	지상 2층	최고층수 4층이하 (법정)
건물높이	14 m	
구 조	철근콘크리트 , 일부 철골조	
외부마감	지정색 치장벽돌, 노출콘크리트	
주차계획	지상 16 대 (장애인주차 2대 포함)	(763.76 m^2 / 100) X 2 = 15대 (법정)
조경면적	91.46 m^2 (8.14 %)	대지면적:5%이상 1,185 m^2 X 5% = 59.25 m^2 이상 (법정)

층별면적개요표

구 분			용 도	면적 m^2	면적 평	비 고
지상층	1층	사무공간	사 무 실	44.40	13.43	성물판매소포함
			사목회의실/신부님집무실	20.80	6.29	
			소 계	65.20	19.72	
		교육공간	교 리 실	90.24	27.30	4개실
		공용공간	화장실, 복도, 계단실	80.22	24.27	
		합 계		235.66	71.29	
	2층	사 제 관	신부님 침실	24.78	7.50	화장실포함
			손님신부 침실	17.87	5.40	화장실포함
			다 용 도 실	13.63	4.12	세탁실포함
			공 용 부 분	52.60	15.91	거실, 주방포함
			소 계	108.88	32.94	
		친교공간	다목적 강당	72.45	21.92	준비실,창고 포함
			주 방	13.02	3.94	
			공 용 부 분	20.15	6.10	
			소 계	105.62	31.95	
		전례공간 (본 당)	회 중 석 (성전)	220.76	66.78	250석
			제 의 실	13.95	4.22	
			고 해 소	5.05	1.53	신부님실포함 3실
			방 송 실	4.00	1.21	
			유 아 실	15.30	4.63	화장실포함
			준 비 실	6.54	1.98	
			홀	48.00	14.52	
			소 계	313.60	94.86	
		합 계		528.10	159.75	
총 계				763.76	231.04	

DIOCESE OF SUWON DOCHON-DONG CATHOLIC CHURCH

02

천주교 수원교구 도촌동성당 신축공사 현상설계

설계 개요 | 현황 분석 | 도 면

01. 인문 현황 분석

부지 위치
- 경기도 성남시 중원구 도촌동 649번지

입지 분석
- 본 부지는 도촌동 택지개발지역의 동측 . 끝부분에 위치하였으며, 관할지역의 범위는 서측편으로1.2KM까지 넓게 분포하여 있다.

주변 현황 분석
- 본 부지는 동측은 근경에 아파트 단지로 아파트 주차장과 접하며, 북측으로는 1층 상가가 자리잡고 있다.
- 서측으로는 15M도로 편으로 고등학교가 있으며 남측으로는 4M보행자 전용도로가 있다.

지구단위계획
- 본 부지의 서측으로 주도로인 15M도로와 남측으로 경사진 4M 보행자전용도로가 위치하며 15M 도로변에는 차량출입 불허 구간이 있으므며, 최고층수는 4층이하이다.

지구단위계획

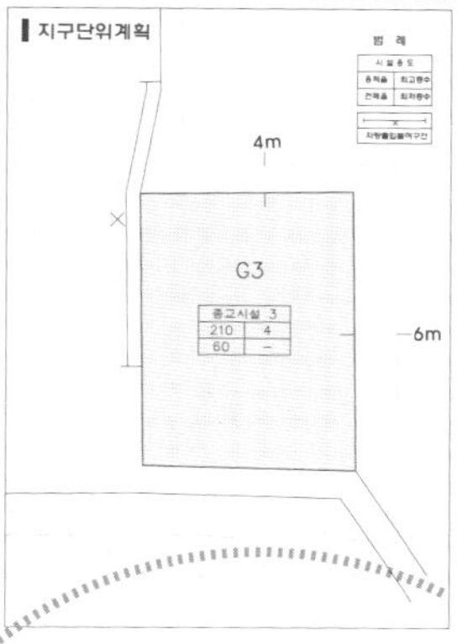

축분석

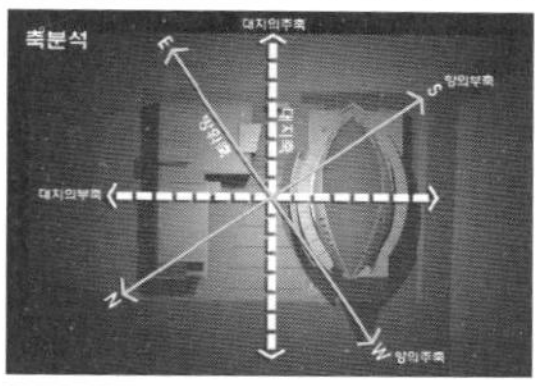

조망 및 시계분석

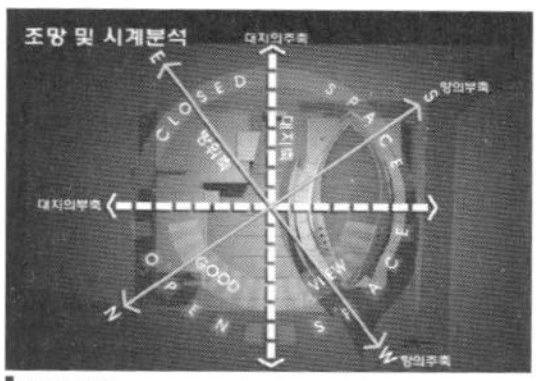

02. 자연 현황 분석

지형 분석
- 본 부지는 남북으로 약간 길며 정사각형의 정형화된 형태로 되어있다.
- 본 부지는 약간의 남고,북저의 지형으로 0.4M 정도 도로 레벨차와 대지와 도로와의 레벨차도 평균 0.5M정도임.

소음 분석
- 서측의 15M도로에서 발생하는 차량소음 많이 발생
- 북측 및 동측의 상가 및 주차장의 차량소음 다소 발생

조망권 분석
- 서측은 도로와 고등학교가 있어 개방감이 양호하다.
- 북측,동측은 인접하여 상가와 근거리에 아파트가 있어 전망이 제한되어 있다.
- 남측은 경진 도로가 있어 건물군은 없으나 경사지로 인한 조망권이 양호하지 않다.

위 치 도

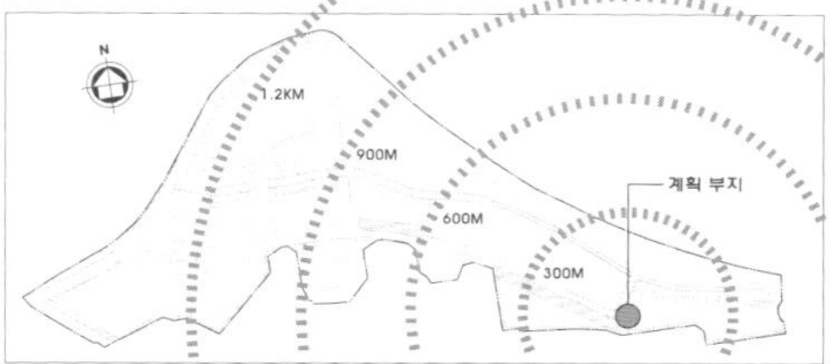

현장사진

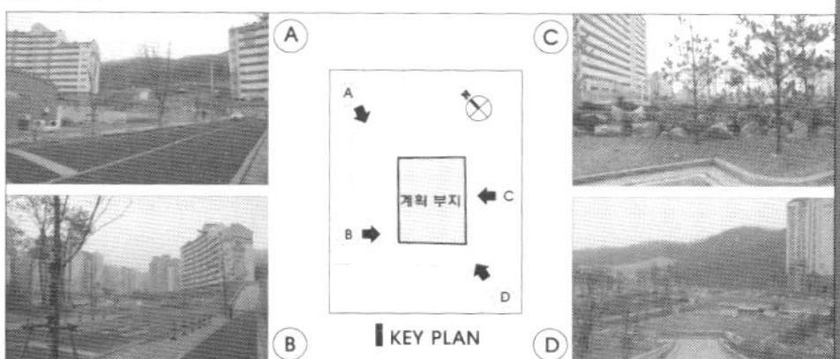

KEY PLAN

DIOCESE OF SUWON DOCHON-DONG CATHOLIC CHURCH

03

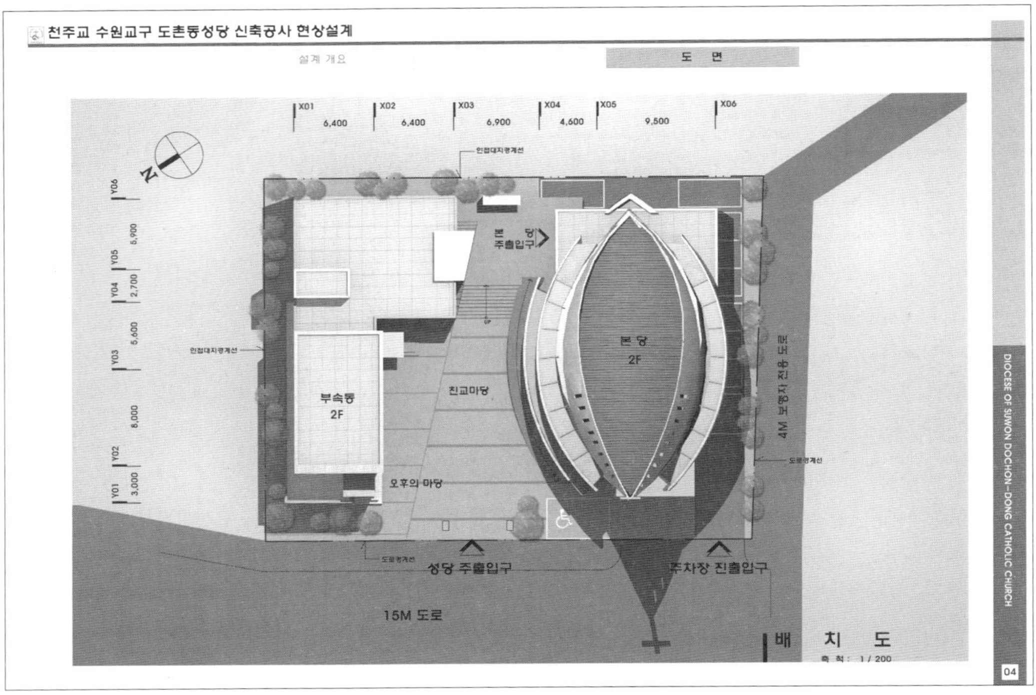
천주교 수원교구 도촌동성당 신축공사 현상설계
설계 개요
도 면
X01 6,400 X02 6,400 X03 6,900 X04 4,600 X05 9,500 X06
Y06 5,900 Y05 2,700 Y04 5,600 Y03 8,000 Y02 3,000 Y01
본 당 주출입구
본 당 2F
부속동 2F
친교마당
오후의 마당
성당 주출입구
주차장 진출입구
15M 도로
4M 보행자 전용 도로
DIOCESE OF SUWON DOCHON-DONG CATHOLIC CHURCH
배 치 도
축 척 : 1 / 200
04

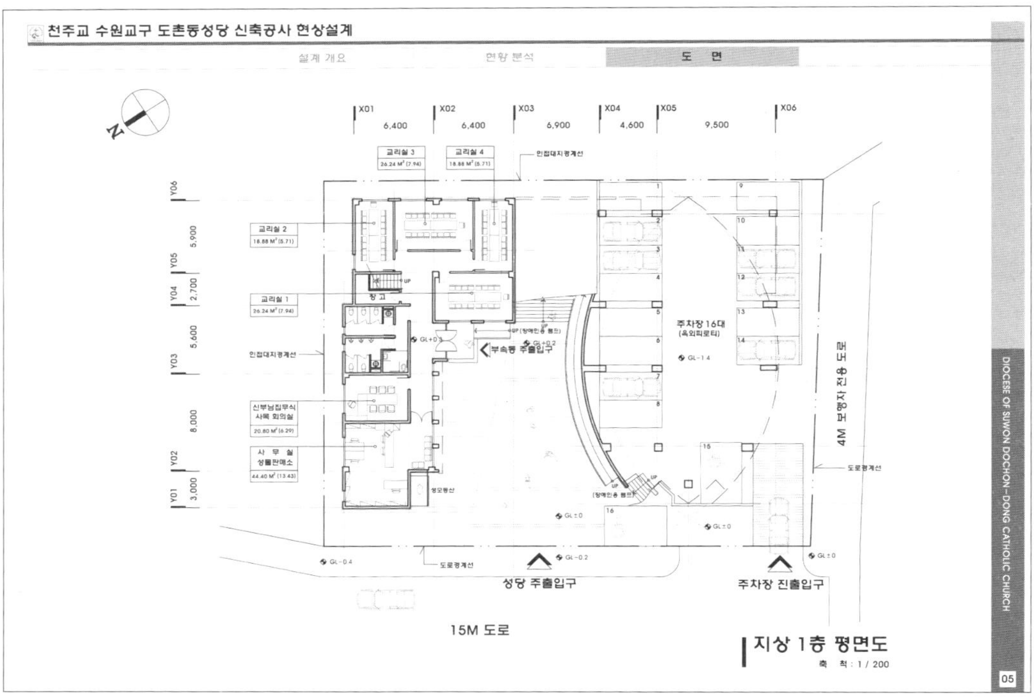
천주교 수원교구 도촌동성당 신축공사 현상설계
설계 개요
현황 분석
도 면
X01 6,400 X02 6,400 X03 6,900 X04 4,600 X05 9,500 X06
Y06 5,900 Y05 2,700 Y04 5,600 Y03 8,000 Y02 3,000 Y01
교리실 3
교리실 4
교리실 2
교리실 1
신부님집무식 사목 회의실
사 무 실 성물판매소
부속동 주출입구
주차장 16대 (옥외피로티)
성당 주출입구
주차장 진출입구
15M 도로
4M 보행자 전용 도로
DIOCESE OF SUWON DOCHON-DONG CATHOLIC CHURCH
지상 1층 평면도
축 척 : 1 / 200
05

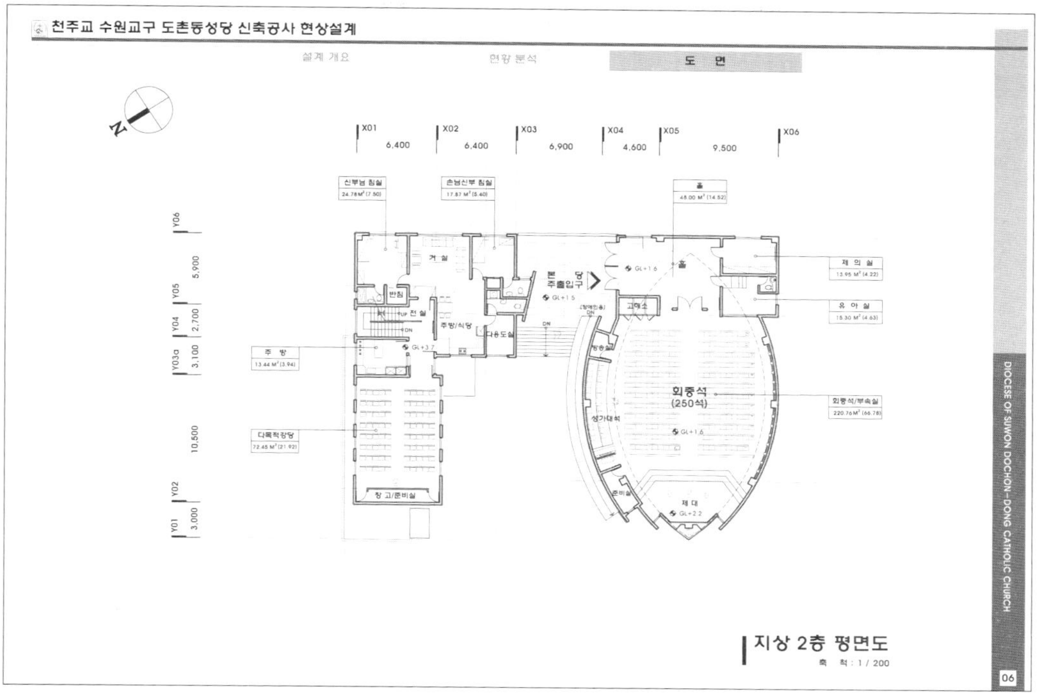
천주교 수원교구 도촌동성당 신축공사 현상설계
설계 개요
현황 분석
도 면
회중석
(250석)
DIOCESE OF SUWON DOCHON-DONG CATHOLIC CHURCH
지상 2층 평면도
축 척 : 1 / 200
06

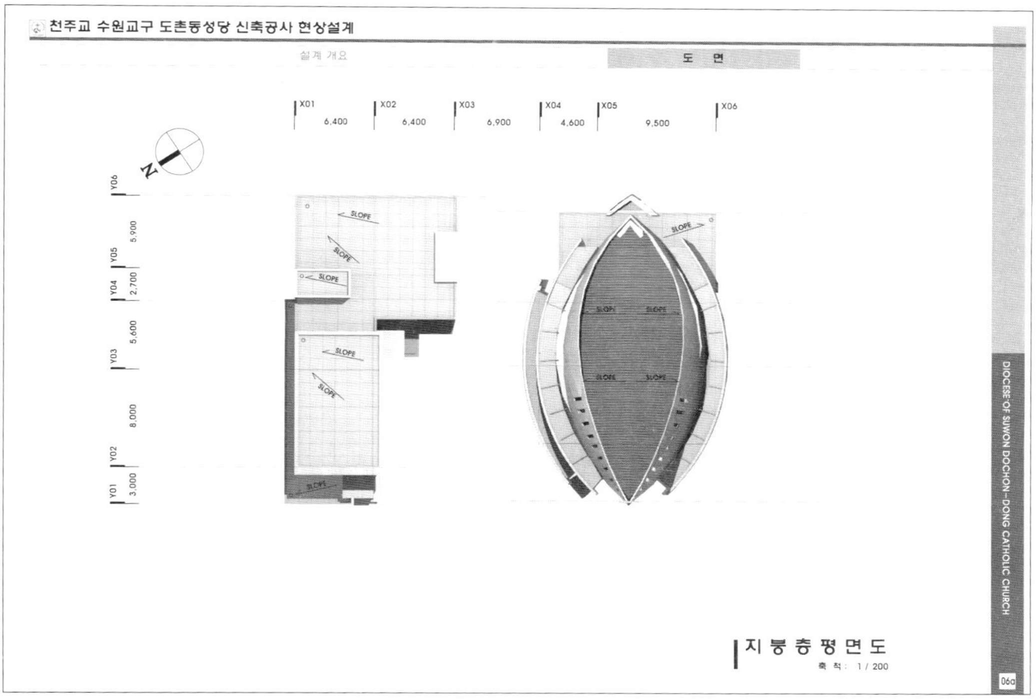
천주교 수원교구 도촌동성당 신축공사 현상설계
설계 개요
도 면
DIOCESE OF SUWON DOCHON-DONG CATHOLIC CHURCH
지 붕 층 평 면 도
축 척 : 1 / 200
06a

천주교 수원교구 도촌동성당 신축공사 현상설계
설계 개요
현황 분석
도 면
X01
X02
X03
X04
X05
X06
6,400
6,400
6,900
4,600
9,500
치장벽돌쌓기
THK24 복층유리
치장벽돌쌓기
노출콘크리트
지붕층
2 층
1 층
DIOCESE OF SUWON DOCHON-DONG CATHOLIC CHURCH
정 면 도
축 척 : 1 / 200

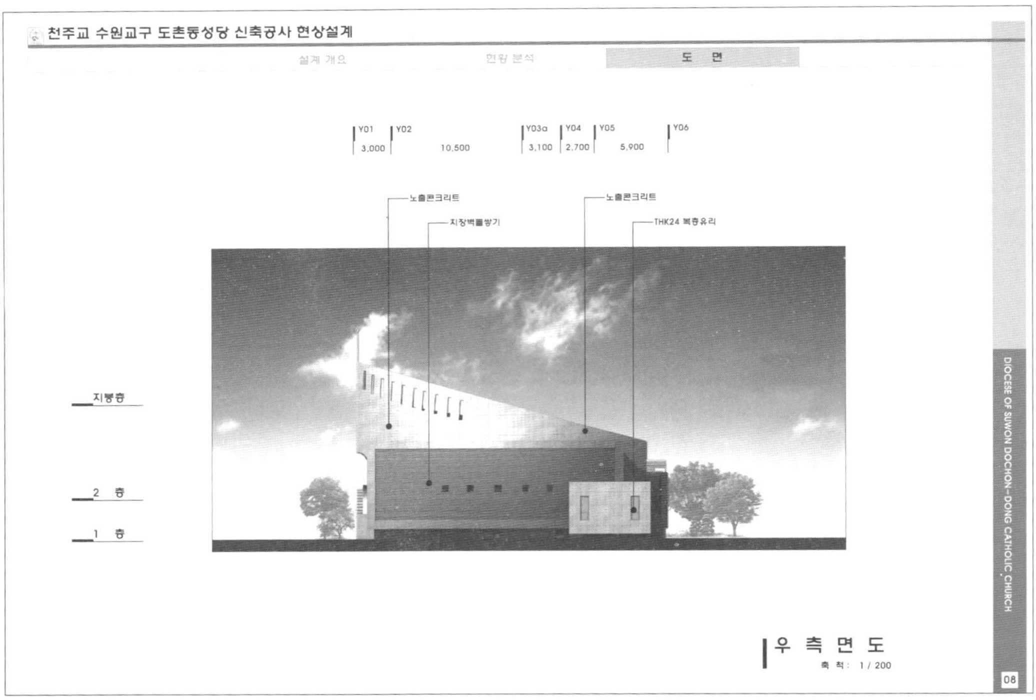
천주교 수원교구 도촌동성당 신축공사 현상설계
설계 개요
현황 분석
도 면
Y01
Y02
Y03a
Y04
Y05
Y06
3,000
10,500
3,100
2,700
5,900
노출콘크리트
치장벽돌쌓기
노출콘크리트
THK24 복층유리
지붕층
2 층
1 층
DIOCESE OF SUWON DOCHON-DONG CATHOLIC CHURCH
우 측 면 도
축 척 : 1 / 200
08

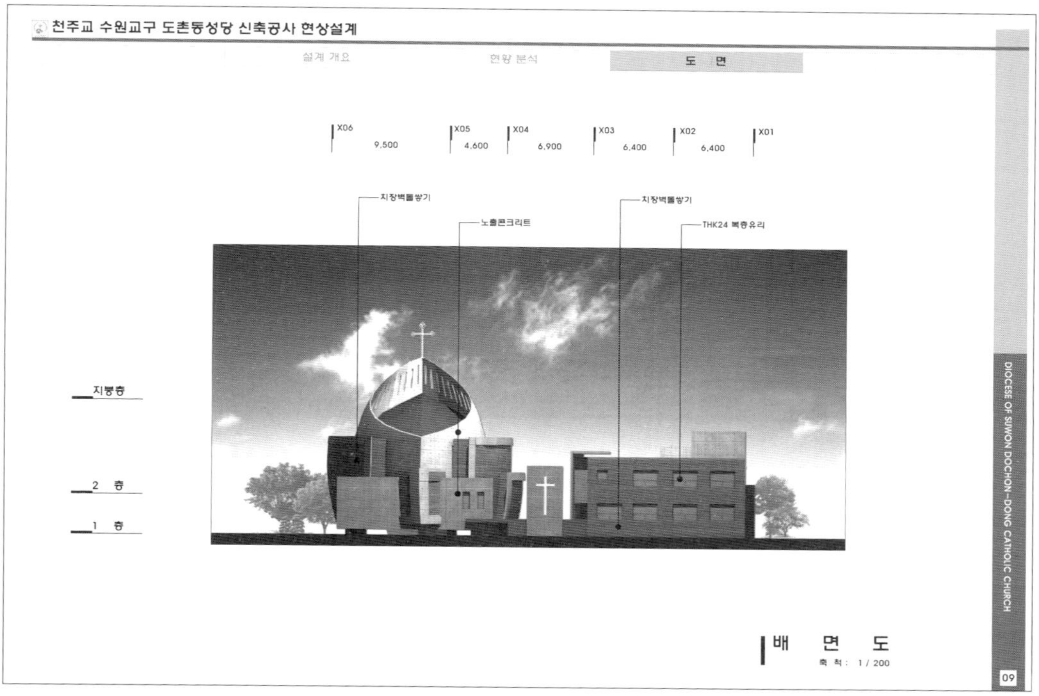
천주교 수원교구 도촌동성당 신축공사 현상설계
설계 개요
현황 분석
도 면
X06
9,500
X05
4,600
X04
6,900
X03
6,400
X02
6,400
X01
치장벽돌쌓기
노출콘크리트
치장벽돌쌓기
THK24 복층유리
지붕층
2 층
1 층
DIOCESE OF SUWON DOCHON-DONG CATHOLIC CHURCH
배 면 도
축 척 : 1 / 200
09

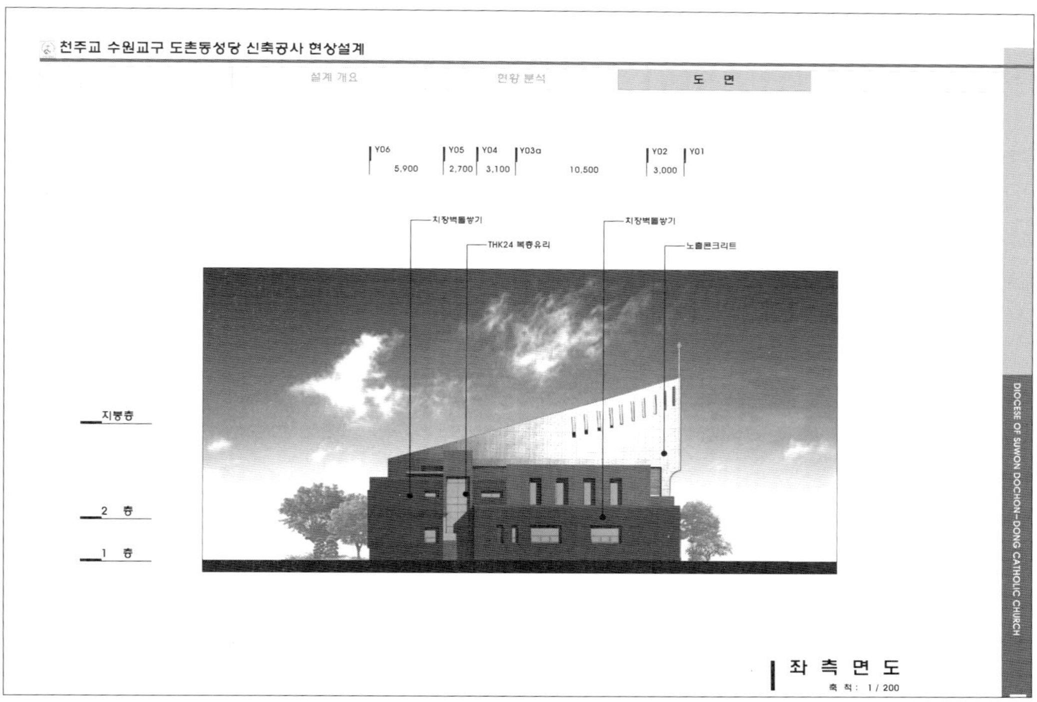
천주교 수원교구 도촌동성당 신축공사 현상설계
설계 개요
현황 분석
도 면
Y06
5,900
Y05
2,700
Y04
3,100
Y03a
10,500
Y02
3,000
Y01
치장벽돌쌓기
THK24 복층유리
치장벽돌쌓기
노출콘크리트
지붕층
2 층
1 층
DIOCESE OF SUWON DOCHON-DONG CATHOLIC CHURCH
좌 측 면 도
축 척 : 1 / 200

천주교 수원교구 도촌동성당 신축공사 현상설계

설계 개요 | 현황 분석 | 도 면

KEY PLAN

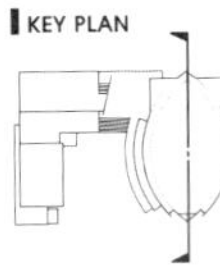

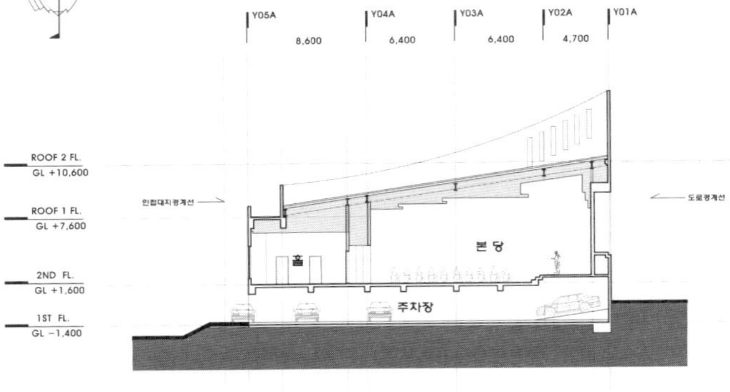

종 단 면 도
축 척 : 1 / 200

DIOCESE OF SUWON DOCHON-DONG CATHOLIC CHURCH

11

천주교 수원교구 도촌동성당 신축공사 현상설계

설계 개요 | 현황 분석 | 도 면

KEY PLAN

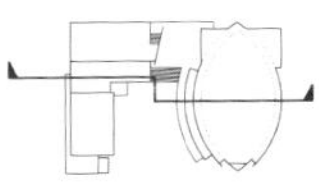

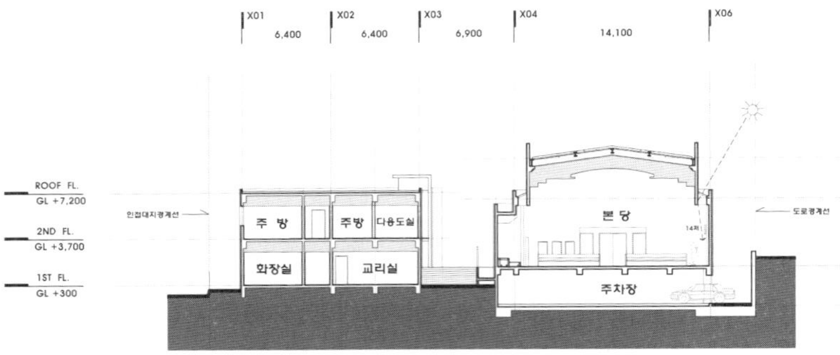

횡 단 면 도
축 척 : 1 / 200

DIOCESE OF SUWON DOCHON-DONG CATHOLIC CHURCH

12

참 고 문 헌

- 권영민 외, 신 건축계획, 기문당, 2006
- 건축 의장 연구회 편, 건축의장과 표현기법, 기문당, 2006
- 김광문,유영민 공역, 건축프로그래밍 방법, 기문당, 1988
- 박한규, 건축설계방법론, 기문당, 2000
- 이경회 외 공역, 건축디자인 방법론, 기문당, 1982
- 이호진, 건축의장론, 산업도서, 1990
- 이호진, 건축계획설계론, 산업도서, 1990
- 이정만, 설계방법론, 기문당, 1990
- 박재승, 다이어그램으로 이해하는 인간, 건축, 컨텍스트, 미건사, 2008
- 최준오, 이후광, 건축계획설계, 태림문화사, 2002
- 윤장섭 역, 건축공간과 노자사상, 기문당, 2006
- American National Standard Specifications for Making Buildings and facilities,1980
- Donna p. Duek, Architectural Programming Information Management for Design. 1987
- Francis D.K CHING, ARCHITECTURE FORM, SPACE AND ORDER,1996

찾아보기

건축디자인 & 프로세스

저 자 주 진 형

발행처 구미서관
발행인 임 해 진

발 행 2011년 2월 16일 초판 1쇄
2013년 1월 16일 초판 2쇄

주 소 서울시 마포구 동교동 174-7 구미빌딩
등 록 1979년 6월 29일 No. 9-6호
I S B N 978-89-8225-742-1(93540)

Tel : (대)333-1101 Fax : 335-2201
http://www.goomibook.com

정가 20,000원

저자와의 협의하에 인지를 생략합니다.